普通高等教育“十四五”规划教材

ANSYS 软件及其在石油石化装备中的应用

丁宇奇 主编

中国石化出版社

北京

内容提要

本书主要针对ANSYS软件的基本操作，杆、梁、壳结构的应力分析、稳定性分析、材料非线性分析和结构热应力分析，以及典型石油化工设备的应力评定方法和实际工程案例进行介绍；将软件基本操作和工程实例有机结合，结合典型石油石化装备的力学分析侧重点由浅入深，每部分都附有详细的例题，既有GUI操作又有APDL的命令流，方便读者进行学习。

本书循序渐进，内容精练，注重理论联系实际，附有大量计算实例，既可作为高等院校过程装备与控制工程、工程力学、机械工程、土木与建筑工程等专业教材，也可作为企业员工培训教材及大专院校相关专业的教学参考书。

图书在版编目(CIP)数据

ANSYS软件及其在石油石化装备中的应用 / 丁宇奇著 . 北京：中国石化出版社，2024. 8 --（普通高等教育“十四五”规划教材）. --ISBN 978-7-5114-7640-1

Ⅰ. TE65-39

中国国家版本馆CIP数据核字第2024M8E834号

中国石化出版社出版发行

地址:北京市东城区安定门外大街58号

邮编:100011　电话:(010)57512500

发行部电话:(010)57512575

http://www.sinopec-press.com

E-mail:press@sinopec.com

宝蕾元仁浩(天津)印刷有限公司印刷

全国各地新华书店经销

*

787毫米×1092毫米 16开本 19.25印张 483千字

2024年8月第1版　2024年8月第1次印刷

定价:48.00元

前　言

有限元法经过六十多年的发展，尤其是近二十年来，随着计算机技术的飞速发展，已经成为工程力学问题数值分析的有效方法之一。强大的分析能力是有限元法最突出的特点，它所解决的问题几乎囊括了结构分析的各个方面。

作为目前最为流行的有限元软件 ANSYS，在工程计算、教学实践和科学研究方面已经积累了大量的应用实例。不少学校购买了 ANSYS 软件，向学生普及 ANSYS 软件，并掀起了一系列学习和推广 ANSYS 应用的热潮；ANSYS 软件的工程计算性能在科研院所和大型企业的研发部门也备受青睐，互联网上的 ANSYS 论坛也日益火爆。

在这样一个红红火火的 ANSYS 流行时期，将该技术应用到石油石化装备的力学分析中，保证石油石化装备的安全运行就显得尤为必要。《ANSYS 软件及其在石油石化装备中的应用》可以让初学者快速地掌握 ANSYS 的基本分析过程，完成从基础学习到能够应用 ANSYS 软件解决石油石化装备典型问题和整体分析的学习过程。

全书共分 14 章，其中第 1 章到第 7 章，主要介绍 ANSYS 产品概述，图形用户界面，启动 ANSYS、对话框及其组件、通用菜单、主菜单，ANSYS 分析的基本步骤，几何建模技术，网格划分，加载、求解和结果后处理的各种操作和实例；第 8 章为典型杆梁结构分析，介绍托架、铰接杆和简支梁的受力和变形分析及传动轴扭转的切应力和扭转角计算；第 9 章为典型板壳结构应力分析，介绍厚壁圆筒、薄壁圆筒、薄壁球壳和椭球形薄壳的应力分析；第 10 章为典型薄壳结构屈曲分析，对特征值屈曲分析和后屈曲分析方法的圆柱壳和圆弧拱的屈曲进行介绍；第 11 章为典型圆柱结构材料非线性分析；第 12 章为典型圆筒结构热应力分析；第 13 章为基于压力容器分析设计标准的应力分析法；第 14 章为典型压力容器及化工设备应力分析。

本书由丁宇奇教授担任主编，参加编写的人员有芦烨、张强。具体分工为：丁宇奇编写了第 1～3 章及第 13～14 章，芦烨编写了第 4～8 章，张强编写了第 9～12 章。另外，罗敏教授在全书的编写过程中给予了大力支持，在此表示感谢。

由于本书涵盖的内容较多，编写难度较大，加之编写时间紧迫，不足之处在所难免，敬请各使用单位及个人对本书提出宝贵意见和建议。

目　　录

第 1 章　ANSYS 概述

1.1　引言

分析一个工程问题：

一个在端点施加集中载荷的悬臂梁，$L=1000\text{mm}$，$P=100\text{N}$，$b=20\text{mm}$，$h=40\text{mm}$，$E=2\times10^{11}\text{Pa}$。结构示意见图 1－1。此问题的理论解即解析解为：

截面惯性矩：

$$I=\frac{bh^3}{12}=\frac{0.02\times0.04^3}{12}=1.067\times10^{-7}\text{m}^4$$

端点挠度：

$$\delta=\frac{PL^3}{3EI}=\frac{-100\times1^3}{3\times2\times10^{11}\times1.067\times10^{-7}}=-0.0015625\text{m}=-1.5625\text{mm}$$

实际结构复杂的工程问题得不到解析解怎么办？那么我们可以依据数值计算方法得到近似解。

有限单元法就是一种近似解法，是目前工程领域内最常用的数值计算方法。ANSYS 就是基于此方法发展起来的有限元软件。用 ANSYS 软件求解此悬臂梁问题，会得到什么结果呢？

ANSYS 计算结果见图 1－2，端点挠度 $\delta=-1.5625\text{mm}$，与理论解相对误差 0.032%。

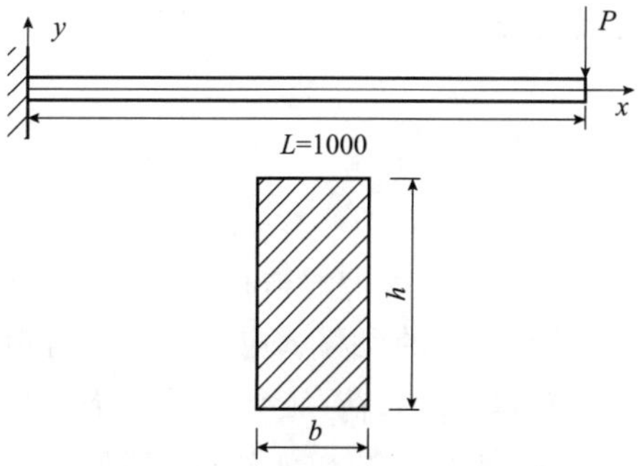

图 1－1　悬臂梁结构示意

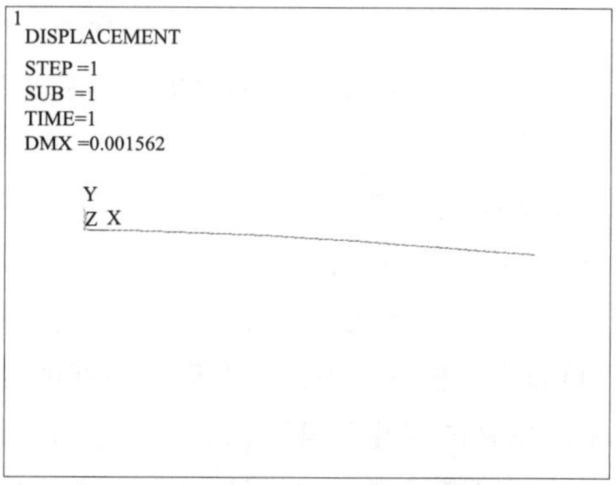

图 1－2　悬臂梁 ANSYS 计算结果

1.2 ANSYS 和有限元简介

1.2.1 ANSYS 简介

ANSYS 是大型通用商业化的工程分析软件，它是 Analysis System 的缩写。所谓工程分析软件，主要是模拟物理系统受到外力载荷所出现的响应，如应力、位移、温度等，根据该响应可知道该物理系统受到外力负载后的状态，进而判断是否符合设计要求。

目前，国际上已经有很多使用有效的通用和专用有限元软件，ANSYS 是其中较著名的软件之一，它是美国 ANSYS 公司研制的大型通用有限元分析软件。

ANSYS 公司成立于 1970 年，总部设在美国宾夕法尼亚州的匹兹堡，目前是 CAE 行业中最大的公司。其创始人 John Swanson 博士为匹兹堡大学力学系教授、有限元界权威。在发展过程中，ANSYS 不断改进提高，功能不断强大。

ANSYS 软件是第一个通过 ISO 9001 质量认证的大型分析设计类软件，是美国机械工程师学会(ASME)、美国核安全局(NQA)及近二十种专业技术协会认证的标准分析软件。在国内第一个通过了中国压力容器标准化技术委员会认证并推广使用。

ANSYS 网址：www. peraglobal. com. cn。

1. ANSYS 软件的主要功能

ANSYS 是被世界各地各领域的工程师广泛使用的有限元软件，它的主要功能为：

——结构分析　　——热分析　　——流体分析，包括 CFD(计算流体动力学)

——电磁分析　　——耦合场分析

ANSYS 应用的部分工业领域列表：

——航空航天	——机械制造	——电子及器具
——核工业	——能源	——土木工程
——石油化工	——汽车交通	——生物医学
——铁道	——国防军工	——水利

在石油和石化工业中，ANSYS 的研究应用领域包括地球物理勘探、油气开发工程、石油钻井工程、采油工程、油田地面工程建设、石油机械工程、油气储运工程、海洋石油工程、压力容器设计。

2. ANSYS 分析功能介绍

1)ANSYS 结构分析

结构分析用于确定变形、应变、应力及反力。结构分析的类型包括：

(1)静力分析：用来计算在固定不变的外载荷作用下结构的位移、应力、应变等响应。一般不考虑系统惯性和阻尼，但可以分析那些固定不变的惯性载荷(重力、离心力)对结构的影响。可以考虑结构的线性及非线性行为。结构非线性包括几何非线性(例如大变形、大应变、应力强化等)、材料非线性(例如弹塑性、黏弹性、超弹性等)、单元非线性(接触问题 、钢筋混凝土单元等)。

(2)动力分析：用来求解在随时间变化的载荷作用下结构的动态响应。它包括质量和阻尼效应。它的主要功能有：

①模态分析——用于计算固有频率和振型；

②谐响应分析——用于确定结构对正弦变化的已知幅值和频率载荷的响应；

③瞬态动力学分析——用于确定结构对随时间任意变化载荷的响应，可以考虑与静力分析相同的结构非线性行为。

(3)其他结构功能包括：谱分析、随机振动、特征值屈曲、子区模型。

(4)ANSYS/LS-DYNA——用它进行显示动力分析。模拟以惯性力为主的大变形分析；用于模拟冲击、碰撞、快速成形等。

2)ANSYS热分析

热分析用于确定物体中的温度分布。热分析考虑的物理量是：热量的获取和损失、热梯度、热通量。它可模拟三种热传递方式：热传导、热对流、热辐射。ANSYS热分析包括：

(1)稳态分析：系统的温度场不随时间变化；

(2)瞬态分析：系统的温度场随时间明显变化。

3)ANSYS电磁分析

电磁分析用于计算电磁装置中的磁场。电磁分析类型：

(1)静态磁场分析：用于计算由直流电(CD)或永磁体产生的磁场；

(2)交变磁场分析：用于计算由交流电(AD)产生的磁场；

(3)瞬态磁场分析：用于计算随时间随机变化的电流或外界引起的磁场。

4)ANSYS流体分析

流体分析用于确定流体的流动及热行为。流体分析包括：

(1)计算流体动力学(CFD)：能模拟层流和湍流，可压缩和不可压缩流体以及多组分流。

(2)声学分析：用于模拟流体介质和周围固体的相互作用。

用来研究在含有流体的介质中声波的传播，或分析浸在流体中的固体结构的动态特性。这些功能可用来确定音响话筒的频率响应，研究音乐大厅的声场强度分布，或预测水对振动船体的阻尼效应。

(3)容器内流体分析：模拟容器内的非流动流体的影响，确定由于晃动引起的静水压力。

(4)热和质量的传输：在两点之间质量传输产生的热量计算由一个一维单元完成。

5)耦合场分析

耦合场分析考虑两个或多个物理场之间的相互作用。

因为两个物理场之间相互影响，所以单独求解一个物理场是不可能的。因此需要一个能够将两个物理场组合到一起求解的分析软件。

例如：热-应力分析、压电分析(电场和结构)、声学分析(流体和结构)、热-电分析、感应加热(磁场和热)、静电-结构分析。

6)动力学分析

ANSYS程序可以分析大型三维柔体运动。当运动的积累影响起主要作用时，可使用这些功能分析复杂结构在空间中的运动特性，并确定结构中由此产生的应力、应变和变形。

7)压电分析

用于分析二维或三维结构对 AC(直流)、DC(交流)或任意随时间变化的电流或机械载荷的响应。这种分析类型可用于换热器、振荡器、谐振器、麦克风等部件及其他电子设备的结构动态性能分析。可进行四种类型的分析：静态分析、模态分析、谐波响应分析、瞬态响应分析。

1.2.2 有限元法的基本构架

有限元法是将所探讨的工程系统转化成一个有限元系统，即有限元模型是真实系统理想化的数学抽象。

1. 有限元的基本构成

有限元系统由节点(Node)和单元(Element)组合而成。完整的有限元模型除了节点、单元外，还包括工程系统本身所具有的边界条件，包括约束条件、外力的负载等。

图 1-3 真实系统

节点(Node)：就是考虑工程系统中的一个点的坐标位置，构成有限元系统的基本对象。具有其物理意义的自由度，该自由度即为结构系统受到外力后的反应。

单元(Element)：单元由节点与节点相连而成，单元的组合由各节点相互连接。不同特性的工程系统，可选用不同类型的单元，ANSYS 提供了二百多种单元，故使用时必须慎重选择单元类型。

图 1-4 有限元模型

图 1-3 为梯子的真实系统，简化后的有限元模型如图 1-4 所示，显然，图中的节点数是有限的，单元数目也是有限的，所以称为“有限单元”。这就是“有限元”一词的由来。

自由度(Degree of Freedom)：上面提到节点具有某种程度的自由度，以表示工程系统受到外力后的反应结果。

1)自由度(DOFs)：用于描述一个物理场的响应特性。结构自由度见图 1-5。

2)节点和单元：信息是通过单元之间的公共节点传递的。见图 1-6，分离但节点重叠的单元，A 和 B 之间没有信息传递，需进行节点合并处理；具有公共节点的单元之间存在信息传递。不同单元类型的节点自由度见图 1-7。

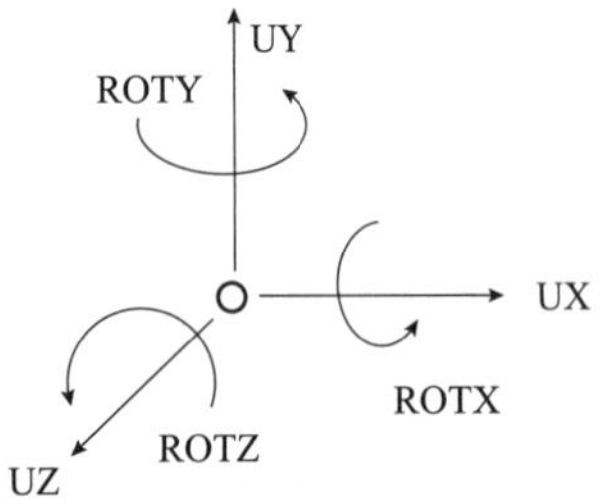

图 1-5 结构自由度

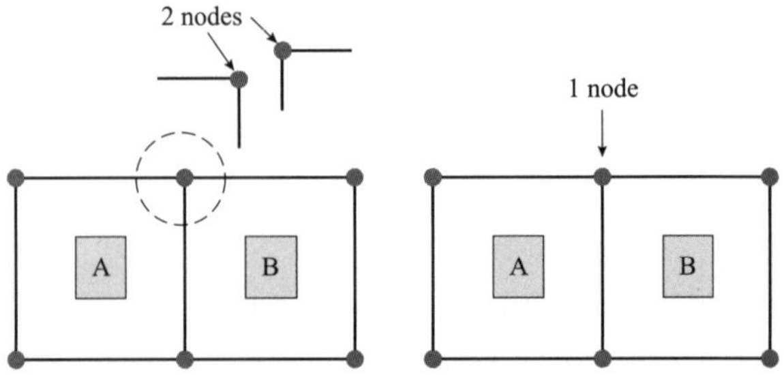

图 1-6 节点和单元

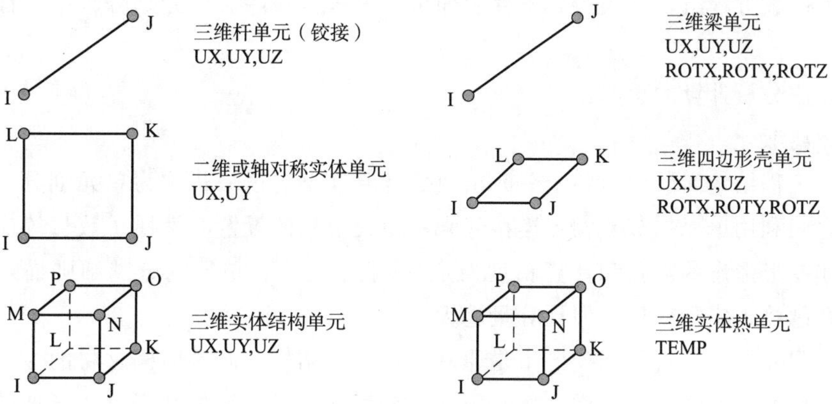

图 1-7　不同单元类型的节点自由度

2. 单元形函数——插值

有限元仅仅求解节点处的 DOF 值。单元形函数见图 1-8，单元形函数是一种数学函数，规定了从节点 DOF 值计算单元内所有点处 DOF 值的方法。因此，单元形函数提供出一种描述单元内部结果的“形状”。单元形函数描述的是给定单元的一种假定的特性。单元形函数与真实工作特性吻合好坏程度直接影响求解精度。

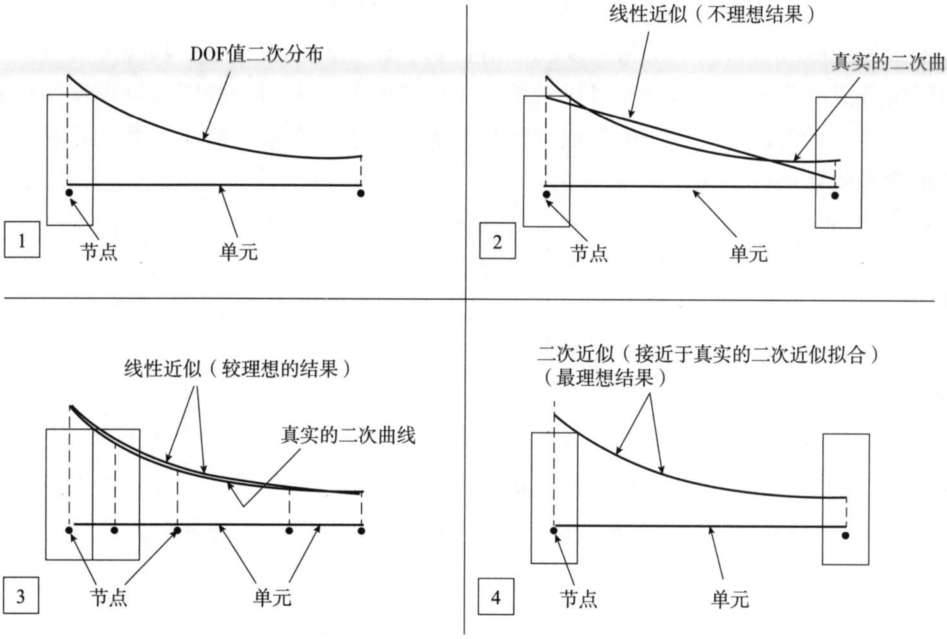

图 1-8　单元形函数

3. 有限元法的基本思想

有限元法的基本思想是将问题的求解域划分为一系列单元，单元之间仅靠节点连接。单元内部点的待求量可由单元节点量通过选定的函数关系插值求得。由于单元形状简单，易于由平衡关系或能量关系建立节点量之间的方程式，然后将各个单元方程“组集”在一起而形成总体代数方程组，计入边界条件后即可对方程组求解。单元划分越细，计算结果就越精确。

有限元法分析计算的思路：

1）物体离散化

将某个工程结构离散为由各个单元组成的计算模型，这一步称为单元剖分。离散后单元与单元之间利用单元的节点相互连接起来；单元节点的设置、性质、数目等应视问题的性质、描述变形形态的需要和计算精度而定（一般情况下，单元划分越细则描述变形情况越精确，即越接近实际变形，但计算量越大）。

所以有限元法中分析的结构已不是原有的物体或结构，而是同样材料的由多单元以一定方式连接成的离散物体。这样，用有限元法分析计算所获得的结果只是近似的。如果划分单元数目非常多而又合理，则所获得的结果就与实际情况相符合。

2）单元特性分析

（1）选择位移模式

位移法——选择节点位移作为基本未知量的方法；

力　法——选择节点力作为基本未知量的方法；

混合法——取一部分节点力和一部分节点位移作为基本未知量的方法。

位移法易于实现计算自动化，所以在有限元法中位移法应用范围最广。

当采用位移法时，物体或结构离散化之后，就可把单元中的一些物理量如位移、应变和应力等由节点位移来表示。这时可以对单元中位移的分布采用一些能逼近原函数的近似函数予以描述。通常，有限元法中我们就将位移表示为坐标变量的简单函数。这种函数称为位移模式或位移函数，如：

$$y = \sum_{i=1}^{n} a_i \psi_i \tag{1-1}$$

式中　a_i——待定系数；

ψ_i——与坐标有关的某种函数。

（2）分析单元的力学性质

根据单元的材料性质、形状、尺寸、节点数目、位置及其含义等，找出单元节点力和节点位移的关系式，这是单元分析中的关键一步。此时需要应用弹性力学中的几何方程和物理方程来建立力和位移的方程式，从而导出单元刚度矩阵，这是有限元法的基本步骤之一。

（3）计算等效节点力

物体离散化后，假定力是通过节点从一个单元传递到另一个单元，但是，对于实际的连续体，力是从单元的公共边界传递到另一个单元中去的。因而，这种作用在单元边界上的表面力，体积力或集中力都需要等效移到节点上去，也就是用等效的节点力来替代所有作用在单元上的力。

3）单元组集

利用结构力的平衡条件和边界条件把各个单元按原来的结构重新连接起来，形成整体的有限元方程：

$$\boldsymbol{K\delta}=\boldsymbol{F} \tag{1-2}$$

式中　$\boldsymbol{K}$——整体结构的刚度矩阵；

$\boldsymbol{\delta}$——节点位移列阵；

$\boldsymbol{F}$——载荷列阵。

4)求解未知节点位移

解有限元方程式得出位移。这里，可根据方程组的具体特点来选择合适的计算方法。

通过上述分析可见，有限单元法的基本思想是“一分一合”，分是为了进行单元分析，合则是为了对整体结构进行综合分析。

1.3　ANSYS单元简介

1.3.1　单元分类

ANSYS提供了丰富的单元库，共有200多种不同类型的单元。

(1)按单元维数分为：

①点单元，如：质量单元MASS21；

②一维单元，如：弹簧单元、杆单元、梁单元；

③二维单元，如：面单元、壳单元；

④三维单元，如：实体单元。

(2)按单元功能可分为：结构单元、热单元、电磁单元、流体单元、耦合场单元、网格划分辅助单元、LS-DYNA单元。

1.3.2　单元简介

(1)点单元：质量单元MASS21。

(2)线单元：

①弹簧单元：单元用于模拟弹簧、螺栓、细长部件或通过等效刚度替代复杂部件；

②杆单元：用于模拟弹簧、螺栓、预应力螺栓及桁架；

③梁单元：可用于模拟螺栓、管件、C-sections、角钢或只需膜应力和弯曲应力的任何细长杆件。

(3)壳单元：用于模拟薄板或曲面，一般来讲，主要方向的尺寸至少为其厚度的10倍。

(4)二维实体单元：用于模拟实体的横截面；必须在总体笛卡儿坐标系的X-Y平面内建模；所有载荷都在X-Y平面内，响应(位移)也在X-Y平面内。单元可以有下列特性：

①平面应力：假定在Z方向的应力为零。

有效的组成为Z方向比X及Y方向的尺寸小得多；Z方向应变非零；允许任意厚度(Z向)；用于诸如承受面内载荷的平板或承受压力或离心载荷的薄盘。

②平面应变：假定 Z 方向为零应变。

用于 Z 方向尺寸远大于 X 及 Y 方向尺寸的情况；Z 方向应力非零；用于长、诸如结构梁等截面形状不变的结构。

③轴对称：假定三维结构及其载荷可由二维截面通过沿 Y 轴旋转 360°得到。

对称轴必须与总体 Y 轴重合；负的 X 坐标不允许；Y 方向为轴，X 方向为径向，Z 方向为周向(环向)；环向位移为零，环向应变和应力通常十分显著；用于压力容器、直管、轴等。轴对称单元如图 1－9 所示。

(5)三维实体单元：

用于几何模型、材料、载荷或要求的结构细节不能用于简化形式的单元模拟的情况，还用于几何模型由三维 CAD 系统输入的情况，如果转化为二维或壳单元形式需要大量时间和精力。三维实体单元如图 1－10 所示。

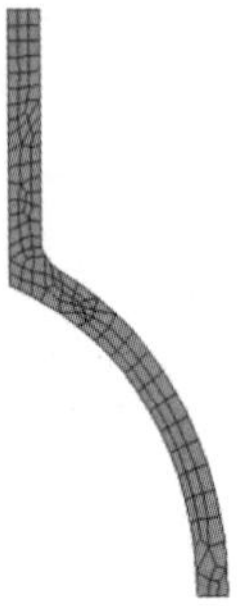

图 1－9　轴对称单元

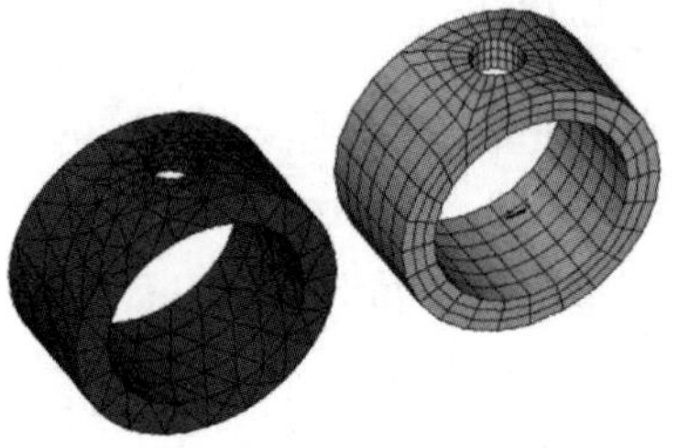

图 1－10　三维实体单元

1.3.3　单元阶次

1. 线性单元

只支持线性变化的位移，因此一个单元内为常应力；对单元扭曲高度敏感；如果仅对名义应力结果感兴趣，则可接受；对高应力梯度区需要大量单元。

2. 二次单元

支持二次变化的位移及在一个单元内线性变化的应力；能代表曲边边界及曲面，比线性单元更为准确。对单元的扭曲不太敏感；对高精度应力感兴趣的情况建议采用；比线性单元给出的结果更好，多数情况下用更少的单元及总的自由度即可达到。

注意：对壳单元，线性单元及二次单元的差别不如实体单元显著，因此通常优先采用线性壳单元；除了线性及二次单元，第三种单元为 P 单元。P 单元支持单个单元内二到八阶变化的位移，包括自动求解收敛控制。

1.3.4　结构分析常用单元类型

实体单元：SOLID45，SOLID92，SOLID95，SOLID185；

壳单元：SHELL63，SHELL181；

梁单元：BEAM3，BEAM4，BEAM188，BEAM189；

质量单元：MASS21；

杆单元：LINK10，LINK11；

管单元：PIPE16，PIPE17，PIPE18，PIPE20，PIPE59，PIPE60；

表面效应单元：SURF153，SURF154；

弹簧单元：COMBIN14。

另外，LS-DYNA 显式动力学单元有：LINK160，BEAM161，SHELL163，SOLID164，COMBIN165，MASS166，LINK167。

1.4　ANSYS 的基本使用

1.4.1　ANSYS 文件及工作文件名

ANSYS 在分析过程中需要读写文件，文件格式为 jobname. ext，其中 jobname 是设定的工作文件名，ext 是由 ANSYS 定义的扩展名，用于区分文件的用途和类型；默认的工作文件名是 file；ANSYS 分析中有一些特殊的文件，其中主要的几个是：

(1)数据库文件 jobname. db；

(2)记录文件 jobname. log；

(3)输出文件 jobname. out；

(4)错误文件 jobname. err；

(5)结果文件 jobname. rxx；

(6)图形文件 jobname. grph。

1.4.2　ANSYS 图形控制

图形在校验前处理的数据和后处理中检查结果非常重要，ANSYS 中常用的图形功能如下：

(1)在实体模型和有限元模型上显示边界条件；

(2)计算结果的彩色云图显示；

(3)对视图进行放大、缩小、平移、旋转等操作；

(4)多窗口显示；

(5)剖面及切片显示；

(6)变形比例控制；

(7)动画显示；

(8)窗口背景的选择等。

第 2 章　ANSYS 图形用户界面

ANSYS 有两种运行模式：

(1)交互式方式(Interactive Mode)

初学者和大多数使用者采用，包括建模、保存文件、打印图形及结果分析等，可以方便地进行人机对话。分析中常用的三个阶段(前处理，求解，后处理)中前处理和后处理最适合于交互式方式。

(2)批处理(Batch Mode)

若分析的问题要很长时间，如一两天或更长，可把分析问题的命令做成批处理文件，利用它的非交互模式进行分析。操作基本熟练后，建议使用该模式，可方便地进行参数化分析。

2.1　启动与退出 ANSYS

2.1.1　启动 ANSYS

有多种方法可以启动 ANSYS，常用的有以下两种：

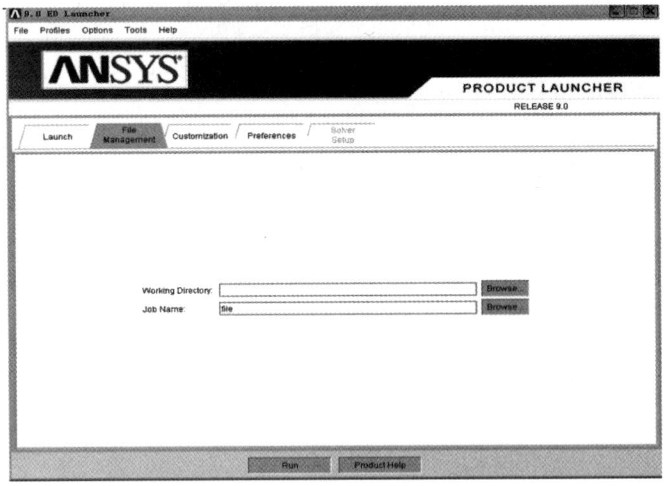

图 2－1　ANSYS 交互式启动界面

(1)快速启动：选择[开始]>[程序]> ANSYS。快速启动 ANSYS，采用的是默认的上一次运行环境设置。

(2)交互式启动：选择[开始]>[程序]>ANSYS Product Launcher。进入 ANSYS 启动交互界面，如图 2－1，进行相关设置。建议使用这种模式，方便文件管理。

点击“Run”按钮，进入 ANSYS 经典开发环境。

选择交互式启动 ANSYS，

将会弹出 Launcher 对话框，在该对话框中可以进行 ANSYS 运行环境设置：

①Launch(启动)选项卡：用户可选择 ANSYS 功能模块和仿真环境。

②File Management(文件管理)选项卡：在 Working Directory 中可设置 ANSYS 工作目录；在 Job Name 中可设定工作文件的名称，第一次运行 ANSYS 时默认名称为 file。

③Customization(用户管理)选项卡：在 Memory 选项中用户可以设置数据库的大小，对内存进行管理。

④Preference(偏好设置)选项卡：在 Language Selection 栏选择语言；在 Graphics Device Name 一栏中选择显示模式。另外，可以在 Read START. ANS file at start-up 中设定是否读入启动文件。

⑤Solve Setup(计算机配置)选项卡：用户必须加载相应的模块该选项卡才生效。

2.1.2　退出 ANSYS

有三种方法可以退出 ANSYS：

(1)从通用菜单退出：Utility Menu>File>Exit。选择此命令弹出退出对话框，询问在退出前是否保存文件，或者保存哪些文件。

(2)从命令窗口输入命令：/EXIT。但事先应保存那些以后需要的文件，因该命令不会给你提示。

(3)从工具条退出：Toolbar>Quit。

2.2　ANSYS 图形用户界面架构

ANSYS 界面提供用户与软件之间的交流。使用这个窗口，用户可以非常容易地输入命令、检查模型的建立、观察分析结果及图形输出与打印。

整个窗口界面称为 GUI(Graphical User Interface)，即图形用户界面，见图 2-2。

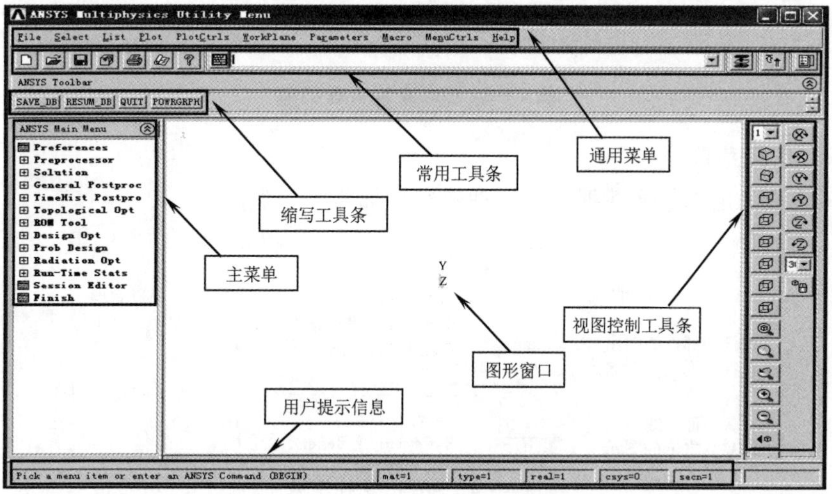

图 2-2　ANSYS 图形用户界面

标准的图形用户界面主要包括3个部分：

(1)Utility Menu(通用菜单)：该菜单为下拉菜单结构，包含了ANSYS的全部公用函数，如文件控制、选取、图形控制、参数设置等；

(2)Main Menu(主菜单)：分前处理、求解、后处理等；

(3)Graphics Window(图形窗口)：显示绘制的图形包括模型、网格、分析结果等。

另外还有常用工具条、缩写工具条、视图控制工具条、用户提示信息、输出窗口等。

2.2.1 通用菜单

通用菜单包括File文件管理菜单、Select选择菜单、List列表菜单、Plot绘图菜单、PlotCtrls绘图控制菜单、WorkPlane工作平面、Parameters参数控制菜单、Maro宏管理菜单、MenuCtrls菜单控制菜单、Help帮助菜单。

1. File文件管理菜单

用于设置工程名和标题，读入、保存文件等文件操作。File文件管理菜单见图2-3。

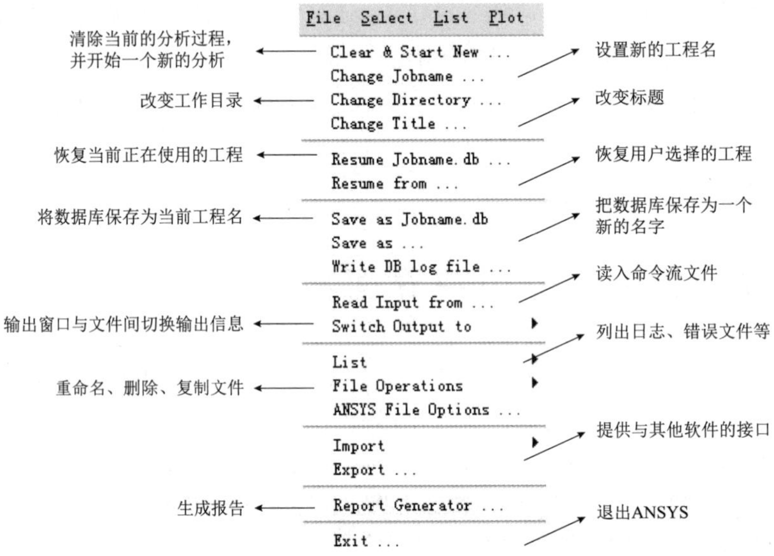

图2-3 File文件管理菜单

2. Select选择菜单

Select菜单，用于选择数据子集、创建组件部件等，见图2-4。

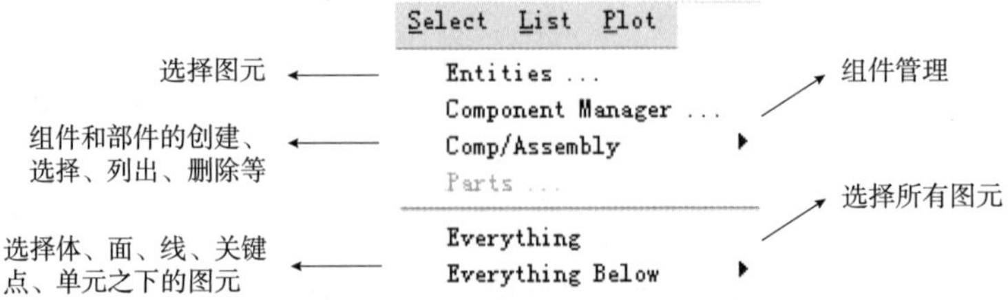

图2-4 Select选择菜单

1)选择图元

SELECT＞Entities 命令用于在图形窗口上选择图元，图元选取对话框见图 2-5。

(1)选取类型：表示要选取的图元，包括节点、单元、体、面、线、关键点。每次只能选一种图元类型。若选择线之下的图元则选择线、关键点、线单元和节点。

(2)选取标准：包括 By Num/Pick、Attached to、By Location、By Attributes、Exterior、By Results。

①By Num/Pick：通过在输入窗口中输入图元号或者在图形窗口中直接选取。

②Attached to：通过与其他类型图元相关联来选取，而其他类型图元应该是已选取好的。例如，由 By Location 选择好了节点，要想把与这些节点相关的单元选出来，则选取类型为单元，选取标准为 Attached to。

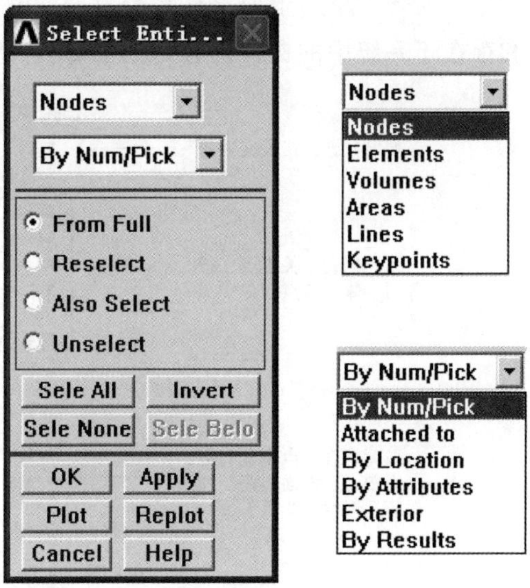

图 2-5　图元选取对话框

③By Location：通过激活或定义局部的坐标系的 XYZ 轴来构成一个选择区域，并选取区域中的图元，可以一次定义一个坐标，单击 Apply 后，再定义其他坐标内的区域。

(3)选取设置：用设置选取的方式。包括如下四种方式：

①From Full：从整个模型中选取一个新的图元集合；

②Reselect：从已选取好的图元集合中再次选取；

③Also Select：把新选取的图元移到已存在的图元集合中；

④Unselect：从当前选取的图元中去掉一部分图元。

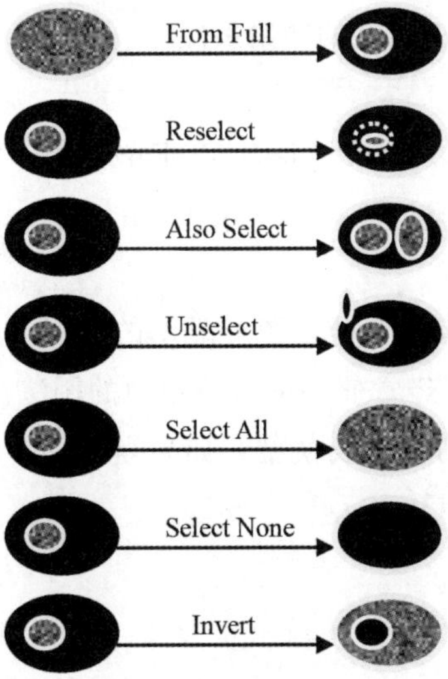

图 2-6　选取设置

(4)选取函数按钮：单击该按钮，选取即发生，用 Replot 命令来重画，可见其发生了作用。

①Select all：该类型下的所有图元；

②Select None：撤销该类型下的所有图元的选取；

③Invert：反向选择；

④Select Belo：选取已选取图元下的所有图元。

选取设置见图 2-6。

2)组件和部件

Select＞Comp/Assembly＞菜单用于对组件和部件进行操作。组件就是选取的某类图元的集合，部件则是组件的集合。

3)全部选择

Select＞Everything：子菜单用于选择模型的所有项目下的所有图元，对应的命令是 allsel，all。

3. List 列表菜单

List 列表菜单用于列出存在于数据库的所有数据，还可以列出程序不同区域的状态信息和存在于系统中的文件内容，如图 2－7 所示。

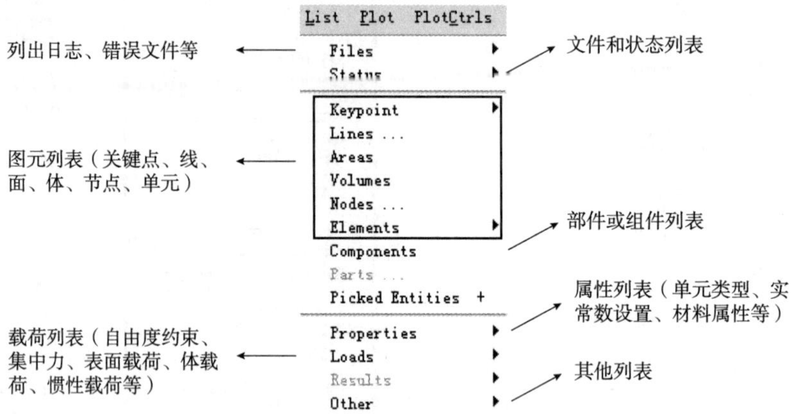

图 2－7　List 列表菜单

1)图元列表

List>Keypoint 命令用于列出关键点的详细信息，可以列出关键点的位置，也可以列出坐标位置和属性。

List>Lines(Areas，Volumes，Nodes，Elemenets，Components)用于列出线(或面、体、节点、已选取单元、部件或组件)的信息。

2)载荷列表

List>Loads 命令用于列出施加到模型上的载荷方向、大小。

载荷包括：DOF Constraints(自由度约束)，FORce(集中力)，Surface Loads(表面载荷)，Body Surface(体载荷)，Inertia loads(惯性载荷)，solid model loads(实体模型的边界条件)，initial conditions(节点上的初始条件)，elem init Condits(单元上定义的初始条件)。

3)结果列表

List>Result 命令用于列出求解所得结果(如节点位移、单元变形等)，求解状态、定义的单元表、轨线数据等。

4. Plot 绘图菜单

Plot 菜单用于绘制关键点、线、面、体、节点、单元和其他可以图形显示的数据，见图 2－8。画图菜单路径 Utility Menu>Plot，下面介绍其下经常使用的各菜单项的用法。

➢ Replot：将当前图形重画一遍，如果当前是线图形则重画线模型，如果当前是单元模型则重画单元模型，其他类推。

➢ Keypoints：画关键点。

➢ Lines：画线。

➢ Areas：画面。

➢ Volumes：画体。

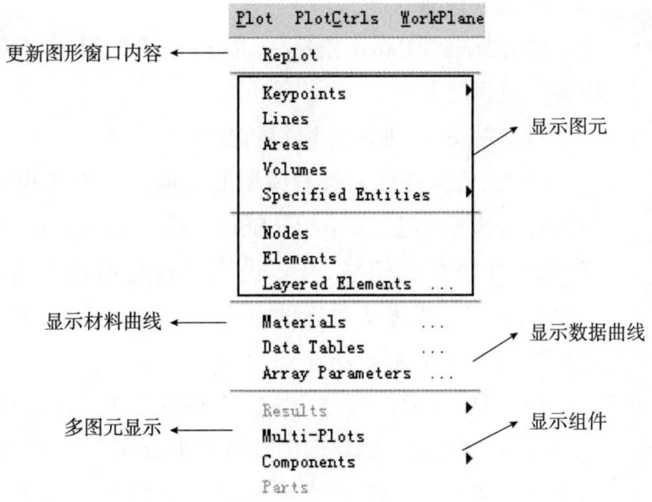

图 2-8　Plot 绘图菜单

➢ Nodes：画节点。

➢ Elements：画单元。

➢ Layered Elements：画层单元。

➢ Data Tables：画数据表，一般非线性材料的材料属性都是利用 Data Tables 进行定义的曲线，利用该菜单项画材料数据曲线。

➢ Multi-Plots：同时画所有选中的实体对象，包括关键点、线、面、几何体、节点、单元等。

5. PlotCtrls 绘图控制菜单

PlotCtrls 绘图控制菜单包含了对视图、格式和其他图形显示特征的控制，见图 2-9。

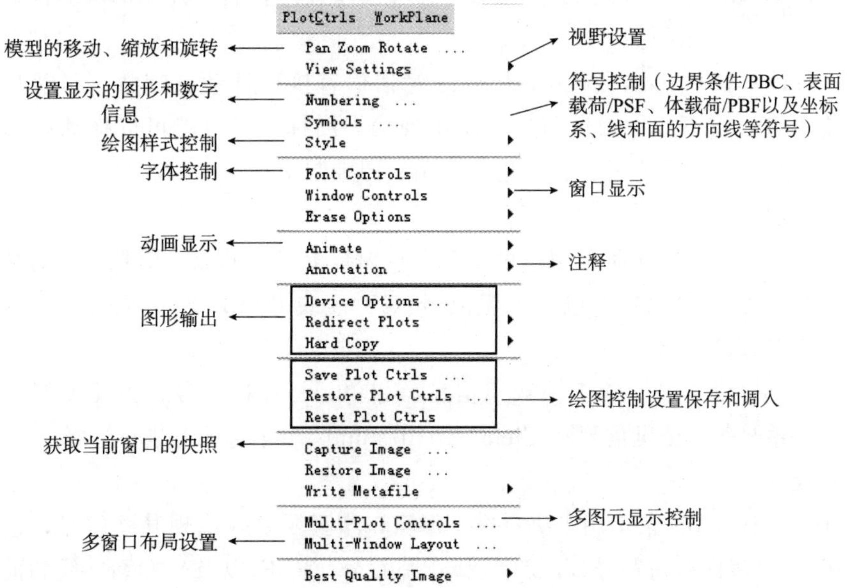

图 2-9　PlotCtrls 绘图控制菜单

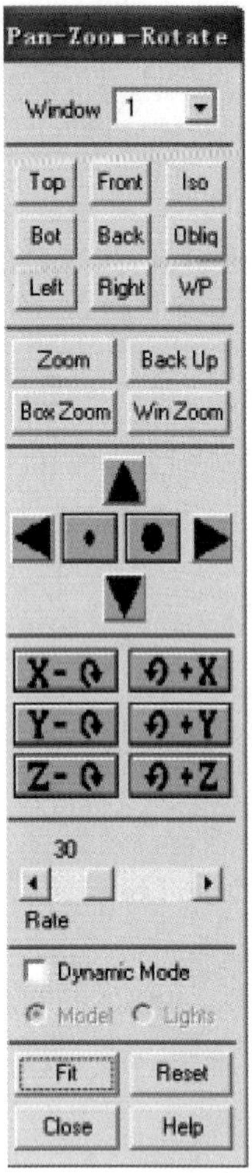

图 2－10　观察设置

1)观察设置

PlotCtrls>Pan，Zoom，Rotate 命令用于模型的移动、缩放和旋转，见图 2－10。

(1)Window 表示要控制的窗口。

(2)视角方向代表查看模型的方向。查看的模型是以质心为焦点的，可从模型的上(Top)下(Bot)、前(Front)后(Back)、左(Left)右(Right)方向查看模型，Iso 代表从较近的右上方查看，坐标为(1，1，1)；Obliq 代表从较远的右上方查看，坐标为(1，2，3)；WP 代表从当前工作平面上查看。

(3)缩放选项：通过定义一个方框来确定显示的区域。

Zoom 按钮：选择正方形的中央放大；Box Zoom：选择矩形的两个对角点放大。Win Zoon 选择矩形的两个对角点放大，矩形的长宽比与显示窗口的长宽比相同。Back up：恢复到缩放前的画面。

(4)移动、缩放按钮：点号代表缩放、三角代表移动。

(5)旋转按钮：代表了围绕某个坐标旋转，正号表示以坐标的正向为转轴。滑动条代表了操作的程度。速率越大，每次操作缩放，移动或旋转的程度越大。

(6)动态模式表示可以在图形窗口中动态地移动、缩放和旋转模型。

Model：在图形窗口中，按下左键并拖动就可以移动模型，按下右键并拖动就可以旋转模型，按下中键(对两键鼠标用 shift＋右键)左右拖动表示旋转，按下中键上下拖动表示缩放。

Lights：只能在三维设备下使用。它可控制淘汰的位置、强度以及模型的反光率。

注意：可以不打开 Pan，Zoom，Rotate 对话框直接进行动态缩放、移动和旋转。操作方法：按住 Ctrl 键不放，图形窗口上将出现动态图标，然后就可以拖动鼠标左键、中键、右键进行缩放、移动或者旋转。也可以用视图控制工具条进行观察设置。

2)数字显示控制

PlotCtrls>Numbering 命令用于设置在图形窗口上显示的数字信息。该对话框设置是否在图形窗口中显示图元号，包括关键点号(KP)、线号(LINE)、面号(AREA)、体号(VOLU)、节点号(NODE)。

对单元，可以设置显示的多项数字信息，如单元号、材料号、单元类型号、实常数号、单元坐标系号等，依据需要在 Elem/Attrib numbering 选项下进行选择。

3)符号控制

PlotCtrls>Symbols 菜单用于决定在图形窗口中显示是否出现某些符号，包括边界条件符号(/PBC)、表面载荷符号(/PSF)、体载荷符号(/PBF)以及坐标系、线和面的方向线等符号(/PSYMB)。

4)样式控制

PlotCtrls>Style子菜单用于控制绘图样式，包含命令较多，这里只介绍几种：

(1)Contours命令用来控制等值线显示。包括控制等值线的数目、所用值的范围及间隔、非均匀等值线设置、矢量模式下等值线标号的样式等。

(2)Graphs命令用来控制图的属性。它可以用来设置曲线的粗细、修改曲线图上的网格、设置坐标和图上的文字等。

(3)Colors命令用来控制图形显示的颜色。可以设置整个图形窗口的显示颜色、曲线图、等值线图、边界、实体、组件等颜色。

Utility menu>PlotCtrls>Style>Color>Reverse Video命令反白显示。

Utility menu>PlotCtrls>Style>Color>Graph Color命令可改变图形颜色。

Utility menu>PlotCtrls>Style>Color>Window Color命令可改变窗体颜色。

5)字体控制

Font Controls命令用于控制显示的文字形式。包括图例上的字体，图元上的字体、曲线图和注释字体。

6)窗口显示(Windows Controls)

(1)Window Option用于控制窗口的显示内容，包括是否显示图例、如何显示图例、是否显示标题、是否显示Windows边框、是否自动调整窗口尺寸、是否显示坐标指示，以及ANSYS产品如何显示等。

(2)Window Layout用于设置窗口布局。

(3)Window On或Off用于打开或关闭某个图形窗口。

还可以创建显示和删除图形窗口，可把一个窗口的内容复制到另一个窗口中。

7)动画显示

PlotCtrls>Animate命令控制或者创建动画。可创建的动画包括：形状和变形，物理量随时间或频率的变化显示，Q切片的等值线图或者矢量图、等值面显示、粒子轨迹等。

8)图形输出

有三种图形输出功能，定向输出、硬拷贝、输出图元文件。

PlotCtrls>Redirect Plots命令用于重定向输出。

PlotCtrls>Hard Copy>To Printer命令用于把图形硬拷贝输出到打印机。

PlotCtrls>Hard Copy>To File命令用于把图形硬拷贝输出到文件。

PlotCtrls>Capture Image命令用于获取当前窗口的快照，然后保存或打印。

6. WorkPlane工作平面

WorkPlane菜单包含关于工作平面的显示/不显示、平移或者旋转等，还包含关于坐标系的创建、删除以及在不同坐标系之间的切换。

1)ANSYS中的坐标系：

总体坐标系(总体直角坐标系、总体柱坐标系、总体球坐标系)；局部坐标系(局部直角坐标系、局部柱坐标系、局部球坐标系)；工作平面坐标系。坐标系示意见图2-11。

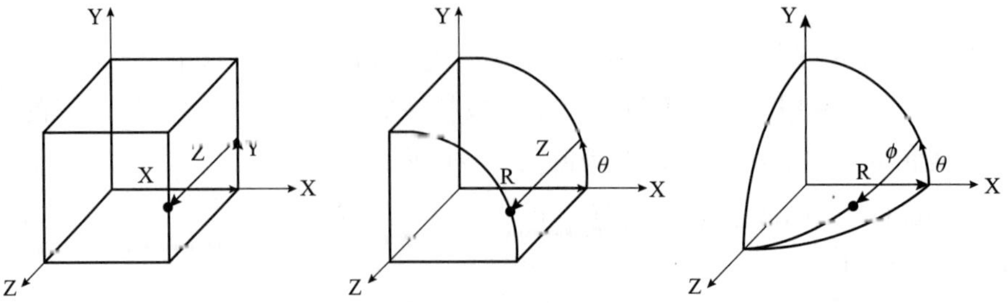

(a)总体直角坐标系　(b)总体柱坐标系　(c)总体球坐标系

图 2-11　坐标系示意图

(1)总体坐标系：

模型的总体参考系；可以是直角坐标系(0)，柱坐标系(1)，或球坐标系(2)；例如，总体直角坐标系下的位置(0，10，0)等同于总体柱坐标系下的位置(10，90，0)。

(2)局部坐标系

在任意位置、用户自定义的坐标系，标识号码为 11 或更大；可以是直角、柱或球坐标系；可以沿 X，Y，Z 轴旋转；位置可以是工作平面的原点[CSWP]、在指定的坐标处[LOCAL]、已有的关键点处[CSKP]或节点处[CS]。

(3)工作平面坐标系

它是一个参考平面，类似于绘图板，可按用户需要移动和旋转；主要用于实体模型体素的定位和取向；可以利用工作平面通过拾取定义关键点；某些布尔操作和图形操作时也可作为辅助工具。

WorkPlane 工作平面菜单见图 2-12。

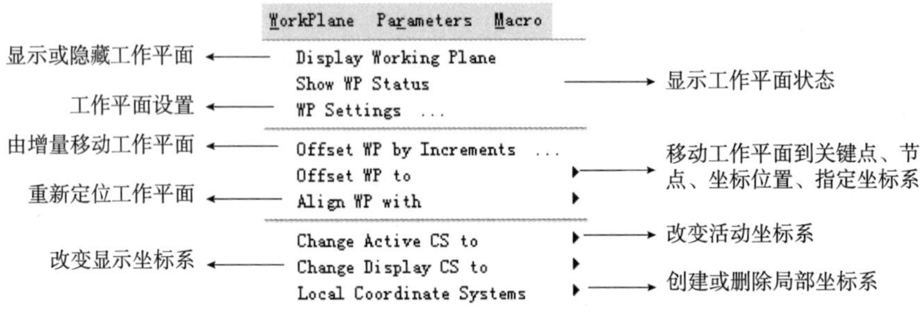

图 2-12　WorkPlane 工作平面菜单

2)激活坐标系

(1)可以定义任意数目的坐标系，但任何时候只有一个是激活的；

(2)定义以下几种几何体素时受到激活坐标系的影响：关键点及节点的位置、线的曲率、面的曲率、生成和填充关键点和节点等；

(3)图形窗口的当前设置栏显示激活的坐标系；

(4)缺省时激活的坐标系为总体直角坐标系；

(5)利用 CSYS 命令(或 Utility Menu>WorkPlane>Change Active CS to)可将激活坐

标系改变为：总体直角坐标系[csys，0]；总体柱坐标系[csys，1]；总体球坐标系[csys，2]；工作平面坐标系[csys，4]；或用户定义的局部坐标系[csys，*n*]($n \geqslant 11$)。

3)工作平面

工作平面是一个可以移动的二维参考平面，用于定位和确定体素的方向。工作平面示意见图 2-13。

缺省时，工作平面的原点与总体坐标系的原点重合，但可以将它移动或旋转到任意想要的位置；通过显示栅格，可以将工作平面作为绘图板。

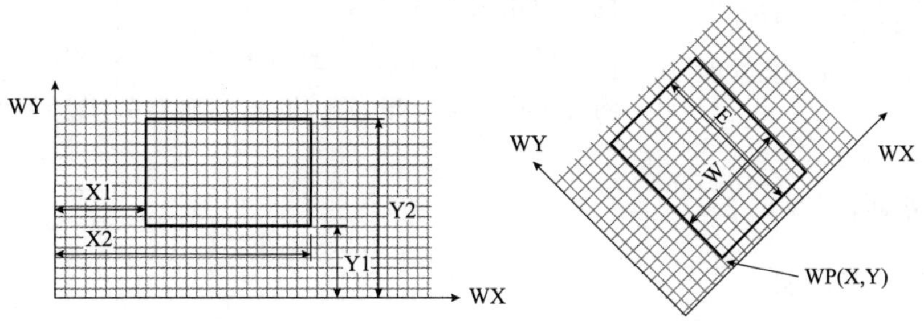

图 2-13　工作平面示意

利用 Offset 及 Align 菜单可以将工作平面移动到任意想要的位置。

(1)Offset WP by Increments>

利用推动按钮(连同滑块的增量)进行平移；或键入增量；或使用动态模式(类似于 pan-zoom-rotate)。

(2)Offset WP to>

移动工作平面，保持它当前的方向到想要的位置，位置可以是：已有的关键点(拾取多个关键点移动工作平面到它们的平均位置)；已有的节点；坐标位置；总体坐标原点；激活坐标系的原点。

(3)Align WP with>

重新定位工作平面。例如，Align WP with Keypoints 提示拾取三个关键点：第一个定义原点，第二个定义 X 轴，另一个定义 X-Y 平面。将工作平面恢复到其缺省位置(在总体 X-Y 平面的原点)，点击 Align WP with>Global Cartesian。

工作平面设置菜单见图 2-14。

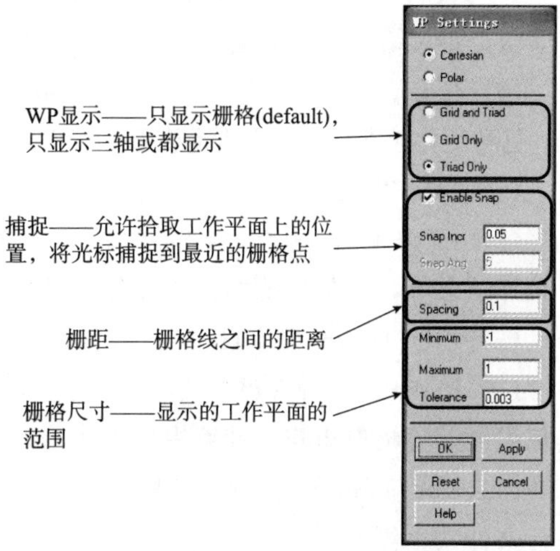

图 2-14　工作平面设置菜单

7. Help 帮助菜单

有四种方式可以打开帮助菜单：(1)通过 Help 菜单；(2)在 ANSYS 程序组中选取 Help：开始>程序>ANSYS>help>ANSYS help；(3)从任何对话框中选取 Help 按

钮；(4)输入 Help 命令："Help…"。

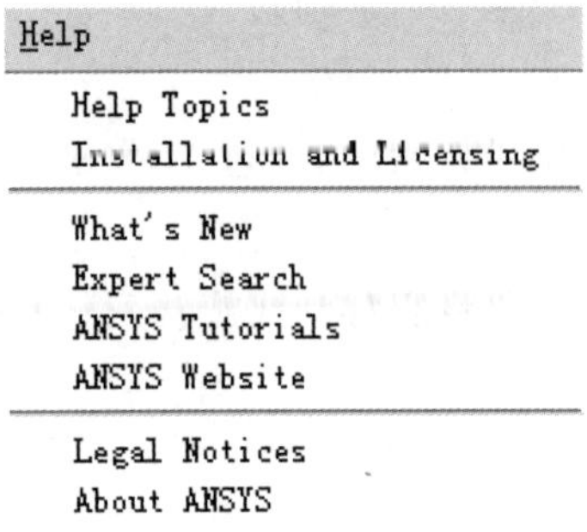

图 2 - 15　Help 帮助菜单

(1)在 ANSYS 帮助系统中使用超链接

在浏览某页时，可能注意到一些有下画线的不同颜色的词，这就是超文本链接。单击该词，就能得到关于该项目的帮助。出现超文本链接的典型项目是命令名、单元类型、用户手册的章节等。当单击某个超文本链接之后，它将显示不同颜色。一般情况下，未单击时为蓝色，单击之后为红褐色。

(2)对新手而言，查看 Help>ANSYS Tutorials 中的内容很有好处，它能一步一步地教会用户如何完成每个分析任务。

Help 帮助菜单见图 2 - 15。

2.2.2 主菜单

主菜单不支持快捷键。默认主菜单提供了 13 类菜单主题，如图 2 - 16 所示。

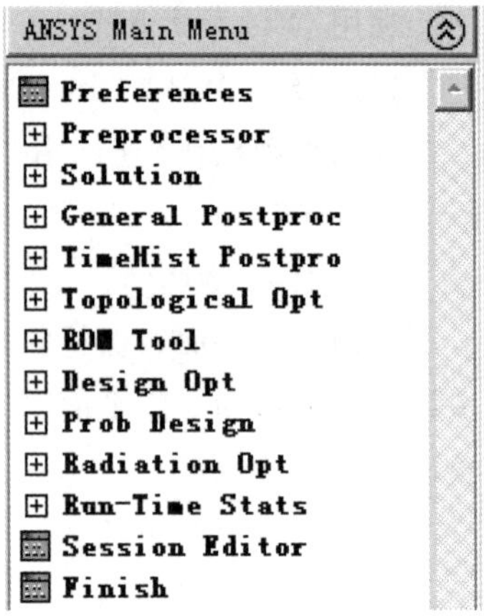

图 2 - 16　主菜单

(1)Preferences(优选项)：弹出一个对话框，用户可以选择学科及某个学科的有限元方法；

(2)Preprocessor(前处理器)：包含 PREP7 操作，如建模、分网和加载等，但是在本书中，把加载作为求解器中的内容；

(3)Solution(求解器)：包含求解操作，如分析类型选项、加载、载荷步选项、求解控制和求解等；

(4)General Postpro(通用后处理器)：包含 POST1 后处理操作，如结果的图形显示和列表；

(5)TimeHist Postproc(时间历程后处理器)：包含 POST26 的操作，如对结果变量的定义、列表或者图形显示；

(6)Topological Opt(拓扑优化)：也就是对几何形状进行优化，这种优化通常是以最小质量或者是最小柔度为目标函数；

(7)ROM Tool；

(8)Design Opt(设计优化)：包含了 Opt 操作，如定义优化变量、开始优化设计、查看设计结果等，这是传统的优化操作，是单步分析的反复迭代；

(9)Prob Design(概率设计)：结合设计和生产等过程中的不确定因素进行设计；

(10)Radiation Opt(辐射选项)：包含了 AUX12 操作，如定义辐射率，完成热分析的其他设置，写辐射矩阵、计算视角因子等；

(11)Run-Time Stats(运行时间估计器)：包含了 RUNSTAT 操作，如估计运行时间、估计文件大小等；

(12)Session Editor(记录编辑器)：用于查看在保存或者恢复之后的所有操作记录；

(13)Finish(结束)：退出当前处理器，回到开始级。

第3章 ANSYS 分析的基本步骤

3.1 分析步骤

有限元分析(FEA)是对物理现象(几何及载荷工况)的模拟，是对真实情况的数值近似。通过划分单元，求解有限个数值来近似模拟真实环境的无限个未知量。

3.1.1 ANSYS 分析中三个主要的分析步骤

(1)创建有限元模型(前处理)

①创建或读入几何模型；

②定义材料属性；

③划分单元(节点及单元)。

(2)施加载荷，进行求解(求解器)

①施加载荷及载荷选项；

②求解。

(3)查看结果(后处理)

①查看分析结果；

②检验结果(分析是否正确)。

3.1.2 ANSYS 分析步骤在 GUI 中的体现

分析的三个主要步骤可在主菜单中得到明确体现：(1)建立有限元模型；(2)施加载荷，求解；(3)查看结果。

ANSYS GUI 中的功能排列按照一种动宾结构，以动词开始(如 Create)，随后是一个名词(如 Circle)。菜单的排列，按照由前到后、由简单到复杂的顺序，与典型分析的顺序相同。

3.2 文件管理

3.2.1 ANSYS 文件及工作文件名

(1)ANSYS 在分析过程中需要读写文件；

(2)文件格式为 jobname.ext，其中 jobname 是设定的工作文件名，ext 是由 ANSYS 定义的扩展名，用于区分文件的用途和类型；

(3)默认的工作文件名是 file。

3.2.2 ANSYS 数据库中存储的数据

ANSYS 的数据库，是指在前处理、求解及后处理过程中，ANSYS 保存在内存中的数据。数据库既存储输入的数据，也存储结果数据。

(1)输入数据：必须输入的信息(模型尺寸、材料属性、载荷等)；

(2)结果数据：ANSYS 计算的数值(位移、应力、应变、温度等)。

存储数据库操作：存储操作将 ANSYS 数据库从内存中写入一个文件。数据库文件(以 db 为扩展名)是数据库当前状态的一个备份。

恢复数据库操作：恢复操作将数据库文件中的数据读入内存，在这个过程中，将首先清除目前内存中的数据，将之替换成数据库文件中的数据。

怎样利用存储和恢复数据库，从错误操作中恢复：

存储和恢复操作可在工具条中方便地调用，ANSYS 提供数据库文件备份。选择“Files>Resume from”然后选择 jobname.db，恢复到上一次存储的数据库。

有关存储与恢复操作的提示：

(1)必须选择一个存储命令，将数据库保存到文件中；

(2)建议在分析过程中，隔一段时间存储一次数据库文件；

(3)在进行不清除后果的(如划分网格)或会造成重大影响的(如删除操作)操作以前，最好先存储一下数据库文件；

(4)如果在进行一个操作以前刚刚存储完数据库，可以选择工具条中的 RESUME_DB，进行“undo”。为了最大限度地减小由于误操作引起的文件覆盖等，建议培养以下习惯：

①针对每个分析项目，设置单独的子目录；

②每求解一个新问题使用不同的工作文件名。在 ANSYS 启动对话框中设置工作文件名，ANSYS 的 Output 文件在交互操作中并不自动被写出，在交互操作中，必须用 Utility Menu：File>Switch Output to>File 把 Output 写到一个文件中。

分析完成后，必须保存如下文件：log 文件(.log)，数据库文件(.db)，结果文件(.rst，.rth 等)，载荷步文件(.s01，.s02，...)，输出文件(.out)，物理环境文件(.ph1，.ph2，...)。注意，log 文件只添加，不会覆盖。

3.3 实例：悬臂梁

1. 问题描述

一个在端点施加集中载荷的悬臂梁，$L=1000$mm，$P=100$N，$b=20$mm，$h=40$mm，弹性模量为 2.1E11Pa。结构示意见图 3-1。

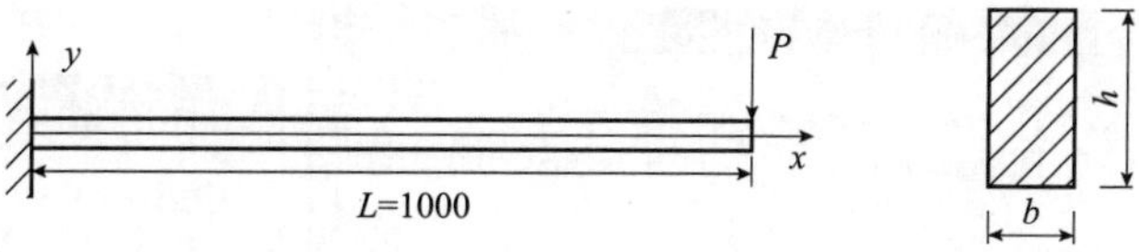

图 3-1　悬臂梁结构示意

2. GUI 求解步骤

1)进入 ANSYS

程序→ANSYS→ANSYS Product Launcher→改变 working directory 到指定文件夹→在 job name 输入：beam→Run。

2)设置计算类型

Main Menu>Preferences→选择 Structural→OK。

3)选择单元类型

Main Menu>Preprocessor>Element Type>Add/Edit/Delete→Add→选择 Beam 和 2D elastic 3→OK→Close，如图 3-2 所示。

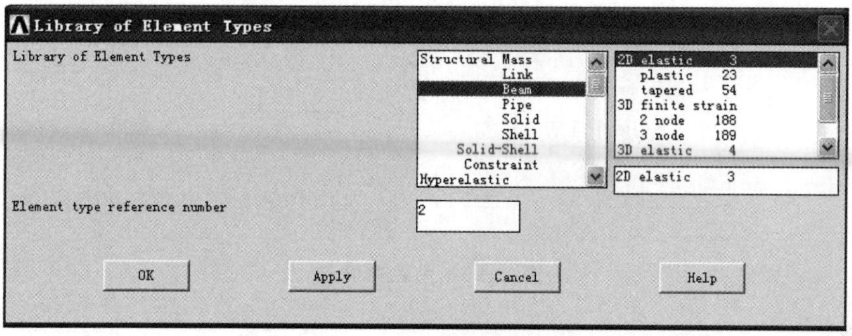

图 3-2　选择单元类型

4)定义实常数

Main Menu > Preprocessor > Real Constants>Add/Edit/Delete→Add→Type 1→OK→AREA：8e-4，IZZ：1.067e-7，HEIGHT：4e-2→OK→Close，如图 3-3 所示。

5)定义材料参数

Main Menu > Preprocessor > Material Props>Material Models→Structural→Linear→Elastic→Isotropic→EX：2e11，PRXY：0.3→OK，如图 3-4 所示。

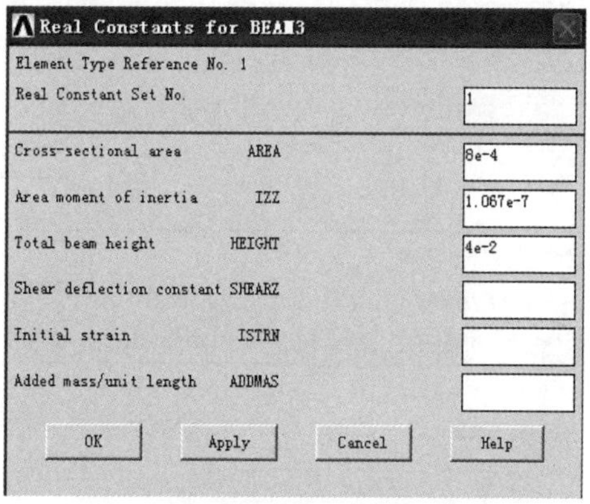

图 3-3　设置实常数

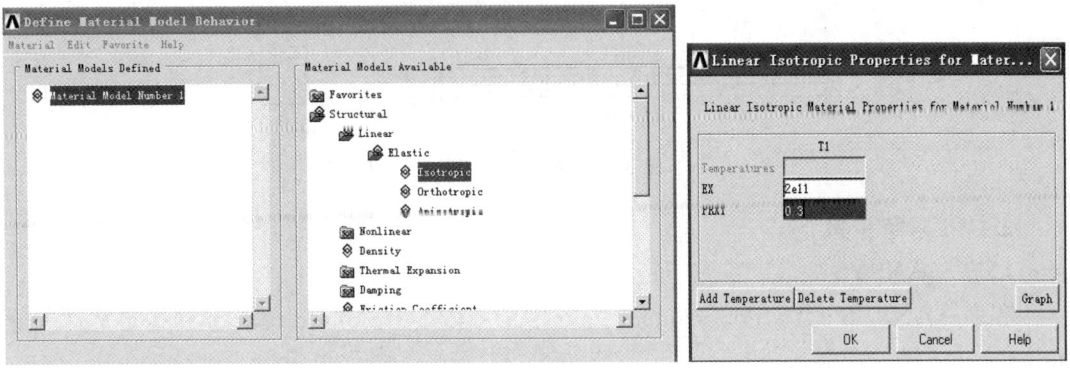

图 3-4　设置材料特性

6)建立几何模型

生成关键点：

Main Menu>Preprocessor>Modeling>Create>Keypoints>In Active CS→依次输入两个关键点的坐标：1(0，0，0)，2(1，0，0)→OK，如图 3-5 所示。

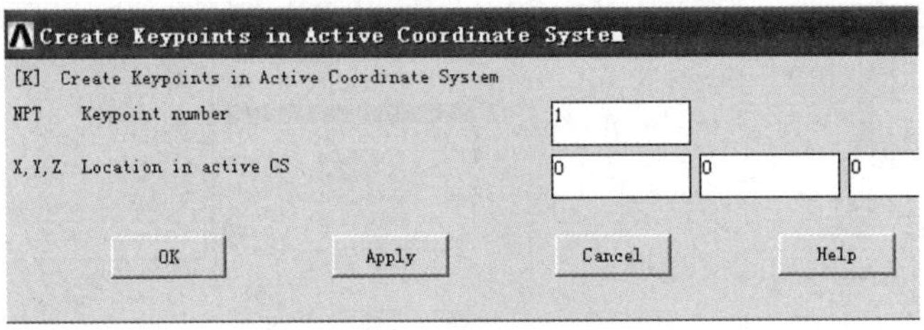

图 3-5　创建关键点

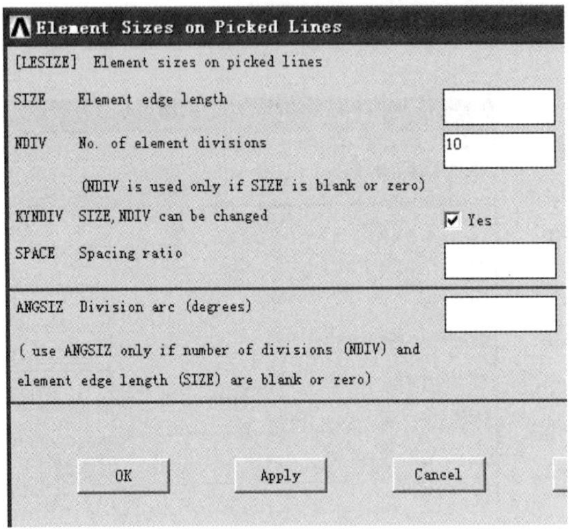

图 3-6　划分份数

生成线：

Main Menu>Preprocessor>Modeling>Create>Lines>Lines>Straight Line→拾取关键点 1 和 2→OK。

7)网格划分

Main Menu>Preprocessor>Meshing>MeshTool→寻找 Size Controls：Lines→Set→pick All→NDIV：10→OK。在 MeshTool 中寻找 Mesh→pick All→Close，如图 3-6 所示。

8)施加约束

Main Menu>Preprocessor>Loads>Define Loads>Apply>Structural>Displacement>On Keypoints→拾取关键点 1→OK→Lab2：All DOF→OK，如图 3-7 所示。

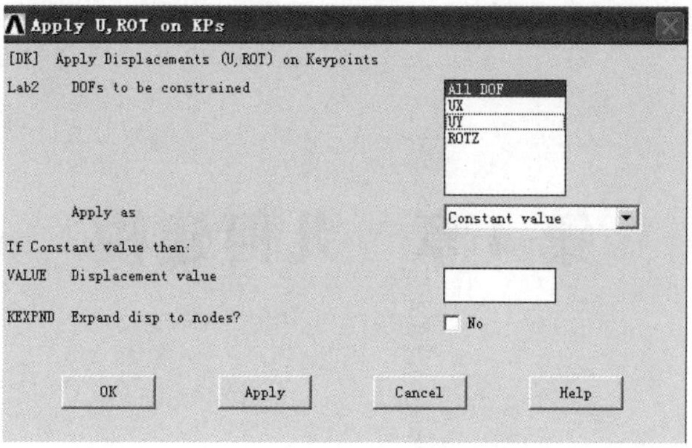

图 3－7　对关键点 1 施加位移约束

9)施加载荷

在关键点 2 上施加集中力载荷 100N：

Main Menu＞Preprocessor＞Loads＞Define Loads＞Apply＞Structural＞Force/Moment＞On Keypoints→拾取关键点 2→OK→Lab：FY，VALUE：－100→OK，如图 3－8 所示。

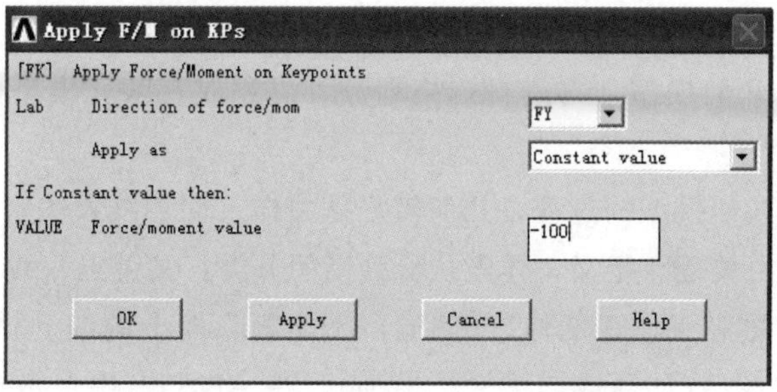

图 3－8　对关键点 2 施加载荷约束

10)分析计算

Main Menu＞Solution＞Solve＞Current LS→关闭/SATUS Command 窗口→OK。

11)结果显示

列节点的挠度：Main Menu＞General Postproc＞List Results＞Nodal Solution→Nodal Solution→DOF Solution→Displacement vector sum→OK→记录各节点的挠度→关闭 PRNSOL Command 窗口。

列节点的转角：Main Menu＞General Postproc＞List Results＞Nodal Solution→Nodal Solution→DOF Solution→Rotation vector sum→OK→记录各节点的转角→关闭 PRNSOL Command 窗口。

12)退出系统

ANSYS Utility Menu：File→Exit→Save Everything→OK。

第 4 章　几何建模

4.1　建模方法

有限元模型的建立方法可分为：

1. 直接法

直接根据机械结构的几何外形建立节点和单元，因此直接法只适用于简单的机械结构系统。

2. 间接法

适用于具有复杂几何外形、节点及单元数目较多的机械结构系统。该方法通过点、线、面、体，先建立几何模型，再进行网格划分，以完成有限元模型的建立。本章只介绍几何建模。

几何建模即生成几何模型的过程。几何模型是由体、面、线及关键点定义的，体由面围成、面由线组成、线由关键点定义，体素从低到高的分类：关键点、线、面、体，如图 4 - 1 所示。不能删除包含更高级体素的体素(例如，不能删除面上的线、体上的面)。另外，包含面和面以下体素的模型(如壳或二维平板模型)，在 ANSYS 中也考虑为几何模型。

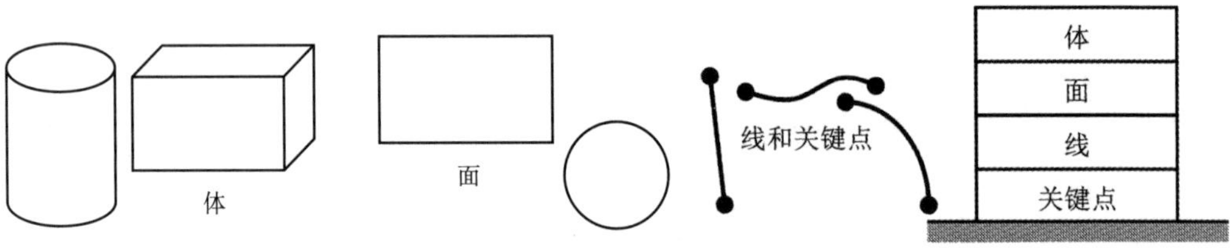

图 4 - 1　体素

生成几何模型的两种方法：从上到下和从下到上。

(1)从上到下建模：从生成高级体素(如体或面)开始，结合其他方法生成最终的形状。如果低阶的图元连在高阶图元上，则低阶图元不能删除，如图 4 - 2 所示。

图 4 - 2　从上到下建模

(2)从下到上建模：从建立关键点开始，逐步建立高级体素(如线、面、体等)，如图4-3所示。

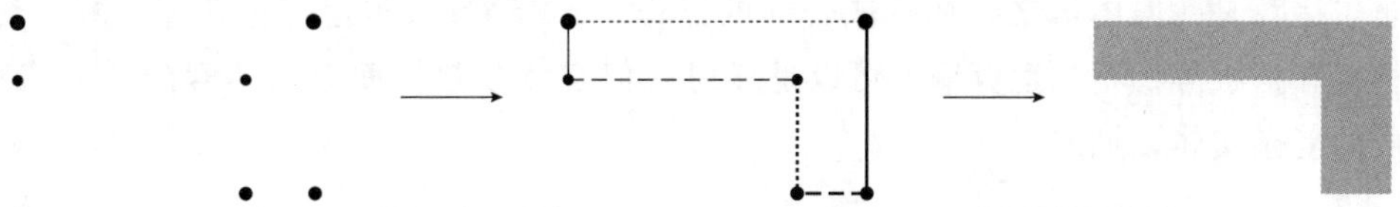

图4-3　从下到上建模

可以选择最适合于生成模型的方法，还可以自由地综合利用这两种方法。下面详细地讨论每种方法。

4.2　从上到下建模

从上到下建模开始定义体(或面)，结合其他方法生成最终的形状。开始定义的体或面称为体素；体素定位和取向依赖于工作平面；用于产生最终形状的合并称为布尔运算。

当生成二维体素时，ANSYS定义一个面及其所包含的线和关键点。

当生成三维体素时，ANSYS定义一个体及其所包含的面、线及关键点。

4.2.1　体素

1. 二维体素

二维体素包括矩形、圆、三角形和其他多边形，见图4-4。

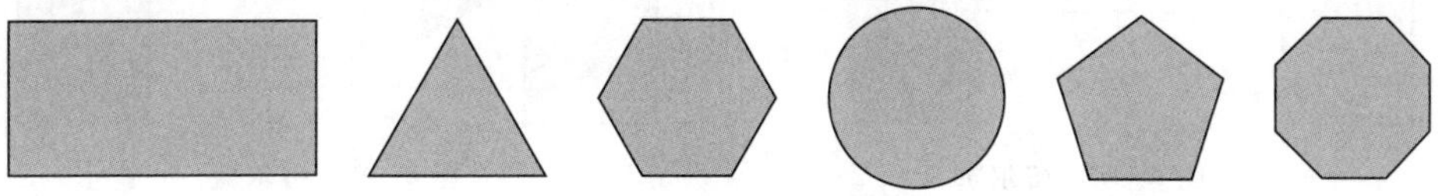

图4-4　二维体素

2. 三维体素

三维体素包括块、圆柱、棱柱、球和锥，见图4-5。

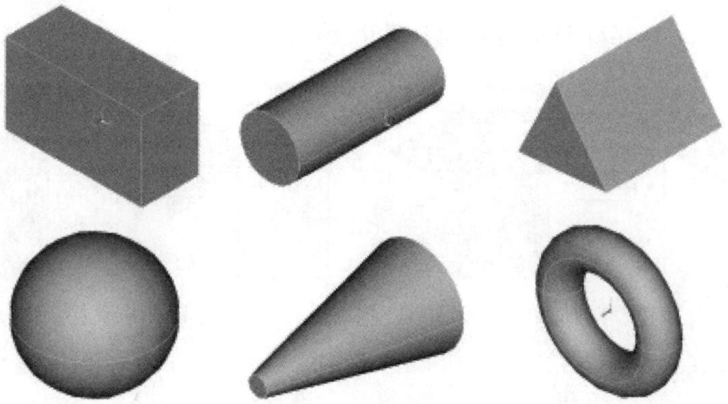

图4-5　三维体素

4.2.2 布尔运算

布尔运算是几何体素之间加减或合并的操作。ANSYS 布尔运算包括加、减、交、分割、粘接和搭接等；布尔运算输入可以是任何几何实体，包括简单的体素到从 CAD 系统中生成的复杂实体，见图 4－6。

图 4－6　布尔运算

所有的布尔运算都可以在 GUI 下的 Main Menu＞Preprocessor＞Modeling＞Operate 得到。缺省时，布尔运算的输入实体在运算之后被删除。删除的实体号码变为自由的(将会分配给新生成的实体，由最小可用的号码开始)。

1. 加(Add)

将两个或多个实体合成一个实体，见图 4－7。

2. 减(Subtract)

将输入实体的一个或多个搭接的部分去掉，对生成孔或修剪实体十分有用，见图 4－8。

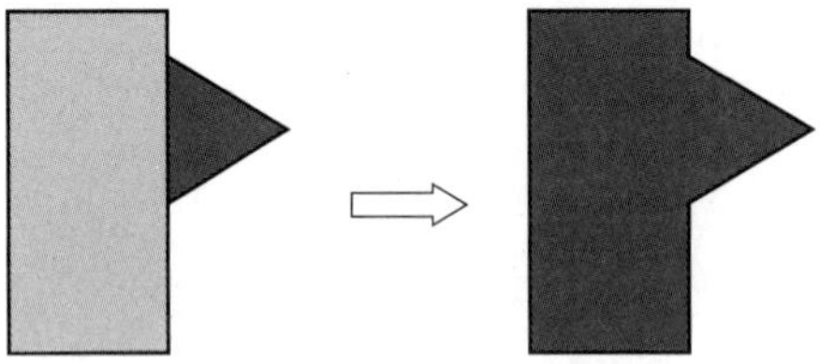

图 4－7　布尔加

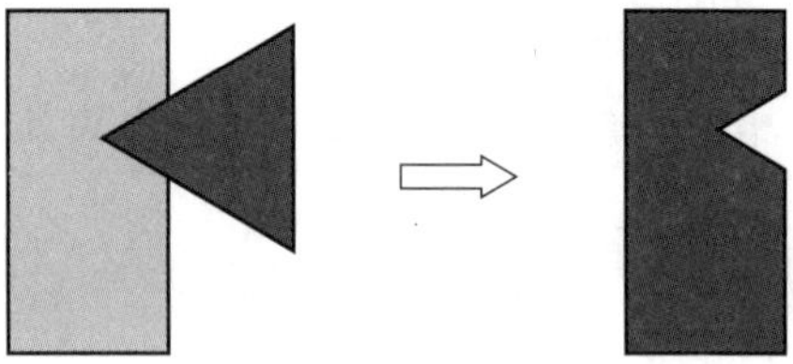

图 4－8　布尔减

3. 粘接(Glue)

将两个或多个实体粘接起来，在它们之间形成一个公共的边界。当希望保持两个实体的区别时很有用(例如不同的材料)，见图 4－9。

4. 搭接(Overlap)

除输入实体相互搭接外与粘接相同，见图 4－10。

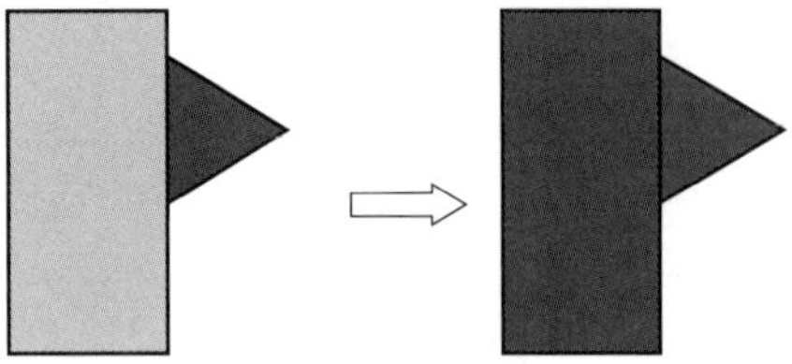

图 4－9　粘接

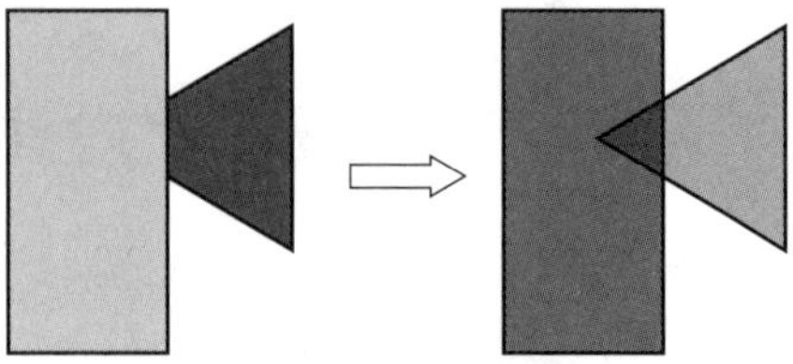

图 4－10　搭接

5. 切割(Divide)

将实体切为两个或多个，但相互间仍由公共边界连接。切分的工具可以是工作平面、面、线或体。对将复杂的体切分为简单的体以进行规则网格划分十分有用，见图 4－11。

6. 相交(Intersect)

只保留两个或多个实体的重叠部分。

如果有两个以上的输入实体，有两种选择：

(1)公共相交：找出所有输入实体的公共重叠部分；

(2)两两相交：找出每一对实体的重叠区域，可能产生一个以上的输出实体，见图 4－12。

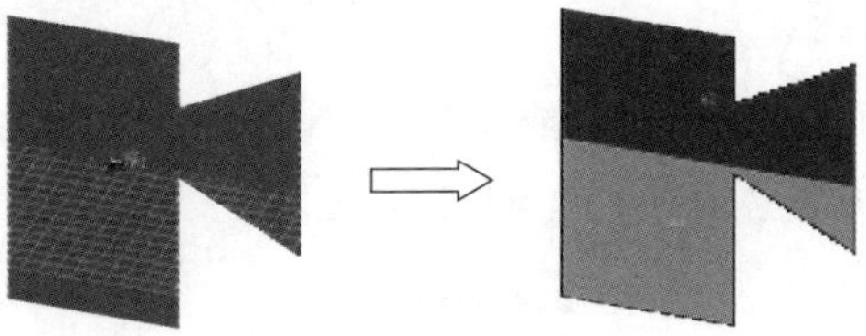

图 4－11　切割

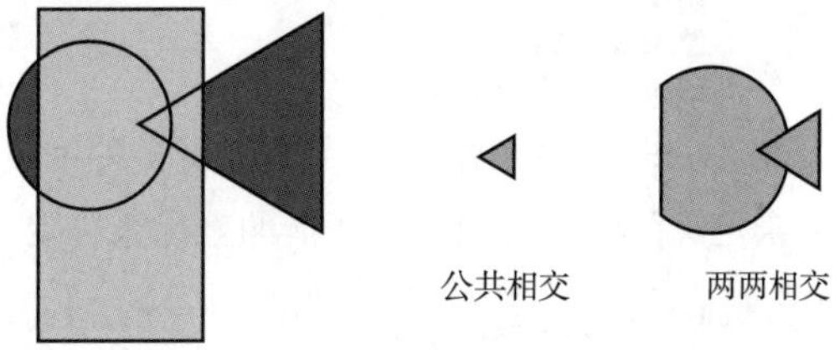

图 4－12　相交

7. 互分(Partition)

将两个或多个相交的实体切成多片但仍通过公共的边界相互连接，见图 4－13，找到两条线的交点并保留四条线段。(而相交操作只返回一个公共关键点并删除两条线。)

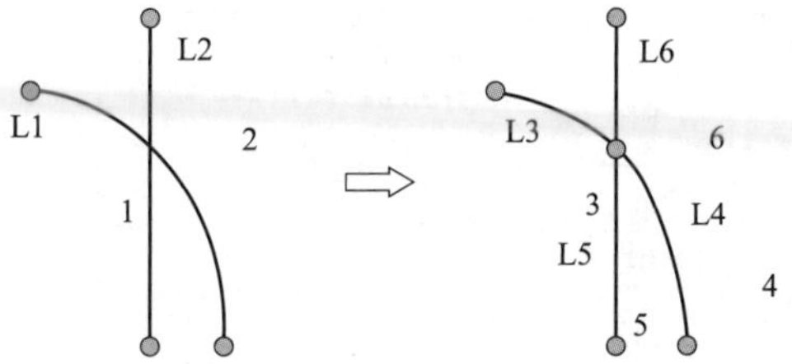

图 4－13　互分

4.3　从下到上建模

从下向上建模开始于定义关键点，然后建立其他实体。

例如，建立一个 L 形的物体必须首先定义它的角点，然后可通过连接各个角点生成面或先由角点生成线然后由线定义面，见图 4－14。

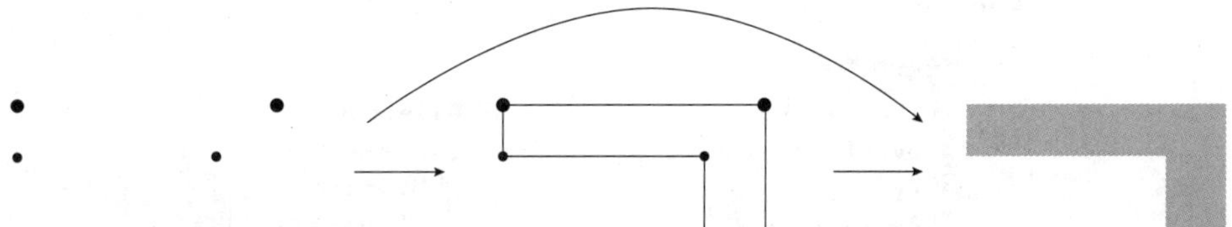

图 4－14　从下到上建模示意

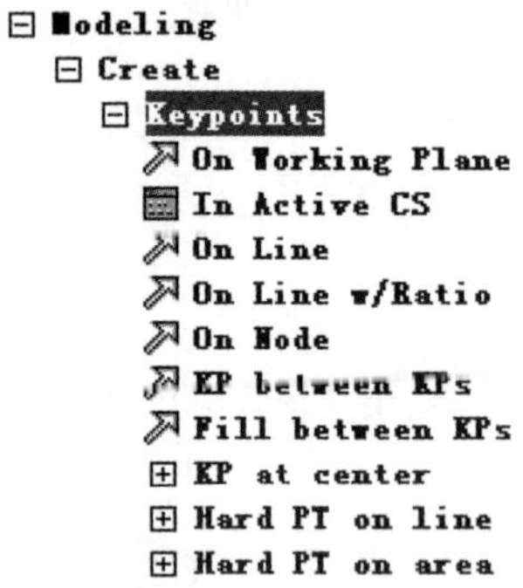

图 4-15 定义关键点

4.3.1 关键点

生成关键点的数据仅需关键点号和坐标位置，关键点号缺省为下一个可用的号码，坐标位置可用通过在工作平面上拾取或键入 X，Y，Z 值，X，Y，Z 值依赖于当前激活的坐标系，见图 4-15。

4.3.2 线

有多种生成线的方法。定义面或体时，ANSYS 会自动生成任何未定义的线，其曲率由激活的坐标系决定。生成线必须有关键点可用，见图 4-16。

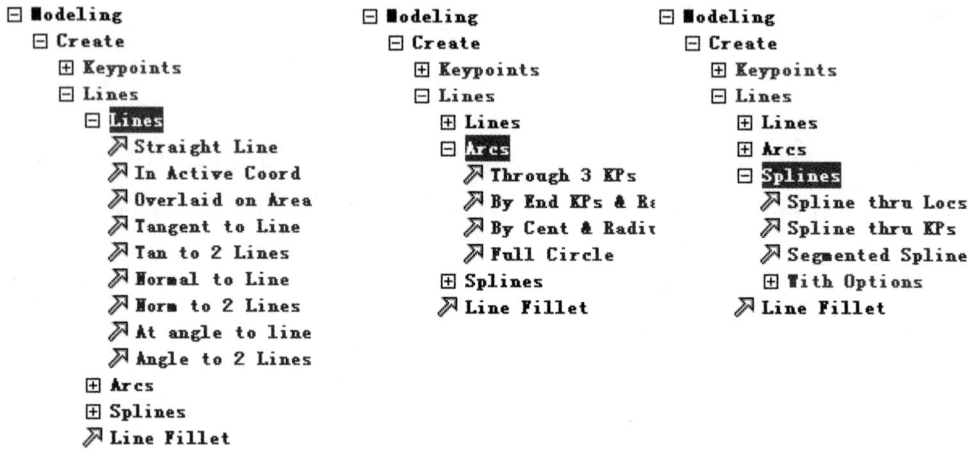

图 4-16 定义线

4.3.3 面

从下到上方法生成面要求已经定义了关键点或线，如果定义面，ANSYS 将自动生成未定义的线和关键点，见图 4-17。

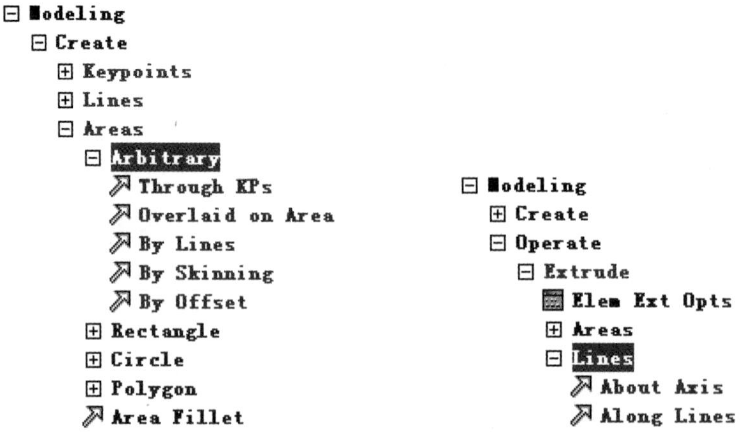

图 4-17 定义面

4.3.4　体

从下到上方法生成体要求已经定义了关键点或线或面。如果定义体，ANSYS 将自动生成任何未定义的面和线，曲率由激活的坐标系决定，见图 4－18。

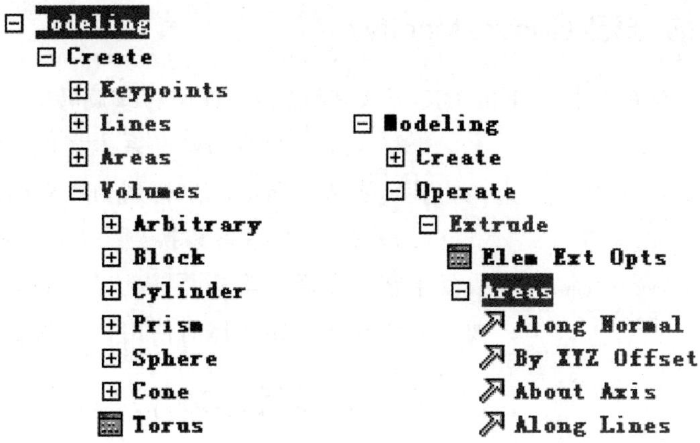

图 4－18　定义体

4.4　其他操作

布尔操作对由上到下和由下到上建模方法生成的实体都有效。除布尔操作外，还可用许多其他的操作：拖拉(Extrude)、缩放(Scale)、移动/修改(Move/Modify)、复制(Copy)、镜像(Reflect)、合并(Merge)、倒角(Fillet)。

4.4.1　拖拉(Extrude)

由已有面快速生成体(或由线生成面，关键点生成线)；如果面已划分了单元，可以由面单元拖拉出体单元；四种拖拉面的方法：

(1)沿着法向——通过法向偏移面生成体[VOFFST]；

(2)通过 XYZ 偏移——通过一般的 X-Y-Z 偏移[VEXT]生成体，允许有锥度的拖拉；

(3)沿着轴——通过沿着轴(两个关键点来定义)旋转面生成体[VROTAT]；

(4)沿着线——通过将面沿着一条或一组连续的线拖拉生成体[VDRAG]。

见图 4－19。

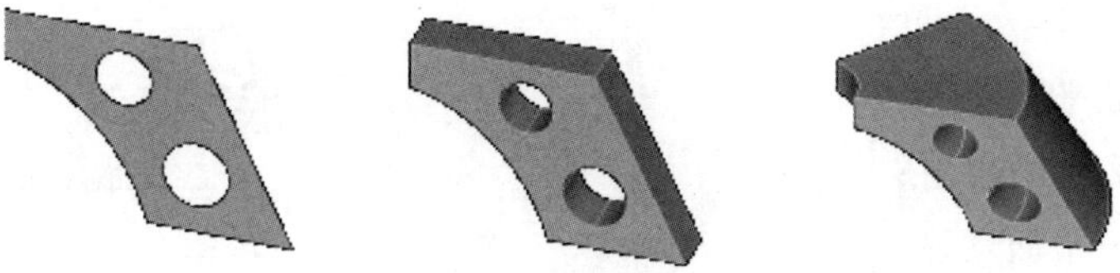

图 4－19　拖拉示意

4.4.2 缩放(Scale)

用于将一种单位制转化为另一种单位制，比如模型由 CAD 系统导入 ANSYS 中时，单位需要转化。

4.4.3 移动/修改(Move/Modify)

(1)通过指定激活的坐标系下的 DX，DY，DZ 将实体平移或旋转。

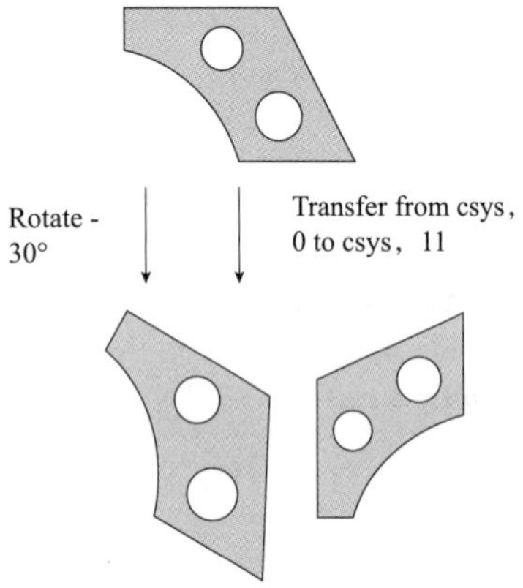

图 4-20 旋转操作

平移实体，激活的坐标系为直角坐标系；

旋转实体，激活的坐标系为柱坐标系或球坐标系。

(2)将一个坐标系转换到另一个不同的坐标系。转换发生在将激活的坐标系转为某个指定的坐标系；在需要同时移动和旋转实体时使用，见图 4-20。

4.4.4 复制(Copy)

产生一个实体的多个备份；

对每一次拷贝指定拷贝数目及 DX、DY、DZ 偏移距离，DX、DY、DZ 表示为激活的坐标系下；

用于生成多个孔、肋或突起。见图 4-21。

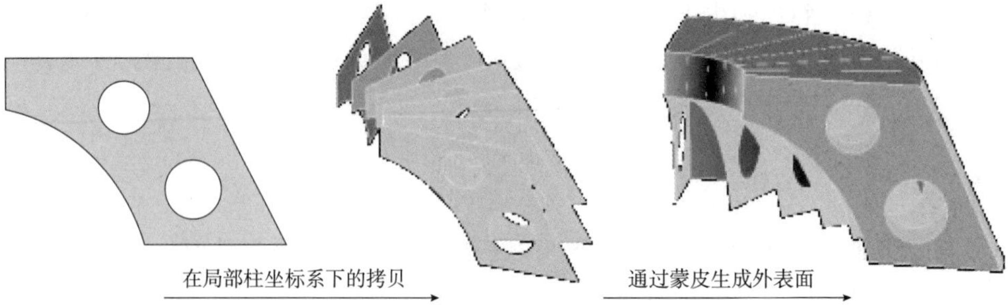

图 4-21 复制操作

4.4.5 镜像(Reflect)

沿一个平面镜像实体。注意：所有的方向都表达为激活坐标系下的方向，且激活的坐标系必须为直角坐标系。

定义镜像的方向：

X 表示沿 YZ 平面反射；

Y 表示沿 XZ 平面反射；

Z 表示沿 XY 平面反射。

见图 4-22。

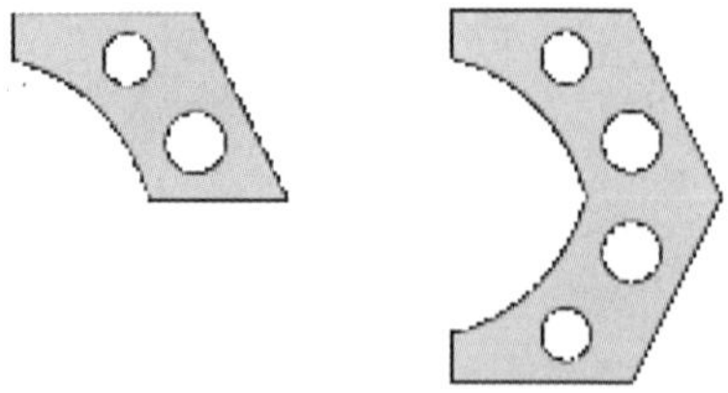

图 4-22 镜像操作

4.4.6　合并(Merge)

路径：Main Menu＞Preprocessor＞Numbering Ctrls＞Merge Items＞Keypoints。

通过合并重合的关键点或节点等，将两个实体贴上；合并关键点将会自动合并重合的高级实体；通常在镜像、复制或其他操作引起重合的实体时需要合并，见图 4－23。

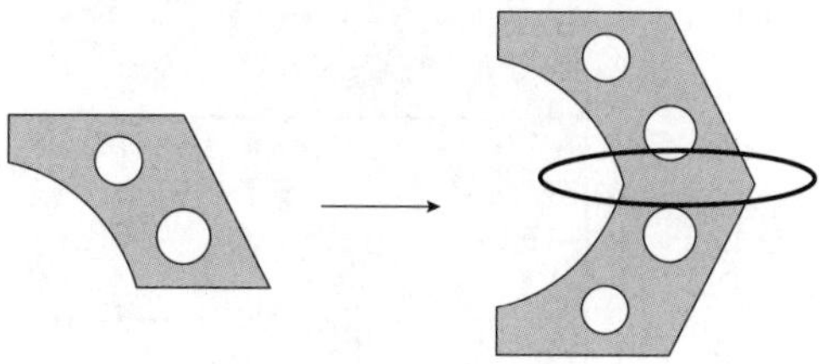

图 4－23　合并操作

4.4.7　倒角(Fillet)

线倒角要求两条相交的线在相交处有一个公共点；如果公共关键点不存在，首先进行分割操作；ANSYS 不更新下面的面，因此需要加或减去倒角区域。面倒角与此类似。

4.5　几何建模实例

4.5.1　平面角架的模型建立

1. 问题描述

图 4－24 中的单位为 cm，角架的厚度为 0.5cm，*R* 的值为 0.5cm。

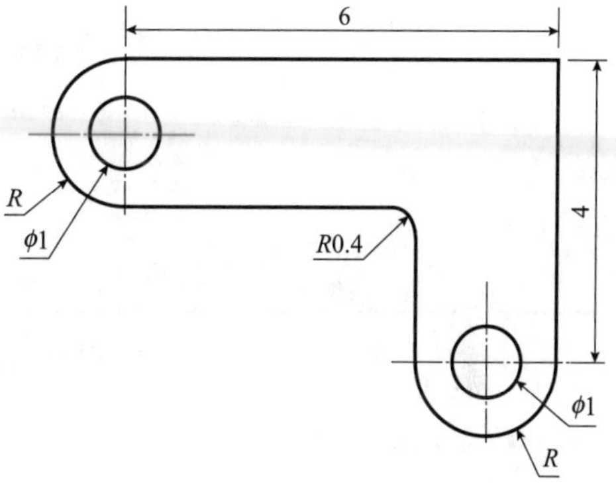

图 4－24　角架模型

2. GUI 操作步骤

(1)创建单元类型

Main Menu＞Preprocessor＞Element Type＞Add/Edit/Delete→Add→选择 Structure Solid 和 8node 82→OK。点击“Options”按钮，在 K3 中选择“Plane strs w/thk”，如图 4－25 所示。点击“OK”，完成设置。

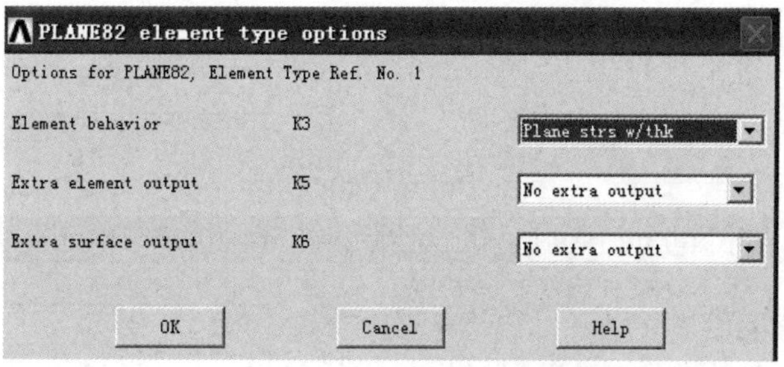

图 4－25　选择单元类型

(2)设置实常数

Main Menu＞Preprocessor＞Real Constants＞Add/Edit/Delete→Add，在弹出的对话

框中(见图 4－26)，进行如下设置：

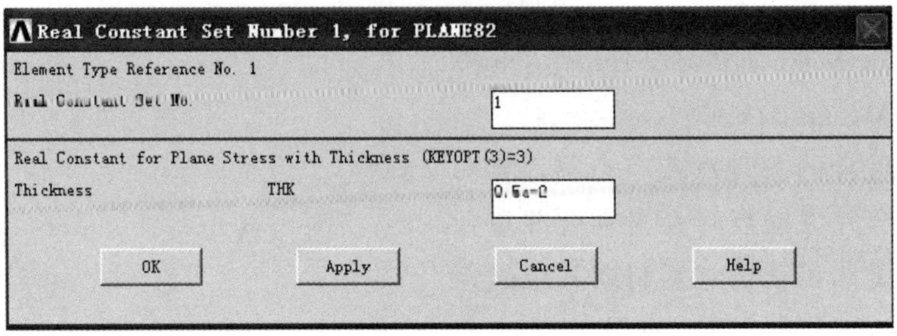

图 4－26 设置实常数

(3)设置材料属性

Main Menu＞Preprocessor＞Material Props＞Material Models＞Structural＞Linear＞Elastic→Isotropic→EX：2e11，PRXY：0.3→OK，如图 4－27 所示。

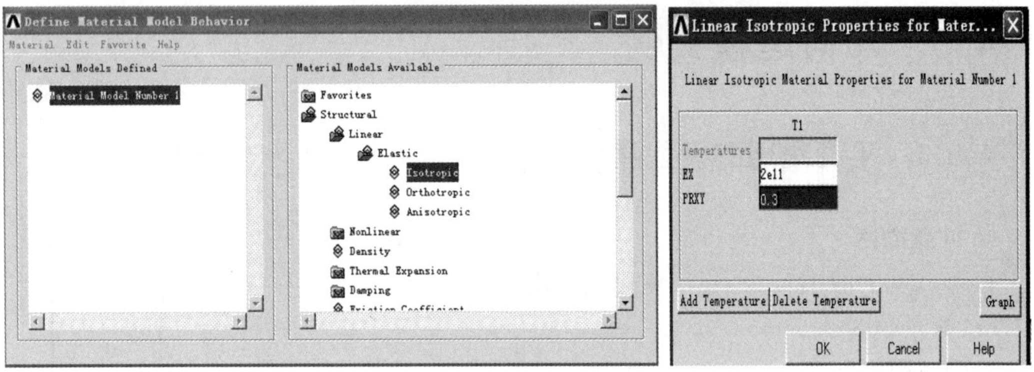

图 4－27 设置材料属性

(4)建立几何模型

①Main Menu＞Preprocessor＞Modeling＞Create＞Areas＞Rectangle＞By Dimensions，输入数据，如图 4－28 所示。

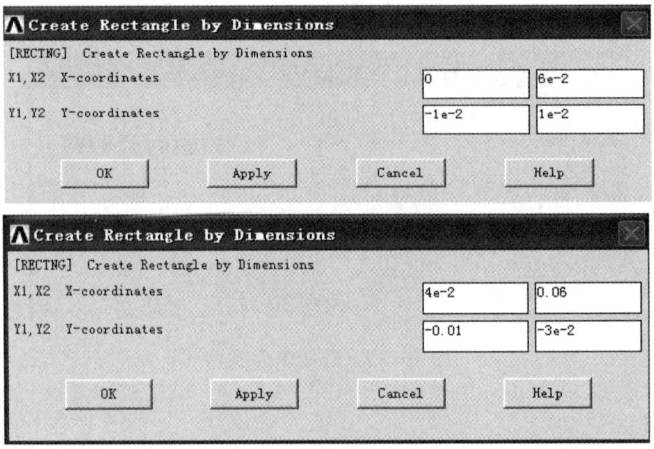

图 4－28 创建矩形面

创建两个矩形面以后，生成的模型如图 4－29 所示。

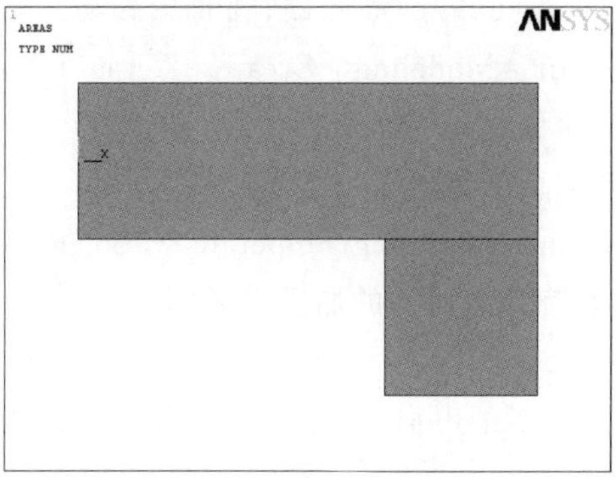

图 4－29　矩形模型

②改变工作平面，并创建圆面。

Utility Menu>PlotCtrls>Pan，Zoom，Rotate，按照图 4－30 中 2、3 所示，依次实现操作。

Utility Menu>WorkPlane>Display Working Plane(toggle on)，然后 Utility Menu>WorkPlane>WP Settings，在弹出的对话框中(图 4－31)，选择 Polar，Grid and Triad，在 Snap Increment 后面的一栏中输入 0.1，然后点击“OK”。

Main Menu>Preprocessor>Modeling>Create>Areas>Circle>Solid Circle，按照图 4－32 设置结束后，点击“OK”关闭此对话框。

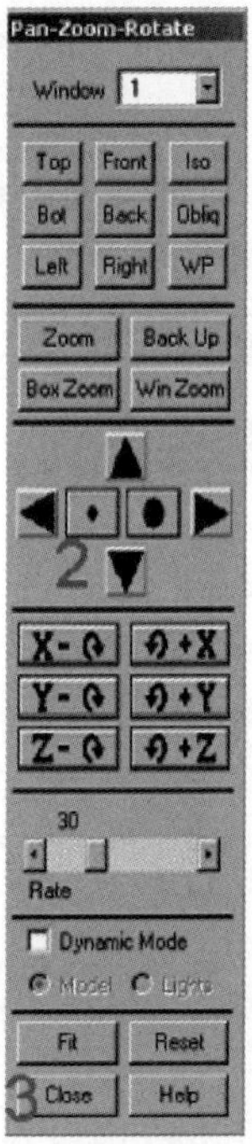

图 4－30　平移和旋转对话框

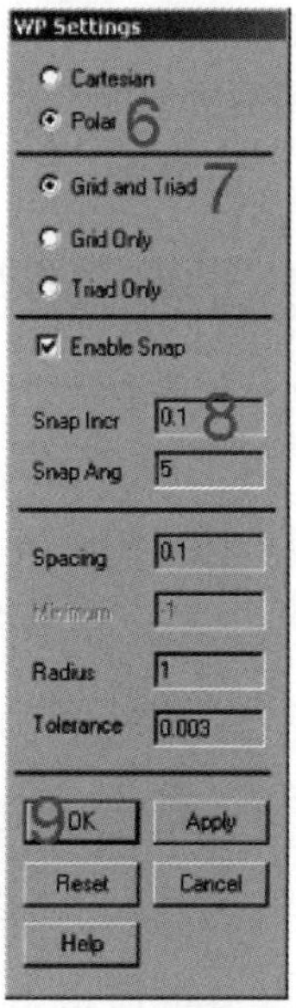

图 4－31　工作平面设置对话框

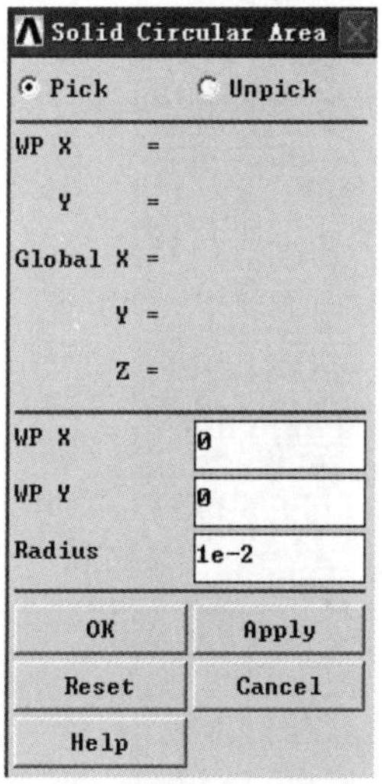

图 4－32　创建圆面对话框

③移动工作平面，创建第二个圆。

Utility Menu>WorkPlane>Offset WP to>Keypoints，选择小矩形的两个下部的点 1 和点 2，如图 4 - 33 所示，点击“OK”，完成工作平面的移动。

Main Menu>Preprocessor>Modeling>Create>Areas>Circle>Solid Circle，按照建第一个圆的方法，建立第二个圆。

④利用布尔操作，实现对面的加操作

Main Menu>Preprocessor>Modeling>Operate>Booleans>Add>Areas，在弹出的对话框中点击“Pick All”，就完成了对面的加操作。

⑤创建线的倒角

Utility Menu>PlotCtrls>Numbering，依次按照图 4 - 34 中的 2、3 顺序进行设置。

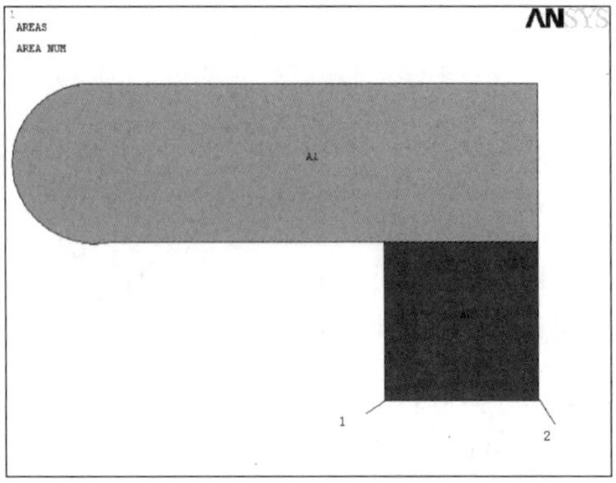

图 4 - 33　矩形模型

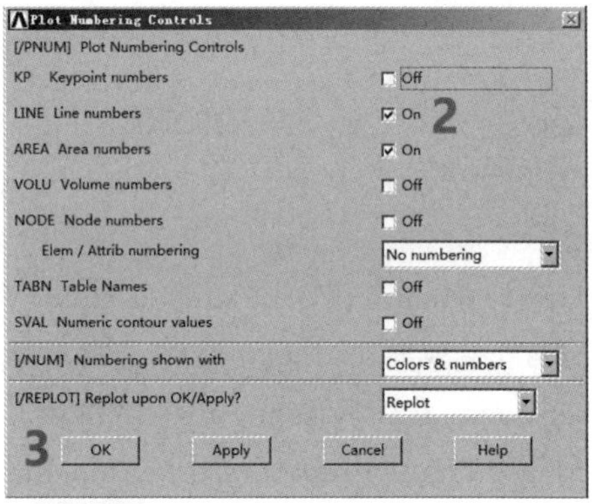

图 4 - 34　号控制对话框

Utility Menu>WorkPlane>Display Working Plane(toggle off)，

关闭号控制以后 Main Menu>Preprocessor>Modeling>Create>Lines>Line Fillet，选择两个相交线，弹出如图 4 - 35 所示的对话框，设置 RAD 的值为 0.4e-2→点击“OK”。

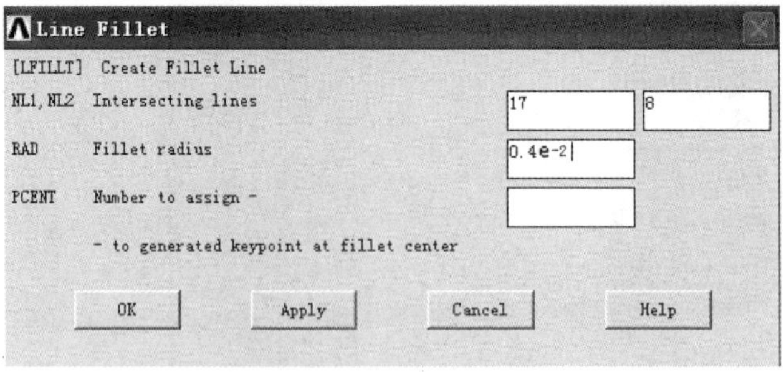

图 4 - 35　创建线的倒角

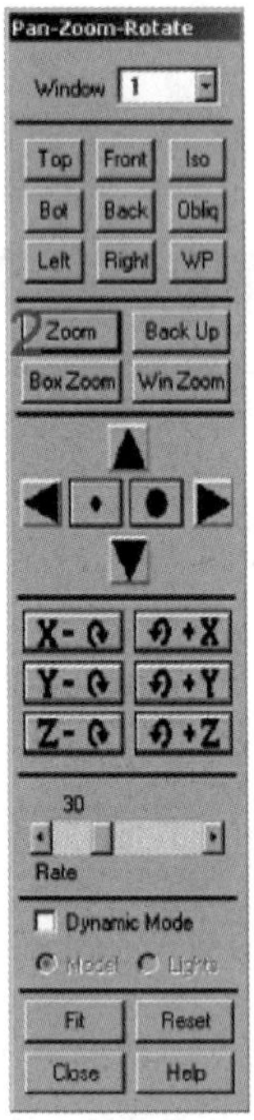

图 4 - 36　平移和旋转对话框

然后选择画线命令 Utility Menu>Plot>Lines。

⑥创建倒角处的面积

Utility Menu>PlotCtrls>Pan，Zoom，Rotate，设置如图 4 - 36 所示。

Main Menu>Preprocessor>Modeling>Create>Areas>Arbitrary>By Lines，弹出对话框以后，依次选取倒角处的三条线，点击“OK”就完成了任意面的设置。

建立完任意面以后，选择 Utility Menu>Plot>Areas，见图 4-37。

⑦布尔加操作

Main Menu>Preprocessor>Modeling>Operate>Booleans>Add>Areas，弹出对话框以后，点击“Pick All”命令，就完成了面的相加。

⑧创建第一个孔

打开工作平面，Utility Menu>WorkPlane>Display Working Plane(toggle on)。

创建实体圆，Main Menu>Preprocessor>Modeling>Create>Areas>Circle>Solid Circle，弹出图 4-38 所示的对话框以后，进行如图设置，单击“OK”。

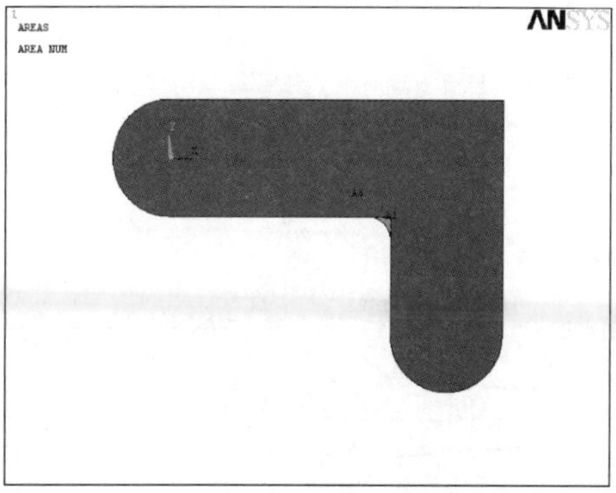

图 4-37　角架的面模型

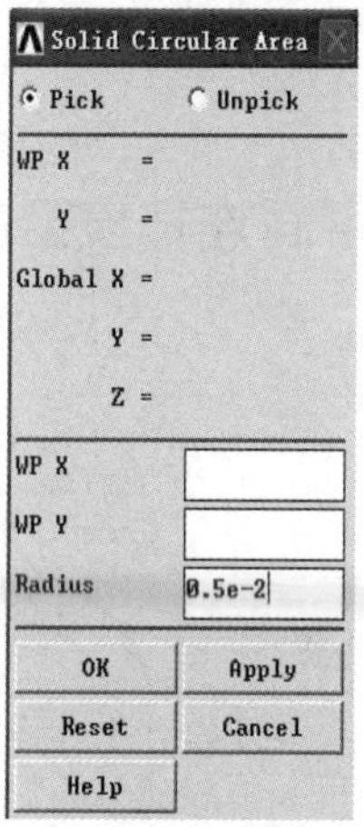

图 4-38　创建圆孔面的对话框

⑨创建第二个孔

偏移工作平面，Utility Menu>WorkPlane>Offset WP to>Global Origin。

创建第二个实体圆，Main Menu>Preprocessor>Modeling>Create>Areas>Circle>Solid Circle，参数设置同第一个圆，如图 4-38 所示。

不显示工作平面，Utility Menu>WorkPlane>Display Working Plane(toggle off)。

然后选择重画命令，Utility Menu>Plot>Replot，重新画线 Utility Menu>Plot>Lines，见图 4-39 所示。

⑩减掉圆孔

Main Menu>Preprocessor>Modeling>Operate>Booleans>Subtract>Areas，先选中大面，点击“Apply”，然后再选中两个小圆面，点击“OK”，至此，角

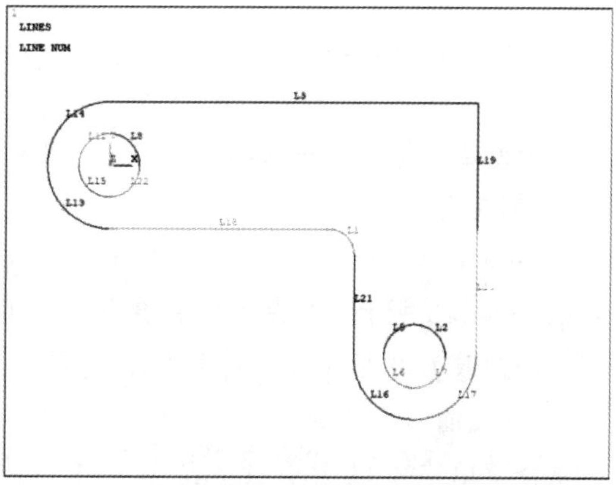

图 4-39　角架的线模型

架的模型就建立好了，见图 4－40。

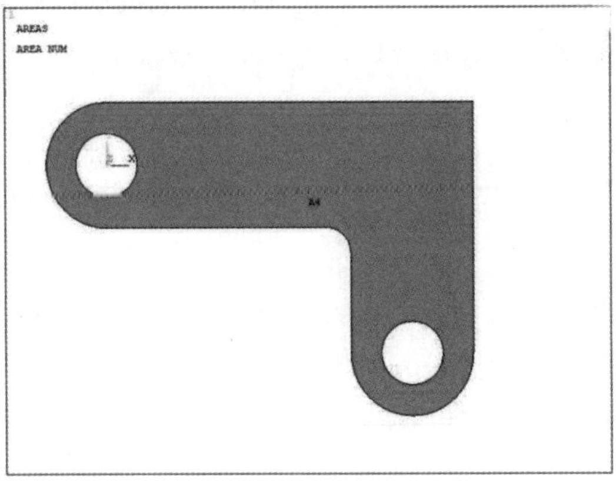

图 4－40　角架的模型

4.5.2　平面连杆模型的建立

1. 问题描述

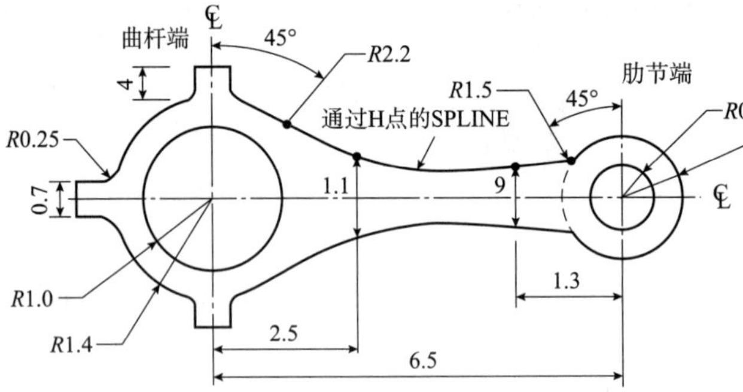

图 4－41　连杆模型

2. GUI 操作步骤

(1)首先启动 ANSYS；

(2)创建直线的关键点。

Main Menu>Preprocessor>Create>Keypoints>In active CS…，弹出在整体笛卡儿坐标系中创建关键点的对话框，按照 4－42 对点进行设置。

(3)创建直线

Main Menu>Preprocessor>Create>Lines>Straight Line，将弹出拾取关键点对话框，如图 4－43 所示，分别拾取关键点 1 和关键点 2、关键点 2 和关键点 3，创建两条直线，单击拾取关键点对话框中的“OK”按钮，完成直线的创建。

(4)定义曲线的关键点

选择菜单路径 Utility Menu>WorkPlane>Change Active CS to>Global Cylindrical。

选择 Main Menu>Preprocessor>Create>Keypoints>In active CS。

3 个关键点坐标分别为：4(1.4，135，0)，5(1.0，180，0)，6(1.0，135，0)。

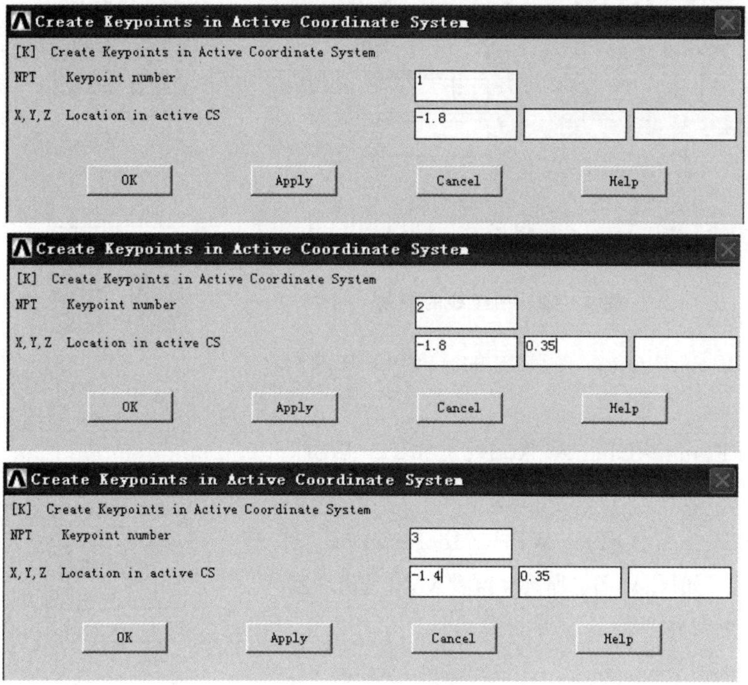

图 4 - 42　创建关键点

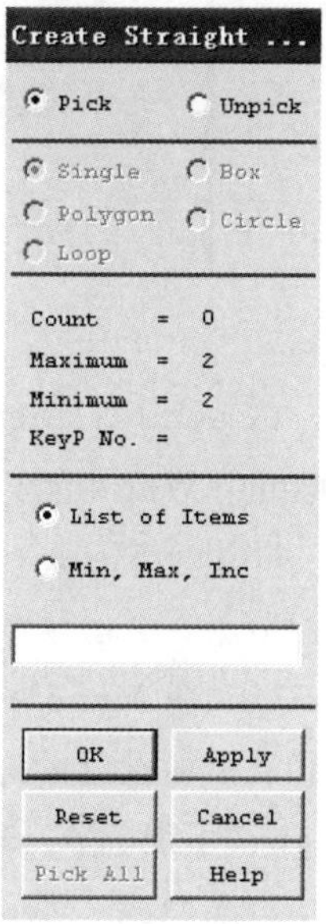

图 4 - 43　创建直线

(5)创建曲线

Main Menu>Preprocessor>Create>Lines>Arcs>By End KPs&Radius，将弹出一个拾取关键点对话框。先拾取关键点 3 和关键点 4，单击“OK”。再拾取关键点 5，单击“OK”。在弹出的对话框中按图 4 - 44 所示进行设置，单击“Apply”。

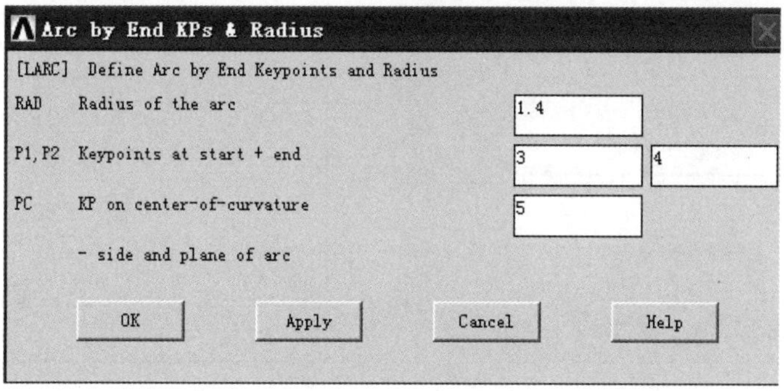

图 4 - 44　创建曲线

用同样的方法创建关键点 5 和关键点 6 之间的弧线。在“RAD Radius of the arc”后的文本框中输入－1，单击“OK”。

(6)Main Menu>Preprocessor>Create>Line Fillet，在图形窗口中拾取水平线和外侧弧线，单击“OK”，在弹出的对话框中，设置“RAD Fillet radius”值为 0.25，见图 4 - 45，单击“OK”。

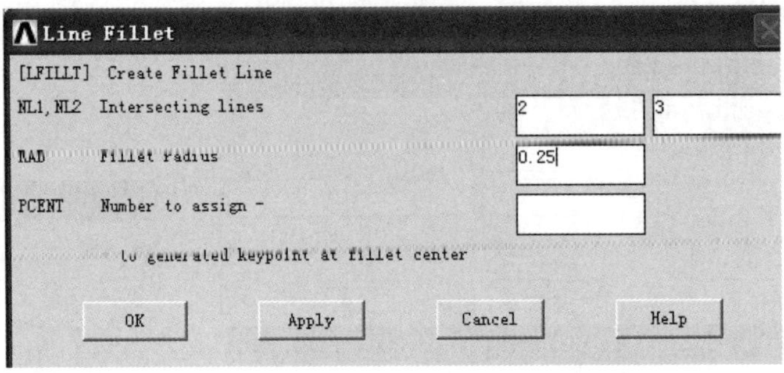

图 4-45　创建线的倒角

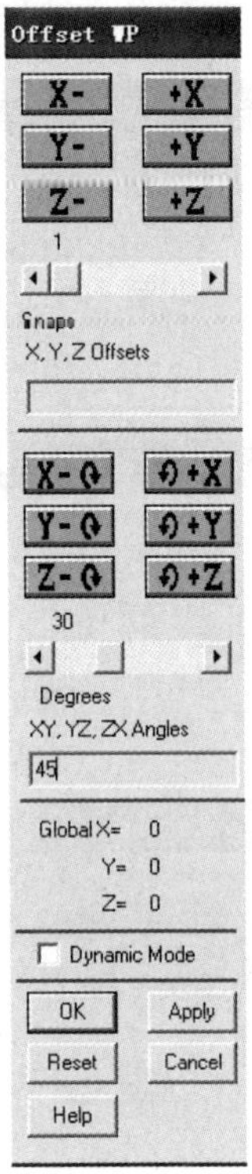

图 4-46　偏移工作平面

(7) Utility Menu＞WorkPlane，在弹出的子菜单中选择“Display Working Plane”。

Utility Menu＞WorkPlane＞Change Active CS to＞Working Plane；

Utility Menu＞WorkPlane＞Offset WP by Increments，打开移动平面设置的对话框，如图 4-46 所示，在“XY，YZ，ZX Angles”下面输入 45，单击“OK”。

(8) Main Menu＞Preprocessor＞Modeling＞Refelct＞Lines，在弹出的对话框中点击“Pick All”按钮，弹出如图 4-47 所示的框，对其按图示进行设置，点击“OK”。接着将工作平面旋转回原位，再按照同样的方法对两条内弧线，和线 6、7、8、10 进行镜像。镜像后的图形如图 4-48 所示。

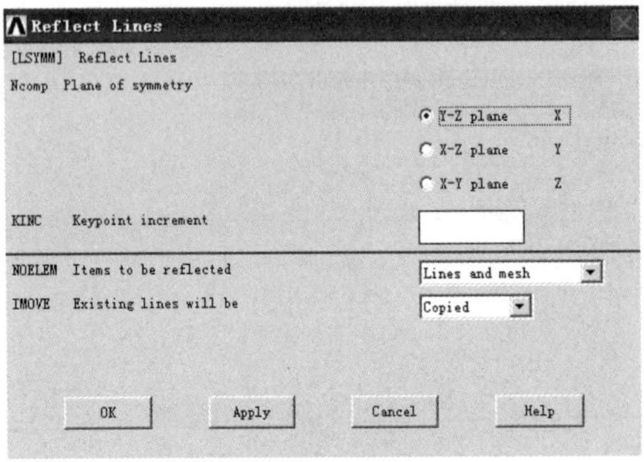

图 4-47　镜像线

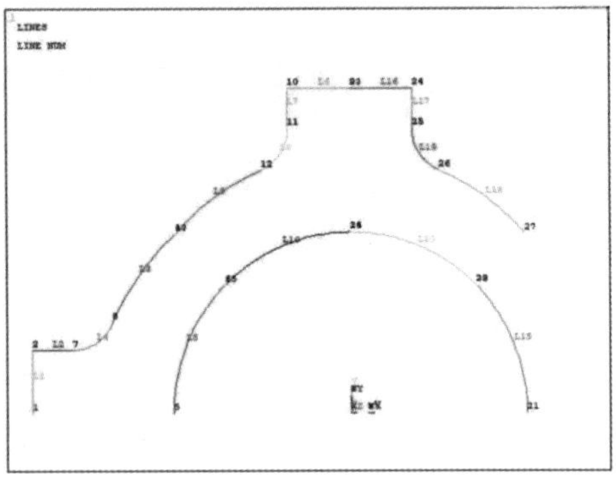

图 4-48　镜像后的图形

(9)定义连杆小头的关键点。

先移动工作平面，打开图 4-46 所示的对话框，设置“X、Y、Z Offsets”下的文本框为 6.5，然后选择 Utility Menu＞WorkPlane＞Change Active CS to＞Working Plane，接下来选择 Utility Menu＞WP Setting，打开 WP Setting 对话框，将坐标系改为“Polar”，设置如图 4-49 所示。

把坐标系转换成柱坐标系以后，分别定义关键点 25(0.7，0，0)，26(0.7，135，0)，27(0.4，0，0)，28(0.4，90，0)。

(10)创建连杆小头的内外曲线

Main Menu>Preprocessor>Create>Lines>Arcs>By End KPs &Radius，弹出拾取关键点的对话框，拾取关键点 25 和 26，单击“OK”，再拾取关键点 28 作为弧线所在的平面，弹出图 4-50 所示的对话框，设置如图。

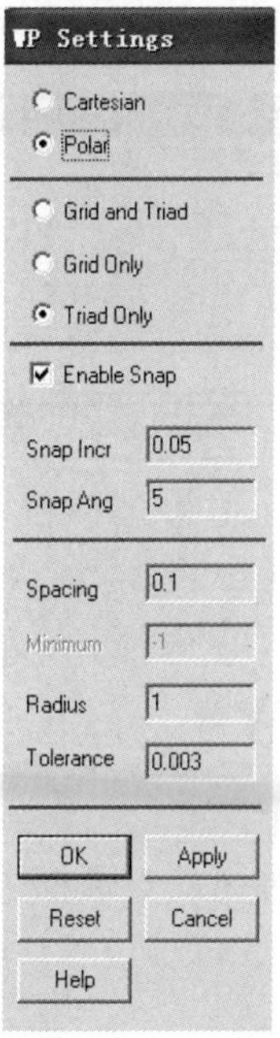

图 4-49　工作平面设置

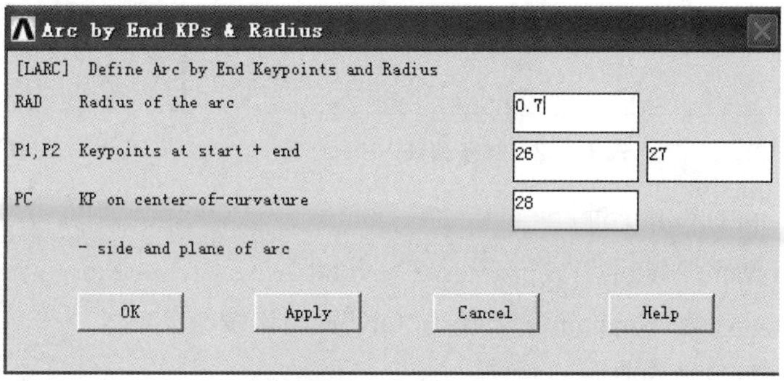

图 4-50　创建弧线

用同样的方法在关键点 27 和关键点 28 之间画弧线，由关键点 25 确定弧线所在的平面，设置见图 4-51。

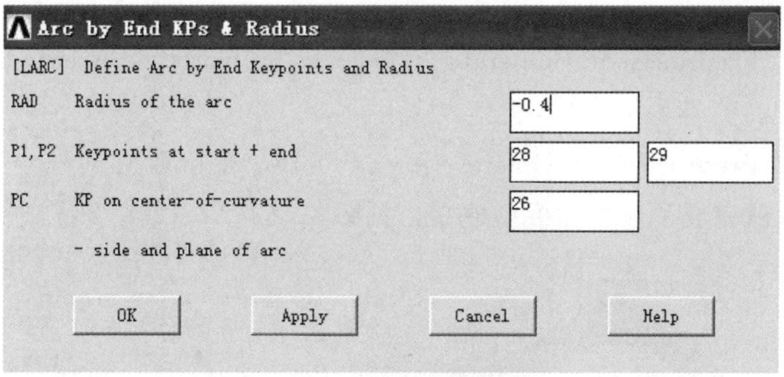

图 4-51　创建弧线对话框

把工作平面转换到全局笛卡儿坐标系，镜像关键点 28 和关键点 29 之间的曲线，镜像平面为 Y-Z 平面。注意将工作平面设定中的“Polar”改成“Cartesian”，再改变活动坐标系到工作平面。

(11)创建连杆柄的样条曲线。

Utility Menu>WorkPlane>Change Active CS to>Global Cartesian，创建关键点 29 (2.5，0.55，0)和关键点 30(5.2，0.45，0)，然后 Main Menu>Preprocessor>Create>Splines>Spline thru kps，弹出对话框以后，按照顺序拾取关键点 22、29、30 和 26，生成的图形如图 4-52 所示。

(12)生成连杆的轮廓线

采用镜像的方法，设置如图 4-53 所示。

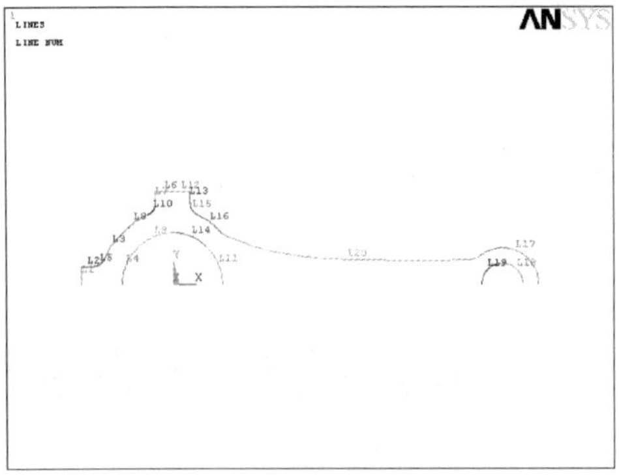

图 4-52　样条曲线

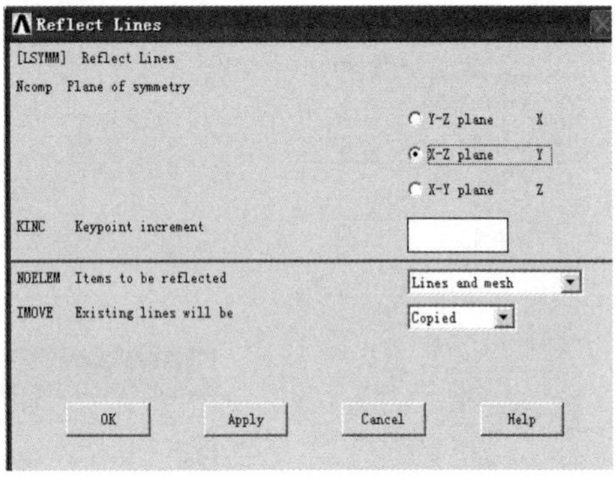

图 4-53　镜像线

(13)合并关键点

Main Menu>Preprocessor>Numbering Ctrls>Merge Items，在弹出的对话框中，设置 Label 为“Keypoints”，单击“OK”关闭该按钮。

(14)生成曲面

Main Menu>Preprocessor>Create>Areas>Abitrary>By Lines，先拾取大圆的 8 条边，点击“Apply”，然后选择小圆的 4 条边“Apply”，最后设置拾取方式为“Loop”，在图形中拾取整个连杆的外轮廓线，单击“OK”完成面的创建。

(15)产生模型

Main Menu>Preprocessor>Operate>Booleans>Overlap>Areas，在弹出的对话框中点击“Pick All”。

Main Menu>Preprocessor>Delete>Areas Only，在拾取对话框中依次拾取两个圆面，点击“OK”，就完成了连杆的模型建立，见图 4-54。

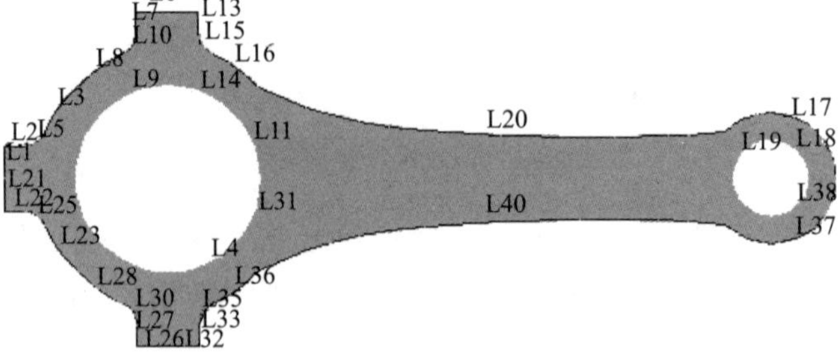

图 4-54　连杆的模型

4.6　习题

(1)建立图 4－55、图 4－56 的平面图形。

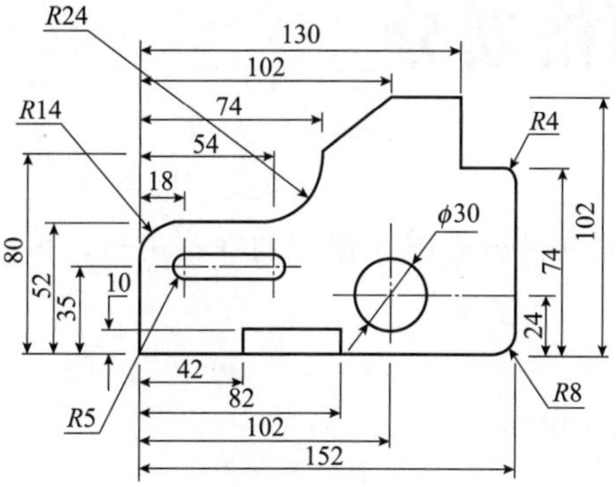

图 4－55

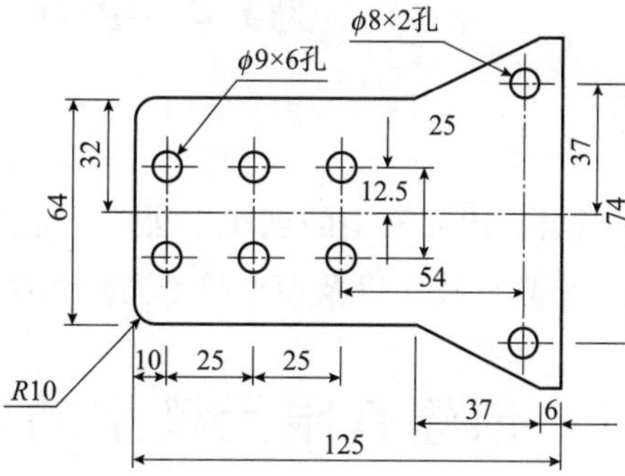

图 4－56

(2)建立图 4－57、图 4－58 的空间模型。

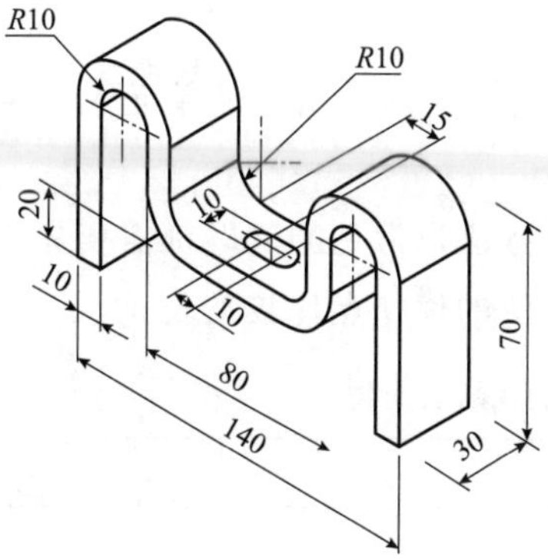

图 4－57

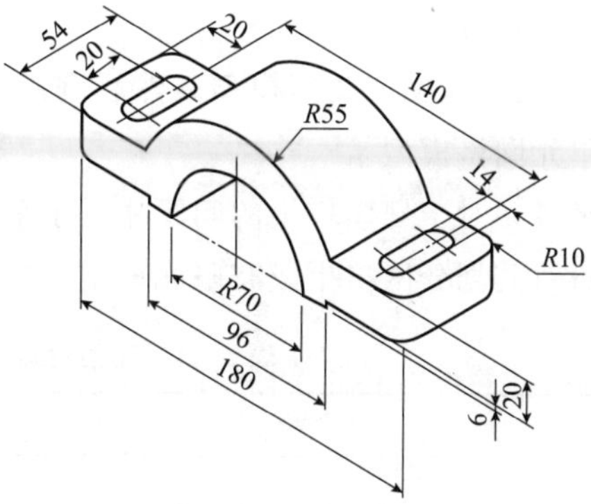

图 4－58

第 5 章　网格划分

本章讲解有限元模型的创建方法，首先介绍如何进行有限元模型的准备工作，再介绍 ANSYS 网格划分技术以及模型检查与修改技术。

5.1　创建有限元模型的两种方法

ANSYS 提供两种创建有限元模型方法，即直接法和间接法。

(1)直接法：先创建节点，然后利用节点创建单元，单个和多个单元组成一个有限元模型(不需几何模型)。

(2)间接法：先创建几何模型，然后利用网格划分工具，指定的单元大小和形状，将其划分成单元网格模型。

一般来说，对于规模较小的问题才适于采用直接法，常见的问题都需要先生成几何模型，然后再对其划分网格生成有限元模型。两种方法的优缺点比较见表 5－1。

表 5－1　模型生成方法的优缺点比较

建模方法	优点	缺点
直接法	1. 对于小型模型的生成比较方便； 2. 用户对几何形状及每个节点和单元的编号有完全的控制	1. 往往比较耗时，需要大量的数据处理； 2. 改变网格和模型十分困难； 3. 易出错
间接法	1. 对于庞大而复杂的模型，特别是三维几何模型，一般要采用实体建模的方法； 2. 相对而言需要处理的数据少一些； 3. 可以使用 ANSYS 建模工具建立模型； 4. 便于几何上的改进； 5. 便于改变单元类型	1. 需要大量的计算机时； 2. 对小型、简单的模型有时很烦琐，比直接生成需要更多的数据； 3. 在某些条件下，可能不能生成有限元网格

在间接法建立模型时，建立几何模型和生成有限元模型这两个步骤通常是交织进行的。建立几何模型的目的是生成有限元模型，在建立几何模型时要考虑到有限元模型的生成，生成有限元模型时，如果出现问题或者单元形状不能满足要求，还需要对几何模型进行修改或者简化，因此这两步通常要放在一起进行考虑。

无论采用哪种方法，在建模过程中都要遵循如下要点：

①分析前确定分析方案。在开始进入ANSYS之前，首先确定分析目标，决定模型采取什么样的基本形式，选择合适的单元类型，并考虑控制适当的网格密度。

②注意分析问题的类型，尽量采用理论上的简化模型。比如，能简化为平面问题的分析就不要用三维实体单元进行分析等。

③注意模型的对称性，采用模型上的简化。比如采用周期对称模型，可以减少建立模型的时间和计算所消耗的机时。

④建模时注意对模型做一些必要的简化，去掉一些不必要的细节，如倒角等。过多地考虑细节有可能使问题过于复杂而导致分析无法进行。

⑤采用适当的单元类型和网格密度，结构分析中尽量采用带有中节点的单元类型(二次单元)，非线性分析中优先使用线性单元(没有中节点的直边单元)，尽量不要采用退化单元类型。

5.2　定义单元属性(单元类型、实常数、横截面、材料属性)

在ANSYS中创建有限元模型，无论采用上述哪种方法都必须首先进行下列准备工作：(1)定义单元类型；(2)定义实常数；(3)定义横截面；(4)定义材料属性。

5.2.1　定义单元类型

ANSYS单元库中提供有超过150种的不同单元类型，每种单元类型有一个特定的编号和一个标识单元类型的前缀，如BEAM4，PLANE82，SOLID45。

Command：ET

GUI：Main Menu>Preprocessor>Element Type>Add/Edit/Delete

许多单元类型有选项设置(KEYOPTS)，称为KEYOPT(1)，KEYOPT(2)等。这些选项用于控制单元刚度矩阵生成、单元的输出和单元坐标系的选择等。例如PLANE42的KEYOPT(3)，K(3)=0表示平面应力(Plane stress)、K(3)=1表示轴对称(Axisymmetric)、K(3)=2表示平面应变(Plane strain)、K(3)=3表示带厚度的平面应力(Plane stress with thickness input)。

实例：添加BEAM4和PLANE42单元类型，其中PLANE42设置成轴对称单元

(1)单击Main Menu>Preprocessor>Element Types>Add/Edit/Delete，弹出Element Type(单元类型)对话框；

(2)单击Add按钮，弹出Library of Element Types(单元类型库)的选择对话框，在Library of Element Types(单元类型库)中选择Beam，在右边的列表中选择具体的单元类型，此处选择3D elastic，图中Element type reference number(单元类型参考号)一般不用指定，使用默认值即可，见图5-1；

(3)单击“Apply”按钮，在Library of Element Types中选择Solid，在右边的列表中选择Quad 4node 42，即四节点四边形PLANE42单元，单击“OK”按钮，见图5-2；

(4)在 Element Types(单元类型)对话框中选择 PLANE42，见图 5-3，单击“Options”按钮，出现如图 5-4 所示的 element type options(单元类型选项)对话框；

(5)选择 Element behavior：K3 中的 Axisymmetric(轴对称)，单击“OK”按钮；

(6)单击“Close”按钮，关闭 Element Types 对话框。

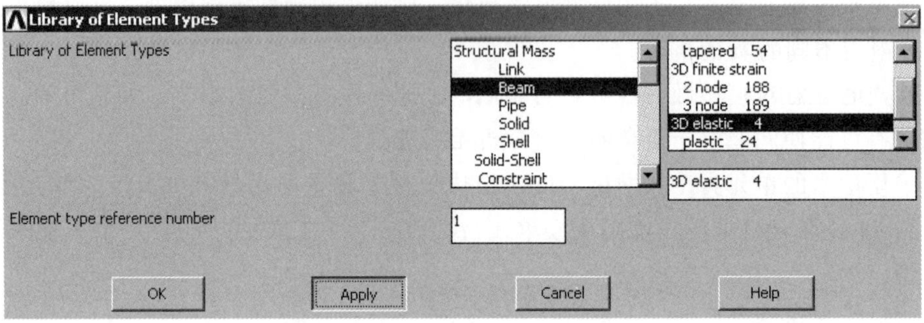

图 5-1 定义 BEAM4 单元类型

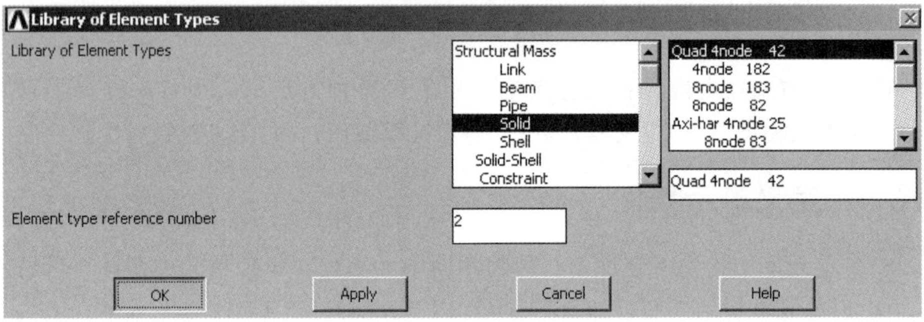

图 5-2 定义 PLANE42 单元类型

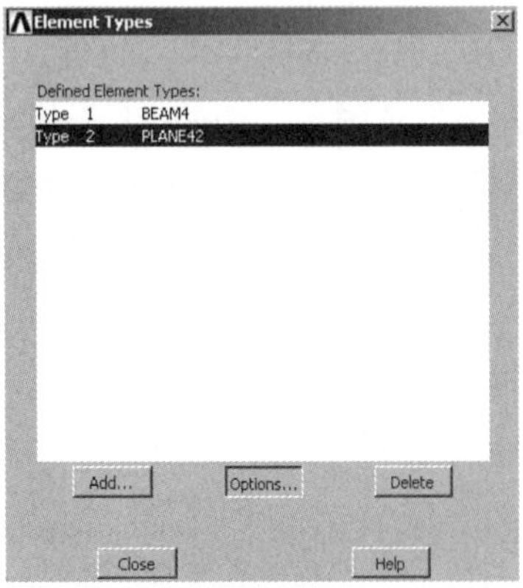

图 5-3 单元类型对话框

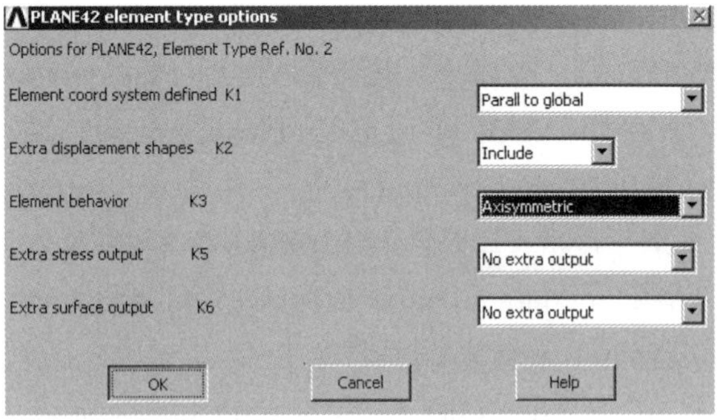

图 5-4 PLANE42 单元选项设置

5.2.2 定义实常数

单元实常数是依赖单元类型的单元特性，如梁单元的横截面特性。例如 2D 梁单元 BEAM3 的实常数：面积(AREA)、惯性矩(IZZ)、高度(HEIGHT)、剪切变形常数

（SHERZ）、初始应变（ISTRN）和单位长度质量（ADDMAS）等。

Command：R

GUI：Main Menu>Preprocessor>Real Constants>Add/Edit/Delete

并不是所有的单元类型都需要实常数，同一类型的单元可以有不同的实常数值，即模型中，采用同一单元类型的不同部分中可以使用不同的实常数。

图 5-5　实常数对话框

实例：定义 LINK1、BEAM3、BEAM4 单元类型

假设已经定义好它们的单元类型。

（1）单击 Main Menu>Preprocessor>Real Constants>Add/Edit/Delete，弹出 Real Constants（定义实常数）对话框，见图 5-5。

（2）单击 Add 按钮，弹出 Element Type for Real Constants 对话框，选择要定义实常数的单元类型 LINK1，单击“OK”按钮，见图 5-6。

（3）弹出定义 LINK1 单元的实常数对话框，见图 5-7，实常数参考号使用 ANSYS 的默认值即可，在面积（AREA）中输入相应的数值，单击“OK”按钮，返回如图 5-8 所示的对话框。

图 5-6　选择单元类型

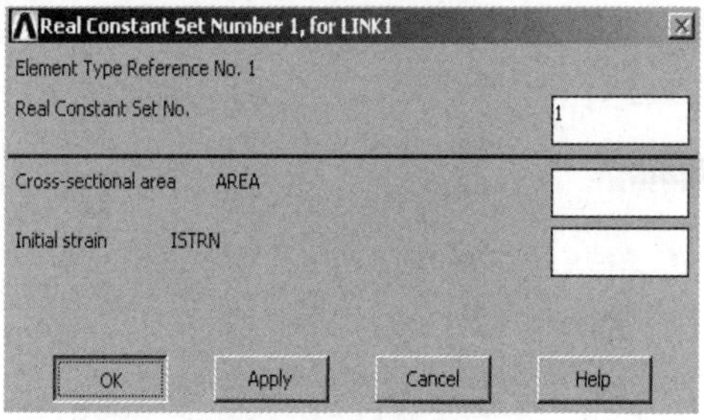

图 5-7　LINK1 单元的实常数对话框

图 5-8　实常数对话框

（4）单击“Add”按钮，弹出 Element Type for Real Constants 对话框，选择单元类型 BEAM3，单击“OK”按钮，见图 5-9。

（5）弹出定义 BEAM3 单元的实常数对话框，见图 5-10，在面积（AREA）、惯性矩（IZZ）、高度（HEIGHT）中输入相应的数值，单击“OK”按钮，返回如图 5-11 所示的对话框。

图 5-9 选择单元类型

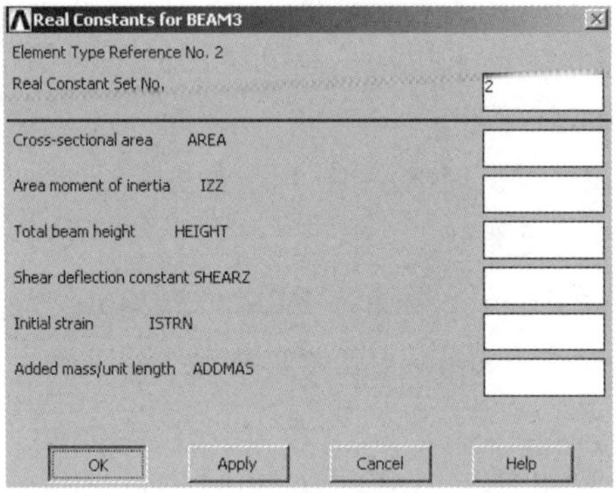

图 5-10 BEAM3 单元的实常数对话框

图 5-11 实常数对话框

(6)单击“Add”按钮，选择单元类型 BEAM4，单击“OK”按钮，见图 5-12。

(7)弹出定义 BEAM4 单元的实常数对话框，见图 5-13，在面积(AREA)、惯性矩(IZZ 和 IYY)、厚度(TKZ 和 TKY)中输入相应的数值，单击“OK”按钮，返回实常数对话框。

(8)选择 Close，关闭实常数对话框。

图 5-12 选择单元类型

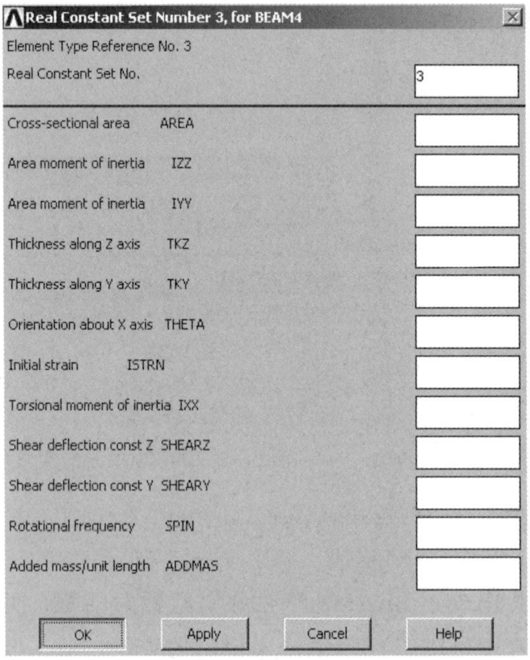

图 5-13 BEAM4 单元的实常数对话框

5.2.3　定义截面属性

横截面为垂直于梁轴的截面的形状，ANSYS 提供有 11 种常用的梁横截面库，并支持用户自定义截面形状。当定义了一个横截面时，ANSYS 建立一个 9 节点的数值模型来确定梁的截面特性，并求解泊松方程得到扭转特征。

截面特性数据主要包括：面积 Area、对形心轴 y 的惯性矩 Iyy、对形心轴 z 的惯性矩 Izz、惯性积 Iyz、形心坐标(Centroid Y、Z)、剪切中心坐标(ShearCenter Y、Z)、扭转常数(Torsion Contant)、翘曲常数(Warping Contant)等。

对于 BEAM44、BEAM188 和 BEAM189 梁单元，可以通过截面尺寸定义梁单元的截面属性，直接计算出所需的实常数，而不需手工一一计算和指定。梁单元截面属性的定义方法有：使用梁工具生成通用截面，通过划分截面网格建立自定义截面。

1. 常用截面

梁单元常用截面形状见图 5-14。

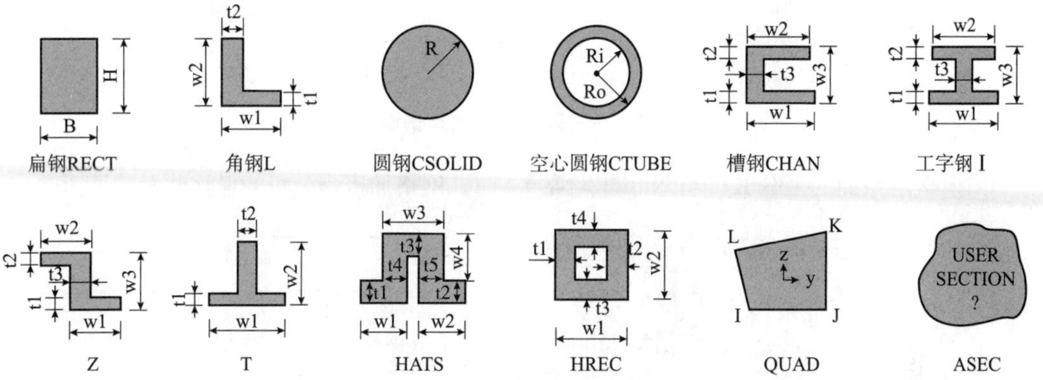

图 5-14　梁单元常用截面形状

实例 1：定义扁钢截面属性

截面尺寸为 B=2，H=6。

(1)单击 Main Menu>Preprocessor>Sections>Beam>Common Sections，弹出 Beam Tool(梁工具)对话框，见图 5-15(a)。

(2)①Offset to 有 4 种：Centroid、Shear Cen、Origin、Location，这里采用默认设置，即 Offset to Centroid；②在 B、H 中分别输入“2、6”；③截面的划分数 Nb 和 Nh 采用默认设置，即不输入具体数据，见图 5-15(a)。

(3)单击 Meshview，在图形窗口中显示出截面形状及截面特性数据，见图 5-15(b)。其中面积 Area=B×H=12，对形心轴 y 的惯性矩 Iyy=B×H^3/12=36，对形心轴 z 的惯性矩 Izz=H×B^3/12=4。

(4)单击“OK”，关闭 Beam Tool 对话框。

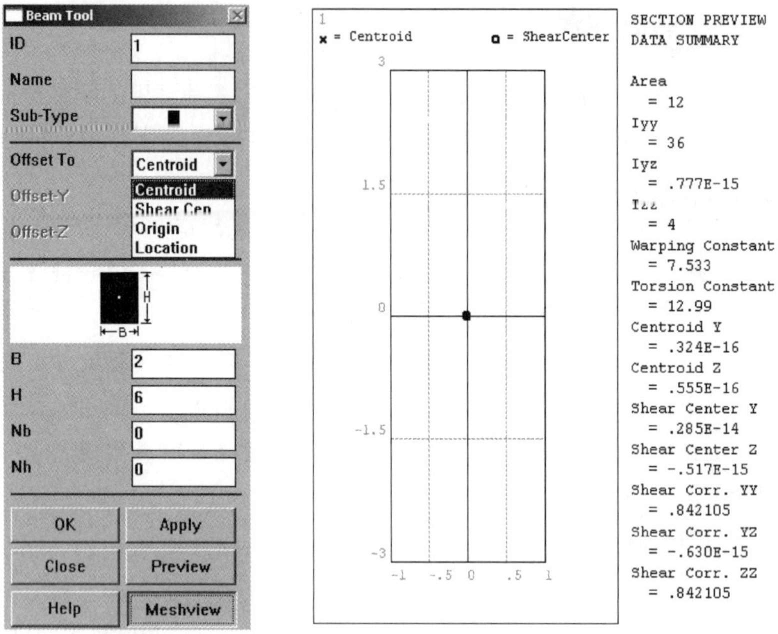

(a) (b)

图 5-15　默认设置的扁钢截面

如果指定截面的划分数，当 Nb=4、Nh=4 时，网格加密为 3 级的扁钢截面，见图 5-16。

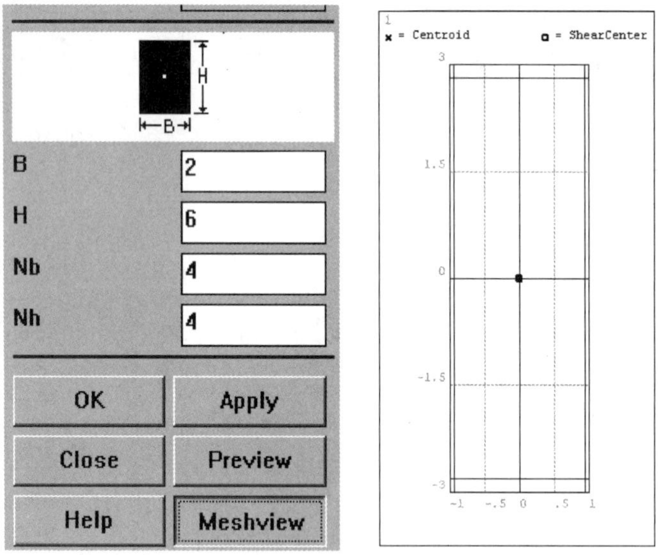

图 5-16　网格加密的扁钢截面

实例 2：定义 Z 形钢的截面属性

截面尺寸为 W1=0.07，W2=0.07，W3=0.16，t1=0.011，t2=0.011，t3=0.011。

定义截面属性的过程与实例 1 类似，采用默认设置的 Z 形钢截面见图 5-17，网格加密为 3 级的 Z 形钢截面见图 5-18。

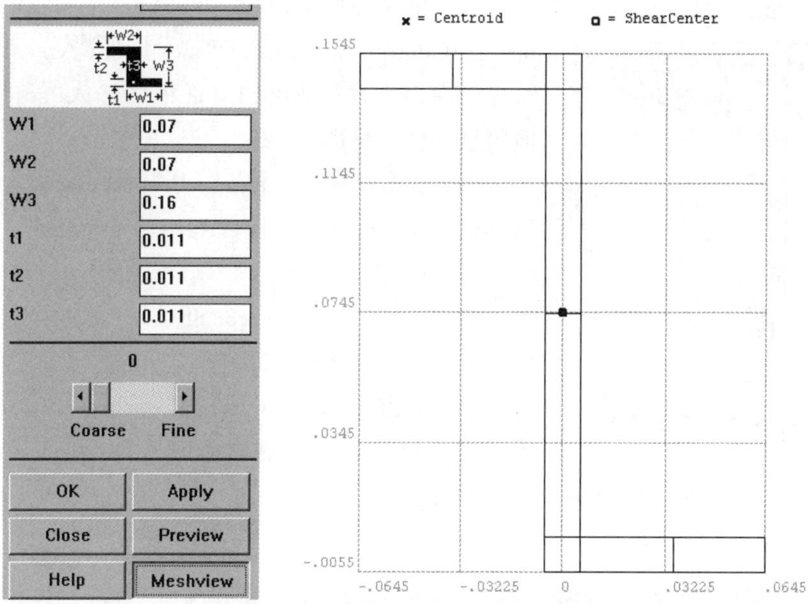

图 5－17　默认设置的 Z 形钢截面

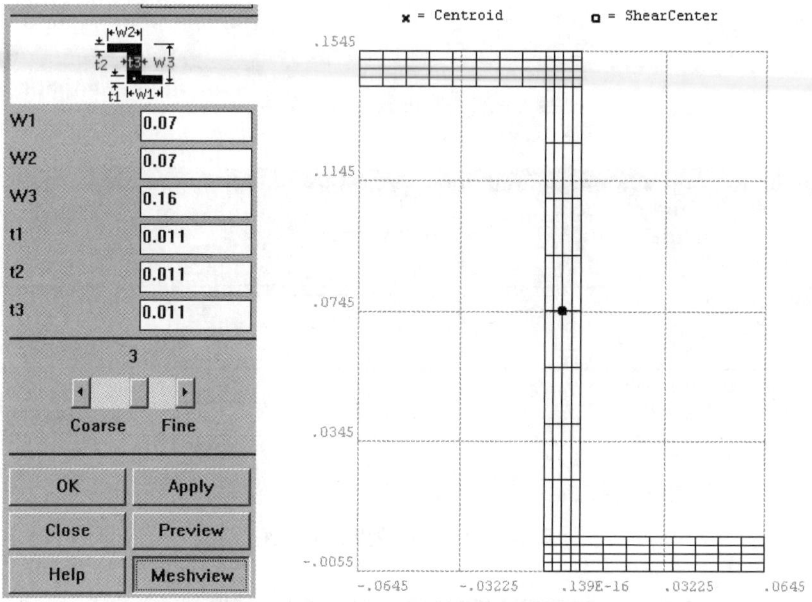

图 5－18　网格加密的 Z 形钢截面

2. 自定义截面

如果定义形状复杂的截面，首先要建立复杂截面的几何模型，并对其划分网格，建立截面信息文件，然后保存和读入截面信息文件。

实例 3：自定义鱼刺梁截面

(1)采用任意的面单元对截面几何模型划分网格，鱼刺梁截面网格见图 5－19。

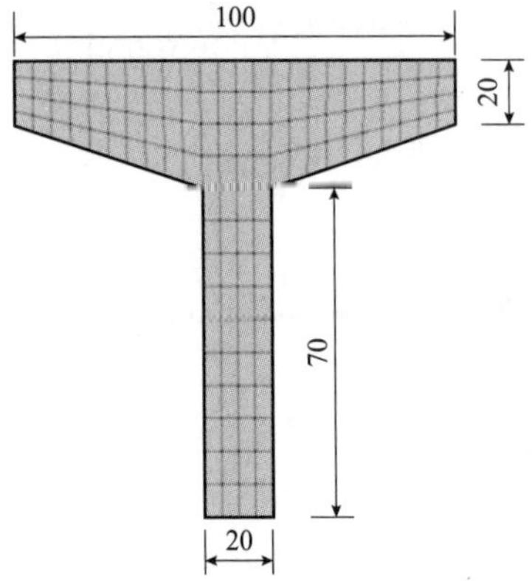

图 5-19　鱼刺梁截面网格

（2）单击 Main Menu＞Preprocessor＞Sections＞beam＞Custom Sections＞Write From Areas，拾取需要写出的面，之后在弹出的对话框中输入“sec3”，写出截面信息文件，见图 5-20。

（3）单击 Main Menu＞Preprocessor＞Sections＞Beam＞Custom Sections＞Read Sect Mesh，Section ID number(截面号)中输入“3”，FILE Section library file 中单击 Browse，选择 sec3. SECT，点击“OK”，读入截面信息文件，见图 5-21。

（4）单击 Main Menu＞Preprocessor＞Sections＞Beam＞Plot Section，选择截面号 3，勾选 Show section mesh，见图 5-22。显示的截面特性数据见图 5-23。

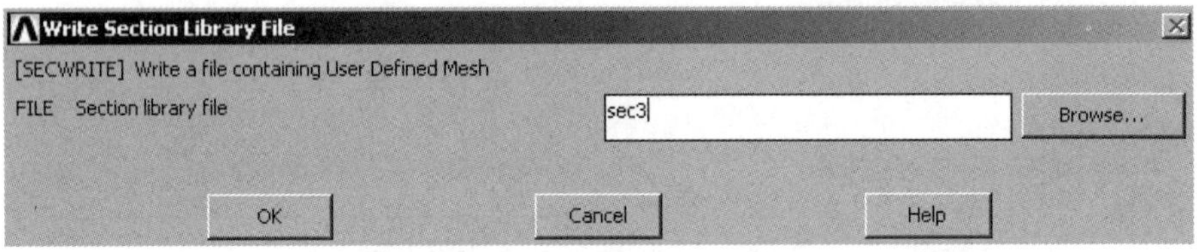

图 5-20　写出截面信息文件

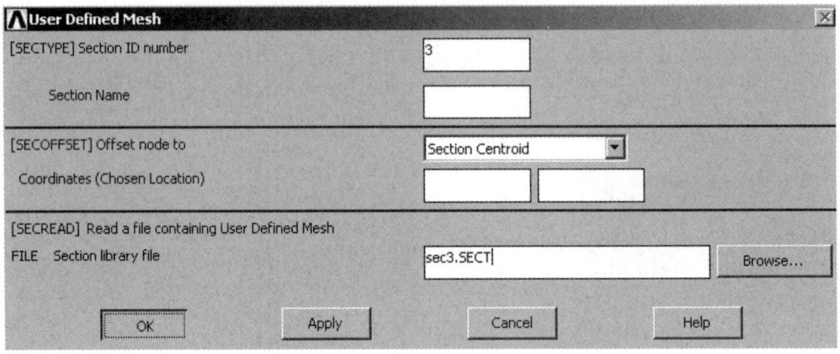

图 5-21　读入截面信息文件

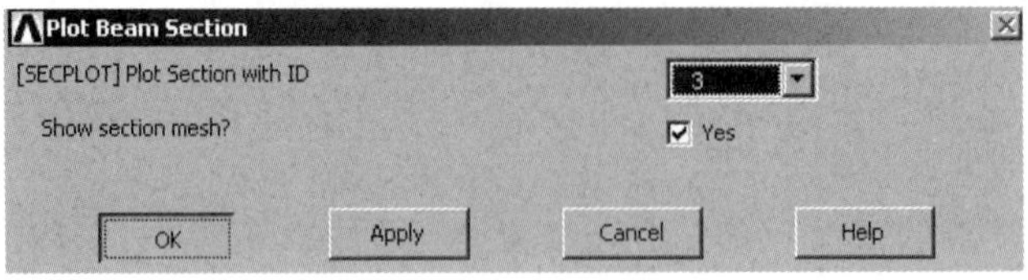

图 5-22　显示的截面特性对话框

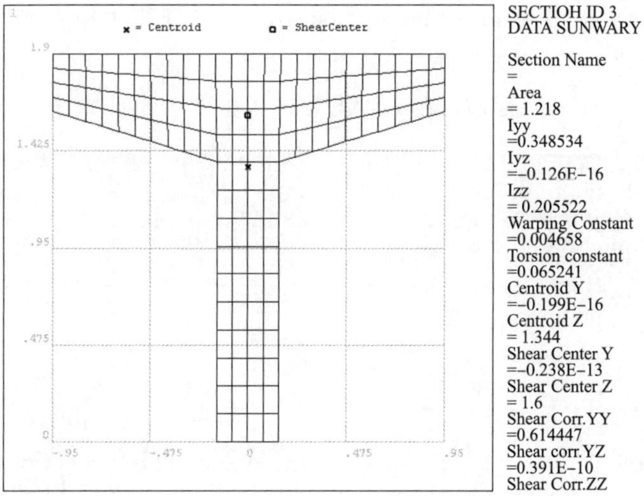

图 5-23　鱼刺梁截面及其特性数据

5.2.4　定义材料属性

绝大多数单元类型都需要材料属性，根据应用的不同，材料属性可以是：

(1)线性或者非线性；

(2)各向同性、正交异性或非弹性；

(3)不随温度变化或者随温度变化。

定义材料属性时应当注意以下几点：

(1)一般情况下杨氏模量(EX)必须定义；

(2)若加惯性载荷，必须定义能求出质量的参数，如密度(DEN)；

(3)若模型中存在热载荷，需定义线胀系数(ALPX)。

实例：定义结构线性材料

假设材料的弹性模量为 210GPa，泊松比为 0.3，密度为 7800kg/m^3，线胀系数为 12.5×10^{-6}℃$^{-1}$。

(1)单击 Main Menu＞Preprocessor＞Material Props＞Material Models，弹出 Define Material Model Behavior(定义材料模型)对话框，见图 5-24，右边的列表框列出了可用的材料模型类别，可通过双击方式展开。

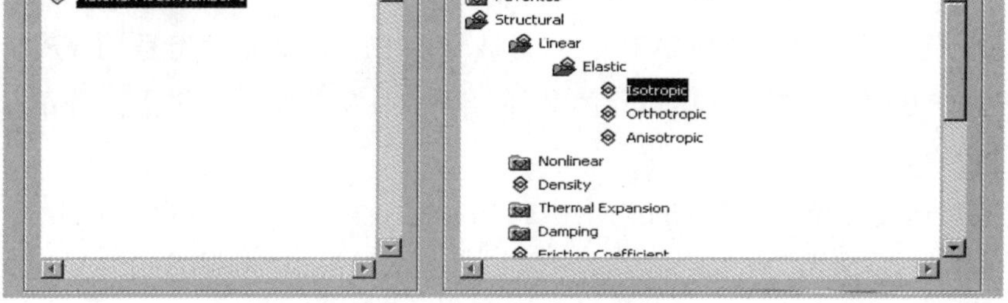

图 5-24　定义材料模型对话框

(2)选择 Structural→Linear→Elastic→Isotropic，在 EX 中输入弹性模量 2.1e11，在 PRXY 中输入泊松比 0.3，单击“OK”，见图 5－25。

(3)选择 Structural→Density，在 DENS 中输入密度 7800，单击“OK”，见图 5－26。

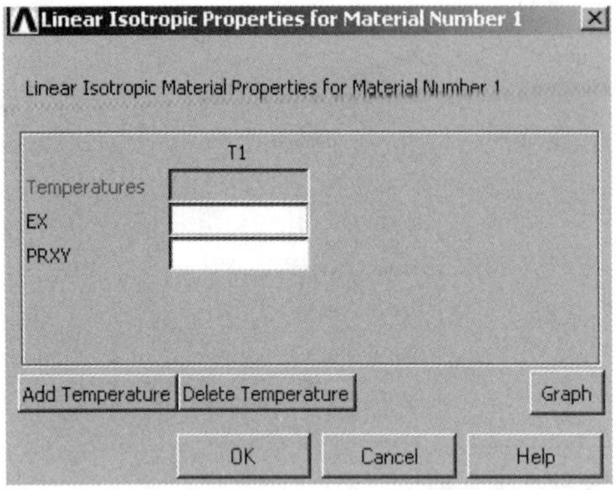

图 5－25　定义材料的弹性模量和泊松比

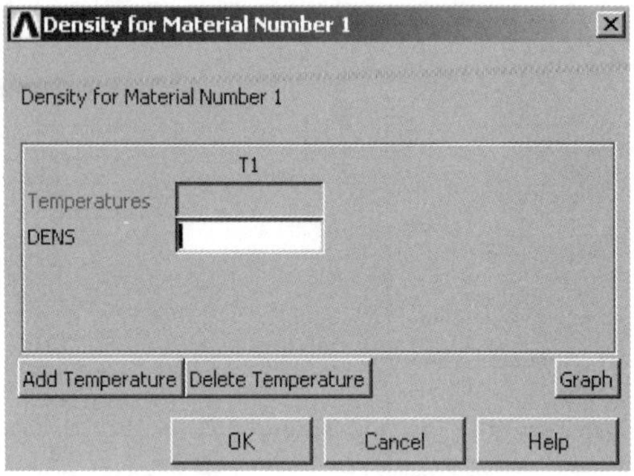

图 5－26　定义材料的密度

(4)选择 Structural→Thermal Expansion→Secant Coefficient→Isotropic，在 Reference temperature 中输入参考温度 20，在 ALPX 中输入线胀系数 12.5e-6，单击“OK”，见图 5－27。

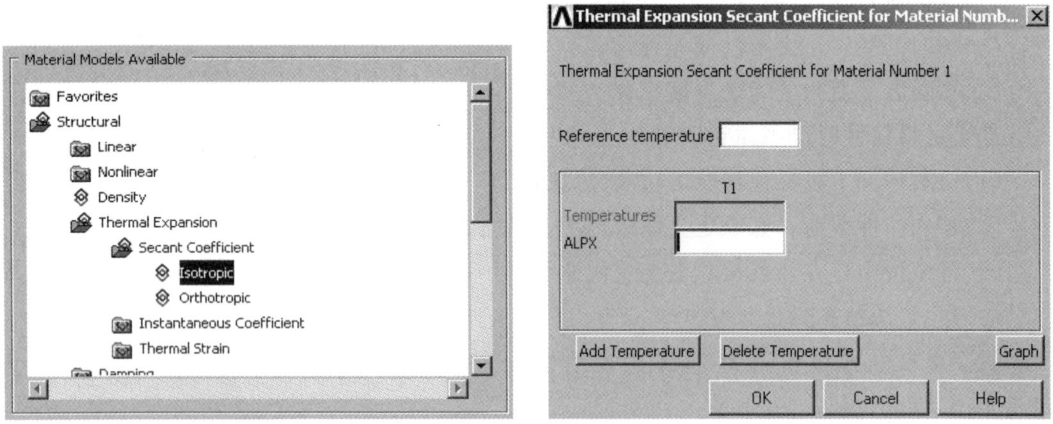

图 5－27　定义材料的线胀系数

(5)定义完毕后，单击 Material>Exit，退出材料模型定义对话框。

5.3　分配单元属性

单元属性是指单元材料号(MAT)、实常数号(REL)，单元类型号(TYP)，单元坐标系编号(ESY)、BEAM188/189 梁单元的截面号(SEC)及其方向关键点。分配单元属性的方法有 3 种：

(1)利用总体属性设置：①Main Menu>Preprocessor>Meshing>Mesh Attributes>Default Attribs；②Main Menu>Preprocessor>Meshing>MeshTool>Element Attributes：>Global，见图 5－28。

(2)给几何模型分配属性：①Main Menu>Preprocessor>Meshing>Mesh Attributes>除 Default Attribs 之外的设置；②Main Menu>Preprocessor>Meshing>MeshTool>Element Attributes：>除 Global 之外的设置，见图 5-28。

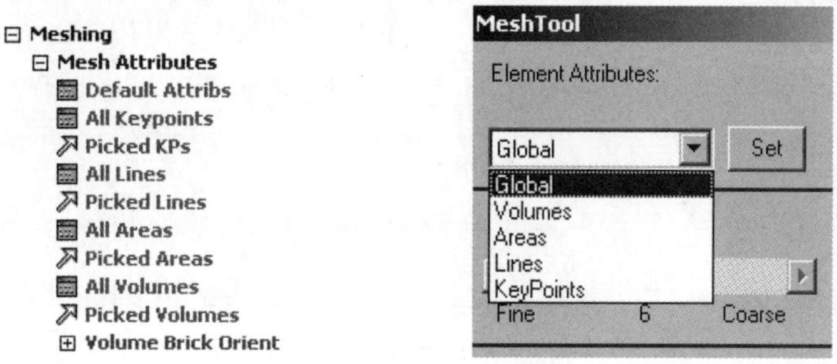

图 5-28　分配单元属性

(3)修改单元的属性：Main Menu>Preprocessor>Modeling>Move /Modify>Elements>Modify Attrib，见图 5-29。

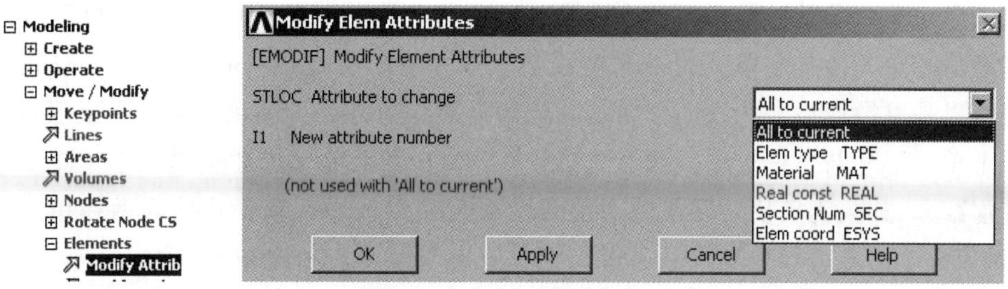

图 5-29　修改的单元属性

5.4　单元尺寸控制方法

ANSYS 提供总体和局部的单元尺寸控制方法：

(1)总体控制

①SmartSizing(智能网格控制)，根据几何模型的情况确定网格的密度，见图 5-30；

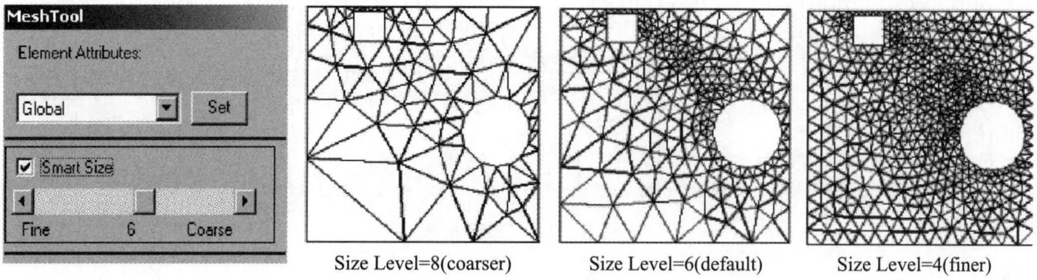

图 5-30　智能网格控制

②总体单元尺寸，整个模型的最大单元边长(SIZE)，或每条线的单元份数(NDIV)，

见图 5－31；

③缺省尺寸，对未定义尺寸的情况。

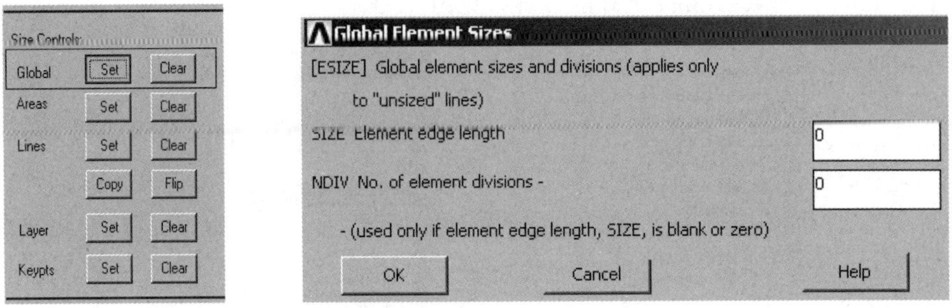

图 5－31　总体单元尺寸

（2）局部控制：有关键点、线、面尺寸控制等。线尺寸控制见图 5－32，线的单元边长（SIZE）、线的单元份数（NDIV）、线的比例（SPACE）、弧线每个单元的角度（ANGSIZ）。

网格控制的优先顺序：①对线划分的指定被最先考虑；②关键点附近的单元尺寸作为第 2 级考虑对象；③总体单元尺寸作为第 3 级考虑对象；④缺省单元尺寸被最后考虑。

注意：①单元边长和单元份数只能设置其中一种；②比例（SPACE）可以是正数或负数，也可以是整数或小数。线的方向是从起始关键点到终点关键点，如果为正值表示线上最后一个单元尺寸与第一个单元尺寸之比（大于 1.0 表示单元尺寸递增，小于 1.0 表示单元尺寸递减），如果为负值，则其绝对值表示线上最后线中间单元尺寸与两端单元尺寸之比（绝对值大于 1.0 表示单元尺寸递增，绝对值小于 1.0 表示递减）。默认值为 1.0，即单元尺寸相同，单元密度均匀设置。

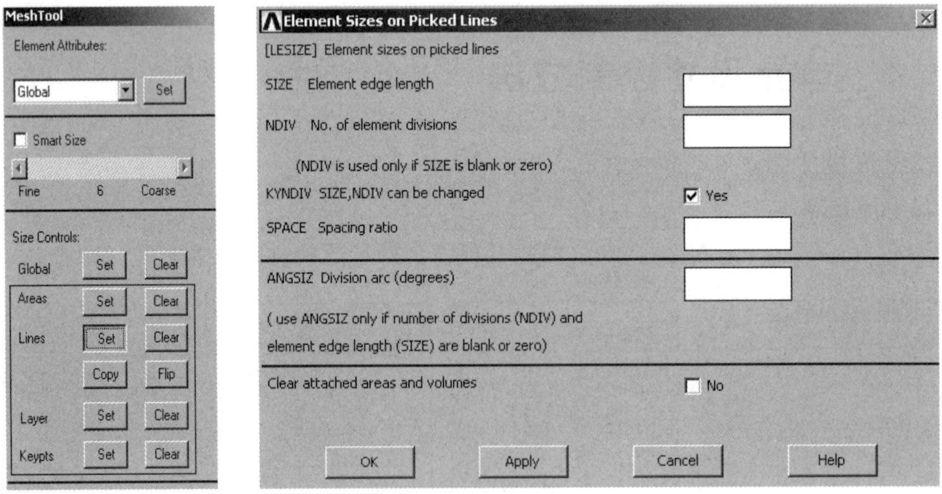

图 5－32　局部控制

实例：不同比例（SPACE）的单元划分

一个矩形面，ET，1，PLANE42 $ BLC4,,，4，4。连线顺序为 1，2，3，4，1，试采用不同比例进行网格划分。网格划分结果见图 5－33。

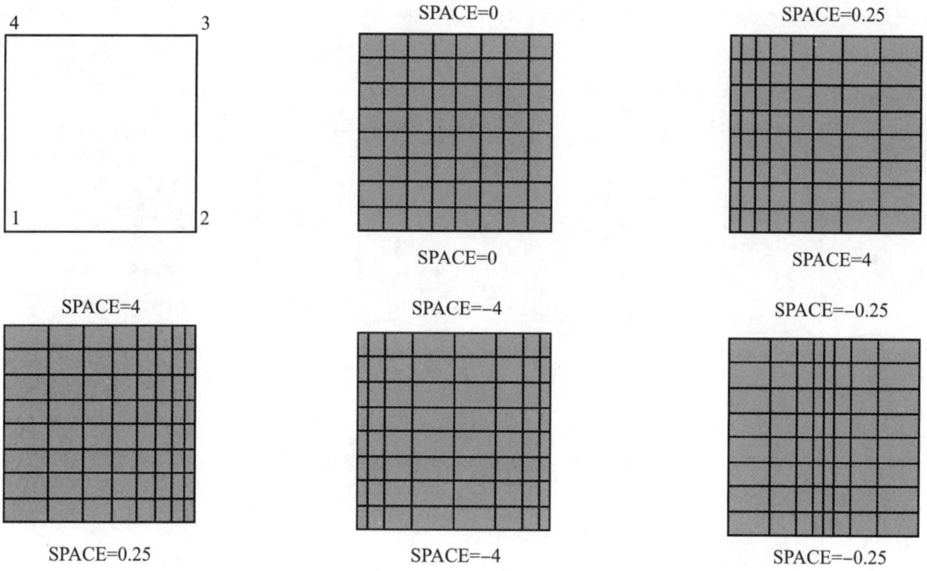

图 5 - 33　不同比例的网格

5.5　网格划分器类型

5.5.1　单元形状

在使用网格划分器(划分工具)之前，应确定单元的形状，点单元和线单元没有单元形状问题，而面单元和体单元存在形状选择问题。

(1)对于面单元，存在三角形单元 Tri 和四边形单元 Quad，其中四边形单元可以退化成三角形单元，见图 5 - 34。

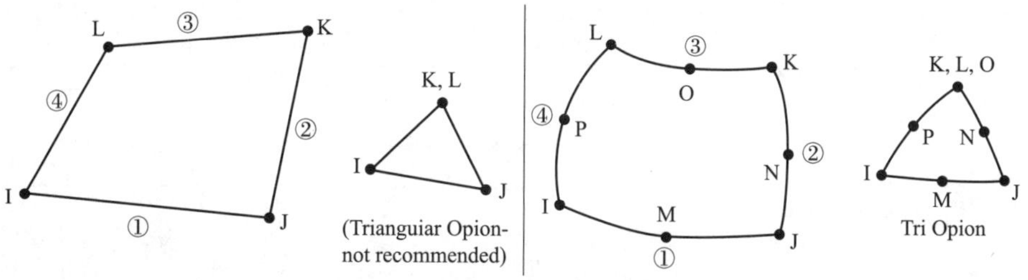

图 5 - 34　四边形 Quad 和三角形 Tri 面单元

(2)对于体单元，存在四面体单元 Tetrahedra 和六面体单元 Hexahedral，六面体单元可以退化成五面体单元(金字塔单元 Pyramid 和三棱柱单元 Prism)和四面体单元，见图 5 - 35。体单元如果同时采用六面体和四面体单元，则它们之间必须利用金字塔单元进行过渡。

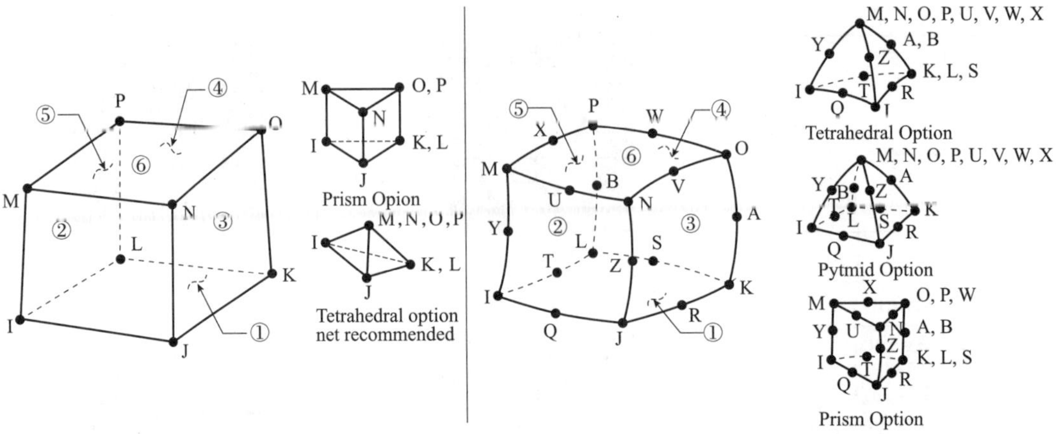

图 5-35　六面体-五面体-四面体单元

5.5.2　网格划分器类型

网格划分工具路径为 Main Menu>Preprocessor>Meshing>MeshTool>Mesh。点和线单元划分见图 5-36；面单元划分见图 5-37，可采用自由或映射的方法划分三角形或四边形单元；体单元划分见图 5-38，可采用自由划分四面体单元、映射或扫掠划分六面体单元、扫掠划分五面体(楔形体)单元。

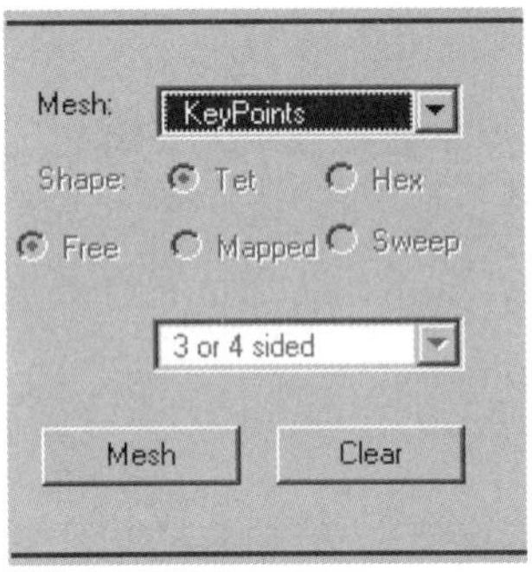

(a) 点单元

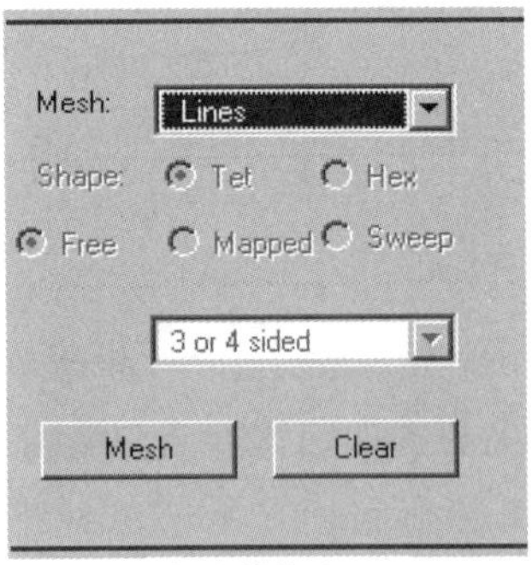

(b) 线单元

图 5-36　点和线单元划分

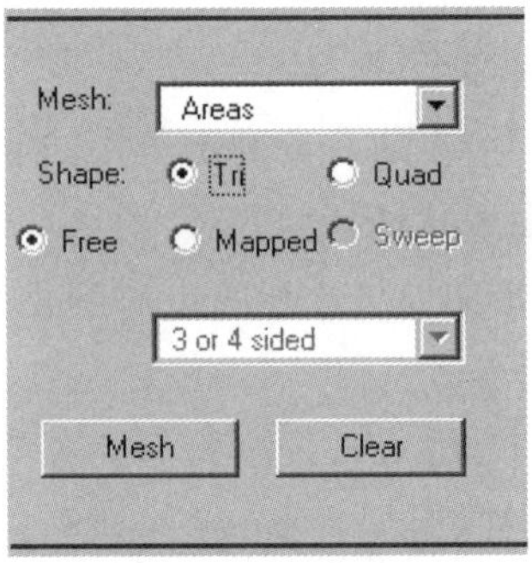

(a) 自由划分三角形单元

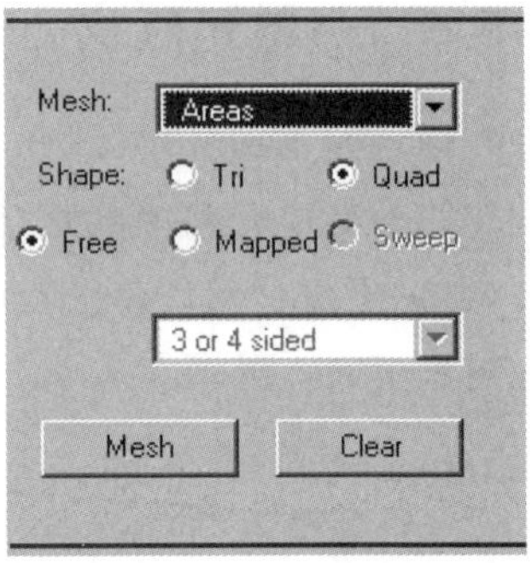

(b) 自由划分四边形单元

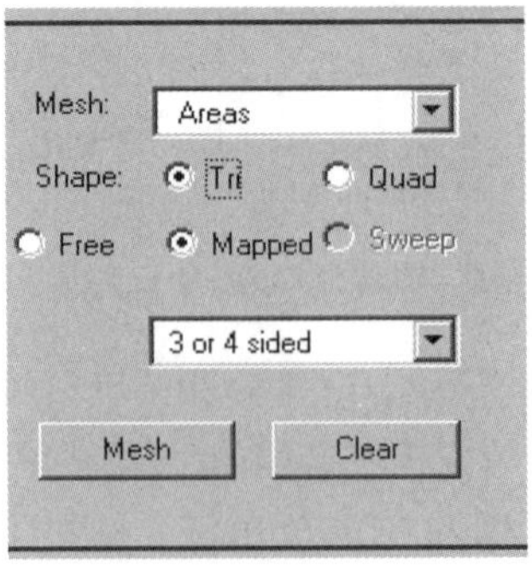

(c) 映射划分三角形单元

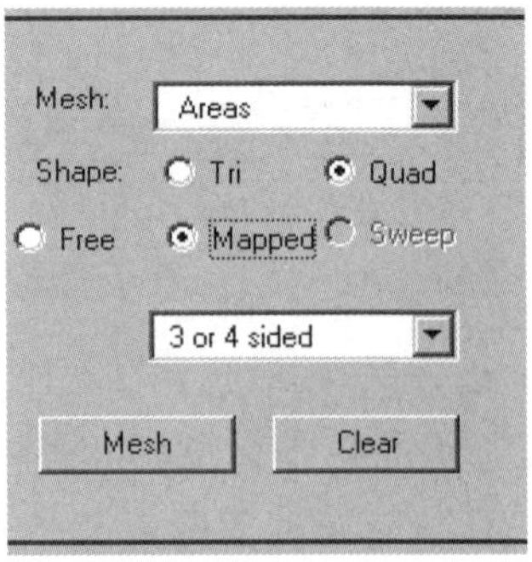

(d) 映射划分四边形单元

图 5-37　面单元划分

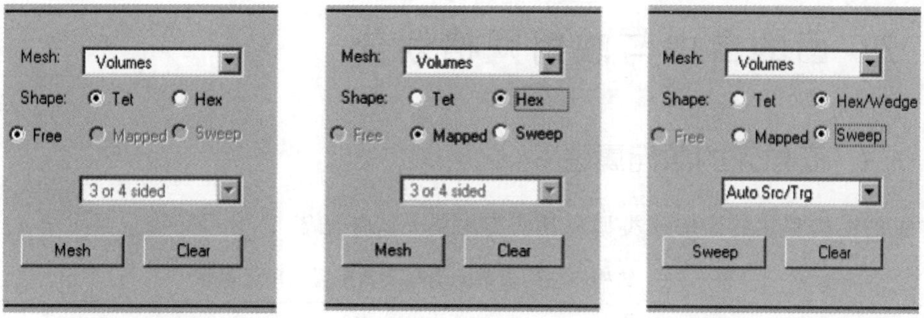

(a)自由划分四面体单元　(b)映射划分六面体单元　(c)扫掠划分六面体/楔形体单元

图 5-38　体单元划分

5.6　线的网格划分

在 ANSYS 中线单元的类型比较多，并且各自的属性存在一定的差异，在使用时需要区别处理。常见的结构和热的线单元类型及其所需的单元属性见表 5-2。

表 5-2　结构和热的线单元类型及其所需的单元属性

单元类型	单元类型（单元名称）	单元材料	单元实常数	单元截面	单元坐标系	单元方向关键点
结构 2D 线单元	LINK1	√	√		√	
结构 3D 线单元	LINK8，LINK10，LINK11，LINK180	√	√		√	
结构 2D 梁单元	BEAM3，BEAM23，BEAM54	√	√		√	
结构 3D 梁单元	BEAM4，BEAM24，BEAM44	√	√		√	
	BEAM188，BEAM189	√		√	√	√
结构连接单元，如弹簧单元、预紧单元等	COMBIN7，COMBIN14，COMBIN37，COMBIN39，COMBIN40，COMBIN179		√		√	
结构管道单元	PIPE1，PIPE17，PIPE18，PIPE20，PIPE59，PIPE60	√	√		√	
结构多点约束单元	MPCI184	√			√	
热分析线单元	LINK31，LINK32，LINK33，LINK34	√	√		√	
表面效应线单元	SURF151，SURF153	√	√			

注：(1)√表示需要该单元属性，否则不需要该单元属性；

(2)对于梁单元，存在梁截面方位设置问题，用户必须给每条线上的梁单元指定一个方向关键点，用于确定其单元截面 Z 轴的指向。

5.7 面的自由与映射网格划分

5.7.1 面单元的单元属性

常见的结构和热的面单元类型及其所需的单元属性见表 5－3。

表 5－3 结构和热的面单元类型及其所需的单元属性

单元类型	单元类型（单元名称）	单元材料	单元实常数	单元截面	单元坐标系
结构 2D 实体单元	PLANE2，PLANE25，PLANE42，PLANE82，PLANE83，PLANE145，PLANE146，PLANE182，PLANE183	√	√		√
结构 3D 壳单元	SHELL28，SHELL41，SHELL43，SHELL63，SHELL93，SHELL143，SHELL150，SHELL181	√	√	√[1]	√
热壳单元	SHELL57，SHELL131，SHELL132	√	√	√[2]	√
表面效应面单元	SURF152，SURF154	√	√		√

注：(1)√表示需要该单元属性，否则不需要该单元属性；

(2)[1]所示单元截面只适用于 3D 壳单元中的 SHELL181，截面属性定义复合材料铺层特性，其他壳单元均采用单元实常数定义壳体截面属性；

(3)[2]所示单元截面只适用于热分析 3D 壳单元中的 SHELL131 和 SHELL132，并且没有单元实常数，其截面属性定义复合材料铺层特性，SHELL57 壳单元只能由单元实常数定义壳体截面属性。

5.7.2 面的自由网格划分

面的自由网格划分可以划分成三角形和四边形单元。

实例：半圆面自由划分三角形和四边形单元

网格划分结果见图 5－39。

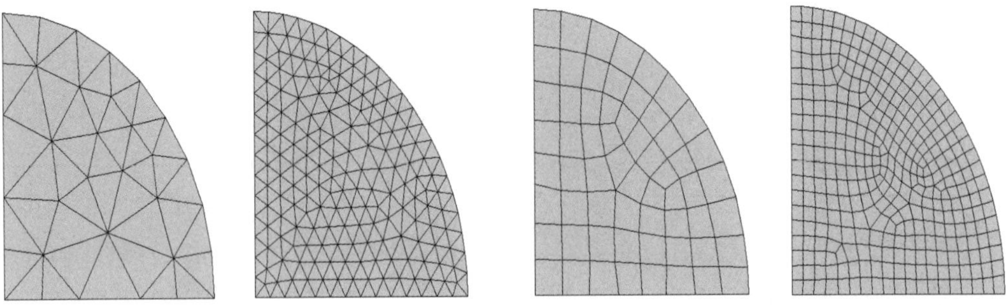

(a) SmartSize=6　　(b) SmartSize=4

图 5－39 面的自由网格划分

5.7.3　面的映射网格划分

面的映射网格划分的条件：

(1)面必须由 3 或 4 条线围成。

(2)在对边上必须有相等的单元份数。对边的 2 条线，可指定 1 条线的份数即可。

(3)如果面由 3 条线围成，则 3 条边上的单元划分数必须相等且必须是偶数。

面的映射网格划分，应注意以下几点：

(1)如果一个面由多于 4 条的线围成，可以将某些线相加 Add 或连接 Concatenated 起来。

(2)线相加：①当几条线是相切的，并且附在相同的面上时，相加优于连接；②当线不相切时，也可使用相加操作，但在线的弯折处不一定有节点生成。

(3)连接线：①连接两条线后，原始线仍然存在，创建的新线仅仅是为了划分网格；②连接后生成的线对任何实体建模操作都是无效的，划分网格后可以删除连接线；③只能在原始线上指定份数，不能在连接线上指定份数。

实例：半圆面、三角形、由 7 条线围成的六边形的映射划分四边形单元

网格划分结果见图 5－40。在图 5－40(c)中，先指定线的份数，然后连接 L1 与 L2、L3 与 L4、L6 与 L7 的线，便可生成规则的四边形单元。

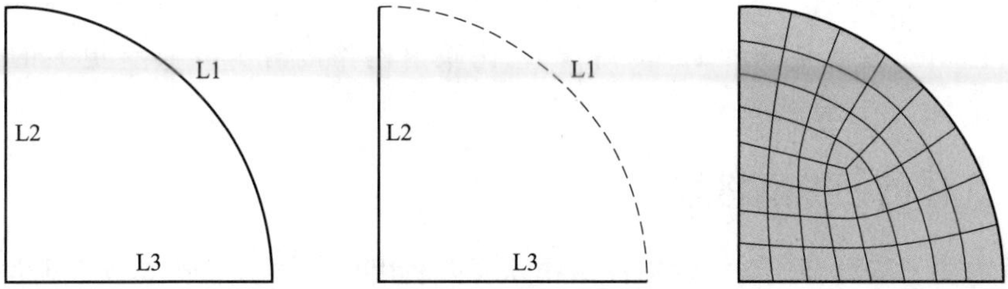

(a) 半圆面映射划分四边形单元

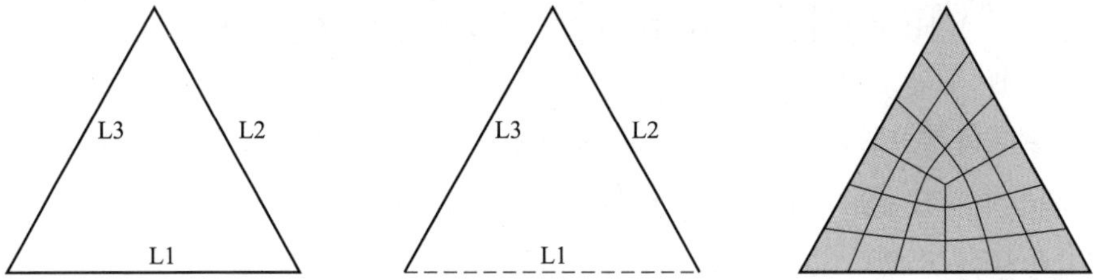

(b) 三角形映射划分四边形单元

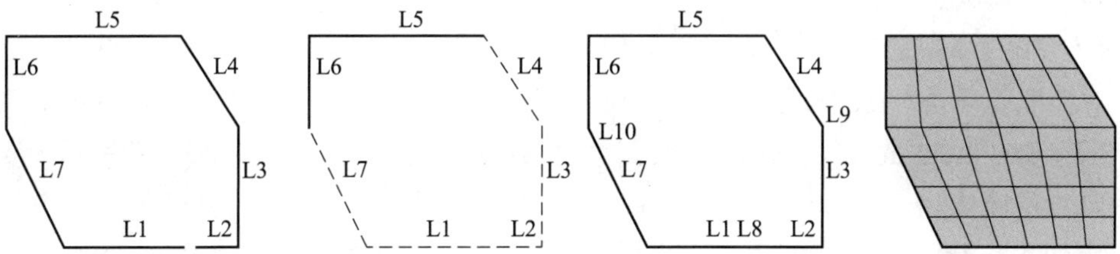

(c) 由7条线围成的六边形映射划分四边形单元

图 5－40　面的映射网格划分方法

5.8 体的自由与映射网格划分

体映射网格划分的条件：

(1)必须是砖形(六面体)，楔形体(五面体)或四面体形；

(2)在对面和侧边上所定义的单元划分数必须相等；

(3)如果体是棱柱形或四面体形，在三角形面上的单元划分数必须是偶数；

(4)相对棱边上划分的单元数必须相等。

5.9 体的扫掠、拖拉网格划分

对于由面经过拖拉、旋转、偏移(VDRAG、VROTAT、VOFFST、VEXT 等系列命令)等方式生成的复杂三维实体而言，可先在原始面上生成壳(或 MESH200)单元形式的面网格，然后在生成体的同时自动形成三维实体网格；对于已经形成好了的三维复杂实体，如果其在某个方向上的拓扑形式始终保持一致，则可用(人工或全自动)扫掠网格划分(VSWEEP 命令)功能来划分网格；这两种方式形成的单元几乎都是六面体单元。通常，采用扫掠方式形成网格是一种非常好的方式，对于复杂几何实体，经过一些简单的切分处理，就可以自动形成规整的六面体网格，它比映射网格划分方式具有更大的优势和灵活性。

5.9.1 体的扫掠网格划分

首先，需要了解具有什么样的拓扑结构才可以利用扫掠技术生成体单元网格模型。

体的扫掠网格划分，要求几何体具有一对拓扑结构的源面(Source Area)和目标面(Target Area)，并且源面与目标面的对应顶点之间都有一条棱线相连，即一个柱体或旋转体积几何模型。

体的扫掠网格划分算法是：首先给源面划分面网格(自动进行，不需要事先人为划分面网格)，然后沿柱体或旋转体棱线扫掠贯穿整个柱体或旋转体生成多层网格(三棱柱单元和六面体单元)。

实例：扫掠划分六面体单元

(1)定义单元类型：

单击 Main Menu>Preprocessor>Element Type>Add/Edit/Delete，弹出 Element Type 对话框，单击“Add”按钮，弹出 Library of Element Types 对话框，在右边的列表中选择 Solid-Brick 8node 45，见图 5-41，单击“OK”。

(2)建正面体：

单击 Main Menu>Preprocessor>Modeling>Create>Volumes>Block by 2 Corners & Z，在 Width、Height、Depht 中都输入 10，见图 5-42，单击“OK”。

视图切换到/VIEW，1，1，2，3，见图 5-43。单击 Utility Menu>PlotCtrls>Numbering，打开关键点编号。

(3)建小圆柱体：

移动工作平面到关键点 3，单击 Utility Menu＞WorkPlane＞Offset WP to＞Keypoints，拾取关键点 3，单击“OK”，见图 5－44。

单击 Main Menu＞Preprocessor＞Modeling＞Create＞Volumes＞Cylinder＞Solid Cylinder，在 Radius 中输入 3，在 Depth 中输入 10。

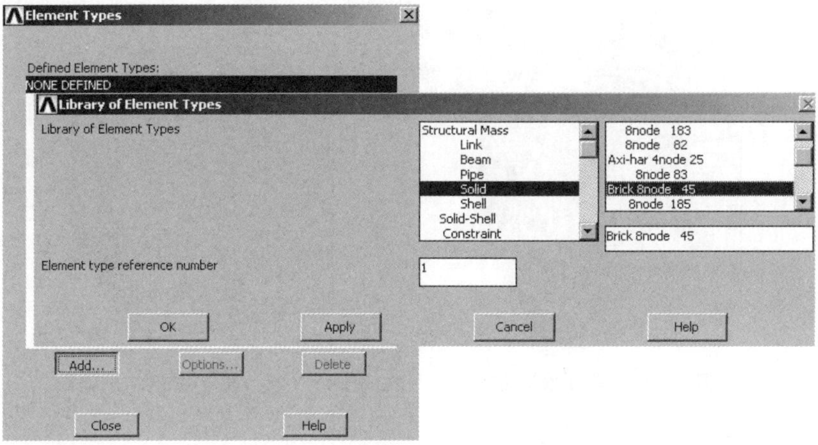

图 5－41　定义单元类型 SOLID45

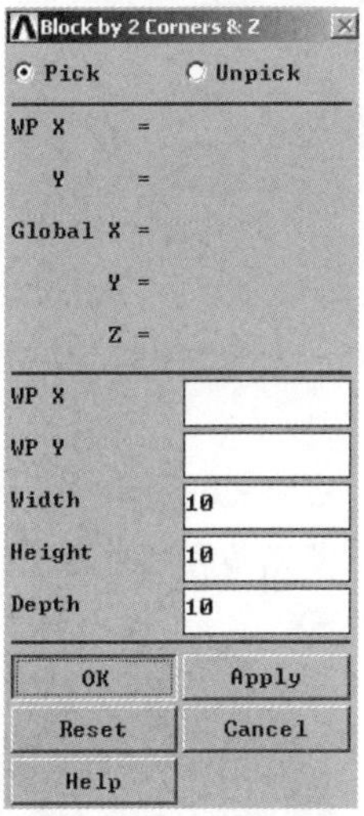

图 5－42　六面体

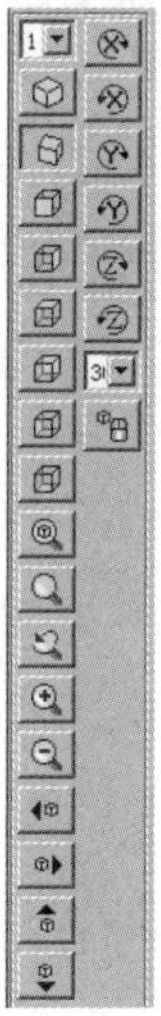

图 5－43　视图切换

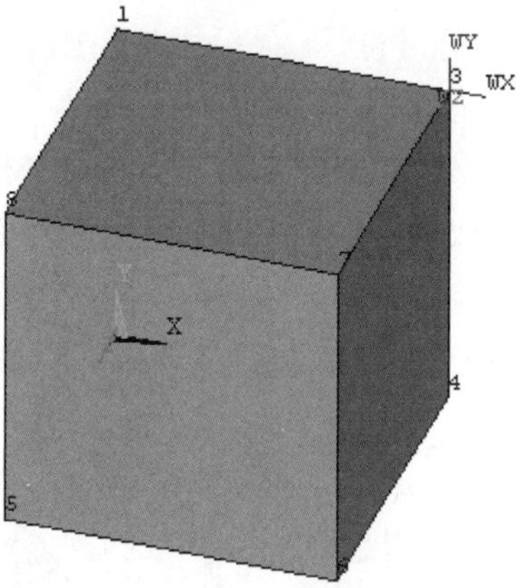

图 5－44　正面体

(4)布尔操作，正方体减去小圆柱体：

单击 Main Menu＞Preprocessor＞Modeling＞Operate＞Booleans＞Subtract＞Volumes，拾取正方体 V1，单击“OK”，拾取小圆柱体 V2，单击“OK”，见图 5－45。

(5)建大圆柱体：

移动工作平面，Z 方向移动距离为 6，单击 Utility Menu＞WorkPlane＞Offset WP by Increments，在 X，Y，X Offsets 中输入 0，0，6。

单击 Main Menu>Preprocessor>Modeling>Create>Volumes>Cylinder>Solid Cylinder，在 Radius 中输入 5，在 Depth 中输入 4。

单击 Utility Menu>List>Status>Working Plane，不显示工作平面。

(6)布尔操作，减去大圆柱体：

单击 Main Menu>Preprocessor>Modeling>Operate>Booleans>Subtract>Volumes，拾取 V3，单击 OK，拾取小圆柱体 V1，单击“OK”，见图 5-46。

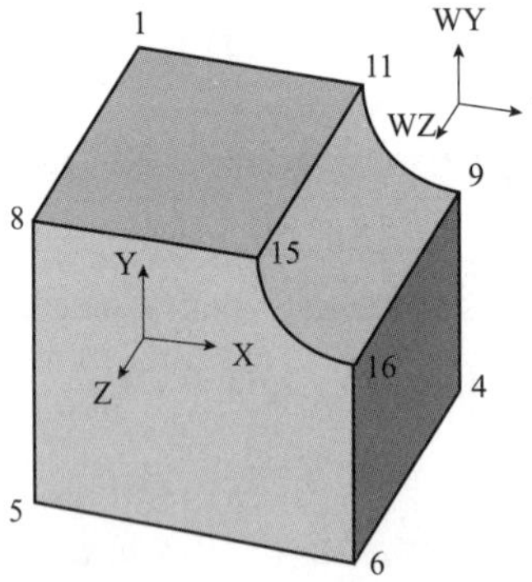

图 5-45　第 1 次布尔操作

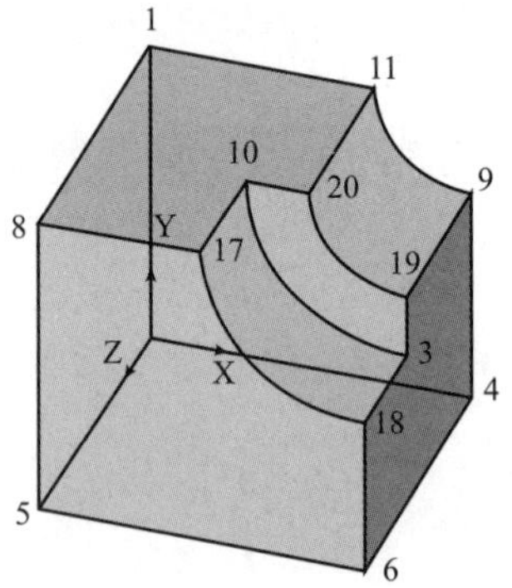

图 5-46　第 2 次布尔操作图

(7)压缩编号：

单击 Utility Menu>Select>Everything，选择 ALL；

单击 Main Menu>Preprocessor>Numbering Ctrls>Compress Numbers，选择 ALL。

(8)设置线的份数：

线编号见图 5-47，L4 和 L5 分 6 份，L10 分 12 份；L19 分 3 份，L11 分 4 份，L8 分 7 份；L16 分 2 份，L21 分 4 份，L15 分 6 份。

(9)连接面：

单击 Main Menu>Preprocessor>Meshing>Mesh>Volumes>Mapped>Concatenate>Areas，拾取 A1 和 A2 面，单击“OK”，见图 5-48。

(10)六面体单元划分：单击 Main Menu>Preprocessor>Meshing>MeshTool>Mesh，选择 Hex/Wedge 和 Sweep，单击“Sweep”。六面体单元模型见图 5-49。

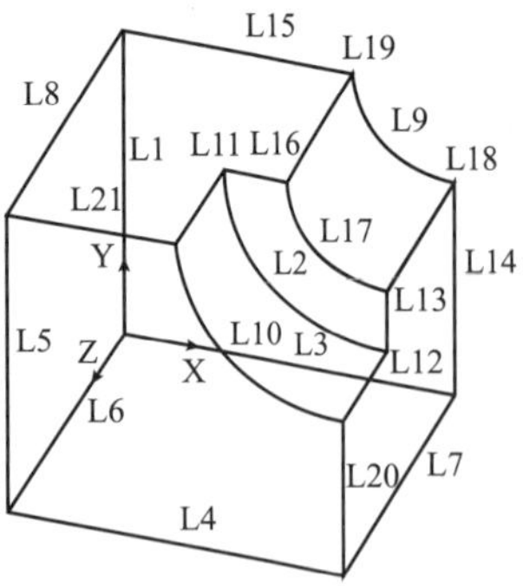

图 5-47　线编号

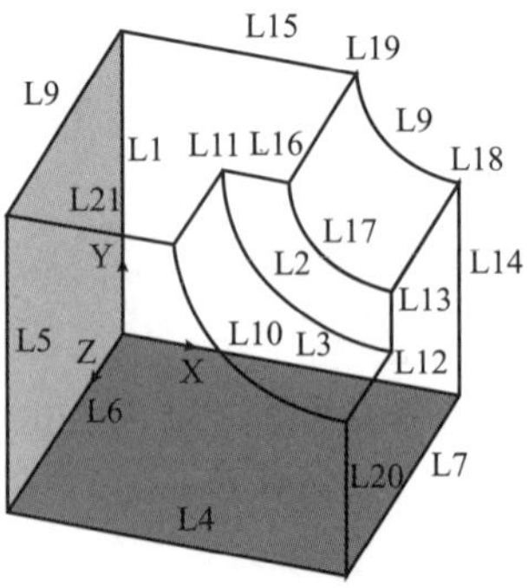

图 5-48　连接面

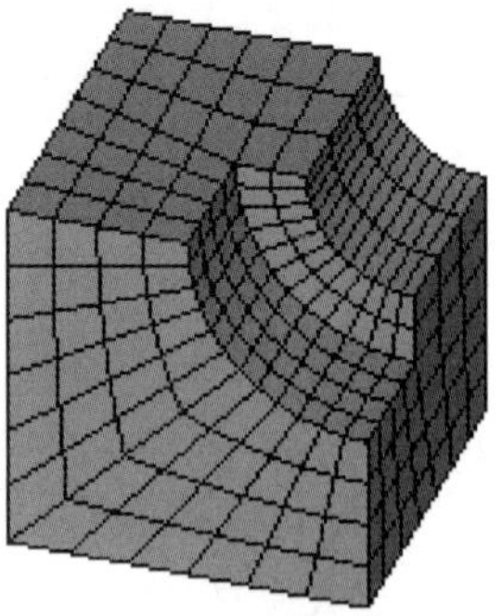

图 5-49　六面体单元模型

5.9.2　体的拖拉网格划分

实例：内六角扳手的网格划分

扳手模型见图 5-50。

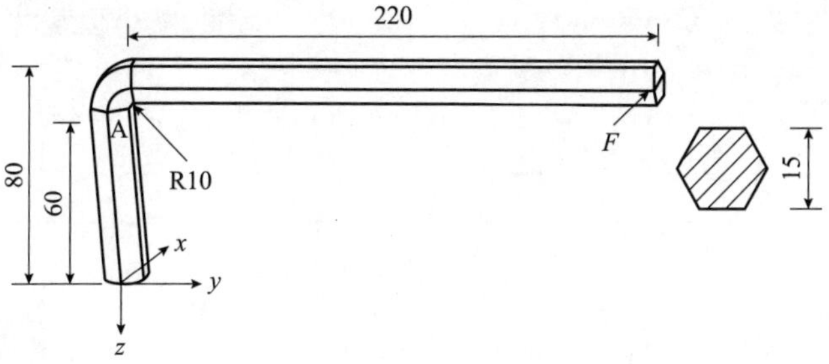

图 5-50　扳手模型

弹性模量为 200GPa，泊松比为 0.3。

(1)定义单元类型

Main Menu>Preprocessor>Element Type>Add/Edit/Delete→Add，在弹出的对话框中按照图 5-51 进行设置，点击“Apply”完成 Solid95 单元设置，按照同样的方法设置 PLANE 82，点击“OK”完成单元类型的选择。

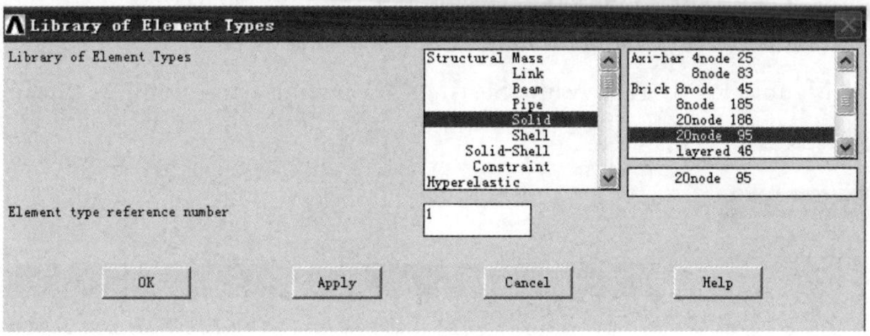

图 5-51　单元类型

(2)定义材料性能参数

Main Menu>Preprocessor>Material Props>Material Models→Structural→Linear→Elastic→Isotropic→EX：2.0e11，PRXY：0.3→OK，见图 5-52。

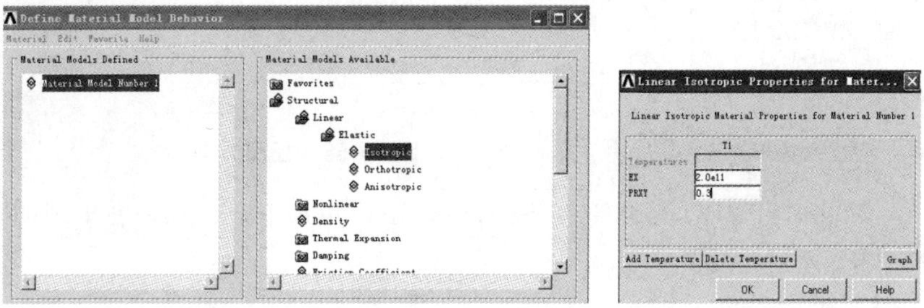

图 5-52　材料性能

(3)创建几何模型并分网

①Utility Menu>Parameters>Angular Uints，在弹出的对话框中按照图 5－53 进行设置。

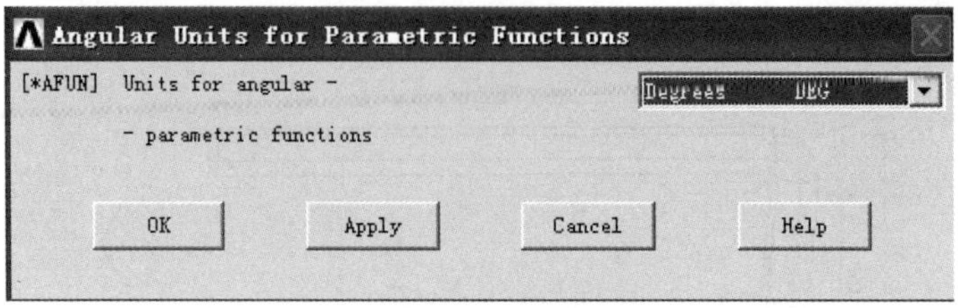

图 5－53　角度单位设置

②Utility Menu>Parameters>Scalar Parameters，弹出对话框以后，在 Selection 输入栏中输入“w _ hex=0.015”，单击“Accept”按钮，按照同样的方法设置 w _ flat=w _ hex * tan(30)，l _ shank=0.08，l _ handle=0.22，倒角半径 bendrad=0.01，l _ elem=0.01，no _ d _ hex=3 和 tol=25E－6。最后点击“Close”按钮。

③Main Menu>Preprocessor>Modeling>Create>Areas>Polygon>Hexagonal，在弹出的对话框中按图 5－54 进行设置，点击“OK”。

④Main Menu>Preprocessor>Modeling>Create>Keypoints>In Active CS，在弹出的设置关键点的对话框中依次设置关键点 7(0，0，0)，关键点 8(0，0，－l _ shank)和关键点 9(0，l _ handle，－l _ shank)，单击“OK”关闭该窗口。

⑤Utility Menu>PlotCtrls>View Settings>Viewing Direction，在出现的对话框中按照图 5－55 进行设置，点击“OK”。

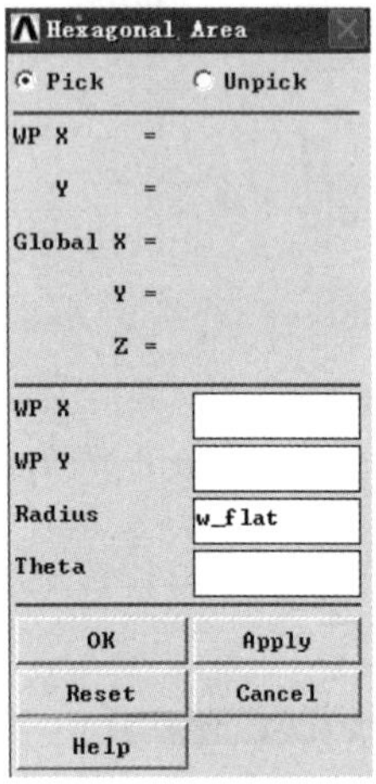

图 5－54　创建六边形

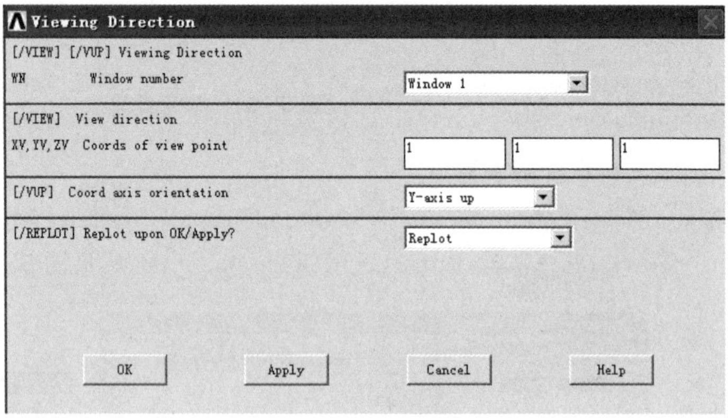

图 5－55　视图方向

⑥Utility Menu>PlotCtrls>View Settings>Angle of Rotation，在出现的对话框中按照图 5－56 设置，点击“OK”。

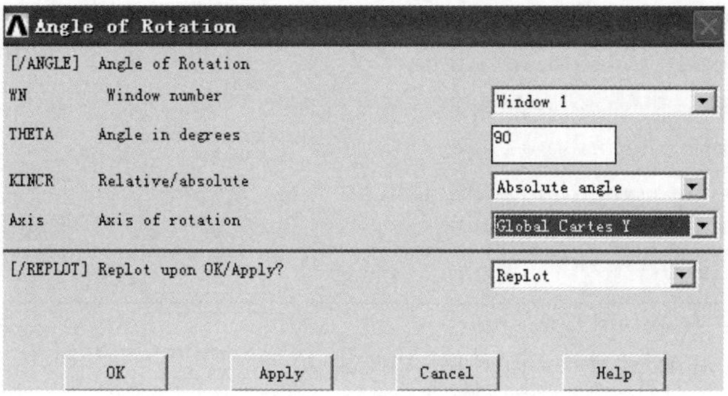

图 5－56　旋转角度

⑦Utility Menu＞PlotCtrls＞Numbering，在弹出的对话框中，设置 LINE 和 KP 状态为 on，点击“OK”。

Main Menu＞Preprocessor＞Modeling＞Create＞Lines＞In Active Coord，在弹出的对话框中，依次拾取图中的关键点 4 和 1、7 和 8、8 和 9，点击“OK”。

Main Menu＞Preprocessor＞Modeling＞Create＞Lines＞Line Fillet，在弹出的拾取框中，拾取线 8 和线 9，点击“OK”，在出现的窗口中按照图 5－57 设置。

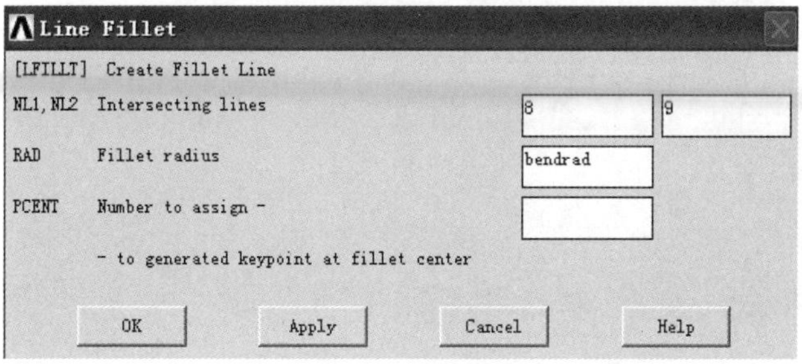

图 5－57　线的倒角

Main Menu＞Preprocessor＞Modeling＞Operate＞Booleans＞Divide＞Area by line，出现拾取框后点击“Pick All”，在接着出现的窗口中，选择编号为 7 的线段。

Utility Menu＞Select＞Comp/Assmbly＞Create Component，接下来的设置按图 5－58 进行。

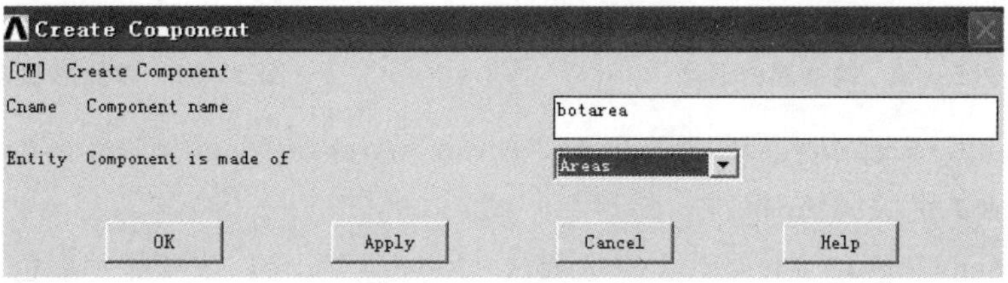

图 5－58　创建部分

⑧Main Menu＞Preprocessor＞Meshing＞Size Cntrls＞ManualSize＞Lines＞Picked Lines，出现拾取框后，依次拾取线 1、2、6，点击“OK”，接着在弹出的对话框中按照图 5－59 进行设置。

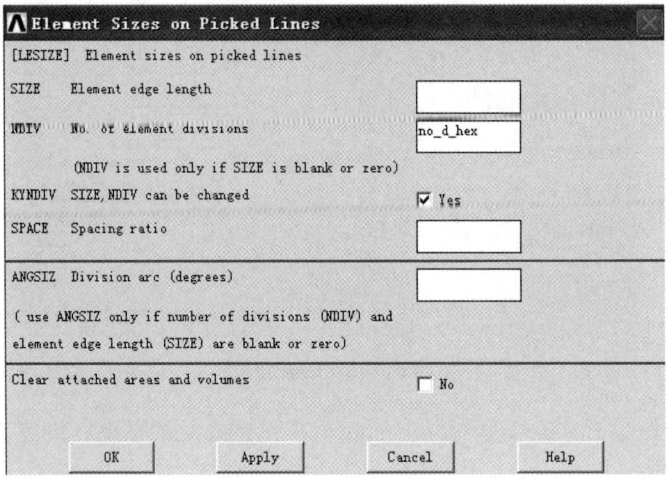

图 5-59　单元份数

Main Menu>Preprocessor>Meshing>Mesher Options，接下来的设置如图 5-60 所示，点击“OK”以后，在出现的对话框中按照图 5-61 设置，点击“OK”，关闭该对话框。

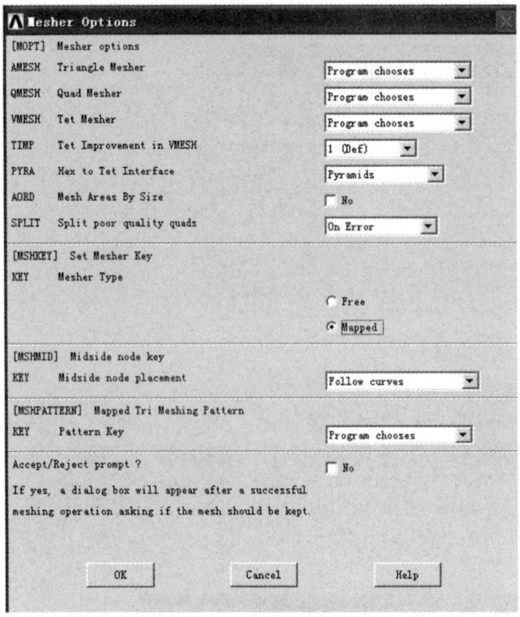

图 5-60　网格划分选项

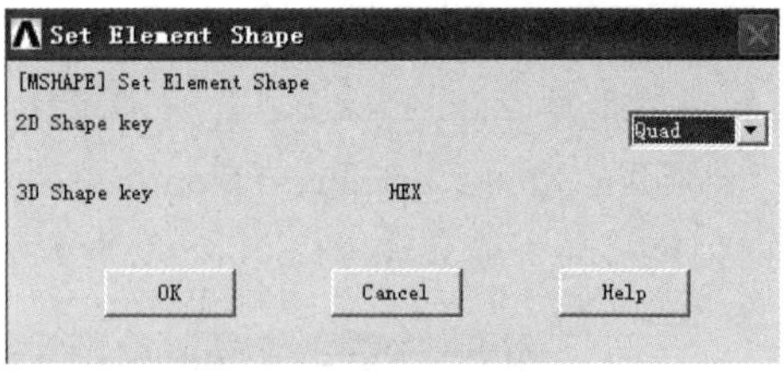

图 5-61　单元形状设置

Main Menu>Preprocessor>Meshing>Mesh>Areas>Mapped>3 or 4 sided，出现拾取框点击“Pick All”关闭该对话框。

Utility Menu>PlotCtrls>Style>Colors>Revers Video，改变显示颜色。

⑨Main Menu>Preprocessor>Modeling>Operate>Extrude>Elem Ext Opt，弹出的对话框中的内容按照图 5-62 进行设置。

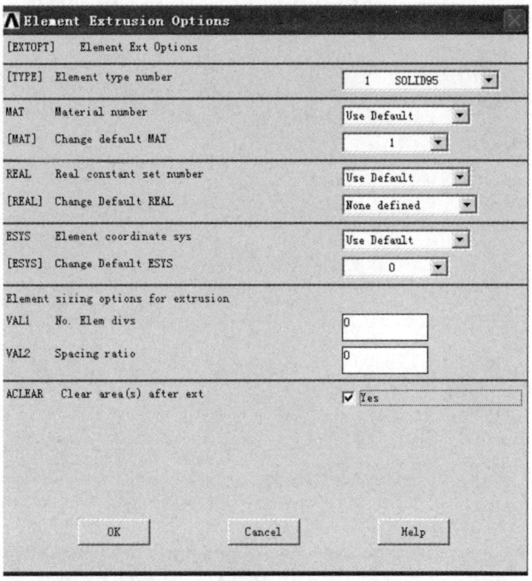

图 5-62　Elem Ext Opt 选项

Main Menu>Preprocessor>Meshing>Size Cntrls>ManualSize>Global>Size，出现拾取框后，按照图 5-63 进行设置。

Utility Menu>Select>Everyingthing。

Main Menu>Preprocessor>Modeling>Opreate>Extrude>Areas>Along Lines，出现拾取框后点击“Pick All”，在图形窗口中依次拾取线 8、10、9，点击“OK”。至此，网格模型就建好了，如图 5-64 所示。

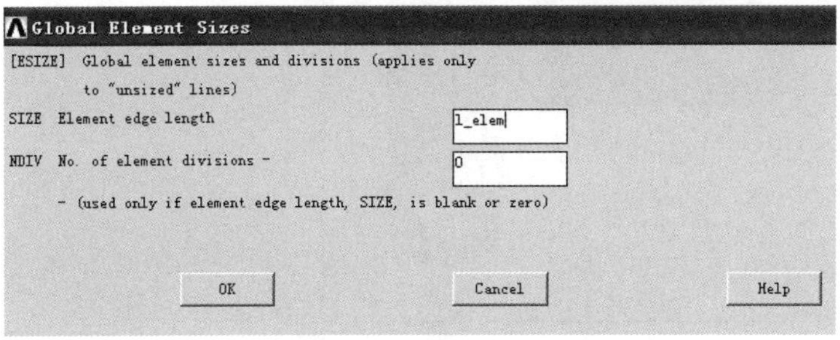

图 5-63　全局尺寸控制

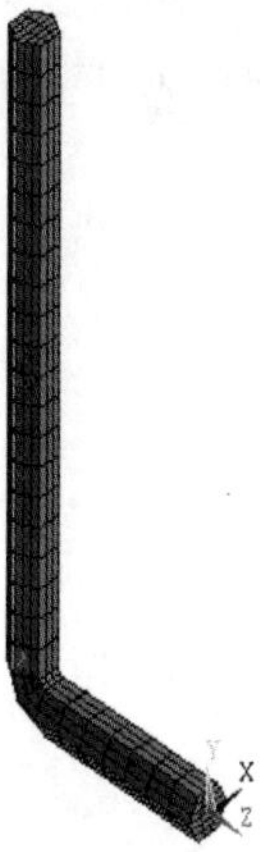

图 5-64　扳手的网格模型

5.10　实例

5.10.1　角架分网

模型为第 4.5 节所建立的模型，现对其进行分网，具体步骤为：

(1)Main Menu>Preprocessor>Meshing>MeshTool，见图 5-65；

(2)设置全局尺寸；

(3)在单元尺寸一栏中输入 0.5e-2，点击“OK”，见图 5-66。

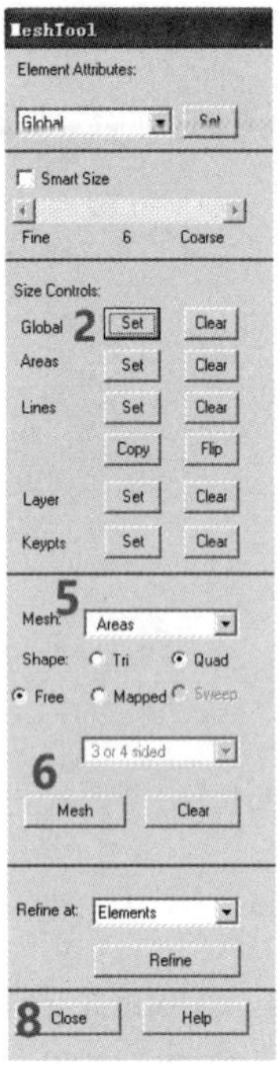

图 5-65　分网工具

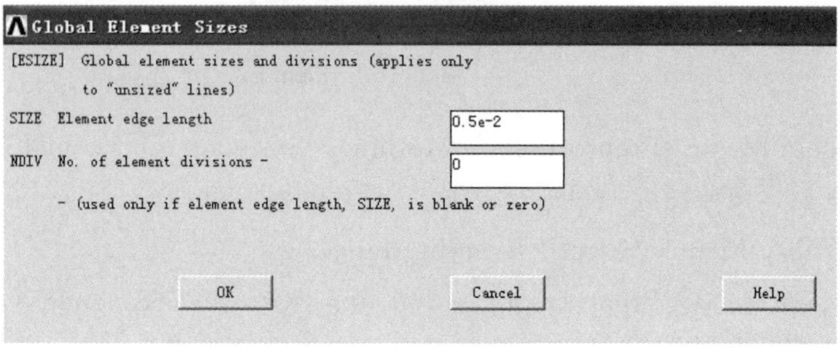

图 5-66　设置全局尺寸

(4)按照图 5-65 中的 5 和 6 依次进行设置，在弹出的对话框中点击“Pick All”，就完成了模型的分网。分网模型如图 5-67 所示。

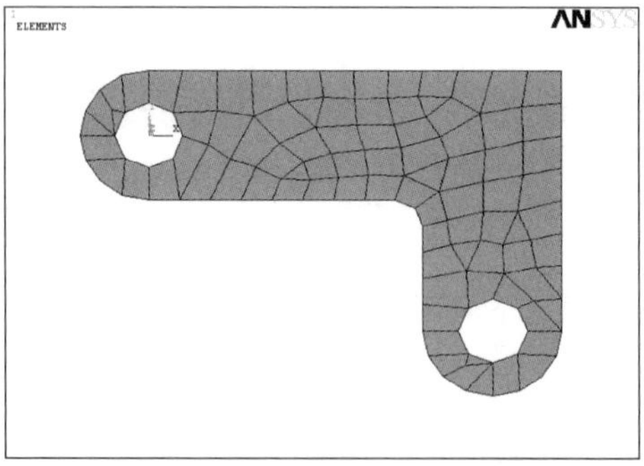

图 5-67　角架的分网模型

5.10.2　连杆分网

(1)选择单元类型

Main Menu>Preprocessor>Element Type>Add/Edit/Delete→Add，设置如图 5-68 所示，点击“OK”关闭该对话框。

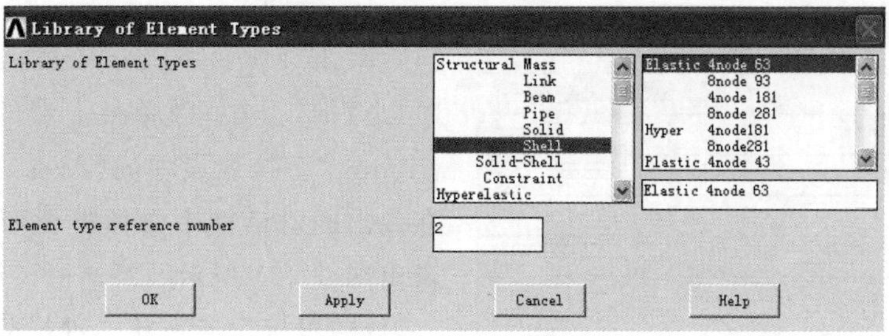

图 5-68　单元类型

(2)定义实常数

Main Menu>Preprocessor>Real Constants>Add/Edit/Delete→Add，设置如图 5-69，点击“OK”关闭该对话框。

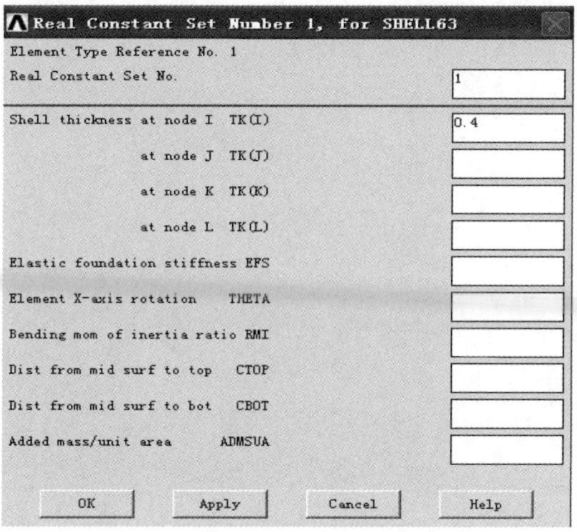

图 5-69　实常数

(3)定义材料特性

Main Menu>Preprocessor>Material Props>Material Models→Structural→Linear→Elastic→Isotropic→EX：2.06e5，PRXY：0.3→OK，见图 5-70。

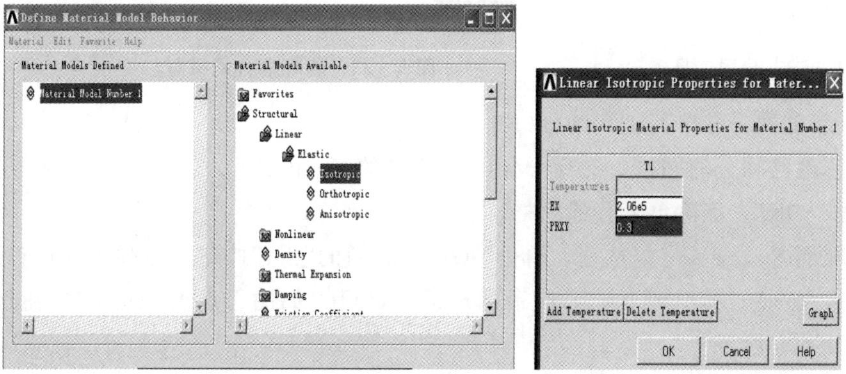

图 5-70　材料特性

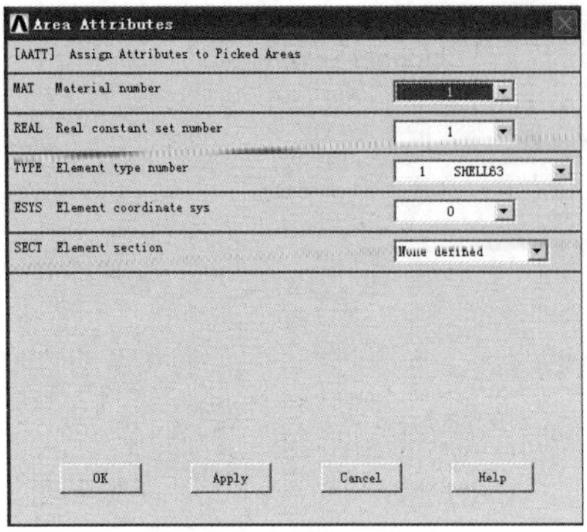

图 5-71 设置面的属性

(4)分网

Main Menu>Preprocessor>Meshing>MeahTool，选择菜单最上端的“Element Attributes”下拉列表中的“Areas”，单击“Set”，在弹出的对话框中选择整个面，单击“OK”，弹出图 5-71 所示的对话框，设置如图。

(5)设置单元形状，进行分网

选中 Smart Size 复选框，精度为 4，单元形状为 Quad，设置见图 5-72，点击“Mesh”，在出现的拾取框中选择图形窗口中的面，然后点击“OK”，就完成了对面的分网，见图 5-73。

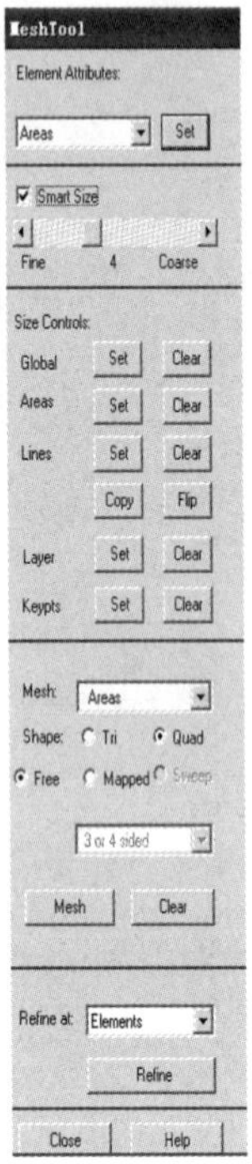

图 5-72 分网工具

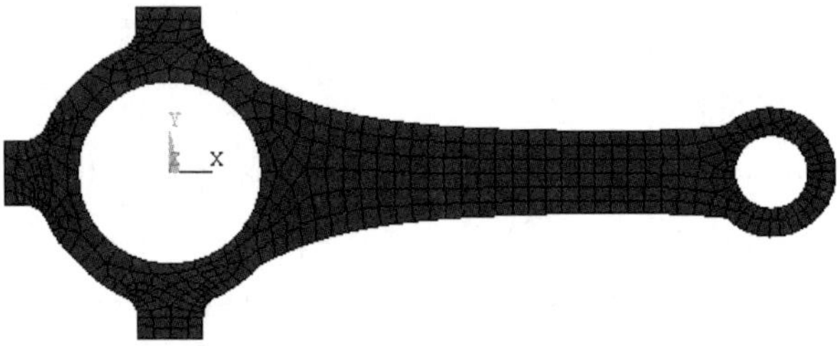

图 5-73 连杆的分网模型

(6)重新分网，并对其进行细分

首先删除已划分的网格，选择“Meshtool”里的 clear 命令，在弹出的对话框中选择面图元，点击“OK”，删除已划分的网格。

然后取消 Smart Size 复选框，单击“Areas”后面的“Set”按钮，在弹出的窗口中选择面图元，单击“OK”，弹出图 5-74 所示的对话框，设置如图。点击“Mesh”按钮划分网格，结果如图 5-75 所示。

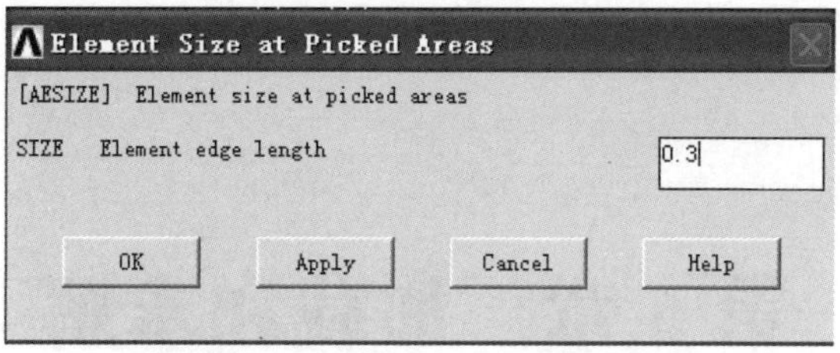

图 5－74　单元尺寸设置对话框

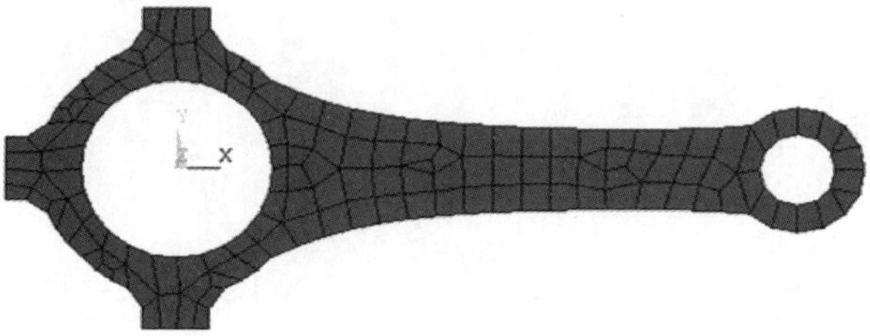

图 5－75　连杆的分网模型

细化两个圆孔周围的单元，设置如图 5－76，点击“OK”。

在弹出的对话框中选择围绕两个孔的节点，单击“OK”。弹出“Refine Mesh at Node”的对话框，设置如图 5－77 所示。

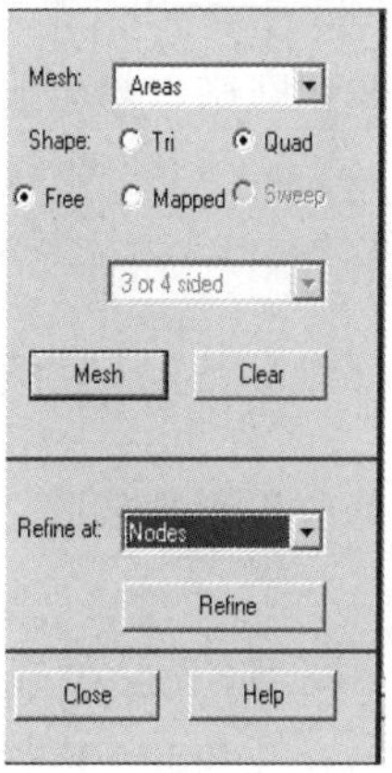

图 5－76　分网工具

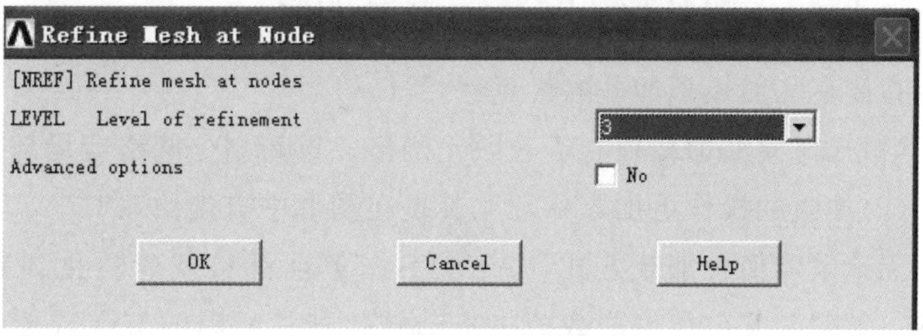

图 5－77　重新分网对话框

细化以后的模型如图 5－78 所示。

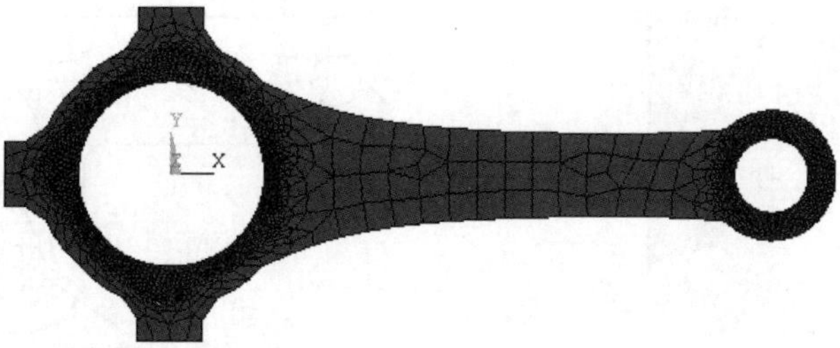

图 5－78　细化后的分网模型

第6章　加载和求解

6.1　加载

6.1.1　载荷分类

(1)自由度 DOF：定义节点的自由度(DOF)值。结构分析、热分析对应的自由度分别为位移、温度。

(2)集中载荷：点载荷。结构分析、热分析对应的集中载荷为力、热导率。

(3)面载荷：作用在表面的分布载荷。结构分析、热分析对应的面载荷为压力、热对流。

(4)体积载荷：作用在体积或场域内。热分析对应的体积载荷为体积膨胀、内生成热。

(5)惯性载荷：结构质量或惯性引起的载荷(重力、角速度等)。

6.1.2　在几何和 FEA 模型上加载

直接在几何模型加载的优点：

(1)几何模型加载独立于有限元网格，重新划分网格或局部网格修改不影响载荷。

(2)加载的操作更加容易，尤其是在图形中直接拾取时。

无论采取何种加载方式，ANSYS 求解前都将载荷转化到有限元模型(节点和单元)。因此，加载到几何模型的载荷将自动转化到其所属的节点或单元上。在几何和 FEA 模型上加载如图 6-1 所示。

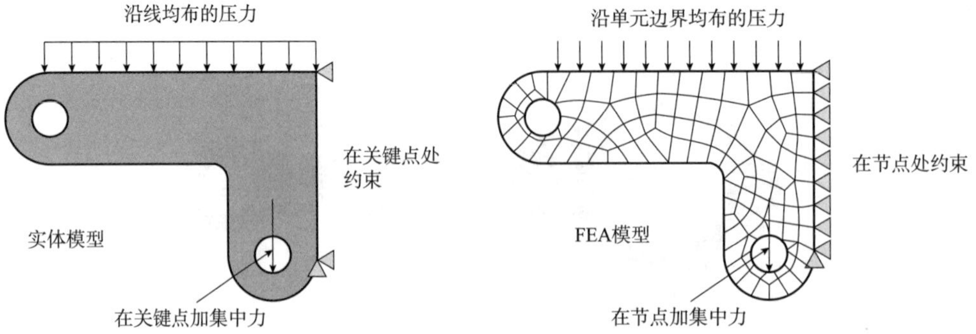

图 6-1　在几何和 FEA 模型上加载

6.1.3　自由度约束

自由度约束就是给某个自由度(DOF)指定一个已知数值(值不一定是零)。

结构分析中的固定位移(零或者非零值)，大多数自由度约束用于：

(1)对称性边界条件；

(2)指定刚体位移；

(3)热分析中的指定温度。

6.1.4　集中载荷

集中载荷就是作用在模型的一个点上的载荷，即结构分析中的力和弯矩，热分析中热流率。

集中载荷可以添加到节点和关键点上，添加到关键点上的力将自动转化到相连的应节点上。

对于结构分析而言：

(1)集中载荷通常是向由梁(beam)、杆(spars)和弹簧(springs)构成的非连续性的模型添加载荷的一种途径；

(2)对于由壳单元(shells)、平面单元(XY plane elements)或者三维实体单元(3-D solids)等组成连续性模型，集中载荷意味着存在应力奇异点。

①可以用等效集中载荷代替静力分布载荷，并添加到模型上；

②如果不关心(集中载荷作用)节点处的应力，这样做是可以接受的。

6.1.5　面载荷

面载荷就是作用在单元表面上的分布载荷，即结构分析中的压力，热分析中的对流和热流密度。

面载荷可以添加到线或面上以及节点或单元上，作用在线或面上的面载荷最终会传到面内各个单元上。

梯度在面载荷中可能会使用到，可以给按线性变化的面载荷指定一个梯度，例如水工结构在深度方向上受到静水压。

面载荷不是垂直于表面时，可采用面效应单元施加，这些单元的作用是将载荷传递到模型的其他单元，如结构实体单元的切向(或其他方向)压力，实体热单元的辐射描述。如图 6-2 所示。

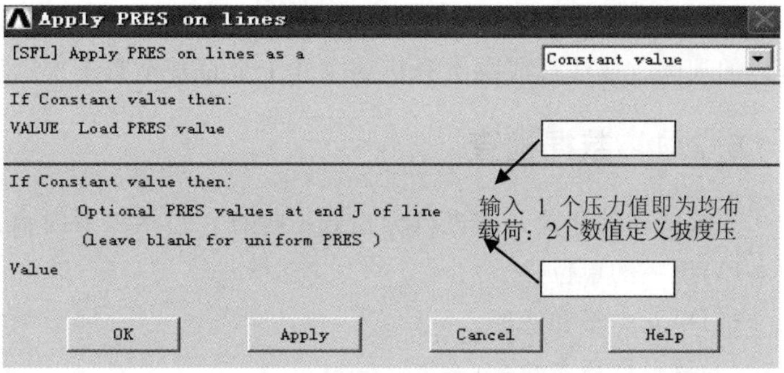

图 6-2　在线上施加面载荷

坡度压力载荷沿起始

关键点(I)线性变化到第二个关键点(J)，如果加载后坡度的方向相反，将两个压力数值颠倒即可，见图 6 - 3。

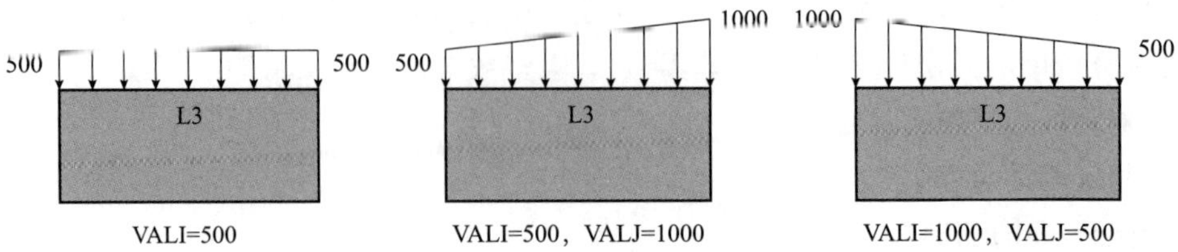

图 6 - 3　坡度压力载荷

6.1.6　轴对称载荷

轴对称载荷可加载到具有对称轴的 3-D 结构上，3-D 轴对称结构可用 2-D 轴对称模型描述。

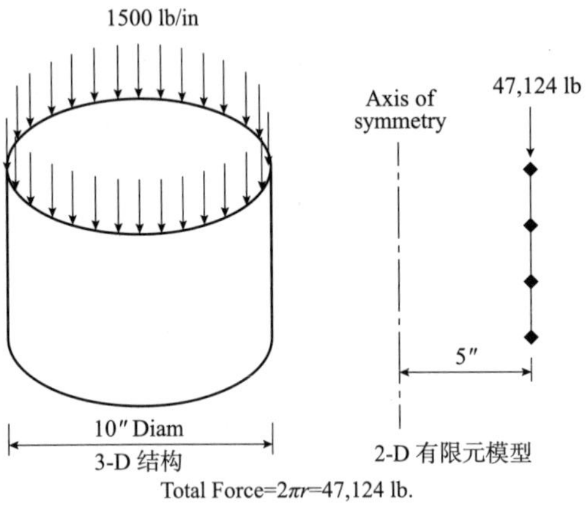

图 6 - 4　轴对称载荷

加载轴对称载荷应注意以下方面：

(1)载荷数值(包括输出的反力)基于 360°转角的 3-D 结构；

(2)在图 6 - 4 中，轴对称模型中的载荷是 3-D 结构均布面力载荷的总量。

6.1.7　检查载荷

通过 plot 画出载荷，实体模型载荷显示在几何模型上(体、面、线或关键点)，有限元模型载荷在画节点或单元时显示，或通过 list 列表载荷。

将载荷转化到有限元模型上说明：只有到求解初始化时，才将模型中的载荷自动转化到有限元模型中的节点和单元上。

6.2　求解

求解器用于求解表征结构自由度的线性方程组，一个载荷步的线性静力分析需要 1 次这样的求解，非线性或瞬态分析要求几十上百甚至数千次这样的求解。

6.2.1　数据检查

在求解初始化前，应进行分析数据检查，包括以下内容：

(1)统一的单位；

(2)单元类型和选项；

(3)材料性质参数；

(4)考虑惯性时应输入材料密度；
(5)热应力分析时应输入材料的热膨胀系数；
(6)实常数(单元特性)；
(7)单元实常数和材料类型的设置；
(8)实体模型的质量特性(Preprocessor>Operate>Calc Geom Items)；
(9)模型中不应存在的缝隙；
(10)壳单元的法向；
(11)节点坐标系；
(12)集中、体积载荷；
(13)面力方向；
(14)温度场的分布和范围；
(15)热膨胀分析的参考温度(与 ALPX 材料特性协调)。

6.2.2　求解过程

(1)求解前保存数据库；
(2)将 Output 窗口提到最前面观看求解信息；
(3)Main Menu>Solution>-Solve-Current LS。

6.2.3　输出窗口信息

在求解过程中，应将 Output 窗口提到最前面。ANSYS 求解过程中的一系列信息都将显示在此窗口中，主要信息包括：

(1)模型的质量特性：模型质量是精确的，质心和质量矩的值有一定误差；
(2)单元矩阵系数：当单元矩阵系数最大/最小值的比率>1.0e8 时将预示模型中的材料性质、实常数或几何模型可能存在问题。当比值过高时，求解可能中途退出；
(3)模型尺寸和求解统计信息；
(4)汇总文件和大小。

6.2.4　求解失败原因

没有获得结果的原因是什么？往往是求解输入的模型不完整或存在错误，典型原因有：

(1)约束不够(通常出现的问题)；
(2)当模型中有非线性单元(如缝隙 gaps、滑块 sliders、铰 hinges、索 cables 等)，整体或部分结构出现崩溃或“松脱”；
(3)材料性质参数有负值，如密度或瞬态热分析时的比热值；
(4)未约束铰接结构，如两个水平运动的梁单元在竖直方向没有约束；
(5)发生屈曲，当应力刚化效应为负(压)时，在载荷作用下整个结构刚度弱化。如果刚度减小到零或更小时，求解存在奇异性，因为整个结构已发生屈曲。

6.3 实例

分网模型与第 5.10.1 节的模型保持一致。

(1)施加位移约束

Main Menu>Solution>Define Loads>Apply>Structural>Displacement>On Lines，选择左边的小孔的四条线，施加的位移约束方式为“All DOF”，见图 6-5。

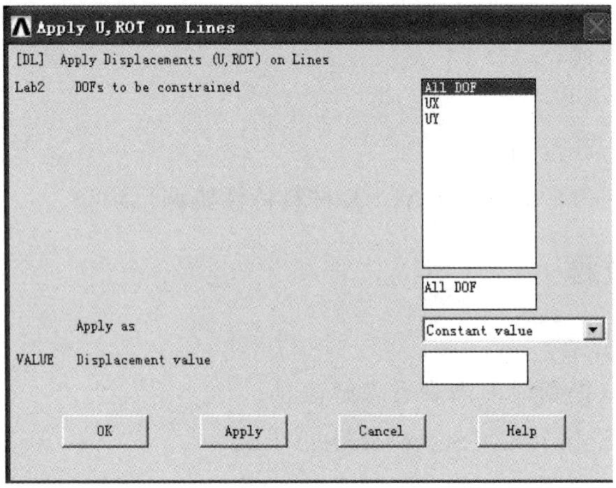

图 6-5 位移约束方式

(2)施加载荷约束

Main Menu>Solution>Define Loads>Apply>Structural>Pressure>On Lines，出现图 6-6 所示的图形，在图形中选择角架右端的小孔的左下端的圆周线，点击“OK”，接下来的设置如图 6-7 所示，设置结束后点击“OK”，关闭该对话框。

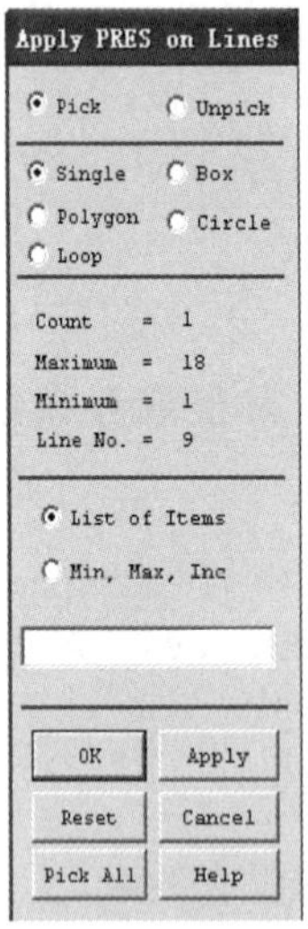

图 6-6 施加载荷的拾取框

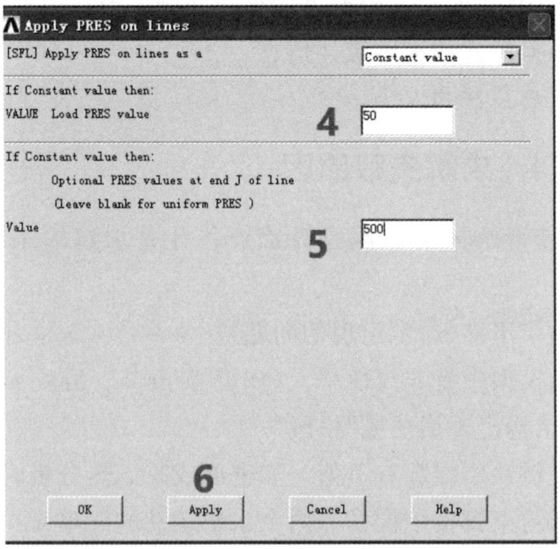

图 6-7 添加线载荷对话框

以同样的方法对角架右端的小孔的右下端的圆周线进行载荷设置，载荷大小设置见图6-8。

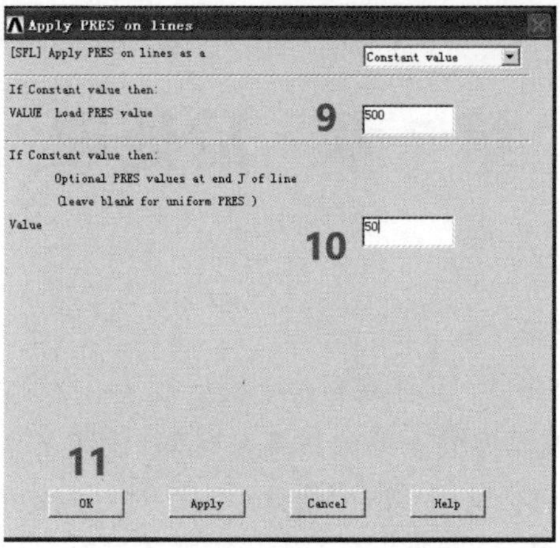

图 6-8　添加线载荷对话框

(3)求解

Main Menu>Solution>Solve>Current LS，关掉图 6-9 所示的对话框，点击图 6-10 所示的“OK”按钮，直到出现图 6-11 所示的窗口，点击“Close”关闭求解结束对话框。

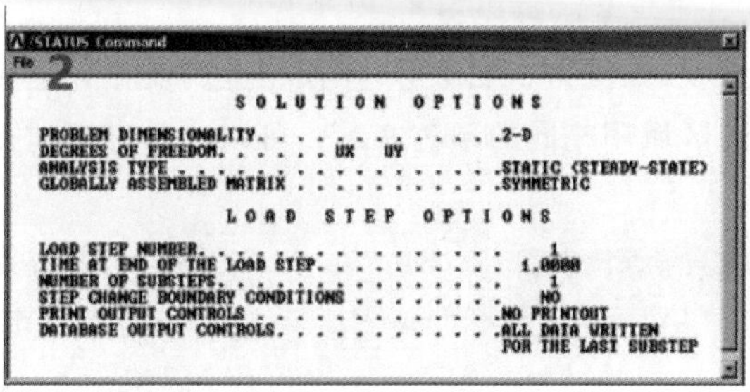

图 6-9　求解选项

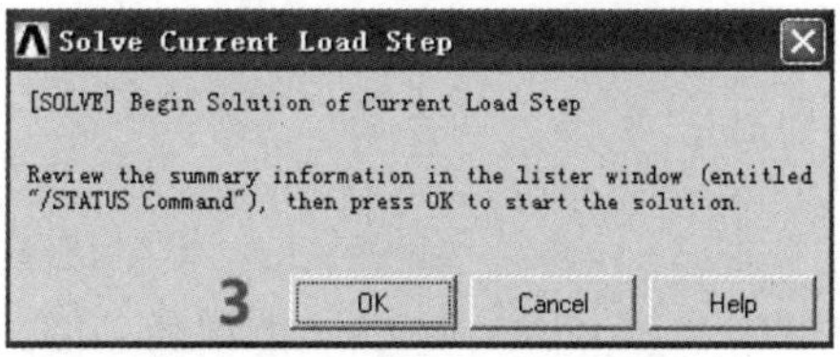

图 6-10　求解当前载荷步

图 6-11　求解完成窗口

第 7 章 后处理

ANSYS 有两个后处理器：

(1)通用后处理器(POST1)，只能观看整个模型在某一时刻的结果。使用 POST1 通用后处理器可观察整个模型或模型的一部分在某一时间(或频率)上针对特定载荷组合的结果。POST1 有许多功能，包括从简单的图像显示到针对更为复杂数据操作的列表等。

(2)时间历程后处理器(POST26)，可观看模型在不同时间的结果，但此后处理器只能用于处理瞬态和动力分析结果。

在这一章中，将学习一些通用后处理操作。

7.1 云图显示结果

云图显示表现了结果项(如应力、变形等)在模型上的变化，它用不同的颜色表示结果的大小，具有相同数值的区域用相同的颜色表示，可以非常直观地得到模型某结果项的分布情况。

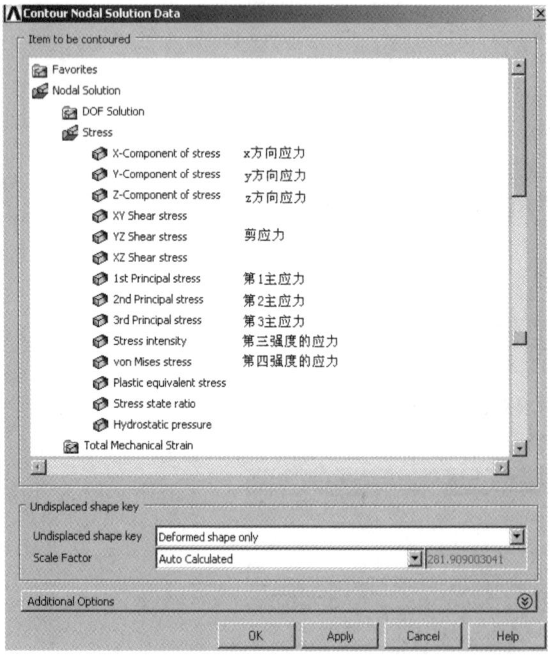

图 7-1 节点结果云图

结果云图显示有四种方式：

(1)PLNSOL 节点结果

命令：PLNSOL

路径：Main Menu>General Postproc>Plot Results>Contour Plot>Nodal Solu

节点结果云图见图 7-1。

PLNSOL 结果生成连续的过整个模型的云图，可用于原始解或派生解。

派生解通常在单元之间是不连续的，需要在节点处进行平均，以便显示连续的云图。

结果可以是各个方向的位移(DOF solution)、各种形式的应力(Stress)(各个方向的正应力、剪切应力以及按各种准则合成的等效应力等)、应变

(Strain)等。

第三强度的应力：

$$\sigma_{r3}=\sigma_1-\sigma_3$$

第四强度的应力：

$$\sigma_{r4}=\sqrt{\frac{1}{2}[(\sigma_1-\sigma_2)^2+(\sigma_2-\sigma_3)^2+(\sigma_3-\sigma_1)^2]}$$

(2)显示单元结果

命令：PLESOL

路径：Main Menu>General Postproc>Plot Results>Contour Plot>Element Solu

PLESOL 命令生成的云图在单元边界上不连续(颜色过渡不是平滑的)。

(3)显示单元表结果

命令：PLETAB

路径：Main Menu>General Postproc>Plot Results>Contour Plot>Elem Table

PLETAB 命令可以用云图的方式显示单元表中的数据。此命令也提供了选项用于控制是否在单元之间的公共节点处将结果数据进行平均(缺省状态是不平均，生成不连续的云图)。

(4)显示梁单元梯度线结果

命令：PLLS

路径：Main Menu>General Postproc>Plot Results>Line Elem Res

用梯度线的方式显示一维单元的结果。常用在梁分析中对剪力和力矩图进行显示。需要分别在一维单元的 I 和 J 节点上都定义单元表项。

(5)变形后的形状显示

命令：PLDISP

路径：Main Menu>General Postproc>Plot Results>Deformed Shape

在结构分析中可以用它观察在施加的载荷条件下结构的变形情况，可以设置为：仅显示变形后模型、变形前后同时显示、变形后模型和变形前模型的轮廓线。

(6)向量显示结果

命令：PLVECT

路径：Main Menu>General Postproc>Plot Results>Vector Plot

ANSYS 的向量显示功能可以用箭头显示模型中某个向量的大小和方向变化。比如结构分析中的平移(U)、转动(ROT)、温度梯度(TG)和主应力(S)等。

7.2　列表显示结果

除了采用图形方式直观地显示结果以外，还可以通过列表的方式列出结果数据，可以更方便地精确地得到某个局部的解。

(1)节点结果列表

命令：PRNSOL

路径：Main Menu>General Postproc>List Results>Nodal Solution

(2)单元结果列表

命令：PRESOL

路径：Main Menu>General Postproc>List Results>Element Solution

缺省状况下，结果列表按节点号或者单元号的升序排列，也可按照指定的结果项排序再列表，此功能在查找模型结果的最大值或者最小值时比较有用。

(1)按照节点求解项进行节点排序

命令：NSORT

路径：Main Menu>General Postproc>List Results>Sorted Listing>Sort Nodes

(2)按照单元表内存在的指定项进行单元排序

命令：ESORT

路径：Main Menu>General Postproc>List Results>Sorted Listing>Sort Elems

7.3 动画显示结果

路径：Utility Menu>PlotCtrls>Animate。

7.4 单元表

ANSYS 程序中单元表有两个功能：

(1)在结果数据中进行数学运算；

(2)访问其他方法无法直接访问的单元结果，例如从一维单元派生的数据，如梁单元的应力、应变等。

7.4.1 单元表的创建

命令：ETABLE

路径：Main Menu>General Postproc>Element Table>Define Table

创建的单元表包含所有当前选择集中的单元，如果要创建一个只包含特定单元的单元表，则需要首先通过 Utiliy Menu>Select 工具选定这些单元。

为识别单元表的每列，在 GUI 方式下使用 Lab 字段给每列分配一个标识，在以后的 POST1 操作中，如果欲引用已定义的单元表中的列，就必须通过此处定义的标识进行。填入单元表某一列中的数据靠 ETABLE 命令中的其他两个变量 Item 和 Comp 来识别。例如对于上面提及的 SX 应力，SX 是标识，S 是 Item 变量，X 是 Comp 变量。

有些数据项如单元的体积，不需 Comp。这种情况下，Item 为 VOLM，而 Comp 为空白。按 Item 和 Comp(必要时)识别数据项的方法称为填写单元表的组件名法。事实上，所有的单值结果项(每个单元只有一个值，在单元上没有变化，相反地，多值结果项在单元的各个节点上是有变化的)都可以通过组件名法访问，比如除了单元体积外，还有单元的质心(CENT)等。基本解数据(节点位移)虽然可以直接使用PLNSOL等命令显示，但为了进一步地处理，也可以使用单元表进行操作。使用组件名法访问的数据项通常是那些针对大多数单元类型和单元类型组计算出的数据项。

ETABLE命令的文档通常列出了所有的Item和Comp的组合情况。然而对于各种单元类型，并不是所有的组合都是有效。要清楚何种组合有效，可以查看ANSYS单元参考手册中每种单元的"Element Output Definitions"(单元输出定义)表，表7-1是BEAM4的输出定义列表示例，通过组件名法填充单元表时，只能填充那些在Name列中任何包含冒号的项。冒号前的名字应作为ETABLE命令的Item变量，冒号后的部分(如果有的话)应输入作为ETABLE命令的Comp变量，O列与R列表示在Jobname.OUT(O)或结果档(R)中该项是否可用：Y表示该项总可用，数字表示表的脚注，描述何时该项可用，或该项不可用。

表7-1 BEAM4 Element Output Definitions(选自ANSYS单元参考手册)

Name	Definition	O	R
EL	Element number	Y	Y
NODES	Element node number(I and J)	Y	Y
MAT	Material number for the element	Y	Y
VOLU	Element volume	—	Y
CENT：(X，Y，Z)	Global location of the element centroid XC，YC，ZC	—	Y
TEMP	Temperatures at integration points T1，T2，T3，T4，T5，T6，T7，T8	Y	Y
PRES	Pressure P1 at nodes I，J；OFFST1 at I，J；P2 at I，J；OFFST2 at I，J；P3 at I，J；OFFST3 at I，J；P4 at I；P5 at J	Y	Y
SDI R	Axial direct stress	1	1
SBYT	Bending stress on the element+Y side of the beam	1	1
SBYB	Bending stress on the element−Y side of the beam	1	1
SBZT	Bending stress on the element+Z side of the beam	1	1
SBZB	Bending stress on the element−Z side of the beam	1	1
SMAX	Maximum stress(direct stress+bending stress)	1	1
SMIN	Minimum stress(direct stress−bending stress)	1	1
EPELDIR	Axial elastic strain at the end	1	1
EPELBYT	Bending elastic strain on the element+Y side of the beam	1	1
EPELBYB	Bending elastic strain on the element−Y side of the beam	1	1
EPELBZT	Bending elastic strain on the element+Z side of the beam	1	1
EPELBZB	Bending elastic strain on the element−Z side of the beam	1	1
EPTHDIR	Axial thermal strain at the end	1	1

续表

Name	Definition	O	R
EPTHBYT	Bending thermal strain on the element+Y side of the beam	1	1
EPTHBYB	Bending thermal strain on the element−Y side of the beam	1	1
EPTHBZT	Bending thermal strain on the element+Z side of the beam	1	1
EPTHBZB	Bending thermal strain on the element−Z side of the beam	1	1
EPINAXL	Initial axial strain in the element	1	1
MFOR：(X，Y，Z)	Member forces in the element coordinate system X，Y，Z directions	2	Y
MMOM：(X，Y，Z)	Member moments in the element coordinate system X，Y，Z directions	2	Y

①The item repeats for end I，intermediate locations[see KEYOPT(9)]，and end J；
②If KEYOPT(6)＝1。

7.4.2 单元表的显示

图形显示单元表中数据可以通过如下命令和对应的菜单路径：
命令：PLETAB
路径：Main Menu>General Postproc>Element Table>Plot Elem Table
图形显示方式为等值线方式，既可选择平均，亦可选择不平均。
通过下列命令及其对应的菜单途径列表显示单元表中数据：
命令：PRETAB
路径：Main Menu>General Postproc>List Results>Elem Table Data

7.4.3 单元表的操作

对单元表中的数据可以进行如下操作：
(1)在单元表的操作中使用绝对值；
(2)计算单元表各列的和；
(3)将单元表中两个指定列相加；
(4)对单元表中指定的两列进行乘法运算；
(5)逐单元寻找两列中的最大值；
(6)逐单元寻找两列中的最小值；
(7)对单元列表的两列进行幂运算和乘法运算；
(8)计算单元表中两向量的叉积；
(9)计算单元表中两向量的点积。

7.5 路径

ANSYS 通用后处理器 POST1 中一个强大的功能就是能够把计算出的结果数据映射到模型中的任意路径上。沿路径还可以进行各种数学运算和微积分运算，得到一些非常有用的计算结果，如开裂处的应力强度因子等。而且，用户还能用图形或者列表的方式观察结果项沿路径的变化情况。

但是仅能在包含实体单元(二维或三维)或板壳单元的模型中定义路径，对仅包含一维单元的模型，路径功能不可用。

欲以图形方式观察结果沿路径的变化或者沿路径进行数学运算需要遵从以下步骤：

(1)定义路径(PATH 命令)；

(2)定义路径点(PPATH 命令)；

(3)沿路径插值(映射)结果数据(PDEF 命令)一旦进行了数据插值，可用图像显示和列表显示方式观察结果沿定义的路径变化情况，也可以执行算术运算，如加、减、积分等。下面分别对这些步骤进行介绍。

路径图是显示某个量沿模型的某一预定路径的变化图。需先定义路径，然后将特定的结果数据映射到路径上，才能显示路径图。

7.5.1　定义路径

有 3 种定义路径的方法：通过节点定义路径、在工作平面上定义路径、通过路径定义点来定义路径。本书只介绍通过节点定义路径的详细的 GUI 操作过程，其余的方法只给出命令及其对应的 GUI 路径。

(1)通过节点定义路径

Command：PATH，PPATH

GUI：Menu>General Postproc>Path Operations>Define Path>By Nodes

(2)在工作平面上定义路径

Command：PATH，PPATH

GUI：Main Menu > General Postproc > Path Operations > Define Path > On Working Plane

(3)通过路径定义点来定义路径

Command：PATH，PPATH

GUI：Main Menu>General Postproc>Path Operations>Define Path>By Location

模型中可以存在多个路径，但是同时只能有一个路径为当前路径，所有的显示以及操作均是对当前路径进行。单击菜单路径 Main Menu>General Postproc>Path Operations>Define Path>Path Status>Current Path 可以查看当前路径的信息，包括路径的定义点及其坐标等。可以通过单击菜单路径 Main Menu>General Postproc>Path Operations>Recall Path，在弹出的对话框中选择已定义的路径使其成为当前路径。

可通过 Main Menu>General Postproc>Path Operations>Delete Path 菜单路径删除路径，删除路径可以根据选定的路径名删除指定的路径，也可删除所有的路径。

7.5.2　映射路径数据

在定义完路径以后，必须把数据映射到路径上才能对这些数据进行操作。可以在激活结果坐标系中沿着路径插值任何结果数据：原始解数据(DOF 节点解)、派生数据(应力等)、单元表数据等，后面将称这些插值数据项为路径项。

当定义第一个路径项时，会自动插值以下几个几何项：XG、YG、ZG 和 S。XG、YG 和 ZG 表示插值点的总体笛卡儿坐标系坐标值，S 则表示插值点距起始节点的路径长度。在用路径执行数学运算时这些项是有用的。

7.5.3 观察路径项

将结果项映射到路径之后，可以通过多种方式得到路径项与路径距离的关系图，使用下述方法之一：

(1)以坐标图的形式绘制关系图，指定插值得到的路径项数据作为纵轴，以指定的某一路径项(一般为 S，以观察路径项沿路径的变化规律)为横轴，绘制线图。

Command：PLPATH

GUI：Main Menu>General Postproc>Path Operations>Plot Path Item>On Graph

(2)几何形状关系图，沿路径几何形状用彩色云图显示路径数据项。

Command：PLPAGM

GUI：Main Menu>General Postproc>Path Operations>Plot Path Item>On Geometry

还可以列表显示指定路径项：

Command：PRPATH

GUI：Main Menu>General Postproc>Path Operations>List Path Items

可以通过 PRANGE(Main Menu>General Postproc>Path Operations>Path Range)命令控制路径距离范围，以及指定横轴数据项。

7.5.4 对路径进行算术运算

对路径项进行各种运算的功能主要有：加法运算、乘法运算、除法运算、幂运算、微分运算、积分运算、余弦运算、正弦运算、反余弦运算、反正弦运算、自然对数运算等。

在进行完路径算术运算后，可以通过 GUI 路径：Main Menu>General Postproc>Path Operations>Plot Path Item>List Path Item 来观察算术运算结果。

7.5.5 存储或恢复路径数据

离开 POST1，路径数据会丢失，应将其存入文件或数组参数中，以便以后再次使用时恢复。

保存或恢复路径数据的方法：

(1)将路径数据保存至文件中

Command：PASAVE

GUI：Main Menu>General Postproc>Path Operations>Archive Path>Store>Paths in file

从文件中恢复路径数据

Command：PARESU

GUI：Main Menu>General Postproc>Path Operations>Archive Path>Retrieve > Paths from file

(2)将路径数据保存至数组参数中

Command：PAGET

GUI：Main Menu>General Postproc>Path Operations>Archive Path>Store>Path in array

从数组参数中恢复路径数据

Command：PAPUT

GUI：Main Menu>General Postproc>Path Operations>Archive Path>Retrieve>Path from array

注意：通过文件保存或恢复路径数据时，可以选择保存当前路径还是保存所有路径，GUI方式下，ANSYS会将路径的数据点和路径项一起保存。在从文件中恢复路径时，如果有多条路径，则路径列表中的第一条路径将会成为当前路径，而当前路径将会被取代。

通过数组参数保存或恢复路径数据时，只能保存或恢复当前路径。数组位于数据库中(可以通过 Utility Menu>Parameters>Array Parameters>Define/Edit 查看数据库中已经存在的数组参数)，可以通过保存数据库文件将数组参数同时保存到文件中(Jobname.db)，在恢复数据库文件时，数组参数也将被读入数据库中，然后可以从此数组参数中恢复路径项。在保存路径项时可以选择保存路径数据项和路径点以及全部保存，恢复时也有对应的选项。

7.6　实例

求解模型与第6.3节的模型保持一致。

(1)画变形图

Main Menu>General Postproc>Read Results>First Set，Main Menu>General Postproc>Plot Results>Deformed Shape，在弹出的对话框中选择变形和不变形一项，见图7-2，点击“OK”。变形图如图7-3所示。

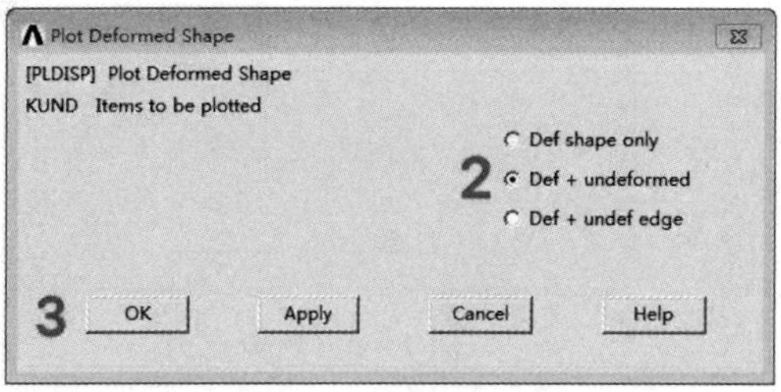

图7-2　变形选项

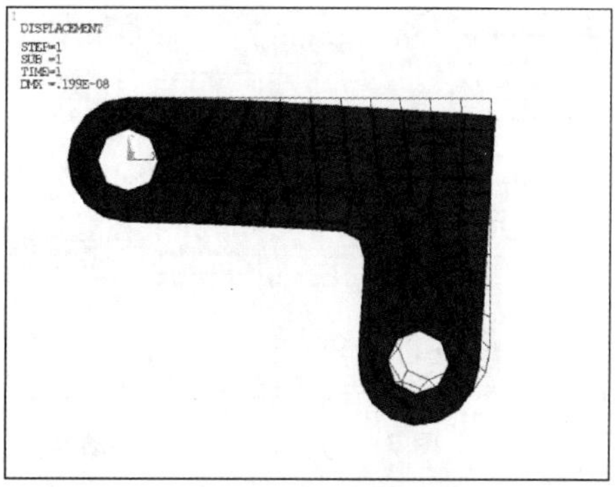

图7-3　变形图

Utility Menu>Plot Ctrls>Animate>Deformed Shape，设置见图 7-4。

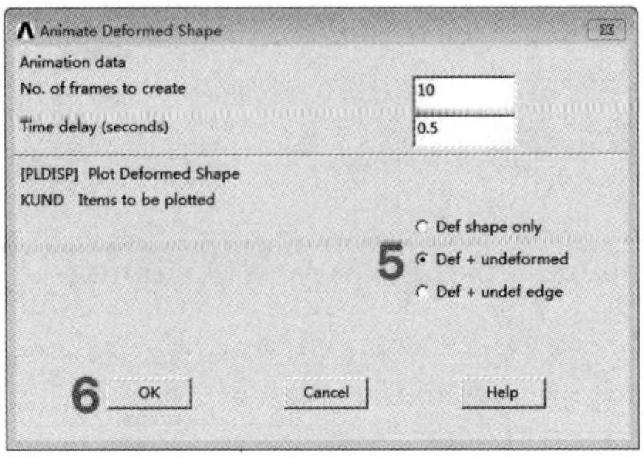

图 7-4 动画设置对话框

(2)画等效应力图

Main Menu>General Postproc>Plot Results>Contour Plot>Nodal Solu，接下来的设置见图 7-5，点击“OK”，等效应力图如图 7-6 所示。

图 7-5 节点云图选项

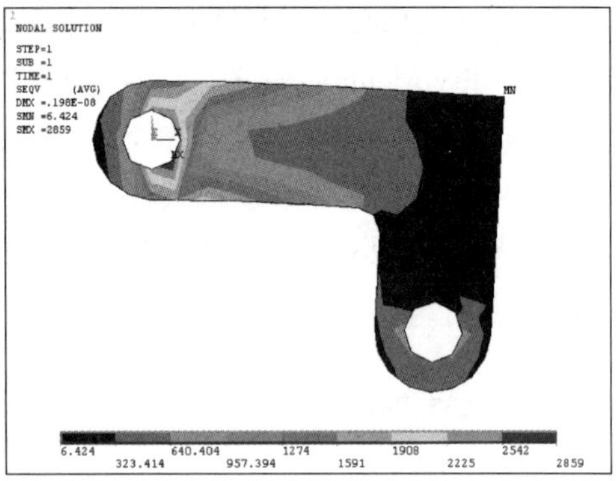

图 7-6 von Mises 应力云图

Utility Menu>Plot Ctrls>Animate>Deformed Results，设置如图 7-6 所示。

(3)列结果

Main Menu>General Postproc>List Results>Reaction Solu，弹出如图 7-7 所示的对话框，选择 All Items 选项，点击“OK”，就列出了所有的反力，如图 7-8 所示。

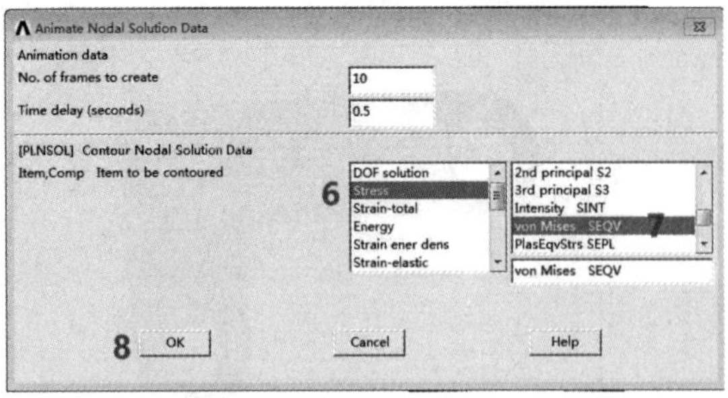

图 7-7 von Mises 应力动画

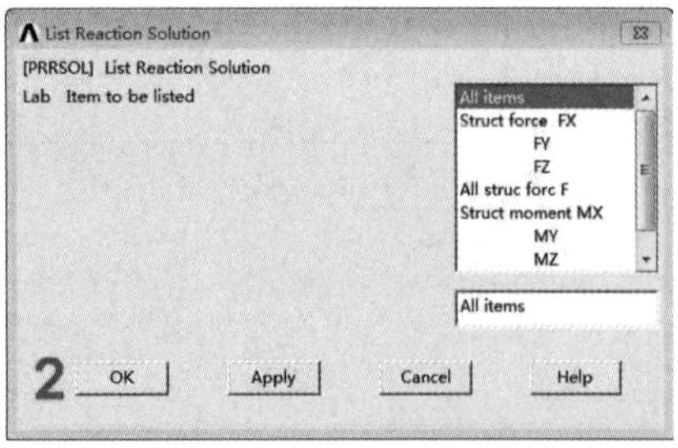

图 7-8 约束反力

(4)退出 ANSYS 求解环境

点击通用菜单中的 Flie 下的 Exit 项，接下来的设置如图 7－9 中的 2 和 3 所示。

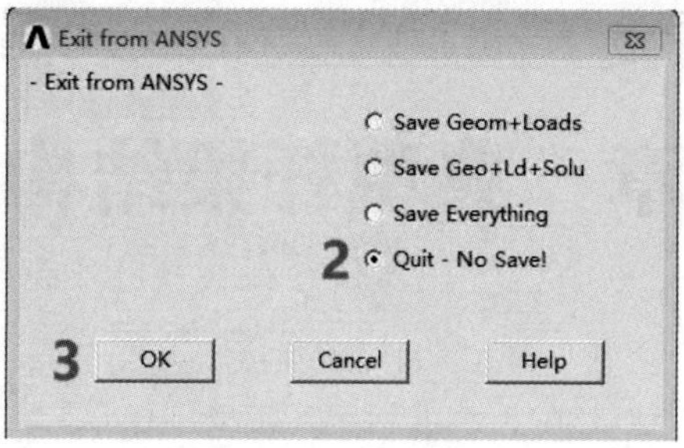

图 7－9　退出界面

第 8 章 典型杆梁结构分析

8.1 托架的受力和变形分析

8.1.1 问题描述

一个简单托架。BC 杆为圆钢，横截面直径 $d=20\text{mm}$，横截面积 $A_1=314\text{mm}^2$。BD 杆为 8 号槽钢，横截面积 $A_2=1020\text{mm}^2$。外载荷 $F=60\text{kN}$，弹性模量 $E=200\text{GPa}$。求 BC 杆和 BD 杆的内力和应力，以及 B 点的位移，见图 8-1。

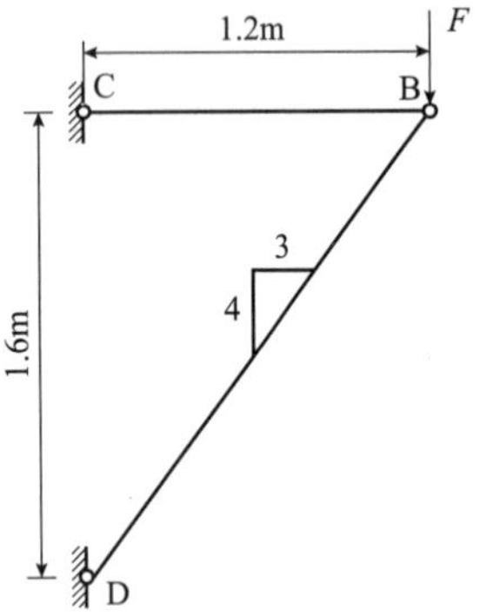

图 8-1 简单托架

8.1.2 问题分析

该托架的 BD 杆和 BC 杆的长度远大于其横截面两个方向的尺寸，具有杆系结构的特征。BD 杆和 BC 杆是采用中间铰连接，C 点和 D 点也是铰接约束，从受力上看，BD 杆和 BC 杆在外载荷和约束反力作用，杆件只承受轴力、无弯矩作用，因此该托架是桁架结构，应该采用杆单元进行分析。

该托架是《材料力学》书中的例题，理论计算结果如下。

BC 杆与 BD 杆的内力分别为：

$$F_{N1}=3/4F=45\text{kN}$$

$$F_{N2}=5/4F=75\text{kN}$$

BC 杆与 BD 杆的应力分别为：

$$\sigma_1=F_{N1}/A_1=143\text{MPa}$$

$$\sigma_2=F_{N2}/A_2=73.5\text{MPa}$$

根据胡克定律，求出 BC 和 BD 两杆的变形分别为：

$$\overline{BB_1}=\Delta l_1=\frac{F_{N1}l_1}{EA_1}=0.86\text{mm}$$

$$\overline{BB_2}=\Delta l_2=\frac{F_{N2}l_2}{EA_2}=0.732\text{mm}$$

根据几何关系$\overline{B_2B_4}=\Delta l_2\times3/5+\Delta l_1$，B 点的铅垂位移为$\overline{B_1B_3}=\overline{BB_2}\times4/5+\overline{B_2B_4}\times3/4=1.56\text{mm}$，

B 点的水平位移为 $\overline{BB_1}=0.86\text{mm}$，总位移为 $\overline{BB_3}=\sqrt{(\overline{B_1B_3})^2+(\overline{BB_1})^2}=1.78\text{mm}$。

从理论计算可见，除了外载荷，BD 杆和 BC 杆的应力与横截面面积有关，而与截面是圆形截面还是槽钢截面无关；杆的变形除了与外载荷和横截面面积有关外，还与弹性模量有关。

在该托架的有限元建模中，单元类型采用杆单元；几何应选择线体，线体的长度代表杆的长度；横截面面积通过实常数(低版本)或截面(高版本)输入；弹性模量通过材料属性输入。

8.1.3　操作步骤

本算例作为学习 ANSYS 桁架结构的第一道题，步骤讲解尽量详细一些。

启动 ANSYS，首先选择程序开始→[ANSYS]→[Mechanical APDL Product Launcher]，见图 8-2(1)。出现如图 8-2(2)所示的 ANSYS 启动界面，特别要主要工作目录[Working Directory]的设置，为了便于管理文件，建议每做一个算例，建立一个文件夹。点击[Run]，开始 ANSYS 之旅吧。

如果选择[Mechanical APDL]，则进入上一次的工作目录。

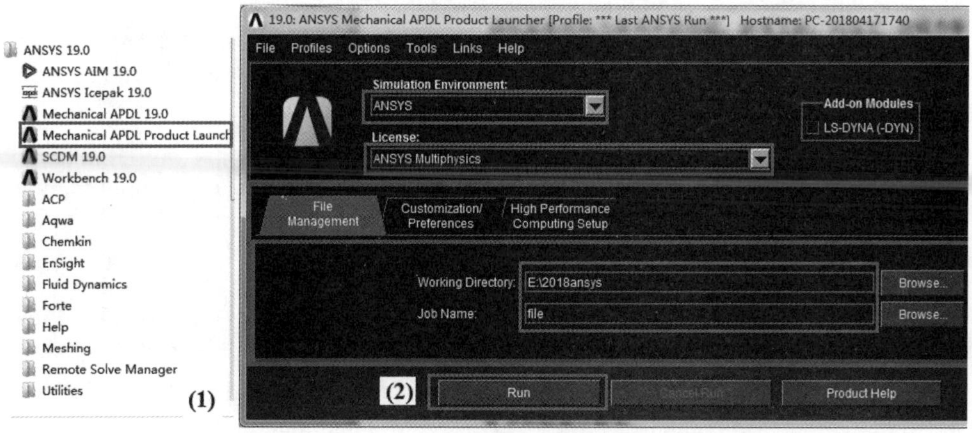

图 8-2　启动 ANSYS

1. 设置单元类型、材料属性和横截面

(1)设置单元类型：见图 8-3，Main Menu>Preprocessor>Element Type>Add/Edit/Delete→Add→在左列表框中选择 Link，在右列表框中选择 3D finit stn 180→OK→Close；

(2)设置材料属性：Main Menu>Preprocessor>Material Props>Material Models→Structural→Linear→Elastic→Isotropic→EX：输入 2e5，PRXY：输入 0.3→OK，见图 8-4；

(3)设置横截面，指定杆单元的横截面面积：见图 8-5，Main Menu>Preprocessor>Sections>Link>Add→实常数编号 ID：输入 1→OK→Link area：输入 314→Apply→实常数编号 ID：输入 2→OK→Link area：输入 1020→OK；

在低版本中，横截面面积通过实常数指定。步骤：Main Menu>Preprocessor>Real Constants>Add→Type 输入 1→OK→Real Constant Set No.：输入 1，AREA：输入 314→Apply，Real Constant Set No.：输入 2，AREA：输入 1020→OK→Close；

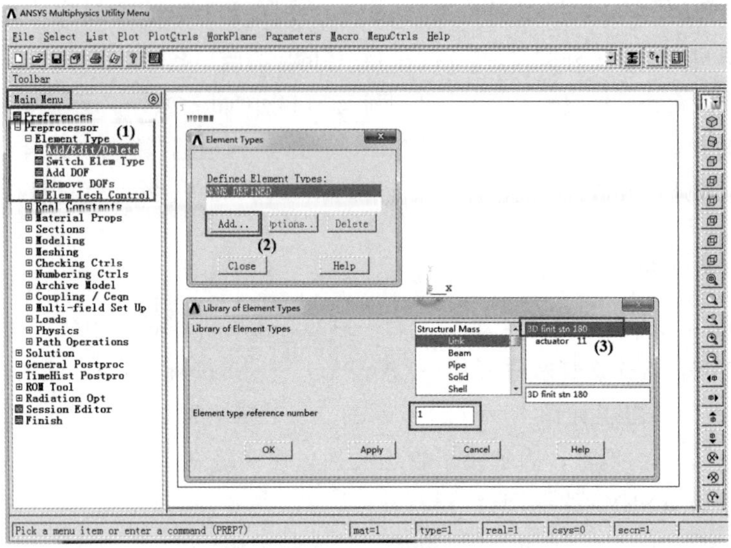

图 8-3　单元类型

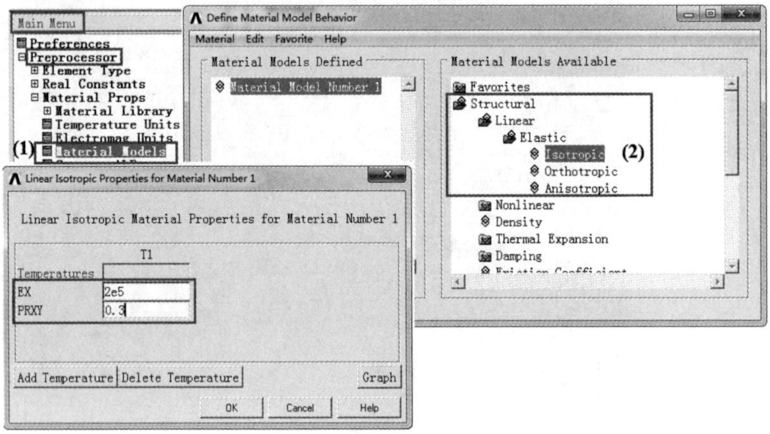

图 8-4　材料属性

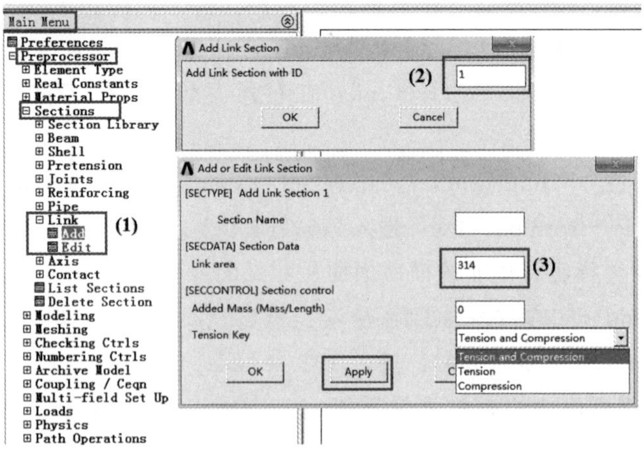

图 8-5　横截面

2. 建立模型

(1)定义节点：见图 8-6，Main Menu>Preprocessor>Modeling>Create>Nodes>In Active CS→依次输入 3 个节点号及坐标：节点号 1，坐标(0，0，0)；节点号 2，坐标(0，0，1.1e3)；节点号 3，坐标(0，-1.6e3，0)→OK。

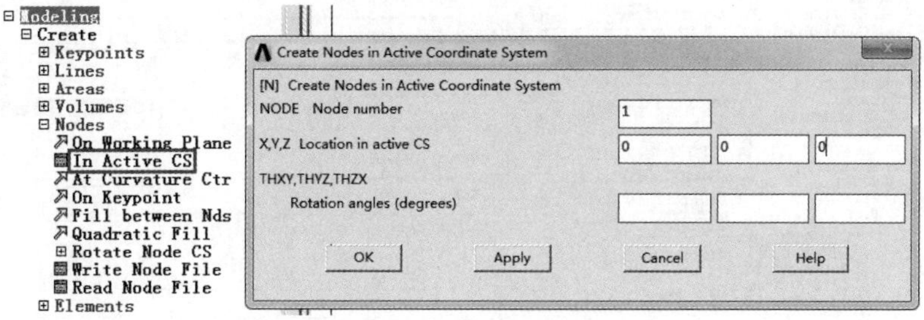

图 8-6　定义节点

(2)定义单元：

①定义 BC 杆的单元：指定单元的属性，见图 8-7(1)：Main Menu>Preprocessor>Create>Elements>Elem Attributes→从上往下依次是单元类型号、材料号、实常数号、单元坐标系、截面号和目标单元形状，由于本例定义了两个截面面积，就存在两个截面号，需要分别指定编号。定义 BC 杆单元，指定截面号 1→OK。

生成 BC 杆单元，见图 8-7(2)，Main Menu>Preprocessor>Create>Elements>Auto Numbered>Thru Nodes→拾取节点 1 和 2→OK。

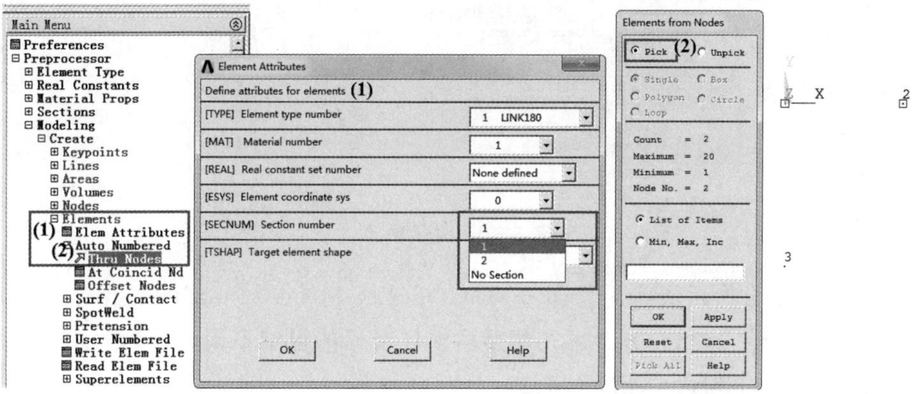

图 8-7　定义单元

②定义 BD 杆的单元：Main Menu>Preprocessor>Create>Elements>Elem Attributes→定义 BD 杆单元，指定截面号 2→OK。

生成 BD 杆单元：Main Menu>Preprocessor>Create>Elements>Auto Numbered>Thru Nodes→拾取节点 2 和 3→OK。

③打开节点和单元编号：Utility Menu>PlotCtrls>Numbering，设置如图 8-8 所示，NODE Node numbers：勾选 On；Elem/Attrib numbering：下拉菜单选中 Element numbers。

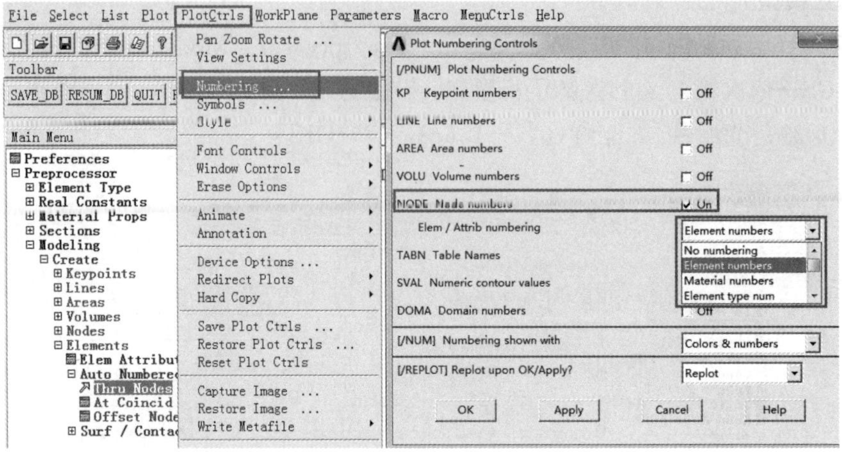

图 8-8　显示编号

④显示单元：发现窗口中显示节点及其编号，无单元。重新显示单元，见图 8-9，Utility Menu>Plot>Elements。在通用菜单[Utility Menu]中的[Plot]菜单，可显示几何体的关键点、线、面和体，也可显示有限元模型的节点和单元等。

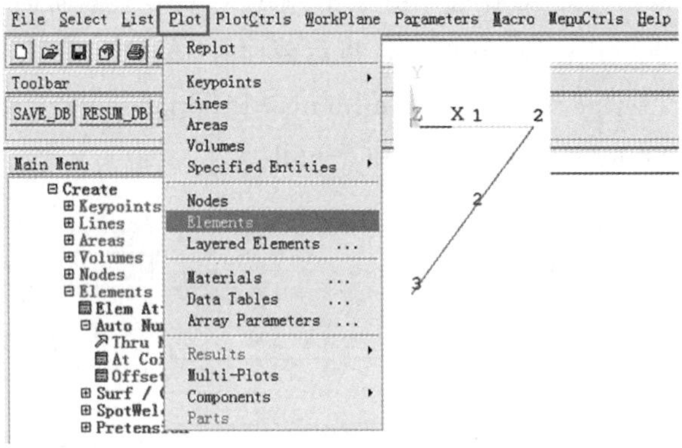

图 8-9　显示单元

⑤打开杆单元的单元形状：见图 8-10，Utility Menu>PlotCtrls>Style>Size and Shape→[/ESHAPE]：勾选 On。可先观察两根杆单元的粗细不同，然后关闭单元形状显示，[/ESHAPE]：不勾选，变成 Off。

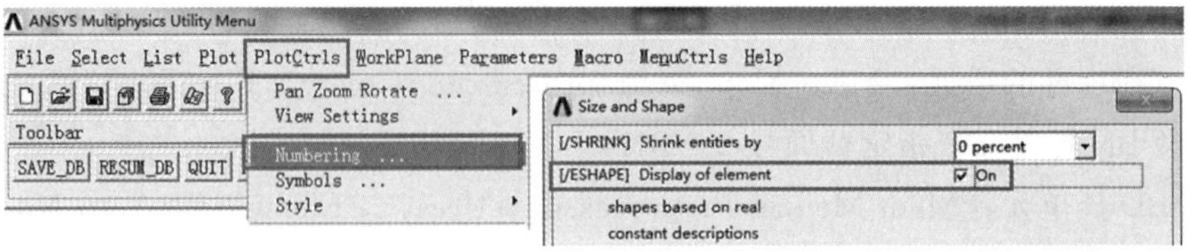

图 8-10　单元形状

⑥列表查看节点和单元：Utility Menu>List>Nodes，显示节点坐标信息，见图 8-11(1)，各列分别表示节点号、X、Y、Z 坐标、节点坐标系下三个方向的转角。

Utility Menu>List>Elements>Nodes+Attributes，显示单元信息，见图 8-11(2)，各列分别表示单元号、材料号、单元类型号、实常数号、单元坐标系号、截面号，以及单元的节点编号。可以自己检查建立的节点坐标是否正确，单元属性赋值是否正确(本例中横截面的面积通过截面号识别)。

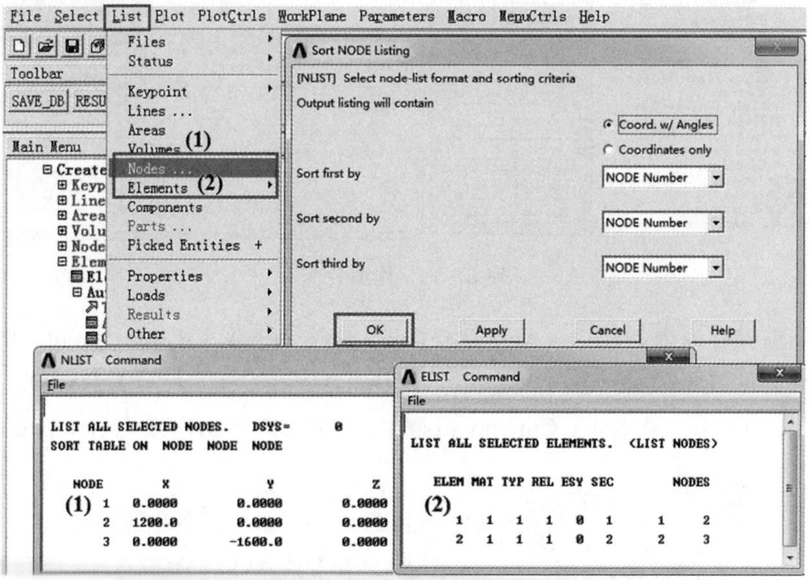

图 8-11　列表查看节点

3. 施加边界条件并求解

(1)施加约束：见图 8-12，Main Menu>Solution>Define loads>Apply>Structural>Displacement>On Nodes→拾取节点 1 和 3→OK→Lab2：All DOF→OK。

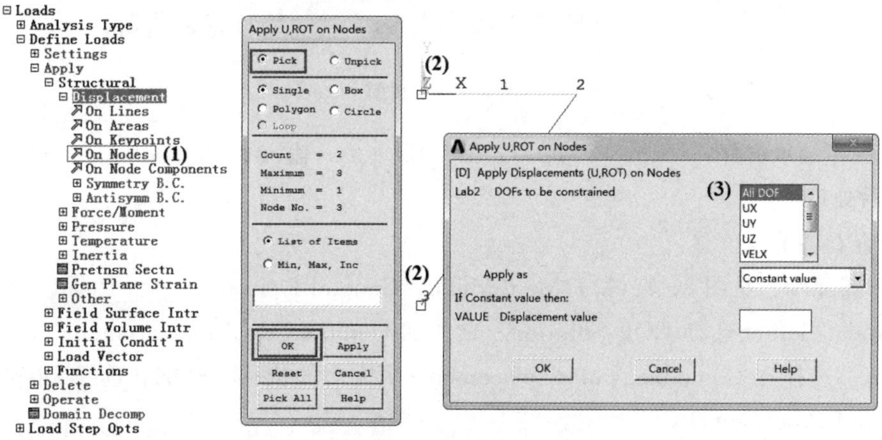

图 8-12　施加约束

(2)施加载荷：见图 8-13，Main Menu>Solution>Define loads>Apply>Structural>Force/Moment>On Nodes→拾取节点 2→OK→Lab：选择 FY，VALUE：输入－60e3→OK。

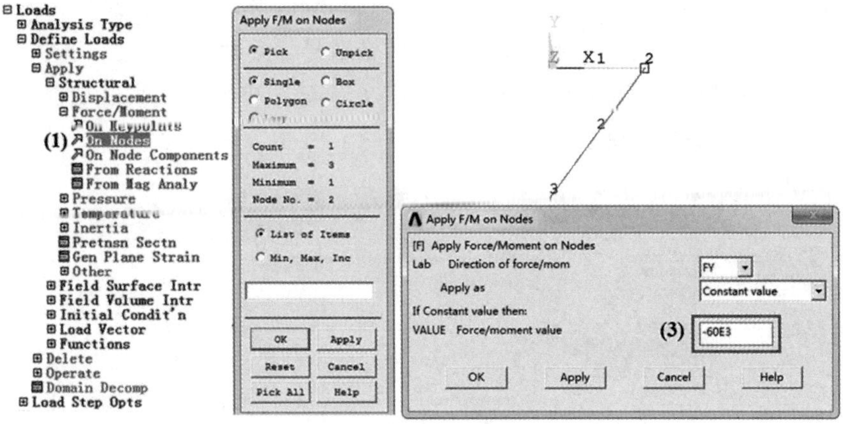

图 8-13 施加载荷

(3)求解前保存模型：Utility Menu>Files>Save as→输入 Link _ Load. db→OK。

(4)求解：见图 8-14，Main Menu>Solution>Solve>Current LS→浏览一下求解信息，然后 File>Close→在 Solve Current Load Step 对话框→OK→Solution is done→Close。

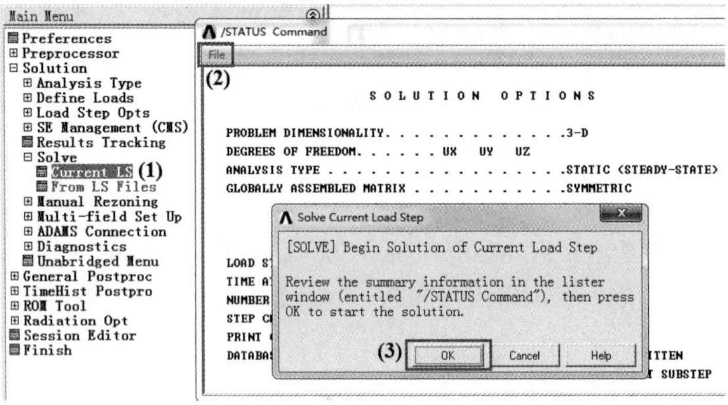

图 8-14 求解

(5)保存结果文件：Utility Menu>Files>Save as→输入 Link _ Solve. db→OK。

4. 后处理

(1)查看各节点位移：

①云图显示：见图 8-15(1)，Main Menu>General Postproc>Plot Results>Contour Plot>Nodal Solu→选择 DOF Solution。选择 X-Component of displacement(X 方向的位移)→OK。选择 Y-Component of displacement(Y 方向的位移)→OK。选择 Displacement vector sum(总位移)→OK。

②保存云图：见图 8-15(2)，本例选择 Hard Copy>To File，将保存到当前打开 ANSYS 的工作目录。

③更改云图中保留小数点的位数，见图 8-16，设置成保留小数点后两位。位移云图结果如图 8-17 所示。

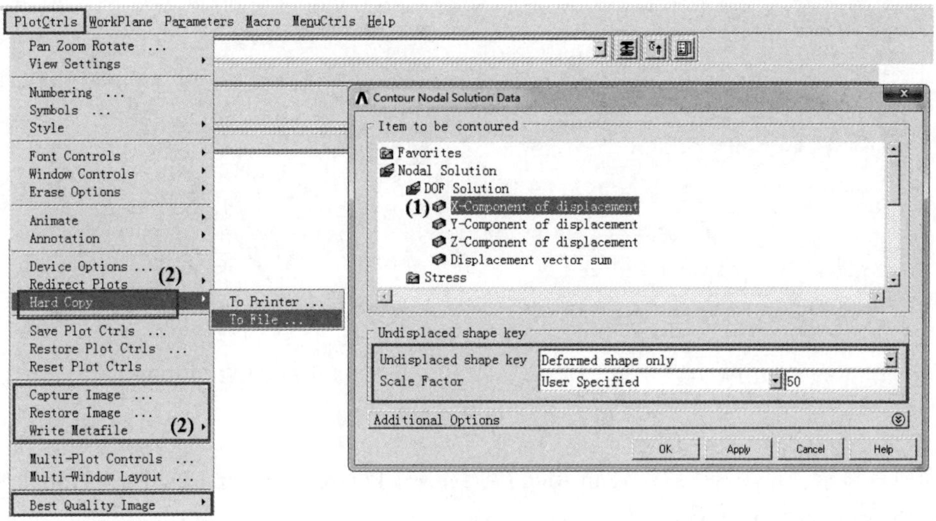

图 8 - 15　显示位移云图和保存云图

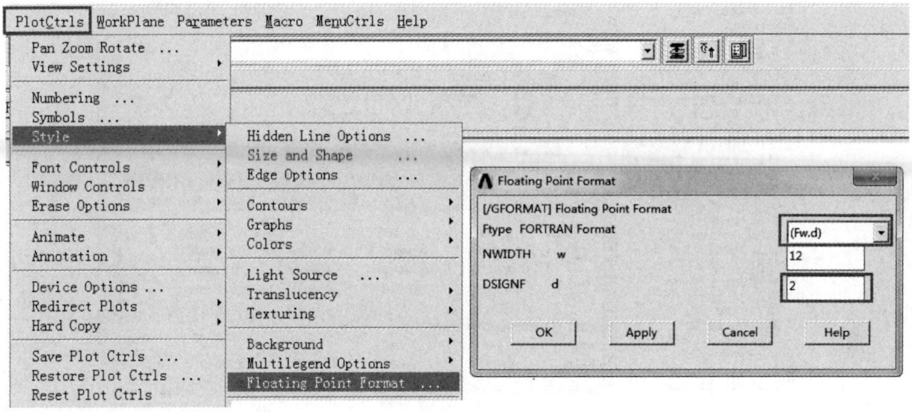

图 8 - 16　小数点后保留两位小数

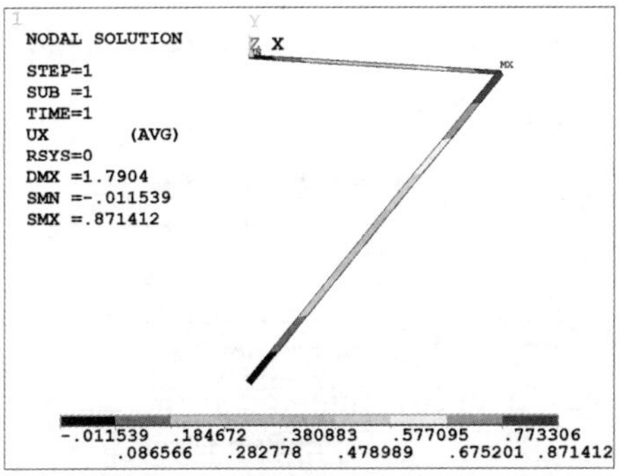

（a）*X* 方向位移（UX，默认）

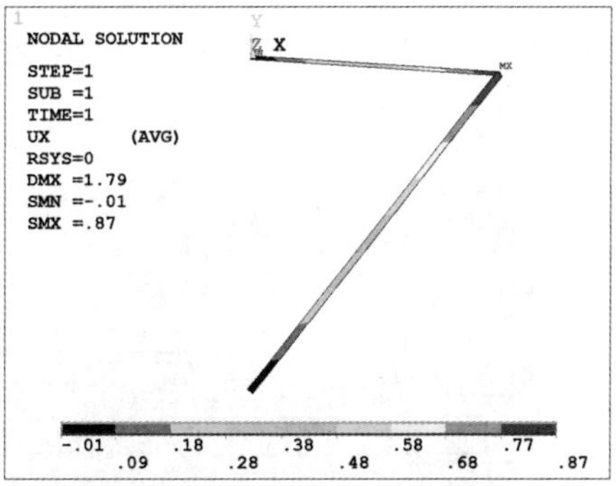

（b）*X* 方向位移（UX，保留两位小数）

图 8 - 17　显示位移云图

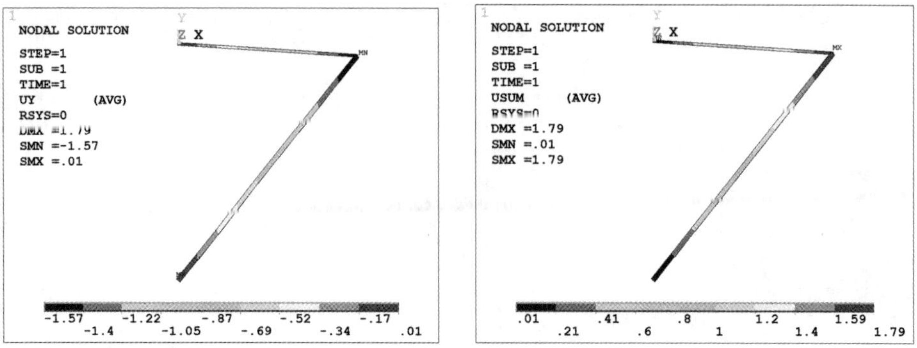

（c）*Y*方向位移（UY）　　　　（d）总位移（USUM）

图 8-17　显示位移云图(续)

④列表显示：见图 8-18，Main Menu>General Postproc>List Results>Nodal Solu→选择 DOF Solution 下的 Displacement vector sum→OK。

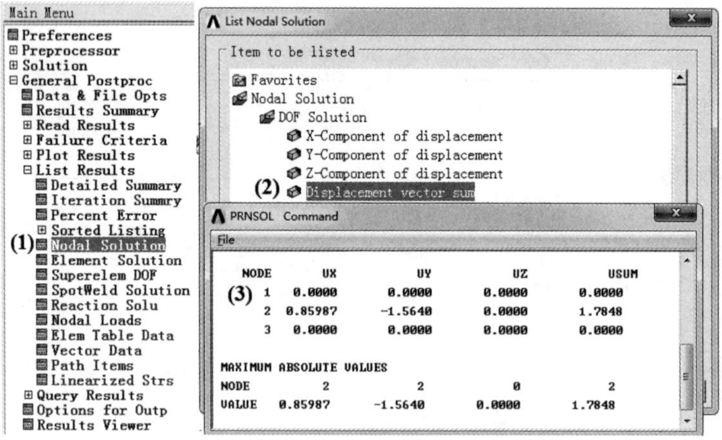

图 8-18　列表显示位移结果

(2)查看各单元轴力：

①查定义 LINK180 轴力单元表的方法：见图 8-19，打开 ANSYS Help，搜索 LINK180，双击搜索页中的 LINK180，进入 LINK180 单元介绍界面。

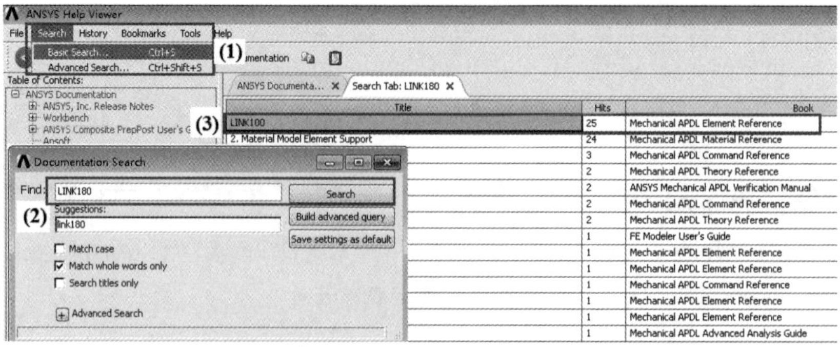

图 8-19　打开 ANSYS Help 中 LINK180 单元介绍界面

找到 LINK180 的单元介绍页面后，找 Table 180.1：LINK180 Element Output Definitions，在 Name 栏中 FORCE 便是轴力，Sxx 是轴向应力，见图 8-20(1)。

找 Table 180.2：LINK180 Item and Sequence Numbers，见图 8-20(2)，在表 Output Quantity Name 列中，找到 FORCE，Item 为 SMISC，单元(E)的轴力编号为 1。找到 Sxx，Item 为 LS，单元 I 节点的轴力编号为 1，单元 J 节点的轴力编号为 2。

Name	Definition
FORCE	Member force in the element coordinate system
Sxx	Axial stress

(1)Table 180.1:LINK180 Element OutputDefinitions

Output Quantity Name	ETABLE and ESOL Command Input			
	Item	E	I	J
Sxx	LS	-	1	2
FORCE	SMISC	1	-	-

(2)Table 180.2:LINK180 Item and Sequence Numbers

图 8-20　单元表输出定义

②定义轴力单元表：见图 8-21(1)，Main Menu>General Postproc>Element Table>Define Table→Add→Lab：输入 FN(可以是任意的)→Item：选择 By sequence num→Comb：选择 SMISC，在 SMISC 后面输入 1→OK→Close。

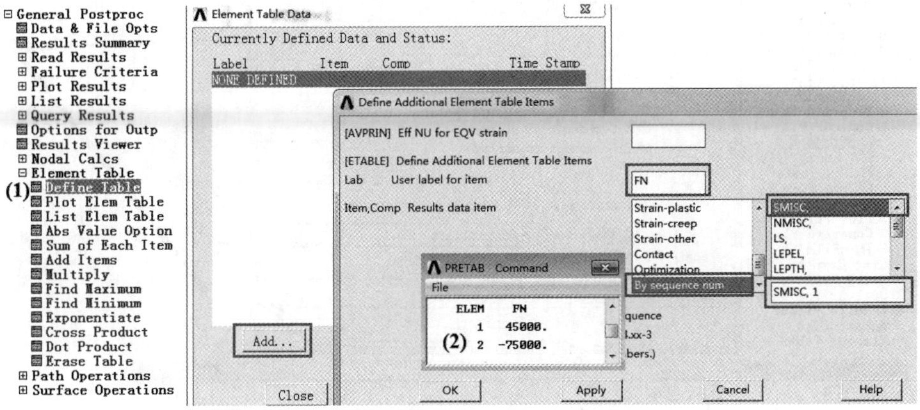

图 8-21　轴力单元表定义和列表

③轴力列表显示：见图 8-21(2)，Main Menu>General Postproc>Element Table>List Element Table→选择 FN→OK→记录各个单元的轴力→File→Close。

④画轴力图：见图 8-22，Main Menu>General Postproc>Plot Results>Contour Plot>Line Elem Res→LabI 选择 FN，LabJ 选择 FN→OK。保持轴力图。

本例介绍了 LINK180 单元定义单元表，查看结果的方法。其他单元类型定义单元表的方法也是一样的，学习时掌握了该方法，要学会举一反三。

(3)查看各单元应力

见图 8-23，Main Menu>General Postproc>Plot Results>Contour Plot>Nodal Solu→选择 Stress→选择 X-Component of stress→OK。保持应力云图。

(4)约束反力列表

见图 8-24(1)，Main Menu>General Postproc>List Results>Reaction Solu→All item→OK，约束反力的结果见图 8 - 24(2)。

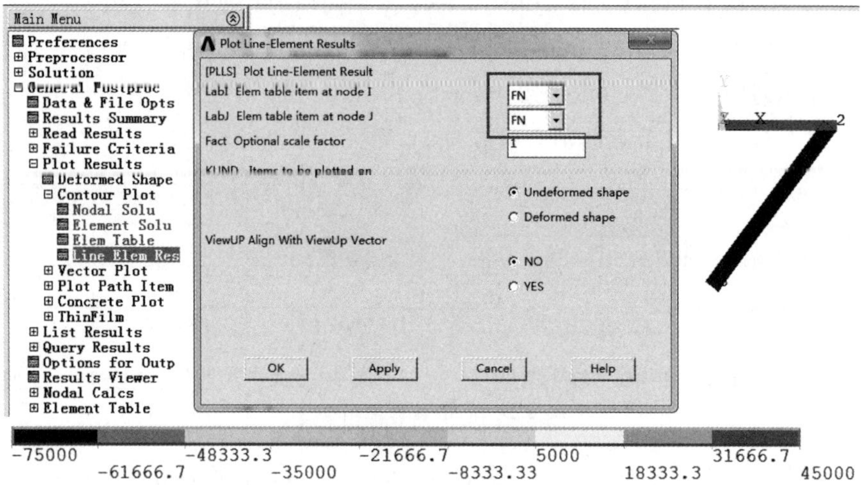

图 8 - 22　轴力图

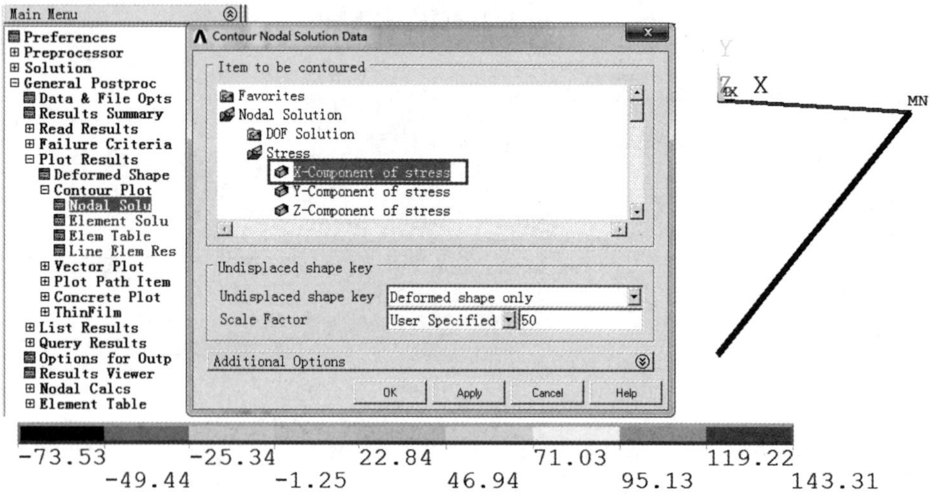

图 8 - 23　轴向应力

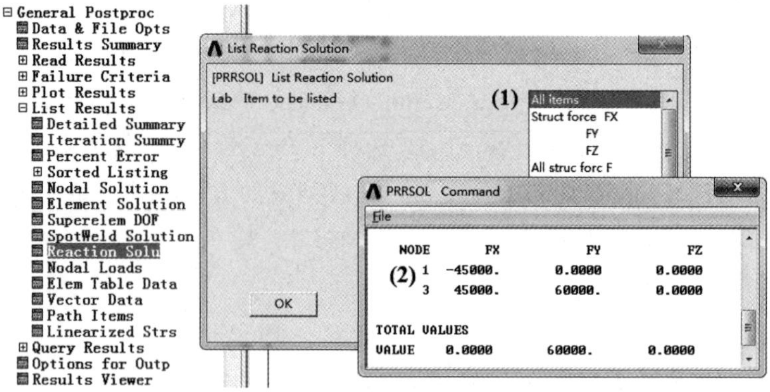

图 8 - 24　约束反力列表

5. 退出 ANSYS 软件

Utility Menu>File>Exit→Quit-No Save→OK。

8.1.4　命令流

```
/PREP7
ET，1，LINK180                                  ！设置单元类型
！R，1，314                                     ！设置实常数
！R，2，1020
MP，EX，1，2E5                                  ！弹性模量
MP，PRXY，1，0.3                                ！泊松比
SECTYPE，1，LINK,,                              ！设置截面1
SECDATA，314，                                  ！截面面积
SECCONTROL，0，0
SECTYPE，2，LINK,,                              ！设置截面2
SECDATA，1020，                                 ！截面面积
SECCONTROL，0，0
N，1，0，0，0                                   ！创建节点
N，2，1.2E3
N，3，0，-1.6E3，0
！REAL，1                                       ！指定实常数
SECNUM，1                                       ！指定截面号1
E，1，2                                         ！生成BC杆单元
！REAL，2                                       ！指定实常数
SECNUM，2                                       ！指定截面号2
E，2，3                                         ！生成CD杆单元
EPLOT
/ESHAPE，1.0                                    ！打开单元形状
/PNUM，NODE，1                                  ！打开节点编号
/PNUM，ELEM，1                                  ！打开单元编号
EPLOT                                           ！显示单元
NLIST，ALL                                      ！节点列表
elist，all                                      ！单元列表
FINISH
/SOLU                                           ！进入求解器
D，1，ALL                                       ！施加约束
D，3，ALL
F，2，FY，-60E3                                 ！施加载荷
SOLVE                                           ！求解
FINISH
/POST1                                          ！进入后处理器
```

```
PLNSOL, U, X, 0, 1.0                    ! X方向位移云图
PLNSOL, U, Y, 0, 1.0                    ! Y方向位移云图
PLNSOL, U, SUM, 0, 1.0                  ! 总位移云图
PRNSOL, U, COMP                         ! 列表各方向位移
ETABLE, FN, SMISC, 1                    ! 定义轴力单元表
PRETAB, FN                              ! 轴力列表
PLLS, FN, FN, 1, 0                      ! 轴力图
! ETABLE, Stress, LS, 1                 ! 定义轴向应力单元表
! PRETAB, STRESS                        ! 轴向应力列表
! PLLS, STRESS, STRESS, 1,              ! 轴向应力云图
PLNSOL, S, X, 0, 1.0                    ! 应力云图
```

8.2 铰接杆在外力作用下的变形

8.2.1 问题描述

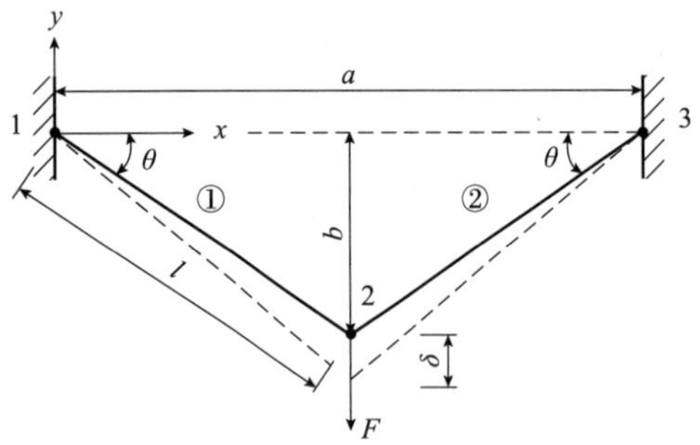

图 8-25 铰接杆有限元模型

在刚性面之间，有两根等截面杆铰接在2号点，杆件的长度为 $L=10$m，与水平面的夹角为 $\theta=30°$，在铰接处有一向下的集中力 $F=1000$N，杆件材料弹性模量 $E=210$GPa，截面积为 $10cm^2$，试利用二维单元 LINK1 确定两根杆件轴向应力和集中力位置处的位移。杆件变形很小，可以按照小变形理论计算。铰接杆有限元模型见图 8-25。

8.2.2 GUI 求解步骤

(1)进入 ANSYS

程序→ANSYS→ANSYS Product Launcher→改变 working directory 到指定文件夹→在 job name 输入：link1→Run。

(2)参数化数据

①角度单位转换成度数：Utility Menu>Parameters>Angular Units→选择 Degrees DEG→OK；

②参数化：Parameters>Scalar Parameters→在 Selection 中：输入 L=10→Accept→输入 a=2 * L * COS(30)→Accept→输入 b=L * SIN(30)→Accept→Close。

(3)设置计算类型

Main Menu>Preferences→选择 Structural→OK。

(4)定义单元属性

①选择单元类型：

Main Menu＞Preprocessor＞Element Type＞Add/Edit/Delete→Add→选择 Link，2D spar 1→OK→Close；

②定义实常数：

Main Menu＞Preprocessor＞Real Constants＞Add/Edit/Delete→Add…→Type 1→OK→Real Constant Set No.：1，AREA：5.25→OK→Close；

③定义材料属性：

Main Menu＞Preprocessor＞Material Props＞Material Models→Structural→Linear→Elastic→Isotropic→EX：3E7，PRXY：0.3→OK。

(5)定义节点和单元

①定义节点：

Main Menu＞Preprocessor＞Modeling＞Create＞Nodes＞In Active CS→依次输入三个节点的坐标：1(0，0，0)，2(a/2，－b，0)，3(a，0，0)→OK；

②定义单元：

Main Menu＞Preprocessor＞Modeling＞Create＞Elements＞Auto Numbered＞Thru Nodes→拾取节点 1 和 2→Apply→拾取节点 2 和 3→OK。

(6)施加边界条件前保存模型

Utility Menu＞File＞Save as→在 Save Database to 中输入 link1 _ mesh. db。

(7)施加边界条件

①施加约束

Main Menu＞Preprocessor＞Loads＞Define Loads＞Apply＞Structural＞Displacement＞On Nodes→拾取节点 1→OK→Lab2：All DOF→Apply→拾取节点 3→OK→Lab2：All DOF→OK；

②施加载荷

Main Menu＞Preprocessor＞Loads＞Define Loads＞Apply＞Structural＞Force/Moment＞On Nodess→拾取节点 2→OK→Lab：FY，VALUE：－100→OK。

(8)求解前保存模型

Utility Menu＞File＞Save as→在 Save Database to 中输入 Link1 _ Load. db。

(9)求解

Main Menu＞Solution＞Solve＞Current LS→关闭/SATUS Command 窗口→OK。

(10)求解后保存模型

Utility Menu＞Files＞Save as→在 Save Database to 中输入 Link1 _ Solve. db。

(11)查看位移：

①云图显示：Main Menu＞General Postproc＞Plot Results＞Contour Plot＞Nodal Solu→DOF Solution→Y-Component of displacement；

②列表显示：Main Menu＞General Postproc＞List Results＞Nodal Solution→DOF Solution→Y-Component of displacement。

(12)查看轴向应力

①定义 LINK1 单元的轴向应力单元表：Main Menu>General Postproc>Element Table>Define Table→Lab：输入 SAXL→Item：选择 By sequence num→Comp：选择 LS，在 LS 后面输入“1”→OK，见图 8-26；

②查看轴向应力：Main Menu>General Postproc>Element Table>List Elem Table→选择 SAXL→OK→记录各个单元的轴向应力→File→Close。

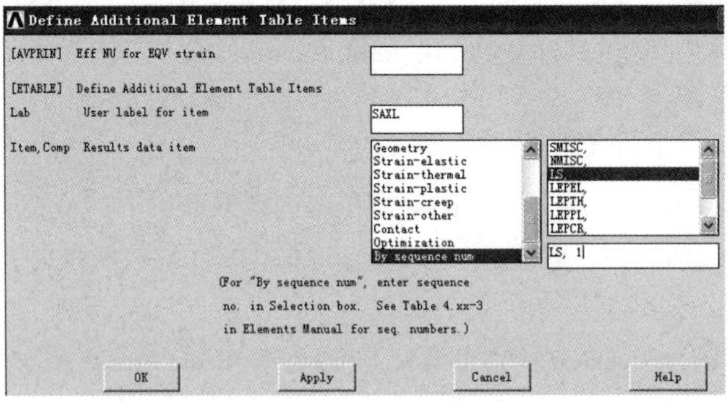

图 8-26　定义 LINK1 单元的轴向应力单元表

(13)退出 ANSYS 系统

Utility Menu>File→Exit→Quit-No Save→OK。

8.2.3　APDL 求解步骤

```
L=15*12                          ! 参数化
*AFUN，DEG                       ! 转化到角度
THETA=30
A=2*L*COS(THETA)
B=L*SIN(THETA)
/PREP7                           ! 进入前处理器
ET，1，LINK1                     ! 定义单元类型
R，1，.5                         ! 定义实常数
MP，EX，1，30E6                  ! 定义材料属性
N，1                             ! 产生节点
N，2，A/2，-B
N，3，A
E，1，2                          ! 由节点连成单元
E，2，3
D，1，ALL                        ! 全约束节点 1 和 3
D，3，ALL
F，2，FY，-5000                  ! 节点 3 加集中力
FINISH
/SOLU                            ! 进入求解器
```

```
SOLVE                                              ! 求解
FINISH
/POST1                                             ! 进入通用后处理器
MID_NODE=NODE(A/2, -B, 0 )                         ! 提取节点号
*GET, DISP, NODE, MID_NODE, U, Y                   ! 提取位移
LEFT_EL=ENEARN(MID_NODE)                           ! 提取单元
ETABLE, STRS, LS, 1                                ! 定义轴向应力单元表
*GET, STRSS, ELEM, LEFT_EL, ETAB, STRS             ! 应力
```

8.2.4 相关例题

(1) Ⅰ型桁架结构的应力变形分析

求如图 8-27 所示桁架结构各节点的位移和各单元的轴力，并画轴力图。其中 AB、BJ、JI、IF、FG、AK、KJ、IH、HG 杆的截面积为 $900\times10^{-4}\text{m}^2$，其余杆的截面积为 $400\times10^{-4}\text{m}^2$，且都为实心圆截面，弹性模量 $E=200\text{GPa}$，泊松比 $\mu=0.3$。

(2) Ⅱ型桁架结构的应力变形分析

求如图 8-28 所示桁架结构各节点的位移和各单元的轴力，并画轴力图，其中 AJ、JI、IL、LN、NP、PR 杆的截面积为 $1000\times10^{-4}\text{m}^2$，其余杆的截面积为 $400\times10^{-4}\text{m}^2$，且都为实心圆截面，弹性模量 $E=200\text{GPa}$。

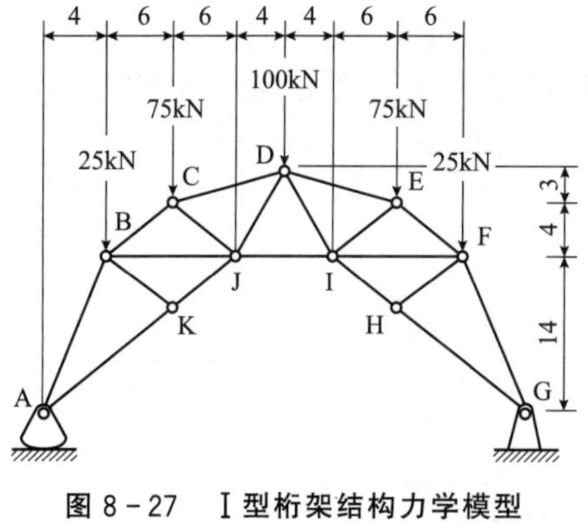

图 8-27　Ⅰ型桁架结构力学模型

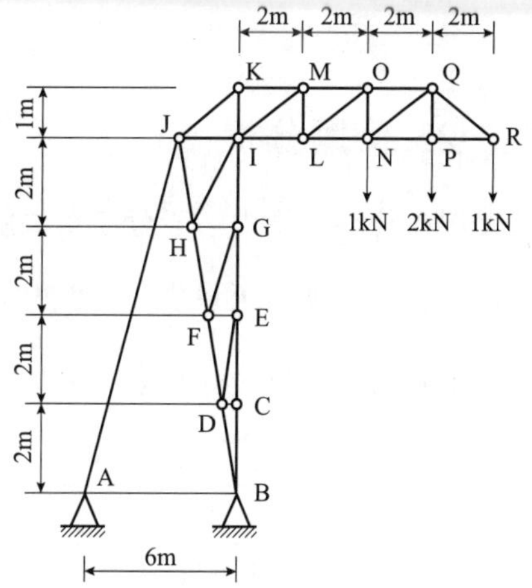

图 8-28　Ⅱ型桁架结构力学模型

(3) Ⅲ型桁架结构的应力变形分析

求如图 8-29 所示桁架结构各节点的位移和各单元的轴力，并画轴力图，其中 JI、IG、GH、HF 杆的截面积为 $1000\times10^{-4}\text{m}^2$，其余杆的截面积为 $400\times10^{-4}\text{m}^2$，且都为实心圆截面，弹性模量 $E=200\text{GPa}$。

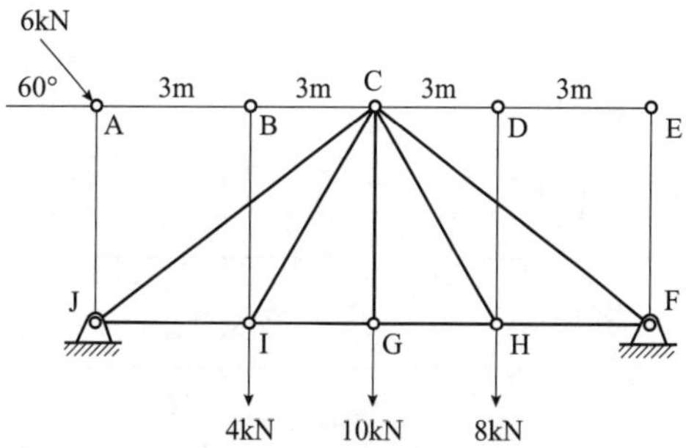

图 8-29　Ⅲ型桁架结构力学模型

8.3 简支梁的受力和变形分析

8.3.1 问题描述

一个简支梁，总长 $l=0.4\text{m}$，横截面尺寸 $b=6\text{mm}$，$h=10\text{mm}$，弹性模量 $E=200\text{GPa}$，泊松比 $\mu=0.3$。分别受三种载荷作用：(1)受集中力 $F=100\text{N}$；(2)集中力偶 $M_e=20\text{N}\cdot\text{m}$；(3)受均布载荷 $q=500\text{N/m}$。计算梁的约束反力、内力(剪力和弯矩)、应力(切应力和正应力)和变形(转角和挠度)，如图 8-30 所示。

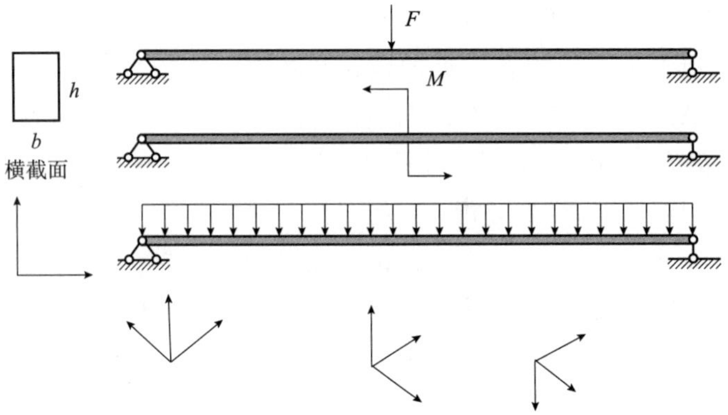

图 8-30 简支梁

8.3.2 问题分析

本算例在材料力学中一般分三章讲解，分别为弯曲内力、弯曲应力和弯曲变形。

计算公式：惯性矩 $I_Z=\dfrac{bh^3}{12}$，抗弯截面系数 $W_z=\dfrac{bh^3}{6}$。

简支梁解析解计算公式见表 8-1。

表 8-1 简支梁解析解计算公式

载荷	集中力	集中力偶	均布载荷
约束反力	$F_A=F_B=F/2$	$F_A=-F_B=M_e/l$	$F_A=F_B=ql/2$
剪力	$F_{s_0\max}=F/2$	$F_{s_0\max}=M_e/l$	$F_{s_0\max}=ql/2$
弯矩	$M_{\max}=Fl/4$	$M_{\max}=M_e/2$	$M_{\max}=ql^2/8$
切应力	$\tau=\dfrac{3F_s}{2bh}$		
正应力	$\sigma=\dfrac{M}{W_z}$		
转角	$\theta_A=-\theta_B=-\dfrac{Fl^2}{16EI_z}$	$\theta_A=\theta_B=-\dfrac{M_el}{24EI_z}$	$\theta_A=-\theta_B=-\dfrac{ql^3}{24EI_z}$
挠度	$W_{\max}=-\dfrac{Fl^3}{48EI_Z}$	$W_{\max}=\pm\dfrac{M_el^2}{128EI_Z}$	$W_{\max}=-\dfrac{5ql^4}{384EI_Z}$

简支梁长度远大于其横截面两个方向的尺寸，具有杆系结构的特征。从受力上看，简支梁分别在集中力、集中力偶和受均布载荷作用下，产生弯曲变形。存在的内力有弯矩和剪力，因此用梁单元进行计算。

BD 杆和 BC 杆在外载荷和约束反力作用，杆件只承受轴力、无弯矩作用，因此该托架是桁架结构，应该采用杆单元进行分析。杆系结构在拉、压、弯、扭等其他载荷作用下，均可用梁单元计算。

由于 BEAM3/BEAM4 梁单元定义单元属性时，需要输入横截面积、高度、惯性矩和积惯性矩等实常数信息，较为烦琐，因此在高版本中没有了 BEAM3/BEAM4 梁单元。在高版本中，承受拉、压、弯、扭载荷用 BEAM188/BEAM189 梁单元。BEAM188/BEAM189 梁单元无须输入实常数，直接输入横截面尺寸，便可自动计算出惯性矩和积惯性矩等信息，操作简捷。

BEAM188 单元适合于分析从细长到中等粗短的梁结构，该单元基于铁木辛哥梁结构理论，并考虑了剪切变形的影响。每个节点有 6 个或者 7 个自由度，自由度的个数取决于 KEYOPT(1)的值。当 KEYOPT(1)=0(缺省)时，每个节点有 6 个自由度；节点坐标系的 X、Y、Z 方向的平动和绕 X、Y、Z 轴的转动。当 KEYOPT(1)=1 时，每个节点有 7 个自由度，这时引入了第 7 个自由度(横截面的翘曲)。另外，还有 BEAM189 梁单元，它有 3 个节点。

受弯曲变形，用梁单元 BEAM188 建模分析。梁单元的单元属性有单元类型、截面属性和材料属性。ANSYS 无单位，需自己统一，本次采用 N、mm 和 MPa 单位制。

8.3.3 计算结果

表 8-2 对简支梁分别承受集中力、集中力偶和均布载荷的计算结果对比进行了汇总，可见数值解与解析解的结果基本吻合，由弯矩产生的正应力远比剪力产生的切应力大。

图 8-31 是这三种外载荷对应的剪力图和弯矩图。正负号与材料力学、结构力学教材中的规定有些不同，请自行研究一下。

表 8-2　简支梁计算结果对比

载荷	载荷	反力/N	剪力/N	弯矩/(N·m)	切应力/MPa	正应力/MPa	转角/(°)	挠度/mm
集中力 $F=100N$	解析解	25	50	10	1.25	100	0.01	1.333
	数值解	25	50	10	1.46	100	0.01	1.336
集中力偶 $M_e=20N\cdot mm$	解析解	50	50	10	1.25	100	3.33e-3	0.250
	数值解	50	50	10	1.46	100	3.32e-3	0.256
均布载荷 $q=500N/m$	解析解	100	100	10	2.50	100	1.33e-2	1.667
	数值解	100	100	10	2.92	100	1.33e-2	1.669

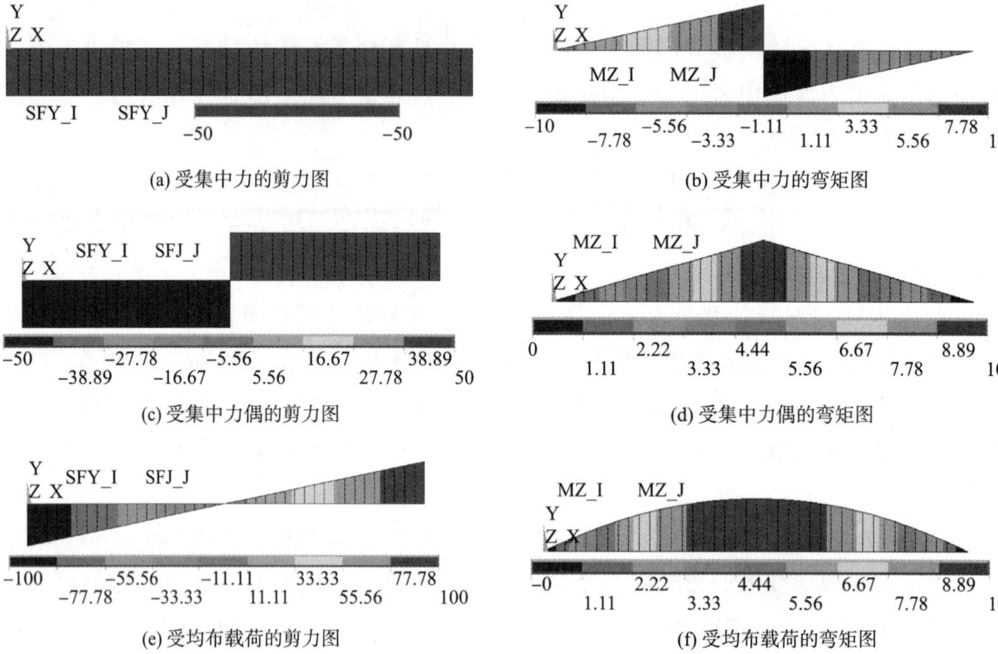

(a) 受集中力的剪力图　(b) 受集中力的弯矩图

(c) 受集中力偶的剪力图　(d) 受集中力偶的弯矩图

(e) 受均布载荷的剪力图　(f) 受均布载荷的弯矩图

图 8-31　内力图

8.3.4　操作步骤

1. 进入 ANSYS

程序→ANSYS→ANSYS Product Launcher→改变 working directory 到指定文件夹→在 job name 输入：file→Run。

2. 定义工作文件名及工作标题

(1)定义工作文件名：Utility Menu>File>Change Jobname→Change Jobname→输入文件名 file→OK。可不用输入，默认为 file。

(2)工作标题：Utility Menu>File>Change Title→Change Title→输入 Beam→OK。可不用输入。

3. 定义单元属性

(1)定义单元类型：

①指定 BEAM188 单元：见图 8-32，Main Menu>Preprocessor>Element Type>Add/Edit/Delete→Add→在左列表框中选择 Beam，在右列表框中选择 2 node 188→OK。

②设置单元选项：见图 8-31(c)，Options→Element behavior K3：选择[Cubic Form](三次形函数)；Shear stress output K4：选择[Include Both]→OK。

[Element behavior K4]中，有[Linear Form]一次形函数、[Quadratic Form]二次形函数和[Cubic Form]三次形函数，默认情况下是一次形函数。在较少单元的份数条件下，形函数次数高的计算结果精度高。本算例选择[Cubic Form]三次形函数，能够在较少单元份数条件下得到精度较高的结果。

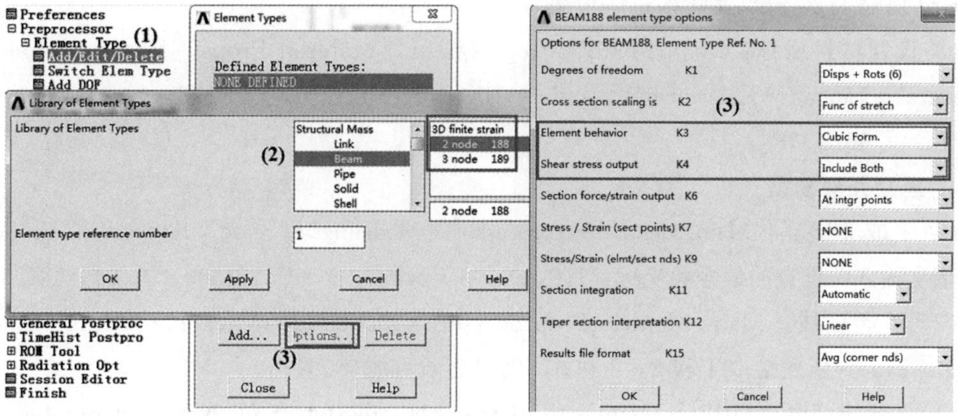

图 8 - 32　BEAM188 梁单元

在[Shear stress output K4]中，[Torsional only]表示只输出扭转产生的切应力、[Transverse only]表示只输出剪力产生的切应力，[Include Both]表示扭转和剪力产生的切应力都输出。在杆系结构的受力分析中，梁可能均存在拉、压、弯、扭等载荷，为了得到所有载荷产生的切应力，都应该将[Shear stress output K4]设置成[Include Both]。

(2)定义截面：见图 8 - 33，Main Menu＞Preprocessor＞Sections＞Beam＞Common Sections，打开 Beam Tool→ID：输入 1(1 为截面编号)，在 Sub-Type 下拉框选择实心圆形截面图形，B：输入 10，H：输入 6，Nb：0(默认)，Nh：0(默认)，→Meshview，观察图中显示的面积 Area、惯性矩 Iyy 和 Izz 是否与实际一致→OK。

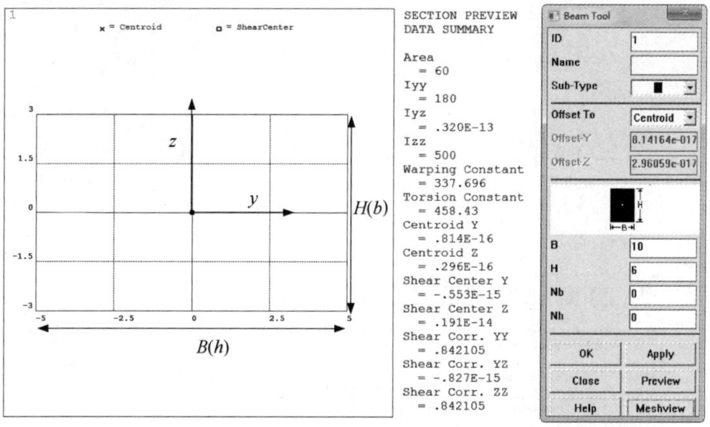

图 8 - 33　梁单元的横截面

默认情况下高度为 H，宽度为 B，如果在 Beam Tool 横截面中 B：输入 6，H：输入 10，将导致惯性矩 $I_y > I_z$，与本算例梁截面的摆放不一致，因此应该将 Beam Tool 中 B 和 H 的输入数值交换一下。通过惯性矩 I_y 和 I_z，可以判断出截面坐标系应该是：y 坐标朝右，z 坐标朝上，根据右手系 x 坐标朝外。

Nb 和 Nh 不输入数值，在默认情况下，剪力产生的切应力计算结果有一定误差。Nb

和 Nh 分别输入 20 份，就能接近解析解。

(3)设置材料属性：Main Menu>Preprocessor>Material Props>Material Models→Structural→Linear→Elastic→Isotropic→EX：输入 2.00E5，PRXY：输入 0.3→OK。200GPa=2.00E5MPa。

4. 建立几何模型

(1)生成关键点：Main Menu>Preprocessor>Modeling>Create>Keypoints>In Active CS→依次输入关键点的编号和坐标：1(0，0，0)，2(200，0，0)，3(400，0，0)→OK；

(2)创建直线：Main Menu>Preprocessor>Modeling>Create>Lines>Lines>Straight Line→依次拾取 1 和 2，2 和 3，创建 2 条直线→OK；

(3)打开线编号：Utility Menu>PlotCtrls>Numbering→KP Keypoint numbers：勾选 On，LINE Line numbers：勾选 On→OK；

(4)显示线：Utility Menu>Plot>Line。

5. 划分网格

(1)设置线的单元属性：见图 8-34(1)，Main Menu>Preprocessor>Meshing>Mesh Tool→在 Element Attributes 下方选择 Lines→Set→拾取线 1 和线 2(或者 Pick All)→OK→选择 MAT：1，TYPE：1，SECT：1→OK。单元类型编号、截面编号和材料编号只有一种，可默认，不需要指定，此步骤可省略。

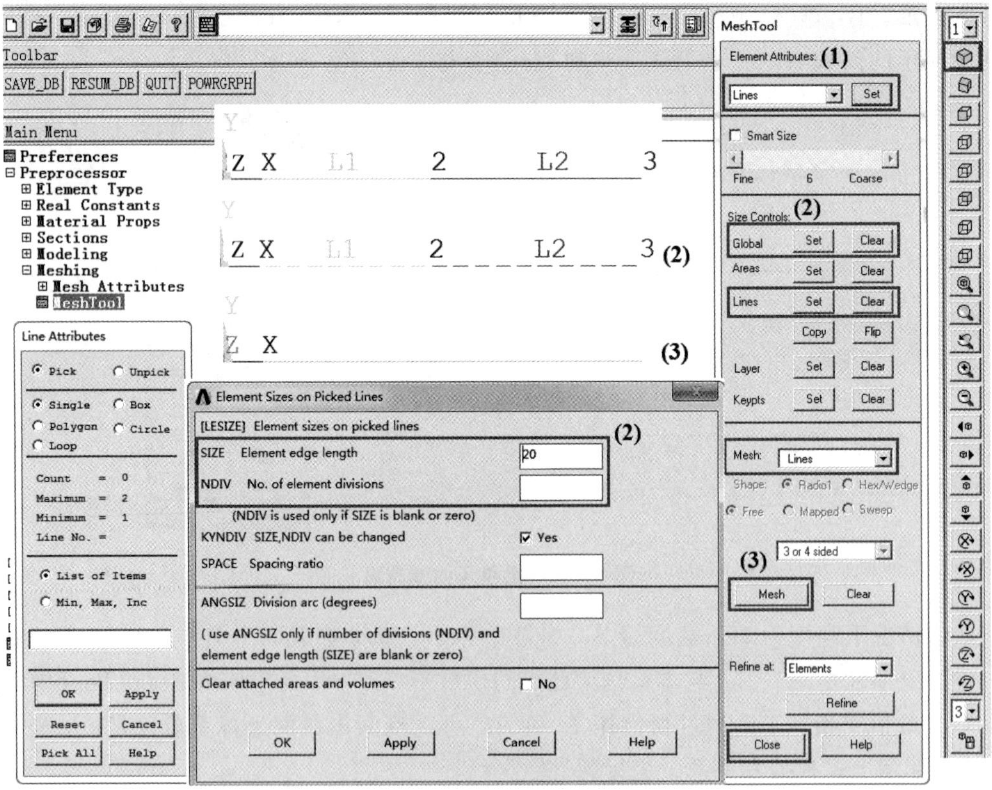

图 8-34 几何线划分成梁单元

(2)设置单元尺寸：见图 8－34(2)，Main Menu＞Preprocessor＞Meshing＞Mesh Tool→在 Size Controls 下方选择 Lines→Set→SIZE Element edge length：输入 20→OK。或者在 Size Controls 下方选择 Global→Set→SIZE Element edge length：输入 20→OK。

对于一个几何体，如果设置了线的单元尺寸，就按照线的单元尺寸划分单元；如果同时还设置了 Global 单元尺寸，没有设置单元尺寸的线，就按照 Global 单元尺寸划分单元。

[SIZE Element edge length]表示单元的长度，单元长度为 20mm，表示每 20mm 划分一个单元。也可以用[NDIV No. element divisions]，直接设置每条线的单元份数。两者选其一即可。

在桁架结构中，由于是杆与杆是铰接的，每一根杆只能划分成一个杆单元。如果一根杆划分多个单元，便在杆中出现了新的铰接节点，与实际不相符。但在本例中，为了求出简支梁各个位置出的内力、应力和变形结果，需要将梁划分成一个个的小段，形成一个个的单元，这也就是有限元的思想。

(3)划分梁单元：见图 8－34(3)，Main Menu＞Preprocessor＞Meshing＞Mesh Tool→Mesh：Lines→Mesh→Pick All。根据设置的单元尺寸，划分网格形成单元。

(4)关闭 Mesh Tool 菜单：Main Menu＞Preprocessor＞Meshing＞Mesh Tool→Close。

(5)打开梁单元的单元形状：Utility Menu＞PlotCtrls＞Style＞Size and Shape→[/ESHAPE]：勾选 On。

(6)显示单元：Utility Menu＞Plot＞Element。调整成 ISO 视图(见图 8－34 中右上角)，观察梁单元的空间摆放。

Ctrl＋鼠标左键：表示平移；Ctrl＋鼠标滚轮：表示旋转；鼠标滚轮：表示放大或缩小。

6. 施加边界条件

(1)显示线：Utility Menu＞Plot＞Line。

(2)施加约束：Main Menu＞Solution＞Define Loads＞Apply＞Structural＞Displacement＞On Keypoints

→拾取关键点 1(简支梁的 A 点)→OK→Lab2：UX、UY、UZ 和 ROTX→Apply

→拾取关键点 3(简支梁的 B 点)→OK→Lab2：UY 和 UZ→OK。

对于平面内产生弯曲变形的简支梁，材料力学中简支梁的约束是：A 点限制水平 x 方向的平动(约束 UX)，还应限制竖直 y 方向的平动(约束 UY)；B 点限制竖直 y 方向的平动(约束 UY)。由于 BEAM188 单元是空间的梁单元，还存在 z 方向的平动自由度，A 点和 B 点还应该约束 UZ。

A、B 两点约束 UY，就限制了整个梁的绕 z 轴(ROTZ)的刚体转动；A、B 两点约束 UZ，就限制了整个梁的绕 y 轴(ROTY)的刚体转动。

如果不约束 ROTX 转角，在第 7 步的计算时，不会出现[Solution is done]，在 Output 窗口将提出错误信息，见图 8－35，提示约束不足。打开 ANSYS 后，一直有两个窗口在运行，一个是 GUI 界面操作窗口，在任务栏中还可以看到另一个黑屏窗口，叫作 Output 窗口。在建模计算中，经常会提示各种各样的错误信息，要学会从错误信息中读懂究竟是什么错误，然后才能有针对性地修改模型。

虽然没有施加扭矩，但整体结构绕自身 x 轴方向扭转是自由的，扭转方向成了刚体，因此也应约束绕 x 轴的转动自由度(ROTX)。约束后，便能在第 7 步中求解。

空间的梁单元 BEAM188 具有三个方向的平动自由度和三个方向的转动自由度，经过以上边界条件的施加，在这六个方向就不会出现刚体位移，方可求解计算。对于由多根杆梁组成的空间杆系结构，还要从整体杆系结构中分析边界条件的施加，能够判断出约束不足或者约束过多。

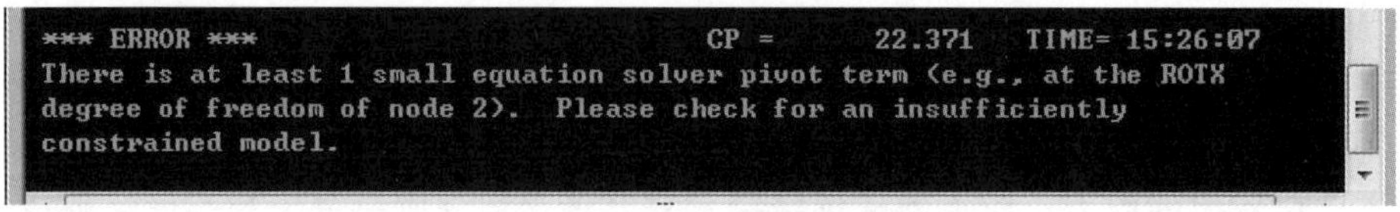

图 8－35　错误提示

(3)施加载荷：分别施加集中力、集中力偶和均布载荷，以下①、②或者③的载荷边界选择其一，单独计算，分别计算三次，查看不同载荷边界下的计算结果。

①施加集中力：Main Menu＞Solution＞Define Loads＞Apply＞Structural＞Force/Moment＞On Keypoints→拾取关键点 2→OK→Lab：FY，VALUE：输入 100→OK。注意单位是 N。

②施加集中力偶：Main Menu＞Solution＞Define Loads＞Apply＞Structural＞Force/Moment＞On Keypoints→拾取关键点 2→OK→Lab：MZ，VALUE：输入 20e3→OK。注意单位是 N・mm，20N・m＝20e3N・mm。

③施加均布载荷：

Step1 关闭单元形状：Utility Menu＞PlotCtrls＞Style＞Size and Shape→[/ESHAPE]：Off。

Step2 打开梁单元的单元坐标系：见图 8－36(1)，Utility Menu＞PlotCtrls＞Symbols→ESYS：On→OK。单元坐标系的三个方向的坐标颜色与整体坐标系的颜色是相近的。经过检查发现，单元坐标系的 X、Y 和 Z 坐标与整体坐标系相同，均布压力应该施加在单元坐标系的－Y 方向。

Step3 查看在单元坐标系下施加均布载荷的编号：打开 ANSYS 帮助→索引中选择 Beam188→回车→在 Beam188 单元说明查看[BEAM188 Geometry]说明，见图 8－36(2)。可见梁单元坐标系的－Y 方向施加的均布载荷的编号为②，数值为正值。

Step4 施加均布载荷：见图 8－36(3)，Main Menu＞Solution＞Define Loads＞Apply＞Structural＞Pressure＞On Beams→Pick All→LKEY：输入 2，VALI：输入 500e-3，VALJ：输入 500e-3(也可不输入，不输入表示均布载荷，与 VALI 数值一样)→OK。注意单位是 N/mm，500N/m＝500e-3N/mm。

(4)求解前保存模型：Utility Menu＞Files＞Save as→输入 Beam _ Load. db→OK。

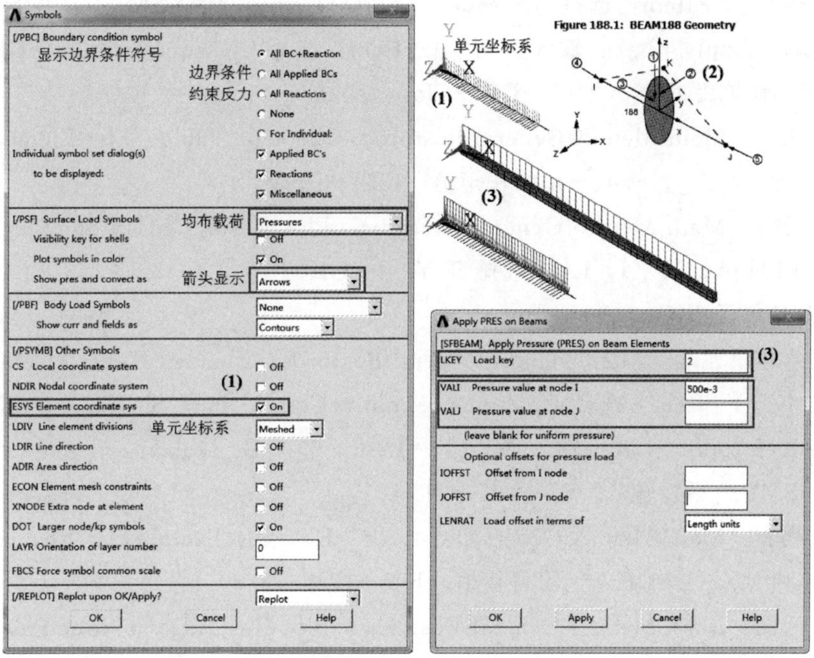

图 8-36　梁单元均布载荷的施加

7. 求解

(1)求解：Main Menu>Solution>Solve>Current LS→File>Close→Solve Current Load Step→OK→Solution is done→Close；

(2)保存结果文件：Utility Menu>Files>Save as→输入 file. db→OK。

8. 后处理

(1)列表查看约束反力：

Main Menu>General Postproc>List Results>Reaction Solu→All struc forc F→OK，记录数值；

(2)查找定义内力(剪力和弯矩)单元表的方法：

①查找定义 BEAM188 内力单元表的方法：打开 ANSYS Help，搜索 BEAM188。

②找到 BEAM188 的单元介绍页面后，页面中查表 Table 188. 1：BEAM188 Element Output Definitions。表中查找 Name：SF：y，z，Definition：Section shear forces，在 Name 栏中 SFy、SFz 便是剪力。梁单元的内力是在单元坐标系下输出的，本例剪力应选 SFy。

③表中查找 Name：MY，MZ，Definition：Bending moments，在 Name 栏中 MY 和 MZ 便是弯矩。梁单元的内力是在单元坐标系下输出的，本例弯矩应选 MZ。

④页面中查表 Table 188. 2：BEAM188 Item and Sequence Numbers。表中查找 Output Quantity Name：剪力 SFy，Item：SMISC，I：6，J：19。弯矩 MZ，Item：SMISC，I：3，J：16。

(3)查看各单元剪力：

①定义剪力单元表：Main Menu>General Postproc>Element Table>Define Table→

Lab：输入 SFY _ I→Item：选择 By sequence num→Comb：选择 SMISC，在 SMISC 后面输入“6”→OK→Apply→Lab：输入 SFY _ J→Item：选择 By sequence num→Comb：选择 SMISC，在 SMISC 后面输入“19”→OK→Close。

②剪力列表：Main Menu>General Postproc>Element Table>List Element Table→选择 SFY _ I 和 SFY _ J→OK→记录弯矩值→File→Close。

③剪力云图：Main Menu>General Postproc>Plot Results>Contour Plot>Line Elem Res→LabI 选择 SFY _ I，LabJ 选择 SFY _ J→OK。

(4)查看各单元弯矩：

①定义弯矩单元表：Main Menu>General Postproc>Element Table>Define Table→Lab：输入 MZ _ I→Item：选择 By sequence num→Comb：选择 SMISC，在 SMISC 后面输入“3”→OK→Apply→Lab：输入 MZ _ J→Item：选择 By sequence num→Comb：选择 SMISC，在 SMISC 后面输入“16”→OK→Close。

②弯矩列表：Main Menu>General Postproc>Element Table>List Element Table→选择 MZ _ I 和 MZ _ J→OK→记录弯矩值→File→Close。

③弯矩云图：Main Menu>General Postproc>Plot Results>Contour Plot>Line Elem Res→LabI 选择 MZ _ I，LabJ 选择 MZ _ J→OK。

④将弯矩单位 N·mm 转换成 N·m：见图 8-37，Main Menu>General Postproc>Element Table>Add Items→LabR：输入 MZ _ I，FACT1：输入 1e-3，Lab1：选择 MZ _ I→Apply→LabR：输入 MZ _ J，FACT1：输入 1e-3，Lab1：选择 MZ _ J→OK。

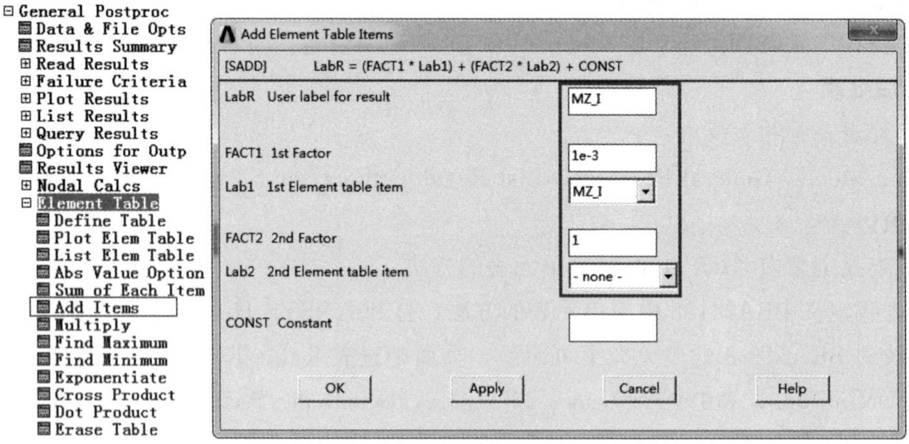

图 8-37 弯矩单位换算

⑤重新画弯矩云图：Main Menu>General Postproc>Plot Results>Contour Plot>Line Elem Res→LabI 选择 MZ _ I，LabJ 选择 MZ _ J→OK。

(5)应力云图(切应力和正应力)：

①打开单元形状：Utility Menu>PlotCtrls>Style>Size and Shape→[/ESHAPE]：On。打开单元形状，才能查看梁单元的应力云图。

②切应力云图：Main Menu>General Postproc>Plot Results>Contour Plot>Nodal

Solu→XY Shear stress→OK。旋转和放大视图，看看切应力的分布。

③正应力云图：Main Menu>General Postproc>Plot Results>Contour Plot>Nodal Solution→X-Component stress→OK。旋转和放大视图，看看正应力的分布。

(6)弯曲变形(挠度和转角)

①挠度云图：Utility Menu>Plot>Results>Contour Plot>Nodal Solution→Y-Component of displacement→OK。

②转角云图：Utility Menu>Plot>Results>Contour Plot>Nodal Solution→Z-Component of rotation→OK。

9. 退出 ANSYS 软件

Utility Menu>File>Exit→Quit-No Save→OK。

8.3.5 命令流

```
FINISH
/CLEAR, NOSTART
/PREP7
ET, 1, BEAM188                                    ! 单元类型
KEYOPT, 1, 3, 3                                   ! 形函数
KEYOPT, 1, 4, 2                                   ! 切应力
MP, EX, 1, 2.00e5                                 ! 材料属性 MPa
MP, PRXY, 1, 0.3
SECTYPE, 1, BEAM, RECT,, 0                        ! 截面 mm
SECOFFSET, CENT
SECDATA, 10, 6, 0, 0, 0, 0, 0, 0, 0, 0, 0, 0
! SECTYPE, 1, BEAM, RECT,, 0                      ! 截面
! SECOFFSET, CENT
! SECDATA, 10, 6, 20, 20, 0, 0, 0, 0, 0, 0, 0, 0
K, 1, 0, 0, 0,                                    ! 关键点 mm
K, 2, 200, 0, 0,
K, 3, 400, 0, 0,
L, 1, 2                                           ! 创建线
L, 2, 3
/PNUM, KP, 1                                      ! 关键点编号
/PNUM, LINE, 1                                    ! 线编号
LPLOT                                             ! 线显示
LATT, 1,, 1,,,, 1                                 ! 线的单元属性
LESIZE, ALL,,, 20,,,,, 1                          ! 单元尺寸 mm
LMESH, ALL                                        ! 线分网
/ESHAPE, 1.0                                      ! 单元形状
DK, 1, UX                                         ! 位移约束
```

```
DK, 1, UY
DK, 1, UZ
DK, 1, ROTX
DK, 3, UY
DK, 3, UZ
FK, 2, FY, -100                                          ! 集中力 N
! FK, 2, MZ, 20e3                                        ! 集中力偶 N·mm
! 均布载荷 N/mm
! SFBEAM, ALL, 2, PRES, 500e-3, 500e-3,,,,, 0
FINISH
/SOLU                                                    ! 进入求解器
SOLVE                                                    ! 求解
FINISH
/POST1                                                   ! 进入后处理
/UDOC, 1, DATE, 1                                        ! 关闭ANSYS标志和时间
/dev, font, 1, Courier*New, 400, 0, -21, 0, 0,,,         ! 字体
PRRSOL, F                                                ! 约束反力列表
ETABLE, SFY_I, SMISC, 6                                  ! 定义剪力单元表
ETABLE, SFY_J, SMISC, 19
/VIEW, 1,,, 1                                            ! 视图
PLLS, SFY_I, SFY_J, 1, 0                                 ! 剪力图云图
PRETAB, SFY_I, SFY_J                                     ! 剪力列表
ETABLE, MZ_I, SMISC, 3                                   ! 定义弯矩单元表
ETABLE, MZ_J, SMISC, 16
/VIEW, 1,,, 1                                            ! 视图
PLLS, MZ_I, MZ_J, 1, 0                                   ! 弯矩图
PRETAB, MZ_I, MZ_J                                       ! 弯矩列表
! 将弯矩单位N·mm转换成N·m
SADD, MZ_I, MZ_I,, 1E-3, 1,,
SADD, MZ_J, MZ_J,, 1E-3, 1,,
PLLS, MZ_I, MZ_J, 1, 0                                   ! 弯矩图
PLNSOL, S, X, 0, 1.0                                     ! 弯曲正应力
PLNSOL, S, XY, 0, 1.0                                    ! 切应力
/GFORMAT, F, 12, 4,                                      ! 数据格式
PLNSOL, U, Y, 0, 1.0                                     ! 挠度
PLNSOL, ROT, Z, 0, 1.0                                   ! 转角 rad
/dev, font, 1, Courier*New, 700, 0, -35, 0, 0,,,         ! 字体
/GFORMAT, F, 12, 2,                                      ! 小数点
```

8.4　简支梁弯曲的有限元分析

8.4.1　问题描述

已知：长度 $l=8$m 的简支梁，受到均布外载 $w=15000$N/m 作用，弹性模量 $E=210$GPa，泊松比 $\mu=0.3$。扁钢截面 $b=140$mm，$h=360$mm。计算最大挠度和应力。

试用二维弹性梁单元 BEAM3 分析计算，力学模型见图 8－38。

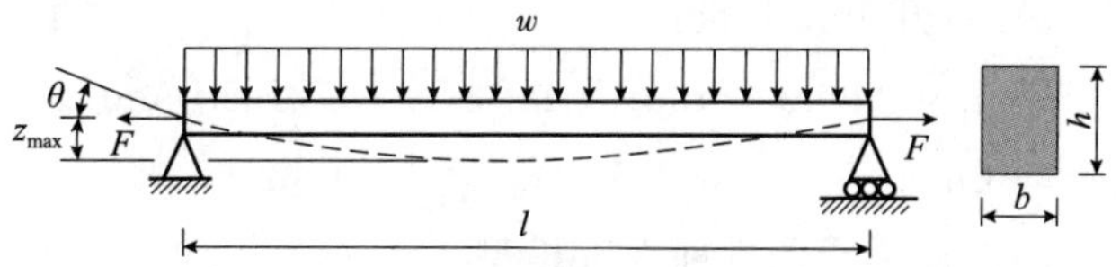

图 8－38　简支梁的纵横弯曲力学模型

8.4.2　GUI 求解步骤

1)进入 ANSYS

程序→ANSYS→ANSYS Product Launcher→改变 working directory 到指定文件夹→在 job name 输入：beam3。

2)参数化数据

Parameters>Scalar Parameters→在 Selection 中：输入 L1=8E3→Accept→输入H1=360→Accept→输入 B1=140→Accept→输入 W1=15000 * 1E-3→Accept→Close。

3)设置计算类型

Main Menu>Preferences→选择 Structural→OK。

4)定义单元属性

Main Menu>Preprocessor>Element Type>Add/Edit/Delete→Add→选择 Beam 和 2D elastic 3→OK→Close。

5)定义实常数

Main Menu>Preprocessor>Real Constants>Add/Edit/Delete→Add…→Type 1→OK→AREA：H1 * B1，IZZ：B1 * H1 * * 3/12，HEIGHT：H1→OK→Close。

6)定义材料参数

Main Menu>Preprocessor>Material Props>Material Models→Structural→Linear→Elastic→Isotropic→EX：2.1E5，PRXY：0.3→OK。

7)建立几何模型

生成关键点：

Main Menu>Preprocessor>Modeling>Create>Keypoints>In Active CS→依次输入 2 个关键点的坐标：1(0，0，0)，2(L1，0，0)→OK。

生成线：

Main Menu>Preprocessor>Modeling>Create>Lines>Lines>Straight Line→拾取关键点 1 和 2→OK。

8)网格划分

(1)设置全局单元尺寸：

Main Menu>Preprocessor>Meshing>Size Cntrls>ManualSize>Global>Size→在SIZE 中输入：500→OK。

(2)网格划分：

Main Menu>Preprocessor>Meshing>Mesh>Lines→Pick All→OK。

(3)打开单元形状：

Utility Menu>PlotCtrls>Style>Size and Shape→在/ESHAPE 中点击“Off”为“On”→OK。

9)施加边界条件前保存模型。

Utility Menu>File>Save as→在 Save Database to 中输入 beam3 _ mesh. db。

10)模型施加约束

(1)最左端的关键点 1 加约束：

Main Menu>Preprocessor>Loads>Define Loads>Apply>Structural>Displacement>On Keypoints→拾取关键点 1→OK→选择 UX，UY→OK。

(2)最右端的关键点 2 加约束：

Main Menu>Preprocessor>Loads>Define Loads>Apply>Structural>Displacement>On Keypoints→拾取关键点 2→OK→选择 UY→OK。

11)施加载荷

Main Menu>Preprocessor>Loads>Define Loads>Apply>Structural>Pressure>On Beams→Pick All→在 LKEY 中输入 1，在 VALI 中输入 W1。

12)求解前保存模型

Utility Menu>File>Save as→在 Save Database to 中输入 beam3 _ load. db。

13)求解

Main Menu>Solution>Solve>Current LS→关闭/SATUS Command 窗口→OK。

14)求解后保存模型

Utility Menu>File>Save as→在 Save Database to 中输入 beam3 _ solve. db。

15)云图显示 Y 方向位移

Main Menu>General Postproc>Plot Results>Contour Plot>Nodal Solu→DOF Solution→Y-Component of displacement。记录最大位移－6. 999mm。

16)云图显示应力

Main Menu>General Postproc>Plot Results>Contour Plot>Nodal Solu

→选择 X-Component of stress→OK。记录最小应力(上表面、受压)，－39. 7MPa；记录最大应力(下表面、受拉)，39. 7MPa。

→选择 1st Principal stress→OK。记录第一主应力(下表面)，39. 7MPa。

→选择 3rd Principal stress→OK。记录第三主应力(上表面)，－39. 7MPa。

→选择 Stress intensity→OK。记录第三强度的应力，39. 7MPa。

→选择 Equivalent stress→OK。记录第四强度的应力，39.7MPa。

17)定义单元表

(1)定义+Y 方向弯曲应力单元表：

①I 节点：Main Menu>General Postproc>Element Table>Define Table→Lab：输入 SBYT_I→Item：选择 By sequence num→Comp：选择 LS，在 LS，后面输入“2”→Apply。

②J 节点：→Lab：输入 SBYT_J→Item：选择 By sequence num→Comp：选择 LS，在 LS，后面输入“5”→OK。

(2)定义-Y 方向弯曲应力单元表：

①I 节点：Main Menu>General Postproc>Element Table>Define Table→Lab：输入 SBYB_I→Item：选择 By sequence num→Comp：选择 LS，在 LS，后面输入“3”→Apply。

②J 节点：→Lab：输入 SBYB_J→Item：选择 By sequence num→Comp：选择 LS，在 LS，后面输入“6”→OK。

(3)定义最大应力单元表：

①I 节点：Main Menu>General Postproc>Element Table>Define Table→Lab：输入 SMAX_I→Item：选择 By sequence num→Comp：选择 NMISC，在 NMISC，后面输入“1”→Apply。

②J 节点：→Lab：输入 SMAX_J→Item：选择 By sequence num→Comp：选择 NMISC，在 NMISC，后面输入“3”→OK。

(4)定义最小应力单元表

①I 节点：Main Menu>General Postproc>Element Table>Define Table→Lab：输入 SMIN_I→Item：选择 By sequence num→Comp：选择 NMISC，在 NMISC，后面输入“2”→Apply。

②J 节点：→Lab：输入 SMIN_J→Item：选择 By sequence num→Comp：选择 NMISC，在 NMISC，后面输入“4”→OK。

18)显示梁单元梯度线结果

Main Menu>General Postproc>Plot Results>Contour Plot>Plot Line-Elemment Results→OK。如图 8-39 所示。

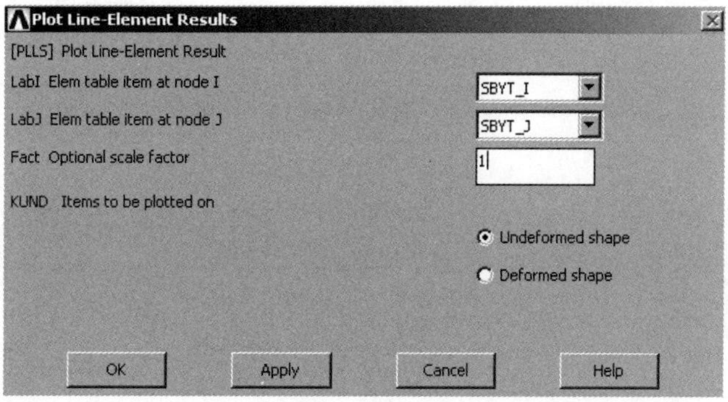

图 8-39　显示梁单元梯度线结果

→在 LabI 和 LabJ 中分别输入 SBYT _ I 和 SBYT _ J→OK。记录+Y 方向弯曲应力－39.683MPa。

→在 LabI 和 LabJ 中分别输入 SBYB _ I 和 SBYB _ J→OK。记录最大应力 39.683MPa。

→在 LabI 和 LabJ 中分别输入 SMAX _ I 和 SMAX _ J→OK。记录最小应力－39.683MPa。

表 8-3 BEAM3 单元的应力计算结果 MPa

X 方向最大应力/SX	X 方向最小应力/SX	第一主应力/S1	第三主应力/S3	第三强度应力/SINT	第四强度应力/SEQV	+Y 方向弯曲应力/SBYT	-Y 方向弯曲应力/SBYB	最大应力/SMAX	最小应力/SMIN
39.7	－39.7	39.7	－39.7	39.7	39.7	－39.7	39.7	39.7	－39.7

19)退出 ANSYS 系统

Utility Menu>File→Exit→Quit-No Save→OK。

8.4.3 APDL 求解步骤

```
L1=8000                                  ! 长度 8000，mm
B1=140                                   ! 截面宽度，mm
H1=360                                   ! 截面高度，mm
W1=15000 * 1E-3                          ! 均布载荷，N/mm
/PREP7
ET，1，BEAM3                             ! 定义单元类型
MP，EX，1，2.1E5                         ! 定义材料属性
MP，PRXY，1，0.3
R，1，B1 * H1，B1 * H1 * * 3/12，H1      ! 定义实常数
K，1，0，0，0                            ! 建关键点
K，2，L1，0，0
L，1，2                                  ! 由关键点连线
ESIZE，500，0                            ! 设置全局单元尺寸
LMESH，1                                 ! 对线划分单元
/ESHAPE，1.0                             ! 打开单元形状
DK，1，UX                                ! 关键点 1 加约束
DK，1，UY
DK，2，UY                                ! 关键点 2 加约束
SFBEAM，ALL，1，PRES，W1                 ! 梁单元均布载荷
FINISH
/SOLU                                    ! 进入求解器
ALLSEL，ALL                              ! 务必选择所有
SOLVE                                    ! 求解
```

```
FINISH
/POST1
PLNSOL, U, Y, 0, 1.0                                   ! 显示Y方向位移
PLNSOL, S, X, 0, 1.0                                   ! 显示X方向应力SX
PLNSOL, S, 1, 0, 1.0                                   ! 第一主应力S1
PLNSOL, S, 3, 0, 1.0                                   ! 第三主应力S3
PLNSOL, S, INT, 0, 1.0                                 ! 第三强度的应力SINT
PLNSOL, S, EQV, 0, 1.0                                 ! 第四强度的应力SEQV
! 定义单元表
! Bending stress on the element +Y side of the beam   ! +Y方向弯曲应力
ETABLE, SBYT_I, LS, 2
ETABLE, SBYT_J, LS, 5
! Bending stress on the element -Y side of the beam   ! -Y方向弯曲应力表
ETABLE, SBYB_I, LS, 3
ETABLE, SBYB_J, LS, 6
! Maximum stress(direct stress+bending stress)         ! 最大应力
ETABLE, SMAX_I, NMISC, 1
ETABLE, SMAX_J, NMISC, 3
! Minimum stress(direct stress-bending stress)         ! 最小应力
ETABLE, SMIN_I, NMISC, 2
ETABLE, SMIN_J, NMISC, 4
! 显示梁单元单元表梯度线结果
PLLS, SBYT_I, SBYT_J, 1, 0                             ! +Y方向弯曲应力
PLLS, SBYB_I, SBYB_J, 1, 0                             ! -Y方向弯曲应力
PLLS, SMAX_I, SMAX_J, 1, 0                             ! 最大应力
PLLS, SMIN_I, SMIN_J, 1, 0                             ! 最小应力
```

8.4.4 相关例题

(1)试用三维弹性梁单元BEAM4、三维线性有限应变梁单元BEAM188，分别计算简支梁弯曲的有限元分析这道例题。

(2)工字钢外伸梁的平面弯曲受力变形分析

已知：跨度$l=2$m的外伸梁，挑出段长度$a=1$m，在挑出段受到集度等于$w=5000$N/m的均布载荷作用。弹性模量$E=210$GPa，泊松比$\mu=0.3$。扁钢截面$b=140$mm，$h=360$mm；工字钢截面$W_1=W_2=140$mm，$W_3=360$mm，$t_1=t_2=12.8$mm，$t_3=7.5$mm；槽钢截面$W_1=W_2=60$mm，$W_3=140$mm，$t_1=t_2=7.5$mm，$t_3=4.4$mm。

试用二维弹性梁单元BEAM3、三维弹性梁单元BEAM4、三维线性有限应变梁单元BEAM188分别对扁钢、工字钢、槽钢外伸梁进行分析计算，求转角、挠度和弯曲应力，并比较其结果。工字钢外伸梁力学模型见图8-40。

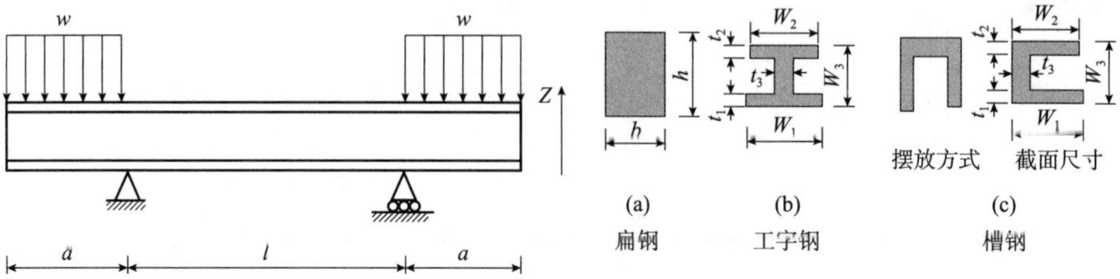

图 8-40　工字钢外伸梁力学模型

(3)槽钢门字架受力变形分析

已知：一个门字架，跨度 $l=10\text{m}$，均布外载 $w=314\text{N/m}$，弹性模量 $E=210\text{GPa}$，泊松比 $\mu=0.3$。BC 段槽钢截面 $W_1=W_2=140\text{mm}$，$W_3=200\text{mm}$，$t_1=t_2=9.5\text{mm}$，$t_3=6.4\text{mm}$；AB 和 CD 段槽钢截面 $W_1=W_2=60\text{mm}$，$W_3=140\text{mm}$，$t_1=t_2=7.5\text{mm}$，$t_3=4.4\text{mm}$。

试用 BEAM188 单元计算在均布载荷作用下的转角、轴力和弯矩，BEAM188 单元的截面采用常用截面法、自定义截面法分别计算。槽钢门字架力学模型见图 8-41。

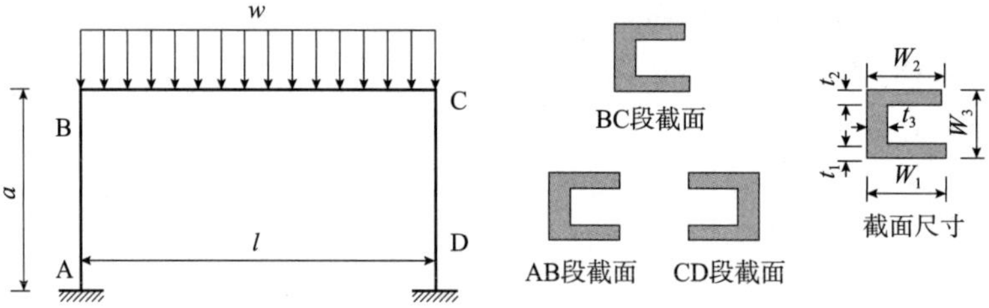

图 8-41　槽钢门字架力学模型

8.5　传动轴扭转的切应力和扭转角计算

8.5.1　问题描述

一个传动轴，已知轴的直径 $d=45\text{mm}$，转速 $n=300\text{r/min}$。主动轮输入功率 $P_A=36.7\text{kW}$；从动轮 B、C、D 输出的功率分别为 $P_B=14.7\text{kW}$、$P_C=P_D=11\text{kW}$。轴的材料为 45 钢，剪切模量 $G=80\text{GPa}$。许用切应力 40MPa，许用扭转角 2°/m。校核该轴的强度和刚度。不同载荷作用下的悬臂梁见图 8-42。

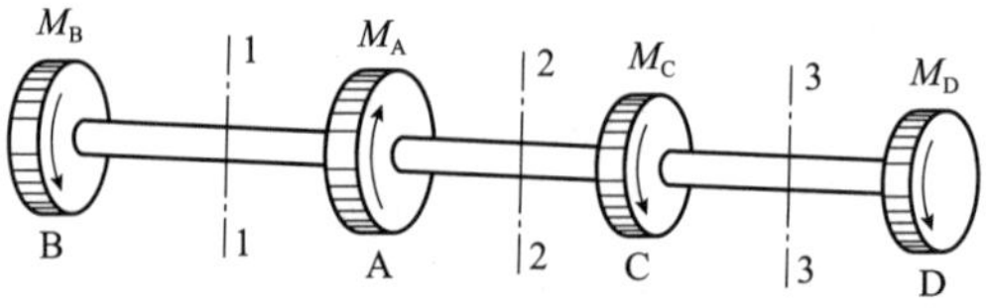

图 8-42　不同载荷作用下的悬臂梁

8.5.2　问题分析

本题只受扭转，用梁单元 BEAM188 建模分析。梁单元的单元属性有单元类型、截面属性和材料属性。设置材料属性一般输入弹性模量和泊松比，计算前需将剪切模量 G 转换成弹性模量 E，$E=2G(1+\mu)$。设泊松比 $\mu=0.3$，得弹性模量 $E=208$GPa。单位制 mm、N 和 MPa。各段轴的长度取 0.2m。

(1)定义截面：

圆轴的截面尺寸通过截面设置：Main Menu>Preprocessor>Sections>Beam>Common Sections→ID：1，在 Sub-Type 下拉框选择实心圆形截面图形，R：输入 22.5，N：输入 24，T：输入 8→Meshview→OK。ANSYS 无单位，需自己统一，本次采用 N、mm 和 MPa 单位制，扭矩单位为 N·mm。

图 8-43 中 Area 是面积、Iyy 和 Izz 是惯性矩、Torsion Constant 是极惯性矩。

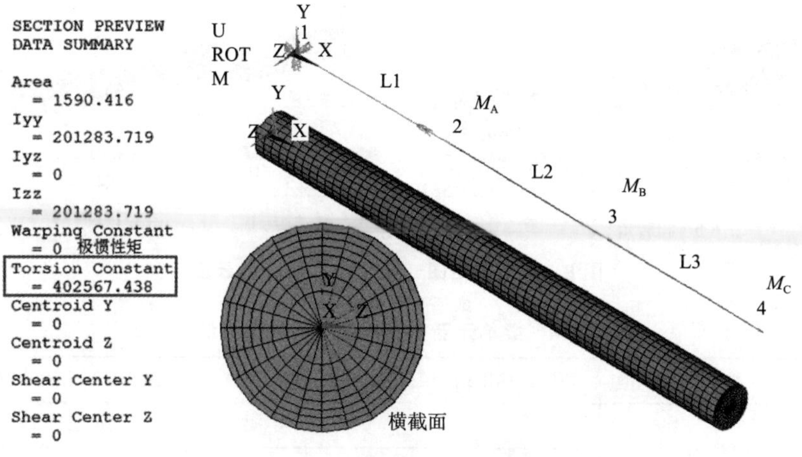

图 8-43　梁截面与边界条件息

(2)施加约束：

Main Menu>Solution>Define Loads>Apply>Structural>Displacement>On Keypoints→拾取关键点 1→OK→Lab2：All DOF→Apply→OK。

如果只约束扭转角位移 ROTX，计算提示约束不足，导致不能求解。BEAM188 默认有六个自由度，虽然没有施加其他方向的载荷，也应该约束其他方向的所有自由度 All DOF。

(3)施加载荷：

由外力偶矩计算公式 $M=9550\dfrac{F}{m}$，得 $M_A=1170$N·m，$M_B=468$N·m，$M_C=351$N·m，并将外力偶矩单位转换成 N·mm 施加到模型上。

Main Menu>Solution>Define Loads>Apply>Structural>Force/Moment>On Keypoints

→拾取关键点 2→OK→Lab：MX，VALUE：$-1170*1E3$→Apply；

→拾取关键点 3→OK→Lab：MX，VALUE：351 * 1E3→Apply；

→拾取关键点 4→OK→Lab：MX，VALUE：351 * 1E3→OK。

8.5.3 计算结果

图 8－44 给出扭矩图、扭转角和切应力云图。ANSYS 输出的扭转角是 rad，需自己换算成°和°/m，表 8－4 给出了梁单元受扭矩作用的计算结果汇总，ANSYS 计算结果与解析解完全吻合，满足强度要求。

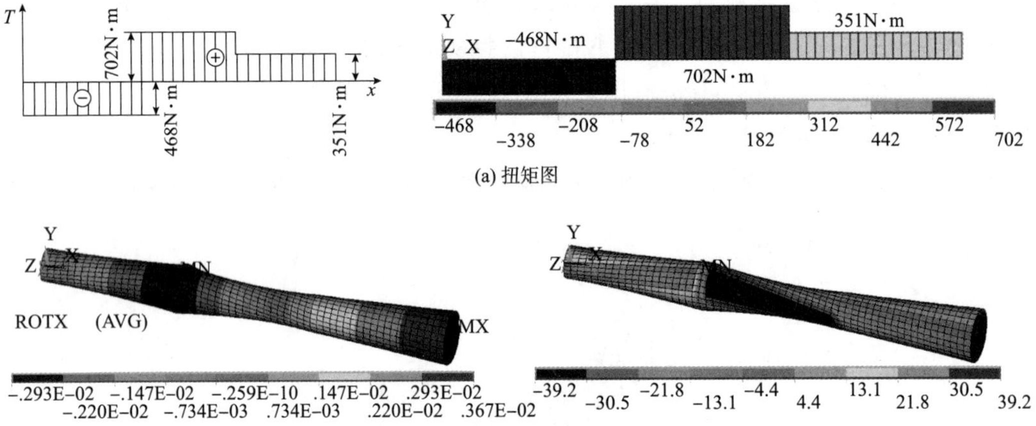

(a) 扭矩图

（b）扭转角

（c）切应力

图 8－44 扭矩图、扭转角和切应力云图

表 8－4 梁单元受扭矩作用的计算结果汇总

传动轴	长度/m	扭矩/(N·m)	切应力/MPa	扭转角区间/rad	总扭转角/rad	扭转角/(°/m)
BA	0.2	－468	26.2	0～－0.291e－2	2.91e－3	0.83
AC	0.2	702	39.2	－0.291e－2 ～ 0.145e－2	4.36e－3	1.25
CD	0.2	351	19.6	0.145e－2 ～ 0.363e－2	2.18e－3	0.62
解析解公式	外力偶矩 $M=9550\frac{P}{n}$，极惯性矩 $I_p=\frac{\pi d^4}{32}$，抗扭截面系数 $W_t=\frac{\pi d^3}{16}$，切应力 $\tau=\frac{T}{W_t}$，外力偶矩 $M=9550\frac{P}{n}$，扭转角 $\varphi=\frac{T}{GI_p}$(rad/m)					

8.5.4 命令流

```
! 解析解公式
pi=acos(-1)
T=468e3                                    ! BA
T=702e3                                    ! AC
T=351e3                                    ! CD
d=45                                       ! 直径
L=200                                      ! 长度
```

```
G=0.8e5                                          ! 剪切模量
Wp=pi*d**3/16                                    ! 抗扭截面系数
Tao=T/Wp                                         ! 切应力
T=351e3
Ip=pi*d**4/32                                    ! 积惯性矩
Fai1=T*L/(G*Ip)                                  ! rad
Fai2=(Fai1/L)*(180/pi)*1000                      !°/m
! ---------------------------------------------------------------
Gx=80e3                                          ! 剪切模量
Ex=Gx*2*(1+0.3)                                  ! 弹性模量
/PREP7
ET, 1, BEAM188                                   ! 单元类型
MP, EX, 1, 2.06e5                                ! 材料属性 MPa
MP, PRXY, 1, 0.3
SECTYPE, 1, BEAM, CSOLID,, 0                     ! 截面属性 mm
SECOFFSET, CENT
SECDATA, 45/2, 24, 8, 0, 0, 0, 0, 0, 0, 0, 0, 0
K, 1, 0, 0, 0,                                   ! 创建关键点 mm
K, 2, 200, 0, 0,
K, 3, 400, 0, 0,
K, 4, 600, 0, 0,
L, 1, 2                                          ! 创建线
L, 2, 3
L, 3, 4
/PNUM, KP, 1                                     ! 关键点编号
/PNUM, LINE, 1                                   ! 线编号
LATT, 1,, 1,,,, 1                                ! 线的单元属性
LESIZE, ALL,,, 20,,,,, 1                         ! 单元尺寸
LMESH, ALL                                       ! 线分网
/ESHAPE, 1.0                                     ! 单元形状
DK, 1, ALL,                                      ! 施加位移约束
! ---------------------------------------------------------------
FK, 2, MX, -1170*1E3                             ! 施加扭矩载荷 N·mm
FK, 3, MX, 351*1E3
FK, 4, MX, 351*1E3
FINISH
/SOLU
SOLVE                                            ! 求解
FINISH
/POST1
```

```
/UDOC，1，DATE，1                                  ！关闭 ANSYS 标志和时间
/dev，font，1，Courier * New，400，0，－21，0，0,,,  ！3 号字体
ETABLE，TQ_I，SMISC，4                             ！定义扭矩单元表
ETABLE，TQ_J，SMISC，17
/VIEW，1,,，1                                      ！视图
PLLS，TQ_I，TQ_J，1，0                              ！扭矩图
PRETAB，TQ_I，TQ_J                                 ！扭矩列表
！将扭矩单位 N·mm 转换成 N·m
SADD，TQ_I，TQ_I,，1e-3
SADD，TQ_J，TQ_J,，1e-3
PLLS，TQ_I，TQ_J，1，0                              ！扭矩图云图
PLNSOL，S，XY，0，1.0                               ！扭转切应力
LSEL，S,,，1                                       ！选 BA 段的线 1
LPLOT                                              ！画线
ALLSEL，BELOW，LINE                                ！选线之下
EPLOT                                              ！画单元
/GFORMAT，F，12，1,                                 ！保留 1 位小数
PLNSOL，S，XY，0，1.0                               ！扭转切应力
！同理分别选择线 2 和线 3
ALLSEL，ALL
/GFORMAT，E，12，3,                                 ！数据格式
PLNSOL，ROT，X，0，1.0                              ！扭转角 rad
LSEL，S,,，1                                       ！选 BA 段的线 1
LPLOT                                              ！画线
ALLSEL，BELOW，LINE                                ！选线之下
EPLOT                                              ！画单元
PLNSOL，ROT，X，0，1.0                              ！扭转角 rad
！同理分别选择线 2 和线 3
```

第 9 章　典型板壳结构应力分析

9.1　厚壁圆筒应力分析

记圆筒的外半径 R_o 与内半径 R_i 之比 $K=R_o/R_i>1.1\sim1.2$ 时称为厚壁圆筒，它的几何形状对称于中心轴，且沿筒体轴向无变化，若圆筒的载荷分布亦对称于中心轴，并沿轴向均相同，则它是平面轴对称问题。

在这类问题中，应力、应变和位移分量均与切向坐标 θ 无关，而仅是关于径向坐标 r 的函数。在工程中，柱形压力容器的筒体、汽缸、套环、冷挤压用的回模、地下或水下的涵管以及火炮的身管等，都可以简化为厚壁圆筒。

9.1.1　问题描述

厚壁圆筒内径 $R_i=1\text{mm}$，外径 $R_o=3.5\text{mm}$。材料为 20 钢，弹性模量 $E=200\text{GPa}$，泊松比 $\mu=0.3$，屈服强度 $\sigma_s=250\text{MPa}$，最大油压 $P_i=60\text{MPa}$。计算该高压油管的第三强度相当应力，以及工作安全系数。

9.1.2　问题分析

在内压 p_i 和外压 p_o 共同作用下，厚壁圆筒三向应力表达式，称为 Lamè(拉美)公式。径向应力 σ_r、周向应力 σ_θ 和轴向应力 σ_z 分别为：

$$\sigma_r=\frac{p_iR_i^2-p_oR_o^2}{R_o^2-R_i^2}-\frac{(p_i-p_o)R_i^2R_o^2}{R_o^2-R_i^2}\cdot\frac{1}{r^2}$$

$$\sigma_\theta=\frac{p_iR_i^2-p_oR_o^2}{R_o^2-R_i^2}+\frac{(p_i-p_o)R_i^2R_o^2}{R_o^2-R_i^2}\cdot\frac{1}{r^2}$$

$$\sigma_z=\frac{p_iR_i^2-p_oR_o^2}{R_o^2-R_i^2}$$

代入径比 $K=R_o/R_i$，则有：

$$\sigma_r=\frac{p_i-p_oK^2}{K^2-1}-\frac{(p_i-p_o)R_o^2}{K^2-1}\cdot\frac{1}{r^2}$$

$$\sigma_\theta=\frac{p_i-p_oK^2}{K^2-1}+\frac{(p_i-p_o)R_o^2}{K^2-1}\cdot\frac{1}{r^2}$$

$$\sigma_z=\frac{p_i-p_o K^2}{K^2-1}$$

径向位移：

$$u_r=\frac{1-u}{E}\cdot\frac{p_i-p_o K^2}{K^2-1}\cdot r+\frac{1+u}{E}\cdot\frac{(p_i-p_o)R_o^2}{K^2-1}\cdot\frac{1}{r}$$

仅在内压作用下，筒壁中的应力分布规律如下：

(1)周向应力及轴向应力均为拉应力(正值)，径向应力为压应力(负值)。

(2)在数值上有如下规律：

①内壁周向应力有最大值，外壁处减至最小，内外壁周向应力之差等于内压值；

②径向应力内壁处等于内压值，随着半径的增加，径向应力绝对值逐渐减小，在外壁处等于 0；

③轴向应力为一常量，沿壁厚均匀分布，且为周向应力与径向应力和的一半。

(3)除轴向应力外，其他应力沿壁厚的不均匀程度与径比 K 值有关。

以周向应力为例，外壁与内壁处的周向应力之比为 $2/(K^2+1)$，K 值愈大不均匀程度愈严重。当内壁材料开始出现屈服时，外壁材料则没有达到屈服，因此厚壁筒体材料强度不能得到充分的利用。

后来，人们提出了自增强技术，以提高厚壁圆筒的承载能力。关于自增强圆筒的分析后续见其他章节。

厚壁圆筒受内外压的应力见表 9-1，应力分布见图 9-1。

表 9-1　厚壁圆筒受内外压的应力

各项应力	仅受内压			仅受外压		
	任意半径处	内壁处	外壁处	任意半径处	内壁处	外壁处
σ_r	$\frac{p_i}{K^2-1}\left(1-\frac{R_o^2}{r^2}\right)$	$-p_i$	0	$\frac{-p_o K^2}{K^2-1}\left(1-\frac{R_i^2}{r^2}\right)$	0	$-p_o$
σ_θ	$\frac{p_i}{K^2-1}\left(1+\frac{R_o^2}{r^2}\right)$	$p_i\left(\frac{K^2+1}{K^2-1}\right)$	$p_i\left(\frac{2}{K^2-1}\right)$	$\frac{-p_o K^2}{K^2-1}\left(1+\frac{R_i^2}{r^2}\right)$	$-p_o\left(\frac{2K^2}{K^2-1}\right)$	$-p_o\left(\frac{K^2+1}{K^2-1}\right)$
σ_z	$p_i\left(\frac{1}{K^2-1}\right)$			$-p_o\left(\frac{K^2}{K^2-1}\right)$		

ANSYS 分析应注意以下几点：

受内压作用厚壁圆筒，在同一半径处的任何圆周方向，应力是相同的，因此可用轴对称模型分析。常用的轴对称单元有四节点的 PLANE182 单元和八节点的 PLANE183 单元，轴对称设置应在单元选项中的单元行为修改成[Axisymmetric]，见图 9-2。第三强度相当应力 ANSYS 后处理为 Stress intensity，云图中的符号为 SINT。第四强度相当应力后处理为 von Mises stress，云图中的符号为 SEQV。

对于轴对称模型，三维结构及其载荷可由二维截面通过沿 Y 轴旋转 360°得到。轴对称模型具有如下特征：

(1)对称轴必须与总体 Y 轴重合；

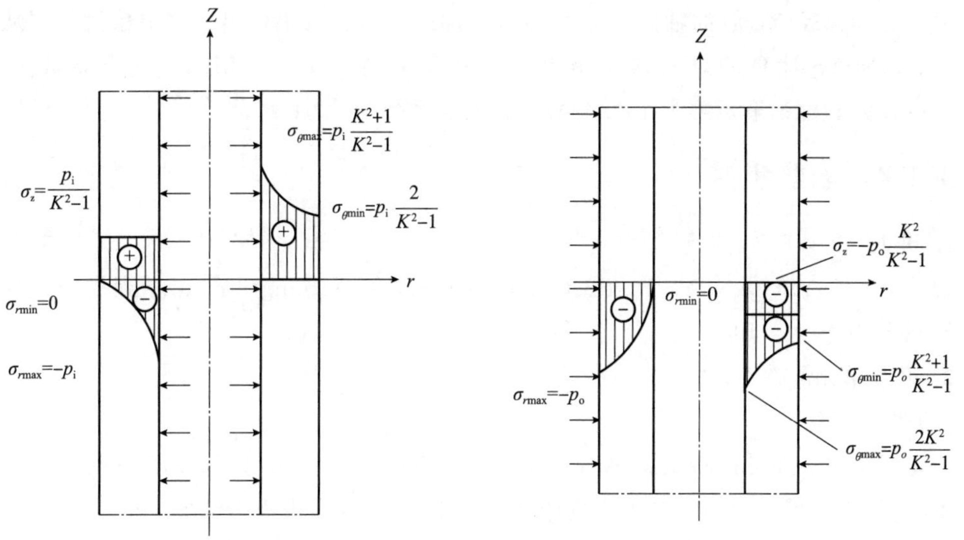

(a)仅受内压　　(b)仅受外压

图 9－1　厚壁圆筒受内外压的应力分布

(2)几何模型中，对称轴必须与总体 Y 轴重合，负的 X 坐标不允许。若有内径，应留出正的 X 坐标值；

(3)后处理中，结果位移和应力在结果直角坐标系下显示。X 方向为径向，Y 方向为轴向，Z 方向为周向(环向)；

(4)环向位移为零，环向应变和应力通常十分显著；

(5)用于压力容器、直管、轴等。

9.1.3　计算结果

表 9－2 给出了 ANSYS 计算结果与解析解对比，计算结果中的应力拉为正压为负。径向线的份数越多计算精度越高，PLANE183 比 PLANE182 的计算精度高。施加内压为 60MPa，当径向份数增多时，内径处径向应力会接近－60MPa。

表 9－2　ANSYS 计算结果与解析解对比

各向应力		径向位移	径向应力	周向应力	第三强度相当	第四强度相当
单元类型	径向份数	UX(1e-4mm)	SX/MPa	SZ/MPa	应力 SINT/MPa	应力 SEQV/MPa
PLANE182	4	4.268～1.562	－40.64～－0.71	58.66～10.85	99.30～11.57	86.62～10.04
	8	4.330～1.580	－48.70～－0.33	64.28～10.79	112.98～11.13	98.10～9.64
	12	4.342～1.584	－52.02～－0.22	66.32～10.76	118.34～10.98	102.62～9.51
	16	4.347～1.585	－53.83～－0.16	67.37～10.74	121.20～10.90	105.05～9.44
PLANE183	4	4.353～1.587	－54.02～0.11	64.68～10.55	118.70～10.44	102.80～9.04
	8	4.353～1.587	－57.90～0.02	68.56～10.64	126.46～10.62	109.52～9.20
	12	4.353～1.587	－58.93～0.01	69.60～10.66	128.54～10.65	111.32～9.22
	16	4.353～1.587	－59.36～0.01	70.03～10.66	129.39～10.66	112.05～9.23
解析解		4.433～1.867	－60～0	70.67～10.67	130.67～10.67	113.16～9.24

解析解和 ANSYS 解的轴向应力均为 5.33MPa，没在表中列出。表中数值范围从内径到外径。ANSYS 计算的第三强度相当应力精度最高为 129.39MPa，安全系数为 250/129.39=1.93。理论解析解为 130.67MPa，安全系数为 1.91。

9.1.4 求解步骤

1. 进入 ANSYS

程序→ANSYS→ANSYS Product Launcher→改变 working directory 到指定文件夹→在 job name 中输入：file。

2. 设置单元属性

(1)单元类型

①定义单元：Main Menu>Preprocessor>Element Type>Add/Edit/Delete→Add→选择 PLANE183 单元，即在左列表框中选择 Solid，在右列表框中选择 8 node 183→OK；

②设置单元选项：选中 PLANE183 单元→Option→K3 改成 Axisymmetric→OK→Close。见图 9-2。

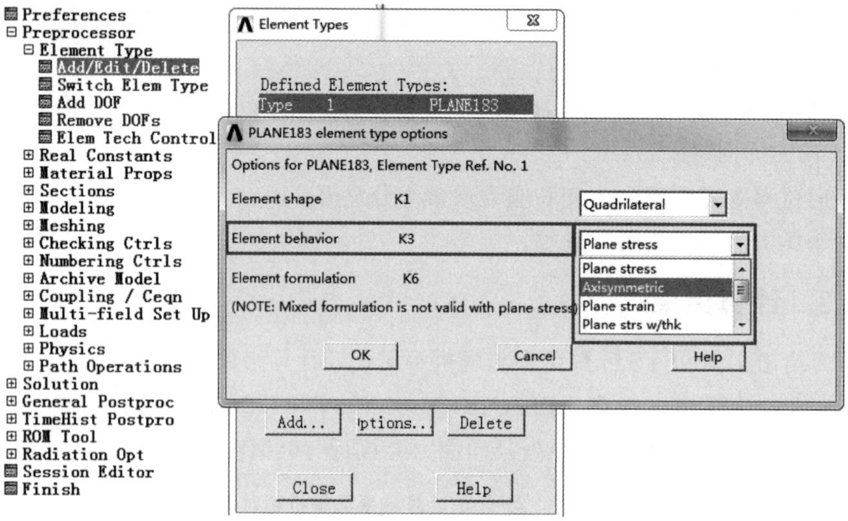

图 9-2 轴对称设置

(2)定义材料参数：Main Menu>Preprocessor>Material Props>Material Models→Structural→Linear→Elastic→Isotropic→EX：输入 2e5；PRXY：输入 0.3→OK。

3. 建立几何模型

创建几何面：Main Menu>Preprocessor>Modeling>Create>Areas>Rectangle>By Dimensions→X1，X2：分别输入 1，3.5；Y1，Y2：分别输入 1，10。轴对称模型必须在 X 和 Y 的正坐标创建(第一象限)。

4. 划分网格

(1)设置整体单元尺寸：Main Menu>Preprocessor>Meshing>Mesh Tool→在 Size Controls 下方选择 Global Set→SIZE：输入 0.5→OK。

(2)设置径向线的份数：

①按照线长，选择径向线：Utility Menu＞Select＞Entities→从上往下依次选择 Lines，By Length/Rad，By Length，输入 2.5，From Full→Apply→OK；

②显示线：Utility Menu＞Plot＞Lines；

③设置线的份数：Main Menu＞Preprocessor＞Meshing＞MeshTool→在 Size Controls 下方选 Lines：Set→Pick All→NDIV：输入 16→OK。径向线的份数对径向应力的影响很大。

(3)划分网格：Main Menu＞Preprocessor＞Meshing＞Mesh Tool→Mesh 中选择 Areas，Quad，Mapped→Mesh→拾取面 A1→OK。

5. 边界条件

(1)轴向下端约束轴向自由度

①显示节点：Utility Menu＞Plot＞Nodes；

②选择下端节点：Utility Menu＞Select＞Entities→从上往下依次选择 Nodes，By Location，Y coordinates，0，From Full→Apply→Replot→OK；

③下端约束轴向自由度，即 y 方向自由度：Main Menu＞Preprocessor＞Loads＞Define Loads＞Apply＞Structural＞Displacement＞On Nodes→Pick All→Lab2：UY→OK。

(2)上端施加轴向拉力

①选择上端节点：Utility Menu＞Select＞Entities→从上往下依次选择 Nodes，By Location，Y coordinates，10，From Full→Apply→Replot→OK；

②上端施加拉力：Main Menu＞Preprocessor＞Loads＞Define Loads＞Apply＞Structural＞Pressure＞On Nodes→Pick All→VALUE：输入－5.55→OK。施加的压力外载荷：负值表示拉力，单位 MPa。轴向拉力是由圆筒的两端封闭而产生的，通过理论公式求出。如果两端开口，圆筒无轴向拉力。

(3)施加载荷

①选择内表面节点：Utility Menu＞Select＞Entities→从上往下依次选择 Nodes，By Location，X Coordinates，1，From Full→Apply→Replot→OK；

②施加内压：Main Menu＞Preprocessor＞Loads＞Define Loads＞Apply＞Structural＞Pressure＞On Nodes→Pick All→VALUE：输入 60→OK。施加的压力外载荷：正值表示压力，单位 MPa。

(4)显示施加的边界条件

①选择所有：Utility Menu＞Select＞Everything；

②将施加的压力箭头打开：Utility Menu＞PlotCtrls＞Symbols→[/PBC]：选择“All Applied BCs”，[/PSF]Surface Load Symbols：选择 Pressures；Show pres and convert as：选择 Arrows→OK。

(5)求解前保存模型

Utility Menu＞File＞Save as→输入 Axisy _ load.db。

(6)求解

6. 求解

(1)求解前选择所有：Utility Menu>Select>Everything。务必选择所有，才能使所有节点和单元参与计算；

(2)求解：Main Menu>Solution>Solve>Current LS→关闭/SATUS Command 窗口→OK→[Sloution is done]：Close，完成求解计算；

(3)求解后保存模型：Utility Menu>File>Save as→输入 Axisy _ solve. db。

7. 后处理

后续出图，保存图片：Utility Menu>PlotCtrls>Hard Copy>To File…→命名→OK。

(1)径向位移云图

①轴对称扩展：Utility Menu>PlotCtrls>Style>Symmetry Expansion>2D Axi-Symmetric→选择¾ expansion→OK。轴对称扩展后调整视图，立体显示。

②径向位移云图：Main Menu>General Postproc>Plot Results>Contour Plot>Nodal Solu→Nodal Solution→DOF Solution→X-component of displacement(X 方向位移，径向位移)→OK。云图中的符号为 UX。

(2)云图显示应力分布

Main Menu>General Postproc>Plot Results>Contour Plot>Nodal Solu

①云图显示径向、轴向、周向应力：

→X-Component of stress→Apply。径向应力，云图中的符号为 SX；

→Y-Component of stress→Apply。轴向应力，云图中的符号为 SY；

→Z-Component of stress→Apply。周向应力，云图中的符号为 SZ。

②云图显示第 1、2、3 主应力：

→1st Principal stress→Apply。第 1 主应力，云图中的符号为 S1；

→2nd Principal stress→Apply。第 2 主应力，云图中的符号为 S2；

→3rd Principal stress→OK。第 3 主应力，云图中的符号为 S3。

③云图显示第三强度相当应力：→Stress intensity→Apply。云图中的符号为 SINT。

④云图显示第四强度相当应力：→von Mise stress→OK。云图中的符号为 SEQV。

(3)路径显示沿厚度的径向和环向应力曲线

①定义路径：Main Menu>General Postproc>Path Operations>Define Path>By Location→Name：P1→OK。

弹出的对话框中→输入第 1 点的坐标 NPT：输入 1；X，Y，Z：输入 1，0，0→OK→输入第 2 点的坐标 NPT：输入 2；X，Y，Z：输入 3.5，0，0→OK→Cancel。

②显示路径：Main Menu>General Postproc>Path Operations>Plot Paths。

③指定路径：Main Menu>General Postproc>Path Operations>Recall Path→P1→OK。

④映射路径数据：Main Menu>General Postproc>Path Operations>Map onto Path。

→映射径向应力到路径 Lab：P1 _ SX，Item，Comp：Stress，X-direction SX→Apply；

→映射环向应力到路径 Lab：P1 _ SZ，Item，Comp：Stress，Z-direction SZ→Apply；

→映射第三强度相当应力到路径 Lab：P1 _ SINT，Item，Comp：Stress，Intensity SINT→

Apply；

→映射第四强度相当到路径 Lab：P1 _ SEQV，Item，Comp：Stress，von Mise SEQV→OK。

⑤曲线显示：Main Menu>General Postproc>Path Operations>Plot Path Item>On Graph→P1 _ SX，P1 _ SZ，P1 _ SINT，P1 _ SEQV→OK。

缩放曲线：Utility Menu>PlotCtrls>Style>Graphs>Viewing Control→Viewing Control。

⑥列表显示：Main Menu>General Postproc>Path Operations>List Path Items→P1 _ SX，P1 _ SZ P1 _ SINT，P1 _ SEQV→OK→File>Save as→保存到工作目录文件夹。

9.1.5 命令流

```
Pi=60                                               ! 内压，MPa
Po=0                                                ! 内压，MPa
Ri=1                                                ! 内半径，mm
Ro=3.5                                              ! 外半径，mm
y1=10                                               ! 轴向长度，mm
Ex=2.0E5                                            ! 弹性模量
Miu=0.3                                             ! 泊松比
! ------------------------------------------------------------------------
Pyz=(Pi-Po)* Ro**2*Ri**2/(Ro**2-Ri**2)
Pz=(Pi* Ri**2-Po* Ro**2)/(Ro**2-Ri**2)              ! 轴向应力
Pxi=Pz-Pyz*(1/Ri**2)                                ! 径向应力 Ri
Pxo=Pz-Pyz*(1/Ro**2)                                ! 径向应力 Ro
Pyi=Pz+Pyz*(1/Ri**2)                                ! 环向应力 Ri
Pyo=Pz+Pyz*(1/Ro**2)                                ! 环向应力 Ro
! 径向位移 Ri
Uxi=(1-Miu)*Pz/Ex*Ri+(1+Miu)* Pyz /Ex*(1/Ri)
! 径向位移 Ro
Uxo=(1-Miu)*Pz/Ex*Ro+(1+Miu)* Pyz /Ex*(1/Ro)
s1=Pyi
s2=Pz
s3=Pxi
seqv4i=(s1-s2)**2+(s2-s3)**2+(s3-s1)**2
seqv4i=(0.5*seqv4i)**0.5
s1=Pyo
s2=Pz
s3=Pxo
seqv4o=(s1-s2)**2+(s2-s3)**2+(s3-s1)**2
seqv4o=(0.5*seqv4i)**0.5
! ------------------------------------------------------------------------
```

```
Pi=60                                   ! 内压，MPa
Po=0                                    ! 解压，MPa
Ri=1                                    ! 内半径，mm
Ro=3.5                                  ! 外半径，mm
yl=10                                   ! 轴向长度，mm
Ex=2.0E5                                ! 弹性模量
Miu=0.3                                 ! 泊松比
/PREP7
ET，1，PLANE183                         ! 单元类型
KEYOPT，1，3，1                         ! 轴对称
MP，EX，1，Ex                           ! 材料
MP，PRXY，1，Miu
RECTNG，Ri，Ro，0，yl                   ! 切面
ESIZE，0.5，0                           ! 总体单元尺寸 0.5mm
LPLOT
LESIZE，ALL,,，16,,,,，1                ! 径向份数
ALLSEL，ALL
MSHAPE，0，2D                           ! 0—四边形单元，1—三角形单元
MSHKEY，1                               ! 映射
AMESH，1                                ! 面划分网格
NSEL，S，LOC，Y，0                      ! 选择 y=0 的节点
D，ALL，UY                              ! 约束 uy
NSEL，S，LOC，Y，yl                     ! 选择 y=yl 的节点
SF，ALL，PRES，-Pz                      ! 轴向应力
NSEL，S，LOC，X，Ri                     ! 选择 x=Ri 的节点
SF，ALL，PRES，Pi                       ! 加内压 Pi
NSEL，S，LOC，X，Ro                     ! 选择 x=Ri 的节点
SF，ALL，PRES，Po                       ! 加内压 Pi
FINISH
/SOLU
ALLSEL，ALL                             ! 求解前务必选择所有
SOLVE
FINISH
/POST1
/UDOC，1，CNTR，LEFT                    ! 数据左侧显示
/GFORMAT，E，12，4，                    ! 数据格式
/EXPAND，27，AXIS,,，10                 ! 3/4
/VIEW，1，1，1，1
PLNSOL，U，X，0，1.0                    ! 径向位移
PLNSOL，S，X，0，1.0                    ! 径向应力
PLNSOL，S，Z，0，1.0                    ! 周向应力
PLNSOL，S，Y，0，1.0                    ! 轴向应力
```

```
PLNSOL, S, 1, 0, 1.0                          ! 第1主应力
PLNSOL, S, 2, 0, 1.0                          ! 第2主应力
PLNSOL, S, 3, 0, 1.0                          ! 第3主应力
PLNSOL, S, INT, 0, 1.0                        ! 第三强度相当应力
PLNSOL, S, EQV, 0, 1.0                        ! 第四强度相当应力
PATH, P1, 2,, 48                              ! 定义路径
PPATH, 1,, Ri, 0, 0                           ! 第1点
PPATH, 2,, Ro, 0, 0                           ! 第2点
PATH, P1                                      ! 指定路径
PDEF, P1_SX, S, X, AVG                        ! 径向应力
PDEF, P1_SZ, S, Z, AVG                        ! 环向应力
PDEF, P1_sint, S, INT, AVG                    ! 第三强度相当应力
PDEF, P1_seqv, S, EQV, AVG                    ! 第四强度相当应力
PLPATH, P1_SX, P1_SZ, P1_SINT, P1_SEQV        ! 应力曲线
```

9.2　薄壁圆筒的应力分析

压力容器通常是由板、壳等组合而成的焊接结构。常用的壳体分别是圆柱壳、球壳、椭球壳、锥形壳和由它们构成的组合壳。这些壳体多属于回转薄壳。

壳体是一种以两个曲面为界，且曲面之间的距离远比其他方向尺寸小得多的构件，两曲面之间的距离即是壳体的厚度，用 t 表示。与壳体两个曲面等距离的点所组成的曲面称为壳体的中面。按照厚度 t 与其中面曲率半径 R 的比值大小，壳体又可分为薄壳和厚壳。工程上一般把 $(t/R)_{max}\leqslant 1/10$ 的壳体归为薄壳，反之为厚壳。

对于圆柱壳体(又称圆筒)，若外直径与内直径的比值 $(D_o/D)_{max}\leqslant 1.1\sim 1.2$，则称为薄壁圆柱壳或薄壁圆筒；反之，则称为厚壁圆柱壳或厚壁圆筒。

不同形状的壳体，受载后的应力分布规律也各不相同。按照“先从特殊到一般，再从一般到特殊”的原则，首先分析薄壁圆筒，然后分析一般形状的回转壳体，最后再应用所得到的结论，去解决球壳、椭球壳以及锥形壳等其他各种形状薄壁壳体的应力分析问题。

在薄壳应力分析中，假设：(1)壳体材料连续、均匀、各向同性；(2)受载后的变形是弹性小变形；(3)壳壁各层纤维在变形后互不挤压。

9.2.1　问题描述

一个薄壁压力容器，壳体中面直径 $D=1.2\text{m}$，壁厚 $\delta=10\text{mm}$。内压 $p=2\text{MPa}$。弹性模量 $E=210\text{GPa}$，泊松比 $\mu=0.3$。计算该薄壁圆筒上的应力，见图9-3。

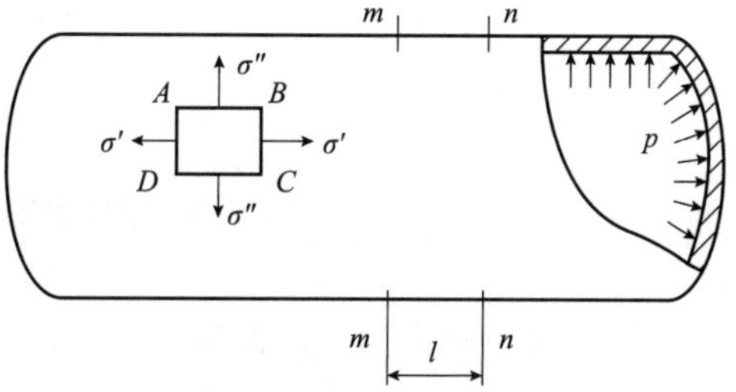

图9-3　薄壁圆筒在内压作用下的应力

9.2.2　无力矩理论

工程上普遍采用的薄壁压力容器几何形

状主要由轴对称壳体如圆柱形、球形、圆锥形、椭圆形和蝶形等壳体组成的薄壁壳，薄壁容器是指壳体外径与内径之比≤1.2(D_o/D_i≤1.2)的容器。

在薄壁容器中，由于壁很薄，故假设壳体截面无法承受弯矩，只存在拉应力或压应力，而没有弯曲应力。这种假设是近似的，但是可行的，这样使薄壁容器计算大为简化。实践证明，这种简化的计算结果完全能够满足工程上的要求。

按照这种假设设计容器的理论称为薄壁容器理论或无力矩理论。薄壁理论或无力矩理论假设在壁厚方向上的应力，即径向应力忽略不计，只考虑壳体中面的应力和变形，由此计算得出的应力为薄膜应力或一次应力。必须指出的是，应用薄壁时，需要满足曲面几何形状对称、壳体壁厚无突变、壳体曲率半径变化连续、壳体曲面上载荷分布对称并连续、壳体材料物理性能相同(各向同性)等要求。

化工、炼油和核电等行业中储存、换热、反应、分离设备以及锅炉汽包均由两端的封头和作为主体的薄壁圆筒组成。

根据材料力学的分析方法，薄壁圆筒在均匀内压 p 作用下，圆筒壁上任意一点将产生两个方向的应力：一是由于内压作用于封头上而产生的轴向拉应力，称为经向应力或轴向应力，用 σ_φ 表示；二是由于内压作用使圆筒均匀向外膨胀，在圆周的切线方向产生的拉应力，称为周向应力或环向应力，用 σ_θ 表示。除上述两个应力分量外，器壁中沿壁厚方向还存在着径向应力 σ_r，但它相对于 σ_φ 要小得多，所以在薄壁圆筒中不予考虑。

于是，可以认为圆筒上任意一点处于二向应力状态，在图 9-4 中。$\sigma'=\sigma_\varphi$，$\sigma''=\sigma_\theta$。

径向应力(轴向应力)和周向应力(环向应力)的计算：

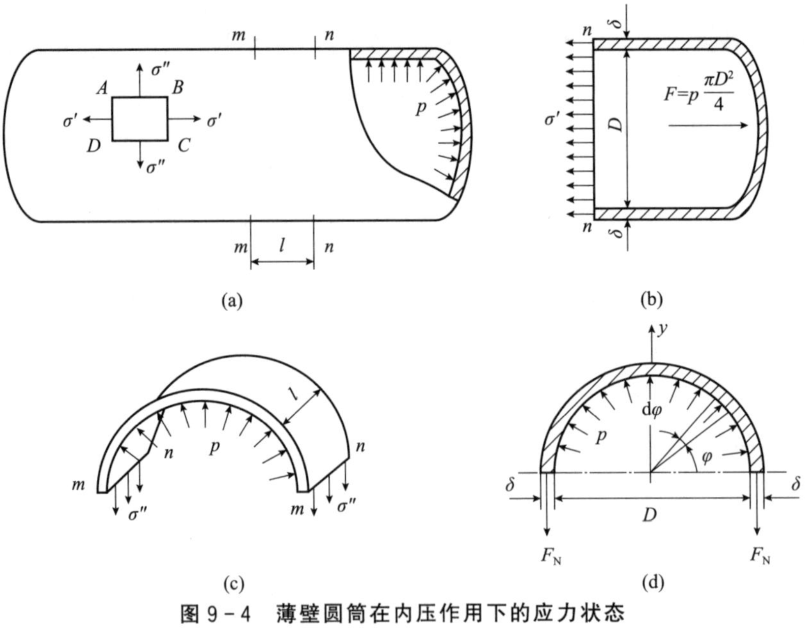

图 9-4 薄壁圆筒在内压作用下的应力状态

水平方向，根据力平衡关系(采用截面法)：$p\cdot\dfrac{\pi}{4}D^2=\sigma_\varphi\cdot\pi D\delta$；

得径向应力(轴向应力)为：$\sigma_\varphi=\dfrac{pD}{4\delta}$。

圆周方向，通过积分求出在 y 方向的投影的总和为 $\int_0^{\pi} pl \cdot \frac{D}{2}\sin\varphi d\varphi = plD$ 根据平衡关系：$\sigma_\theta \cdot 2\delta l = plD$，得周向应力(环向应力)为：$\sigma_\theta = \frac{pD}{2\delta}$。

由此可见，薄壁圆筒的环向应力是轴向应力的两倍。第 1 主应力 $\sigma_1 = \sigma_\theta = \frac{pD}{2\delta}$；第 2 主应力 $\sigma_2 = \sigma_\varphi = \frac{pD}{4\delta}$，在第 3 个方向上，有作用于内壁的内压 p 和作用于外壁的大气压，他们都远小于 σ_1 和 σ_2，可以认为等于 0，于是得到了二向应力状态，这是最有实用意义的情况。

9.2.3　与解析解对比

表 9－3 给出了薄壁圆筒计算结果对比，由此可见，径向应力远小于环向应力和轴向应力，可以忽略不计。环向应力是轴向应力的两倍，解析解和数值解十分吻合。

表 9－3　薄壁圆筒计算结果对比

应力方向	解析解公式	解析解/MPa	数值解/MPa
径向应力	p	2	2.1
环向应力	$\sigma_\theta = \frac{pD}{2\delta}$	120	119.69
轴向应力	$\sigma_\varphi = \frac{pD}{4\delta}$	60	60

9.2.4　主要操作步骤

采用 ANSYS 经典版，进行主要步骤说明，重点要掌握壳单元各种压力的施加方法。

(1)选取任意轴向长度。因为是轴对称问题，选取任意圆周角度。本算例选取轴向长度为两倍直径，角度为 90°，在柱坐标系下 180°～270°建模。

(2)将薄壁圆筒离散成四节点的 SHELL181 或八节点的 SHELL281 壳单元，将单元刚度设置成只考虑薄膜应力，图 9－5。在低版本中专门有只考虑薄膜应力的薄膜单元，单元类型是 SHELL41。在高版本中，没有了 SHELL41 单元。统一到 SHELL181 和 SHELL281 单元中。

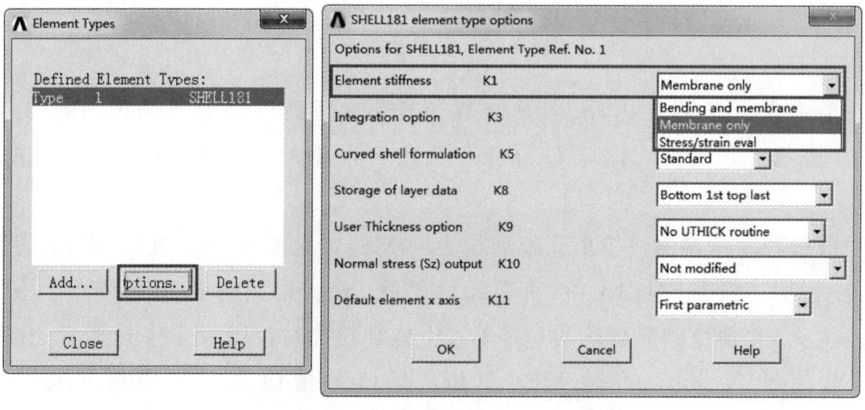

图 9－5　定义壳单元并设置成薄膜应力

(3)定义壳单元的厚度，见图 9－6。低版本薄膜单元 SHELL41 通过实常数定义壳单元厚度，高版本的 SHELL181 和 SHELL281 单元通过截面定义壳单元的厚度。

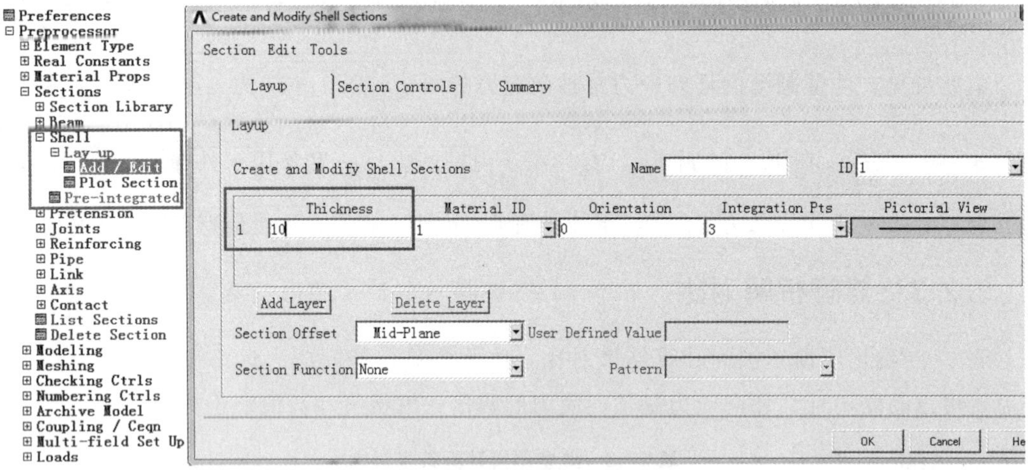

图 9－6 定义壳单元的厚度

(4)将节点坐标系转换到柱坐标系，耦合所有节点的径向 UX 自由度。薄壁圆筒底端约束 UZ 自由度，顶端耦合 UZ 自由度。约束所有节点环向 UY 自由度。见图 9－7。

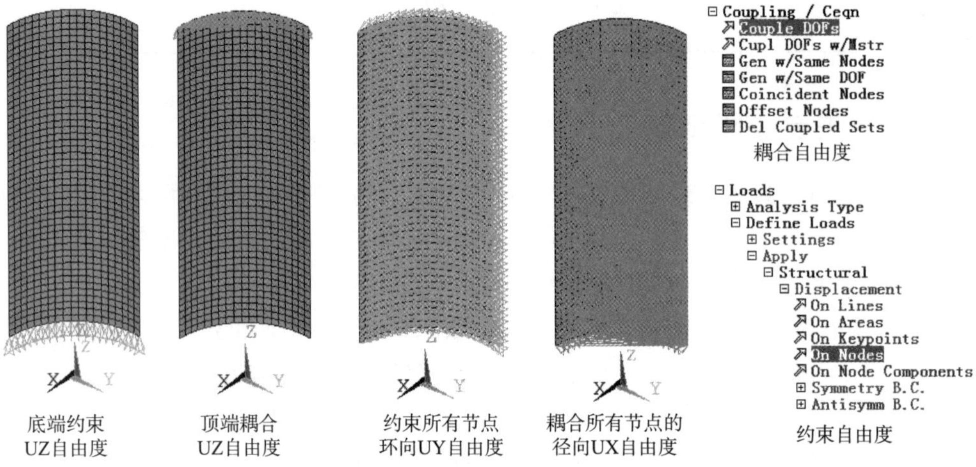

图 9－7 位移边界条件

(5)在所有单元上施加内压 2MPa。在 ANSYS 帮助中查看 SHELL181 说明，根据 SHELL181 壳单元示意图，内压 Load key 为①，在单元施加压力时，Load key 输入 1，见图 9－8。

(6)在薄壁圆筒顶端的一排单元施加拉力 60MPa，见图 9－9。在 ANSYS 帮助中查看 SHELL181 说明，根据 SHELL181 壳单元示意图，在壳单元的 K 和 L 节点上施加拉力的 Load key 为⑤。在薄壁圆筒顶端的一排单元上施加拉力时，Load key 选择 5。施加的拉力为负值，单位是 N/mm，不是 MPa 单位，具体数值应为 －60MPa ＊ 10mm ＝ 60 ＊ 10N/mm。

(7)后处理时，将结果坐标系转换到结果柱坐标系，结果柱坐标系 X 为径向、Y 为环向，Z 为轴向。

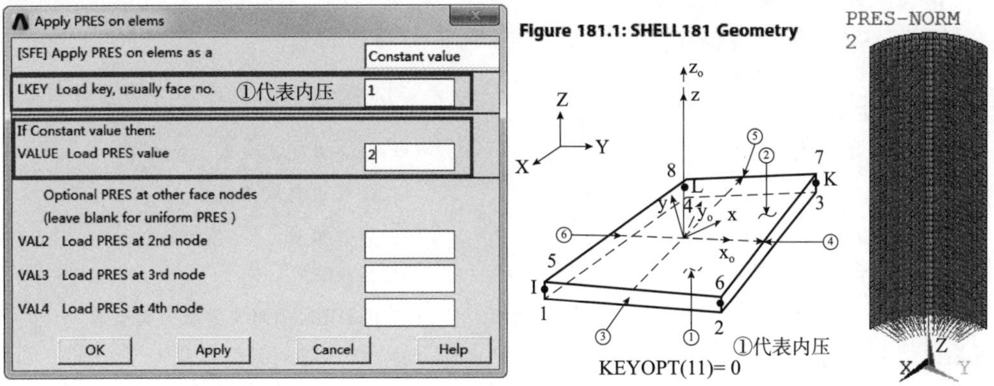

图 9-8　壳单元施加内压

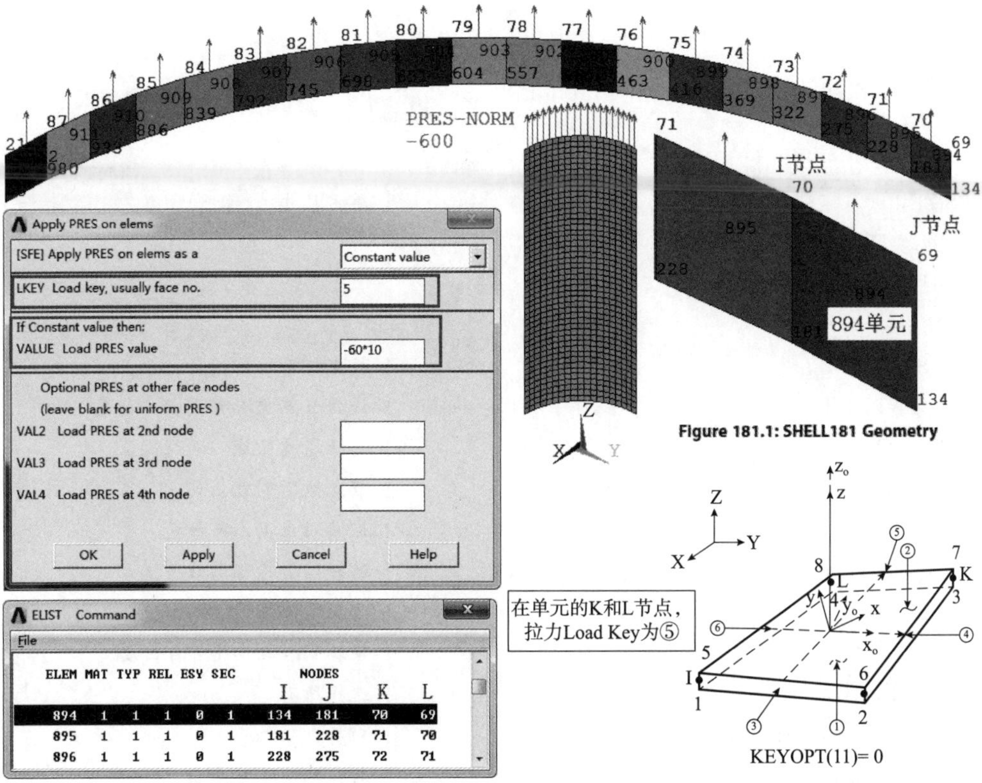

图 9-9　壳单元施加拉力

9.2.5　命令流

```
p1=2                                    ! 内压
D1=1200                                 ! 直径
```

```
t1=10                                       ! 壁厚
Sy1=p1 * D1/(2 * t1)                        ! 环向应力
Sz1=p1 * D1/(4 * t1)                        ! 径向应力(轴向应力)
! ----------------------------------------------------------------
/PREP7
ET, 1, SHELL181                             ! 壳单元
! ET, 1, SHELL41                            ! 该壳单元高版本已没有了
KEYOPT, 1, 1, 1                             ! 设置成只有薄膜应力
MP, EX, 1, 2e5                              ! 弹性模量
MP, NUXY, 1, 0.3                            ! 泊松比
! R, 1, t1                                  ! SHELL41 用实常数定义壁厚
sect, 1, shell,,
secdata, 10, 1, 0.0, 3                      ! SHELL181 用截面定义壁厚
secoffset, MID
seccontrol,,,,,,,
CYLIND, D1/2,, 0, 2 * D1, 180, 270,
/VIEW, 1, 1, 1, 1                           ! 视图
/VUP, 1, Z
/REPLOT
ESIZE, 50, 0,                               ! 单元尺寸
MSHAPE, 0, 2D
MSHKEY, 1
AMESH, 3
CSYS, 1                                     ! 柱坐标系
NROTAT, ALL                                 ! 旋转节点坐标系到柱坐标系
LSEL, S,,, 3                                ! 选择底端的线
NSLL, S, 1                                  ! 节点依附到线上
D, ALL, UZ                                  ! 底端约束 UZ 自由度
LSEL, S,,, 4                                ! 选择圆筒顶端的线
NSLL, S, 1                                  ! 选择依附在线上的节点
CP, 2, UZ, ALL                              ! 顶端耦合轴向 UZ 自由度
ALLSEL, ALL                                 ! 选择所有
SFE, all, 1, PRES,, p1                      ! 内压, MPa
D, ALL, UY                                  ! 约束环向 UY 自由度
CP, 1, UX, all                              ! 耦合径向 UX 自由度
LSEL, S,,, 4                                ! 选择圆筒顶端的线
NSLL, S, 1                                  ! 选择依附在线上的节点
ESLN, S                                     ! 选择依附在节点上的单元
ALLSEL, BELOW, ELEM                         ! 单元之下
elist, all,,, 0, 0                          ! 单元列表, 查看单元的 IJKL 节点
```

```
SFE，all，5，PRES，，－Sz1 * t1                    ！轴向拉力，N/mm
FINISH
/SOLU
ALLSEL，ALL
SOLVE
FINISH
/POST1
RSYS，1                                            ！结果柱坐标系
PLNSOL，S，X，0，1.0                               ！径向应力
PLNSOL，S，Y，0，1.0                               ！环向应力
PLNSOL，S，Z，0，1.0                               ！轴向应力
```

9.3　薄壁球壳的应力分析

9.3.1　问题描述

薄壁球壳，球体直径 $D=1200$mm，壁厚 $\delta=10$mm，内压 $p=2$MPa，弹性模量 $E=200$GPa，泊松比 $\mu=0.3$，计算薄壁球壳上的应力。

9.3.2　与解析解对比

经向应力(轴向应力)σ_φ 和周向应力(环向应力)σ_θ 的计算：

$$\sigma_\varphi=\sigma_\theta=\frac{pD}{4\delta}$$

ANSYS 经典版分析中的注意事项。

(1)因为是回转薄壳，根据对称性，选取任意圆周角度。本算例选取¼球壳建模，角度为 90°，在球坐标系下 180°～270°建模。

(2)将薄壁圆筒离散成 4 节点的 SHELL181 或 8 节点的 SHELL281 壳单元，将单元刚度设置成只考虑薄膜应力。

(3)边界条件：将节点坐标系转换到球坐标系，设置图 9－10 所示的位移边界。

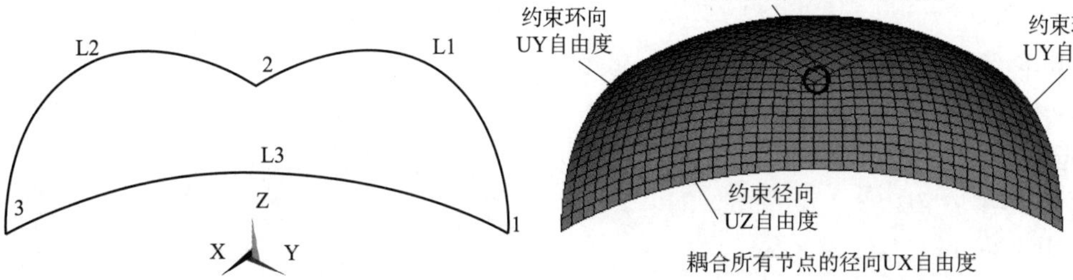

图 9－10　位移边界条件

①耦合所有节点的径向 UX 自由度；②模型底端线 L3 的节点约束经向 UZ 自由度；

③两侧边线 L1 和 L2 的节点约束环向 UY 自由度；④尖角处的节点同时约束 UZ 和 UY 自由度。

(4)在所有单元上施加内压 2MPa。根据 SHELL41 薄膜单元示意图，内压 Load key 为①，在单元施加压力时，Load key 选择 1。

在所有单元上施加内压 2MPa。在 ANSYS 帮助中查看 SHELL181 说明，根据 SHELL181 壳单元示意图，内压 Load key 为①，在单元施加压力时，Load key 输入 1，VALUE 输入 2。

(5)后处理时，将结果坐标系转换到结果球坐标系，结果球坐标系 X 为径向、Y 为环向，Z 为轴向。

(6)计算结果：ANSYS 数值解结果径向应力(轴向应力)为 59.97MPa，周向应力(环向应力)为 59.97MPa。解析解结果均为 60MPa，ANSYS 数值解和解析解结果吻合很好。

9.3.3 命令流

```
p1=2                                        ! 内压
D1=1200                                     ! 直径
t1=10                                       ! 壁厚
Sy1=p1*D1/(4*t1)                            ! 纬向应力
Sz1=p1*D1/(4*t1)                            ! 经向应力
/PREP7
ET,1,SHELL181                               ! 壳单元
KEYOPT,1,1,1                                ! 薄膜
MP,EX,1,2e5                                 ! 弹性模量
MP,NUXY,1,0.3
sect,1,shell,,                              ! 壁厚
secdata,t1,1,0.0,3
secoffset,MID
seccontrol,,,,,,,
/VUP,1,Z                                    ! Z 轴方向冲上
/VIEW,1,1,1,1
SPHERE,D1/2,,180,270,                       ! 创建体
VSBW,1                                      ! 分割体
VDELE,2,,,1                                 ! 删除体
NUMCMP,ALL                                  ! 压缩编号
ESIZE,25,0,                                 ! 单元尺寸
MSHAPE,0,2D
MSHKEY,1
AMESH,2                                     ! 划分面网格
CSYS,2                                      ! 球坐标系
NROTAT,ALL                                  ! 旋转节点坐标系到球坐标系
```

```
LSEL, S,,, 3                    ! 底端约束径向 UZ 自由度
NSLL, S, 1
D, ALL, UZ
LSEL, S,,, 1
LSEL, A,,, 2
NSLL, S, 1
D, ALL, UY                      ! 约束环向 UY 自由度
D, 2, UY                        ! 尖点约束 UY 自由度
D, 2, UZ                        ! 尖点约束 UZ 自由度
ALLSEL, ALL
SFE, ALL, 1, PRES,, p1          ! 内压, MPa
CP, 1, UX, all                  ! 耦合径向 UX 自由度
FINISH
/SOLU
ALLSEL, ALL
SOLVE                           ! 求解
FINISH
/POST1
RSYS, 2                         ! 结果球坐标系
PLNSOL, S, Y, 0, 1.0            ! 周向(环向)应力
PLNSOL, S, Z, 0, 1.0            ! 径向应力
```

9.4　椭球形薄壳应力分析

旋转椭圆形球面母线的长、短轴之比为 2.0 的椭圆形封头，习惯上称为标准椭圆形封头。椭圆封头的力学性能仅次于半球封头，但优于碟形封头。由于椭圆封头的深度介于半球形和碟形封头之间，对冲压设备及模具的要求、制造难度亦介于两者之间，即比半球封头容易，比碟形封头困难。近年来由于采用旋压制造工艺，为制造大直径椭圆形封头带来了方便。椭圆封头因综合性能较好，被广泛用于中低压容器。

9.4.1　问题描述

一个椭球形薄壳，椭球长轴 $a=600$mm，短轴 $b=300$mm，壁厚 $t=10$mm。内压 $p=2$MPa。弹性模量 $E=200$GPa，泊松比 $\mu=0.3$。计算椭球形薄壳上的应力。

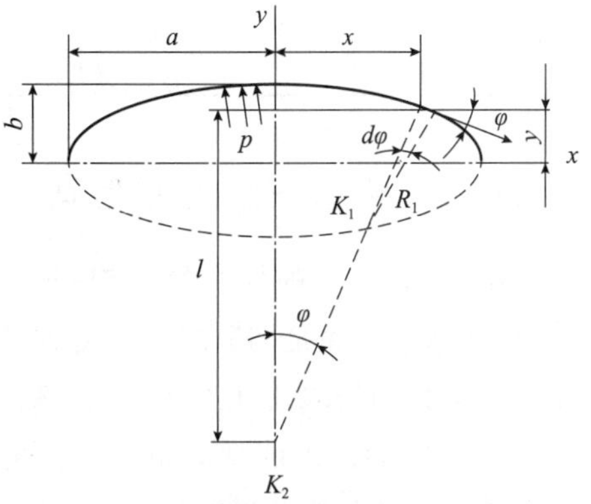

图 9 - 11　椭球壳体的尺寸

9.4.2　与解析解对比

承受内压 p 的椭球壳的几何尺寸见图 9 - 11，已知椭圆曲线方程为：

$$\frac{x^2}{a^2}+\frac{y^2}{b^2}=1$$

计算椭球薄膜应力的方程式为：

$$\sigma_\varphi=\frac{p}{2\delta}\frac{[a^4-x^2(a^2-b^2)]^{1/2}}{b}\qquad \sigma_\theta=\sigma_\varphi\cdot\left[2-\frac{a^4}{a^4-x^2(a^2-b^2)}\right]$$

以上这个方程式是由胡金伯格(Huggenberger)在 1925 年首先导出的，故又称为胡金伯格方程。从胡金伯格方程可以看出：

(1)椭球壳上各点的应力是不等的，它与各点的坐标有关，在壳体顶 $\sigma_\varphi=\frac{pa}{2\delta}$点处($x=0$，$y=b$)，$\sigma_\varphi=\sigma_\theta=\frac{pa^2}{2b\delta}$；在壳体赤道上($x=a$，$y=0$)，$\sigma_\theta=\frac{pa}{\delta}\left(1-\frac{a^2}{2b^2}\right)$；

(2)椭球壳应力的大小除与内压 p、壁厚有关外，还与长轴与短轴之比 a/b 有很大关系。当 $a=b$ 时，椭球壳变成球壳，这时最大应力为 $\sigma_\theta=\frac{pD}{4\delta}$。随着长轴与短轴之比 a/b 值的增大，椭球壳中应力也在增大。

(3)椭球壳承受均匀内压时，在任何 a/b 值下，σ_φ 恒为正值，即拉伸应力，且由顶点处最大值向赤道逐渐递减至最小值，当 $a/b>\sqrt{2}$时，应力将变号，σ_θ 即从拉应力变为压应力；随着周向压应力增大，在大直径薄壁椭圆形封头中会出现局部屈曲；这个现象应采用整体或局部增加厚度、局部采用环状加强构件等措施加以预防。

(4)工程上常用标准椭圆形封头，其 $a/b=2$ 此时的数值在 σ_θ 顶点处和赤道处大小相等但符号相反，即顶点处为 pa/δ，赤道上为 $-pa/\delta$，而恒 σ_φ 是拉伸应力，在顶点处达最大值为 pa/δ。

表 9-4 给出了椭球形薄壳计算结果对比，由此可见，ANSYS 数值解与解析解吻合很好。

表 9-4　椭球形薄壳计算结果对比

位置	经向应力 σ_φ			纬向应力 σ_θ		
	公式	解析解	ANSYS 数值解	公式	解析解	ANSYS 数值解
顶点处($x=0$)	$\sigma_\varphi=\frac{pa^2}{2b\delta}$	120	120.3	$\sigma_\theta=\frac{pa^2}{2b\delta}$	120	120.3
赤道上($x=a$)	$\sigma_\varphi=\frac{pa}{2\delta}$	59.9	60	$\sigma_\theta=\frac{pa}{\delta}\left(1-\frac{a^2}{2b^2}\right)$	−120.2	−120

9.4.3　查看主应力的方向

采用 ANSYS，进行主要步骤说明，重点要掌握查看主应力的方向。

(1)椭球形薄壳是四分之一椭圆曲线绕一固定轴旋转而成。根据对称性，选取任意圆周角度。本算例选取角度为 90°，在椭圆坐标系下建模。

(2)采用 SHELL41 薄膜单元，也叫作膜单元。该单元仅有面内膜刚度而无面外弯曲刚度，该单元的每个节点有三个自由度，即沿节点坐标系 X、Y 和 Z 方向的平动位移。

(3)根据对称性，对所有线 L1、L2 和 L3 施加对称约束。

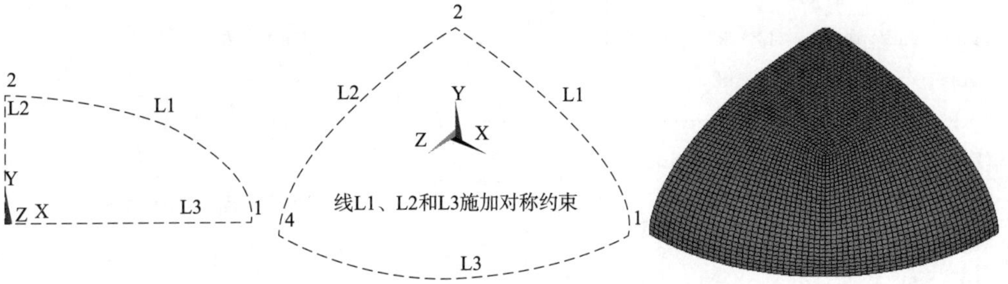

图 9－12　椭球形薄壳四分之一几何体和网格

(4)在所有单元上施加内压 2MPa。根据 SHELL41 薄膜单元示意图，内压 Load key 为①，在单元施加压力时，Load key 选择 1。

(5)后处理时，首先查看主应力的方向，再出第一主应力、第二主应力、第三主应力云图。查看主应力的方向命令为 PLVECT，S，，，，VECT，ELEM，ON，0。GUI 路径 Main Menu>General Postproc>Plot Results>Vector Plot>Predefined。图 9－13 给出了椭球形薄壳主应力方向，从图 9－13(a)可以看出，在椭球形薄壳顶点，第一主应力为经向应力，第二主应力为纬向应力；在赤道上，第一主应力为经向应力，第三主应力为纬向应力。

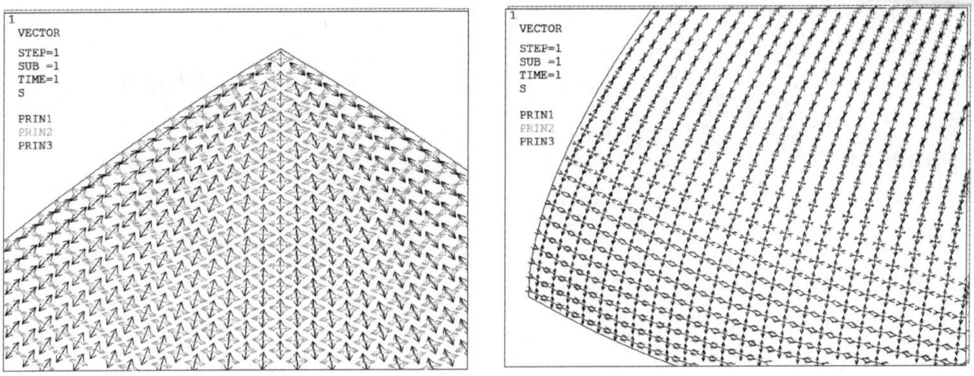

(a)顶点位置　　(b)赤道位置

图 9－13　椭球形薄壳主应力方向

9.4.4　命令流

```
p1=2                  ! 内压
D1=1200               ! 直径
t1=10                 ! 壁厚
k_ab=2                ! 长轴与短轴的比值
a1=D1/2               ! 长轴
b1=a1/k_ab            ! 短轴
x1=a1                 ! 0/a1
```

```
k1=a1**4-x1**2*(a1**2-b1**2)
k2=2-a1**4/k1
sigma_fai=p1/(2*t1)*k1**0.5/b1                    ! 经向应力
sigma_eta=sigma_fai*k2                            ! 环向应力
! ------------------------------------------------------------------------
/PREP7
ET, 1, SHELL41                                    ! 薄膜单元，也叫作膜单元
MP, EX, 1, 2e5                                    ! 弹性模量
MP, NUXY, 1, 0.3
R, 1, t1                                          ! 壁厚
CSWPLA, 11, 1, 1/k_ab, 1,                         ! 椭圆坐标系 11
CSYS, 11,                                         ! 活动坐标系 11
K, 1, a1, 0,,                                     ! 创建点
K, 2, a1, 90,,
K, 3, 0, 0,,
L, 1, 2                                           ! 连线
FLST, 2, 1, 4, ORDE, 1
FITEM, 2, 1
FLST, 8, 2, 3
FITEM, 8, 2
FITEM, 8, 3
AROTAT, P51X,,,,,, P51X,, 90, 1,                  ! 旋转线生成椭球面
ESIZE, 15, 0,                                     ! 单元尺寸
MSHAPE, 0, 2D
MSHKEY, 1
AMESH, 1                                          ! 划分面网格
ALLSEL, ALL
SFE, all, 2, PRES,, p1                            ! 内压，MPa
DL, all,, SYMM                                    ! 施加约束
FINISH
/SOLU
ALLSEL, ALL
SOLVE                                             ! 求解
FINISH
/POST1                                            ! 进入后处理
PLVECT, S,,,, VECT, ELEM, ON, 0                   ! 查看主应力的方向
PLNSOL, S, 1, 0, 1.0                              ! 第 1 主应力
PLNSOL, S, 2, 0, 1.0                              ! 第 2 主应力
PLNSOL, S, 3, 0, 1.0                              ! 第 3 主应力
```

第 10 章　典型薄壳结构屈曲分析

10.1　概述

屈曲分析是一种用于确定结构开始变得不稳定时的临界载荷和屈曲模态形状的技术。ANSYS 提供了非线性屈曲分析和特征值(线性)屈曲分析两种方法，特征值屈曲分析即传统的弹性屈曲分析方法，非线性屈曲分析方法比特征值屈曲分析更精确，是实际中更常用的方法。

10.2　特征值屈曲分析过程

10.2.1　建立模型

建模过程与其他分析相似，包括定义单元类型、定义单元实常数、定义材料特性、建立几何模型和划分网格等。但需注意的是：必须定义材料的弹性模量或某种形式的刚度；另外，特征值屈曲分析属于线性分析，非线性特性将被忽略。

10.2.2　获得静力学解

过程与一般的静力学分析一致，但需注意的是：必须打开预应力效果选项，因为该分析需要计算应力刚度矩阵；通常需要为结构施加一个单位载荷，由屈曲分析计算出的特征值即为屈曲载荷(临界载荷)，在求解结束后要退出求解器。

10.2.3　获得特征值屈曲解

获得特征值屈曲解的步骤如下：

(1)设置分析类型：Main Menu＞Solution＞Analysis Type＞New Analysis 命令，弹出 New Analysis 对话框。选择分析类型为 Eigen Buckling；

(2)指定分析选项：Main Menu＞Solution＞Analysis Type＞Analysis Options 命令，选择特征值提取方法(Method)为 Block Lanczos，提取的特征数目(NMODE)为 1；

(3)定义载荷步选项：Main Menu＞Solution＞Load Step Opts＞Output Ctrls＞Solu Printout，如果要查看屈曲模态形状，需扩展模态，Main Menu＞Solution＞Load Step

Opts>Expansionpass>Single Expand>Expand modes，选择 NMODE 为 1；

(4)求解：Main Menu>Solution>Solve>Current LS。

10.2.4 查看结果

ANSYS 屈曲扩展过程的结果有：屈曲载荷系数、屈曲模态形状、相对应力分布等。

查看结果使用 POST1 后处理器。显示屈曲载荷系数，Main Menu>General Postproc>Results Summary。因为在结果文件中，每个模态都作为一个子步骤进行保存。所以要观察屈曲模态形状，必须将相应的模态读入，通常是第一个模态，Main Menu>General Postproc>Read Results>First Set；显示屈曲模态形状，Main Menu>General Postproc>Plot Results>Deformed Shape。

10.3 非线性屈曲分析过程

10.3.1 建立模型

建模过程与其他分析相似，包括定义单元类型、定义单元实常数、定义材料特性、建立几何模型和划分网格等。

10.3.2 求解

进入求解器，指定分析类型，指定分析选项；激活大变形效应，激活应力刚化效应，指定完全牛顿-拉普森选项，打开自适应下降选项；施加载荷。施加的载荷应比预测值高10%～20%，定义载荷步选项，设置弦长法，求解。

10.3.3 查看结果

10.4 圆柱壳的轴向受压屈曲分析

10.4.1 问题描述

一个圆柱壳，圆柱壳的长度 $l=120$mm，半径 $r=50$mm，厚度 $\delta=0.5$mm。弹性模量 $E=200$MPa，泊松比 $\mu=0.4$。计算该圆柱壳的临界轴向压力。

10.4.2 问题分析

图 10－1 所示为圆柱壳在临界轴向压力 F_{cr} 作用下，壳壁失稳时变成波纹状的情况。图中虚线代表失稳前的圆筒，壳壁发生弹性失稳时临界应力 $\delta_{cr}=F_{cr}/2\pi r\delta$($\delta$ 为圆柱壳厚度)的表达式为：

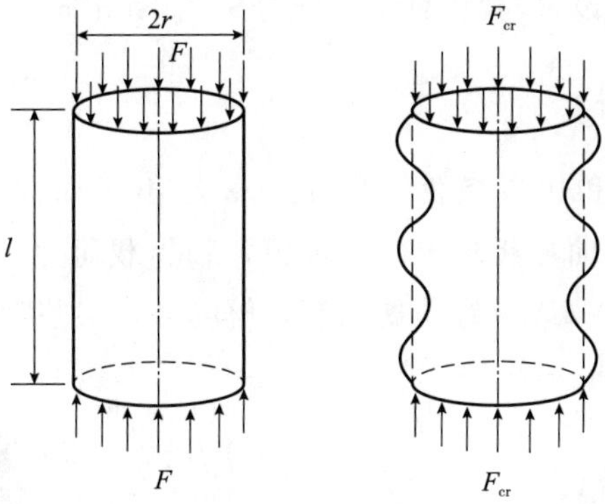

图 10－1 圆柱壳的轴向受压屈曲

$$\begin{cases} \sigma_{cr}=\dfrac{F_{cr}}{2\pi r\delta}=D\left(\dfrac{m^2\pi^2}{\delta l^2}+\dfrac{E}{r^2D}\dfrac{l^2}{m^2\pi^2}\right) \\ D=\dfrac{E\delta^3}{12(1-\mu^2)} \end{cases} \tag{10-1}$$

式中 D——每单位周长壳壁面的弯曲刚度；

l——圆柱壳的长度：

$2r$——圆柱壳中面的直径；

m——壳壁失稳时出现的半波个数。

例如图 10－1 中 $m=5$，若 σ_{cr}为 $m\pi/l$ 的连续函数，则 σ_{cr}的最小值为：

$$\sigma_{cr}=\frac{1}{\sqrt{3}}\frac{E}{\sqrt{1-\mu^2}}\frac{\delta}{r} \tag{10-2}$$

这种情况出现在 $l/m\approx1.72\sqrt{r\delta}$时。如果 l/m 大于或小于 $1.72\sqrt{r\delta}$，则临界应力 σ_{cr}均按照式(10－1)计算。因此，σ_{cr}的表达式(10－2)可看作是图 10－1 所示圆柱壳临界应力的下限。

建模计算时，选用壳体单元计算，将圆柱壳的两端处理成铰支约束，在图 10－1 所示圆柱壳的下端约束三个方向的平动自由度，在上端约束横向平动自由度，轴向施加单位压力 1MPa，进行特征值屈曲分析。

采用 ANSYS 经典版计算，说明如下。

(1)圆柱壳结构选用 4 节点的 SHELL181 或 8 节点的 SHELL281 壳单元，在单元类型【Option】中的单元刚度同时考虑弯曲和薄膜刚度，在截面中定义壳单元的厚度。

(2)圆柱壳的下端约束壳单元的 UX、UY 和 UZ 自由度，在上端约束 UX 和 UZ 自由度。本算例采用 N、mm 和 MPa 单位制，在轴向施加单位压力时，由于壳单元轴向压力的单位是 N/mm，将轴向压力 1MPa 转换成 N/mm，施加的具体数值为 1MPa×0.5mm 的壁厚＝0.5N/mm。

(3)在 ANSYS 帮助中查看 SHELL181 说明，根据 SHELL181 壳单元示意图，在壳单元的 K 和 L 节点上施加拉力的 Load key 为⑤。在薄壁圆筒顶端的一排单元上施加拉力时，Load key 选择 5，施加的具体数值为 0.5，单位 N/mm。

(4)特征值屈曲分析的设置与“压杆的屈曲分析”算例相同。

10.4.3 计算结果

图10-2给出了单元和边界条件，图10-3给出了屈曲模态和临界载荷，图中的FACT=1.264是特征值屈曲分析求出的特征值，临界载荷为1MPa×1.264=1.264MPa，解析解的临界载荷是1.260MPa，数值解与解析解吻合，误差为0.3%。

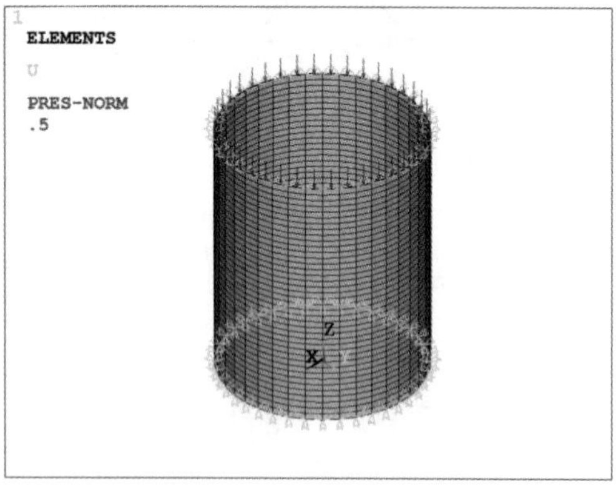

图10-2 单元和边界条件

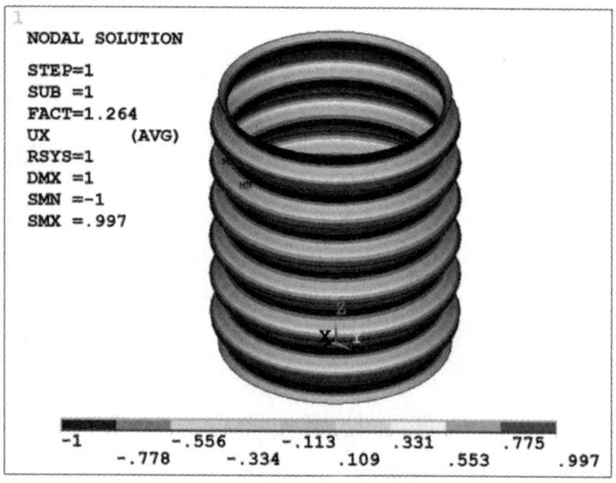

图10-3 屈曲模态和临界载荷

10.4.4 命令流

```
L1=120                                        ！圆柱壳长度
R1=50                                         ！圆柱壳半径
t1=0.5                                        ！圆柱壳壁厚
E1=200                                        ！弹性模量
Miu=0.4                                       ！泊松比
k1=3*(1-Miu**2)
Scr=(t1/R1)*E1/k1**0.5                        ！临界压力
!-----------------------------------------------------------
/PREP7
ET,1,SHELL181                                 ！壳单元，默认考虑弯矩
MP,EX,1,200                                   ！弹性模量
MP,NUXY,1,0.4                                 ！泊松比
sect,1,shell,,
secdata,0.5,1,0.0,3                           ！壁厚
secoffset,MID
seccontrol,,,,,,,
CYLIND,50,,0,120,0,90
/VIEW,1,1,1,1                                 ！视图
/VUP,1,Z
/REPLOT
```

```
VDELE, 1
APLOT
ASEL, U,,, 3
ADELE, ALL,,, 1
ALLSEL, ALL
NUMCMP, ALL                              ! 压缩编号
LESIZE, 1,,, 10,,,,, 1
LESIZE, 3,,, 40,,,,, 1
MSHAPE, 0, 2D
MSHKEY, 1
AMESH, 1                                 ! 面网格
ARSYM, X, ALL,,,, 0, 0                   ! 镜像
ARSYM, Y, ALL,,,, 0, 0
NUMMRG, NODE,,,, LOW                     ! 合并节点
NUMMRG, KP,,,, LOW                       ! 合并关键点
NUMCMP, ALL                              ! 压缩编号
LSEL, S, LOC, Z, 0                       ! 选择底端的线
NSLL, S, 1
DL, ALL,, UX,                            ! 铰接
DL, ALL,, UY,
DL, ALL,, UZ,
LSEL, S, LOC, Z, 120                     ! 选择顶端的线
NSLL, S, 1
DL, ALL,, UX                             ! 铰接
DL, ALL,, UY
LSEL, S, LOC, Z, 120                     ! 选择顶端的线
NSLL, S, 1                               ! 节点依附到线
ESLN, S                                  ! 单元依附到节点
ALLSEL, BELOW, ELEM                      ! 单元之下
SFE, ALL, 5, PRES,, 1*0.5                ! 施加压力, N/mm
ALLSEL, ALL
FINISH
/SOL
SOLVE
FINISH
/SOLU
ANTYPE, 1                                ! 特征值屈曲分析
BUCOPT, LANB, 6, 0, 0, CENTER            ! 提取模态
MXPAND, 6, 0, 1e8, 1, 0.001              ! 扩展模态数
SOLVE
```

```
FINISH
/POST1
SET，LIST                                   ! 列表查看特征值
RSYS，1                                     ! 结果柱坐标系
SET，FIRST                                  ! 读取第一阶
/DSCALE，ALL，4                             ! 变形比例
PLNSOL，U，SUM，0，1.0                      ! 屈曲模态
RSYS，1                                     ! 结果柱坐标
PLNSOL，U，X，0，1.0                        ! 径向屈曲变形
```

10.5 圆弧拱的受压屈曲分析

10.5.1 问题描述

一个圆弧拱，圆弧拱轴的曲率半径 $R=10\text{m}$，拱的圆弧所对圆心角的一半 $\alpha=60°$，拱的宽度 1m，厚度为 0.2m。弹性模量 $E=200\text{GPa}$，泊松比 $\mu=0.3$。设圆环形拱沿整个轴线受径向均布压力作用，拱的两端为可动铰支座。计算圆弧拱发生失稳的临界压力。如图 10－4 所示。

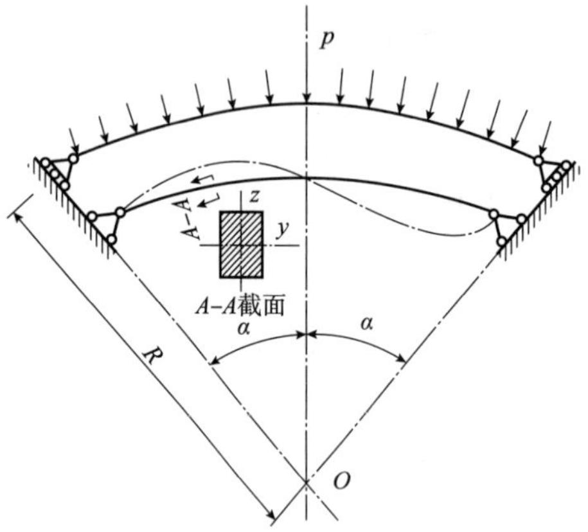

图 10－4　圆弧拱模型尺寸

10.5.2 问题分析

在临界压力 p_{cr}作用下，拱的轴线圆弧状的平衡状态可能过渡到偏离原弧线的微小弯曲位置的平衡，如图 10－4 中点划线所示。此时，其铰支座可看作固定铰支座。拱的临界压力 p_{cr}的表达式为：

$$p_{cr}=\frac{EI_y}{R^3}\left(\frac{\pi^2}{\alpha^2}-1\right) \tag{10-3}$$

式中　p_{cr}——临界压力，N/m；

R——圆弧拱轴的曲率半径，m；

I——拱的径向截面对 y 轴的惯性矩，m^4；

α——拱的圆弧所对圆心角的二分之一，rad。

如图 10－4 所示拱的两端为固定端，则临界压力 p_{cr}的表达式为：

$$p_{cr}=\frac{EI_y}{R^3}(k^2-1) \tag{10-4}$$

当 α 角为某些特定值时，因数 k 的数值可从表 10－1 查得。

表 10-1　式中的因数 k

$\alpha/(^\circ)$	30	60	90	120	150	180
k	8.621	4.375	3.000	2.364	2.066	2.000

对比式(10-3)和式(10-4)可见，拱端约束情况也对临界压力值有很大影响，例如两端固定的拱，在 $\alpha=30^\circ$时，临界压力 p_{cr}要比两端铰支的拱大一倍。

拱在拱轴平面内(简称面内)失稳时，将发生横截面绕 y 轴旋转的弯曲，因此临界压力 p_{cr}与拱的径向截面对 y 轴的弯曲刚度 EI_y 成正比。提高惯性矩 I_y(不增大截面面积)，显然可提高拱在面内失稳时的临界压力 p_{cr}。

10.5.3　计算结果

圆弧拱受压解析解临界压力 1066.67N/mm，或者 1066.67N/mm/宽度 1000mm＝1.0667MPa。由此可见，BEAM188 和 BEAM189 梁单元的份数对计算结果的影响较小。圆弧拱宽度分一份时，随圆弧线份数的增多，SHELL181 的数值解逐渐减小并趋于稳定，但圆弧线份数对 SHELL182 数值解的影响不大。

圆弧拱宽度分两份时，数值解结果整体来看和宽度分一份时的规律一样；但是在圆弧线分 40 份时的 SHELL181 数值解，以及在圆弧线分 20 份时的 SHELL182 数值解的结果出现异常，均比解析解的结果大两倍以上。计算结果见表 10-2 和图 10-6。

表 10-2　圆弧拱受压屈曲计算结果对比

圆弧线份数	BEAM188 数值解/(N/mm)	比值	份数(圆弧线-宽度)	SHELL181 数值解/MPa	比值	SHELL282 数值解/MPa	比值
4	1080.59	1.013	4-1	1.7870	1.675	1.0817	1.014
6	1073.31	1.006	6-1	1.3173	1.235	1.0595	0.993
8	1070.20	1.003	8-1	1.1971	1.122	1.0565	0.990
10	1068.67	1.002	10-1	1.1471	1.075	1.0558	0.990
20	1066.53	1.000	20-1	1.0854	1.018	1.0553	0.989
40	1065.98	0.999	40-1	1.0708	1.004	1.0553	0.989
圆弧线份数	BEAM189 数值解/(N/mm)	比值	份数(圆弧线-宽度)	SHELL181 数值解/MPa	比值	SHELL282 数值解/MPa	比值
4	1079.98	1.012	4-2	1.8014	1.689	1.0747	1.007
6	1068.74	1.002	6-2	1.3191	1.237	1.0598	0.994
8	1066.75	1.000	8-2	1.1980	1.123	1.0574	0.991
10	1066.19	1.000	10-2	1.1479	1.076	1.0568	0.991
20	1065.83	0.999	20-2	1.0860	1.018	2.5241	2.366
40	1065.80	0.999	40-2	2.5732	2.412	1.0563	0.990

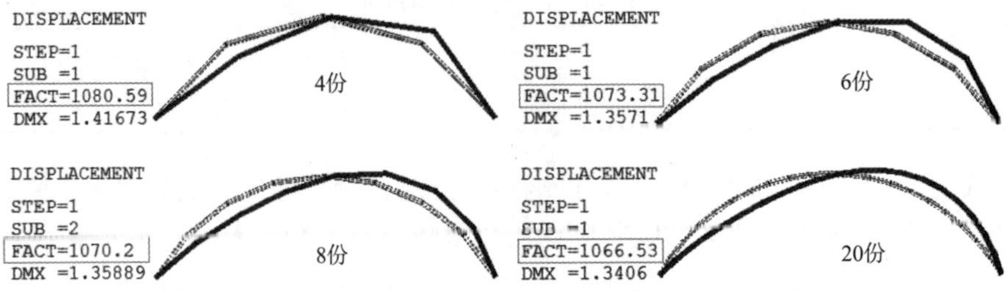

图 10-5　BEAM188 梁单元的计算结果

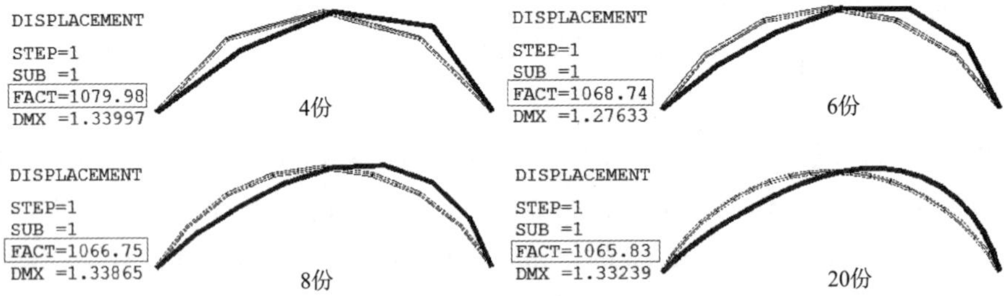

图 10-6　BEAM189 梁单元的计算结果

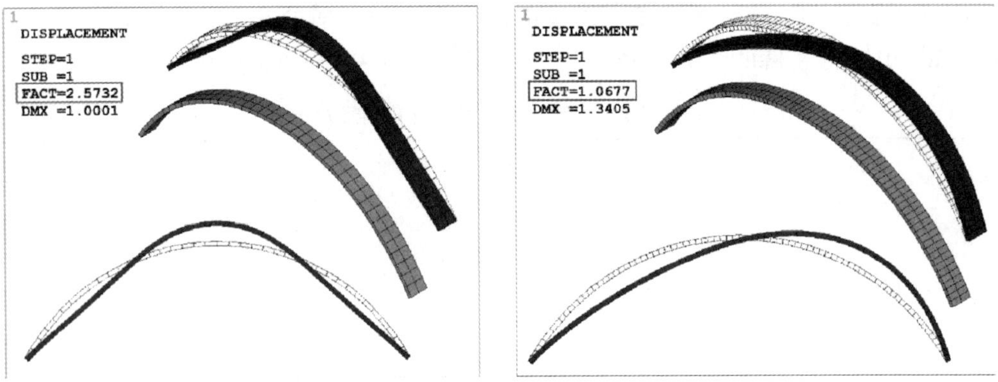

(a)份数(圆弧线-宽度)：40-2　　(b)份数(圆弧线-宽度)：80-2

图 10-7　SHELL181 壳单元的计算结果

10.5.4　命令流

```
afa=60                                  ! 圆弧拱的 1/2 圆心角，(°)
R1=10E3                                 ! 半径，mm
t1=0.2E3                                ! 厚，mm
w1=1.0E3                                ! 宽度，mm
Iy=w1*t1**3/12
E1=2E5                                  ! 弹性模量，MPa
k=180/(afa)                             ! 铰支约束
Fcr=(k**2-1)*E1*Iy/R1**3                ! 临界压力，N/mm
Pcr=Fcr/w1                              ! 临界压力，MPa
```

```
! ------------------------------------------------------------------梁单元
/PREP7
ET，1，BEAM188                                       ！单元类型
KEYOPT，1，3，3                                      ！形函数
SECTYPE，1，BEAM，RECT，，0                          ！矩形截面
SECOFFSET，CENT
SECDATA，0.2E3，1E3，2，6                            ！矩形截面
MP，EX，1，2E5                                       ！弹性模量
MP，NUXY，1，0.3                                     ！泊松比
CSYS，1
K，1，10E3，30，0，
K，2，10E3，150，0，
L，1，2
/VIEW，1，1，1，1                                    ！视图
ESIZE，0，40，
LMESH，1                                             ！网格
/ESHAPE，1.0                                         ！单元形状
D，1，UX
D，1，UY
D，1，UZ                                             ！铰支
D，2，UX
D，2，UY
D，2，UZ                                             ！铰支
NUMCMP，ALL                                          ！压缩编号
LESIZE，1，，，80，，，，，1
LESIZE，2，，，80，，，，，1
LESIZE，3，，，2，，，，，1
LESIZE，4，，，2，，，，，1
MSHAPE，0，2D
MSHKEY，1
AMESH，1                                             ！面网格
CSYS，1
LSEL，S，LOC，Y，30                                  ！选择底端的线
NSLL，S，1
D，ALL，UX，                                         ！铰接
D，ALL，UY，
D，ALL，UZ，
LSEL，S，LOC，Y，150                                 ！选择顶端的线
NSLL，S，1
D，ALL，UX                                           ！铰接
```

```
D, ALL, UY
ALLSEL, ALL
SFBEAM, ALL, 2, PRES, -1,,,,,, 0            ! 施加单位载荷, N/mm
FINISH
/SOL
SOLVE
FINISH
/SOLU
ANTYPE, 1                                   ! 特征值屈曲分析
BUCOPT, LANB, 6, 0, 0, CENTER               ! 提取模态
MXPAND, 6, 0, 1e8, 1, 0.001                 ! 扩展模态数
SOLVE
FINISH
/POST1
SET, LIST                                   ! 列表查看特征值
SET, FIRST                                  ! 读取第 1 阶
PLNSOL, U, SUM, 0, 1.0                      ! 屈曲模态
PLDISP, 1                                   ! 屈曲前后模态
! ------------------------------------------------------------------壳单元
/PREP7
ET, 1, SHELL181                             ! 壳单元, 默认考虑弯矩
MP, EX, 1, 2E5                              ! 弹性模量
MP, NUXY, 1, 0.3                            ! 泊松比
sect, 1, shell,,
secdata, 200, 1, 0.0, 3                     ! 壁厚
secoffset, MID
seccontrol,,,,,,,
CYLIND, 10E3,, 0, 1E3, 30, 150,
/VIEW, 1, 1, 1, 1                           ! 视图
VDELE, 1
APLOT
ASEL, U,,, 3
ADELE, ALL,,, 1
ALLSEL, ALL
D, ALL, UZ
ALLSEL, ALL
SFE, all, 2, PRES,, 1                       ! 单位压力 1
FINISH
/SOL
SOLVE
```

```
FINISH
/SOLU
ANTYPE，1                                  ！特征值屈曲分析
BUCOPT，LANB，6，0，0，CENTER              ！提取模态
MXPAND，6，0，1e8，1，0.001                ！扩展模态数
SOLVE
FINISH
/POST1
SET，LIST                                  ！列表查看特征值
SET，FIRST                                 ！读取第 1 阶
PLNSOL，U，SUM，0，1.0                     ！屈曲模态
PLDISP，1                                  ！屈曲前后模态
```

第 11 章　典型圆柱结构材料非线性分析

11.1　概述

许多与材料有关的参数可以使结构刚度在分析期间改变。塑性、非线性弹性、超弹性材料、混凝土材料的非线性应力-应变关系，可以使结构刚度在不同载荷水平下(以及在不同温度下)改变。蠕变、黏塑性和黏弹性可以引起与时间、率、温度和应力相关的非线性。膨胀可以引起作为温度、时间、中子流水平(或其他类似量)函数的应变。

11.1.1　ANSYS 程序应考虑多种材料非线性特性

(1)率不相关塑性指材料中产生的不可恢复的即时应变；

(2)相关塑性也可称之为黏塑性，材料的塑性应变大小将是加载速度与时间的函数；

(3)材料的蠕变行为也是率相关的，产生随时间变化的不可恢复应变，但蠕变的时间尺度要比率相关塑性大得多；

(4)非线性弹性允许材料的非线性应力应变关系，但应变是可以恢复的；

(5)弹性材料应力应变关系由一个应变能密度势函数定义，用于模拟橡胶、泡沫类材料，变形是可以恢复的；

(6)弹性是一种率相关的材料特性，这种材料应变中包含了弹性应变和黏性应变；

(7)混凝土材料具有模拟断裂和压碎的能力；

(8)膨胀是指材料在中子流作用下的体积扩大效应。

11.1.2　ANSYS 中定义材料非线性包括以下步骤

(1)定义材料的弹性模量(MP 或 MPDATA 命令)；

(2)激活非线性材料属性表并定义(TB 族命令，包括：TB＋TBTEMP＋TBDATA 或 TBPT 等)。

11.1.3　ANSYS 中典型的非线性材料模型

(1)双线性随动强化(BKIN)：

如图 11－1 所示。

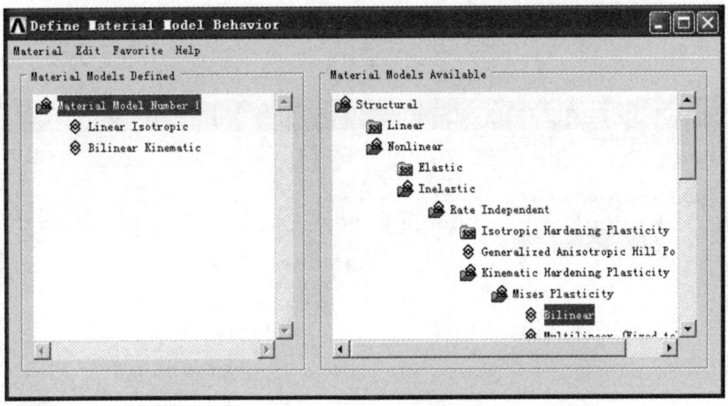

图 11-1　定义双线性随动强化(BKIN)材料

(2)双线性等向强化(BISO)：

如图 11-2 所示。

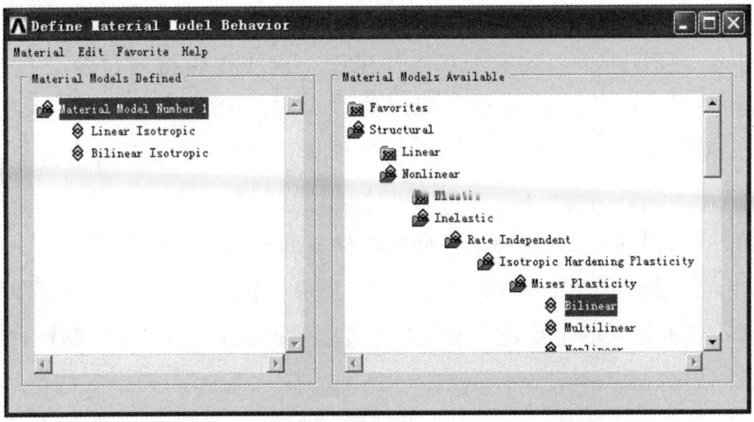

图 11-2　定义双线性等向强化(BISO)材料

(3)多线性随动强化(MKIN)：

如图 11-3 所示。

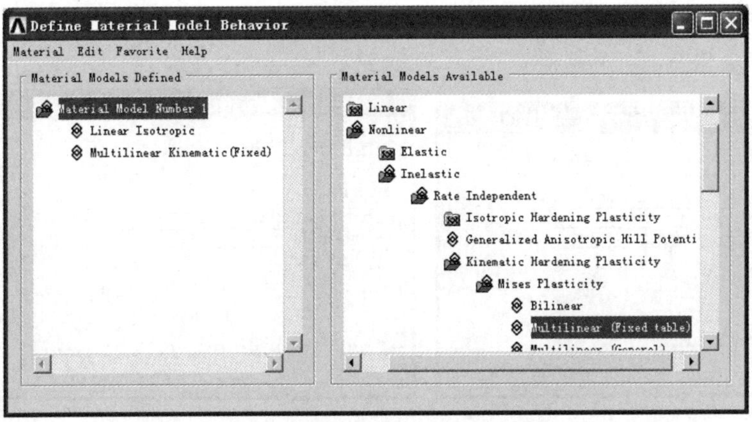

图 11-3　定义多线性随动强化(MKIN)材料

(4)多线性等向强化(MISO):

如图 11-4 所示。

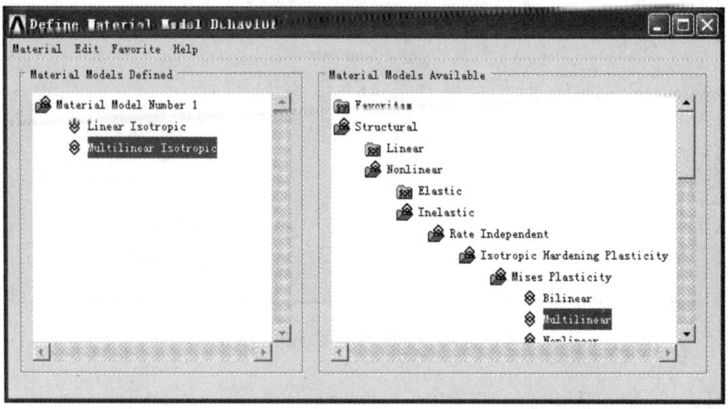

图 11-4 定义多线性等向强化(MISO)材料

双线性随动强化(Bilinear Kinematic Hardening Plasticity)、双线性等向强化(Bilinear Isotropic Hardening Plasticity)均属于双线性模型。双线性模型通过两个直线段来模拟弹塑性材料的本构关系，即认为材料在屈服以前应力-应变关系按照弹性模量成比例变化，屈服以后，按比弹性模量小的另一个模量(切线模量)变化。模型有两个斜率：弹性斜率和塑性斜率。

对于服从 Mises 屈服准则，初始为各向同性材料的小应变非线性问题，一般采用双线性随动强化模型，这种材料包括大多数的金属材料。而对于初始各向同性材料的大应变问题则采用等向强化模型。需要输入的常数是屈服应力 σ_s 和切线模量 E_T。(理想弹塑性材料 $E_T=0$)。

多线性随动强化(Multilinear Kinematic Hardening Plasticity)、多线性等向强化(Multilinear Isotropic Hardening Plasticity)属于多线性模型。多线性模型与双线性模型类似，只是使用多条直线段来表示模拟弹塑性材料的本构关系，即认为材料在屈服以前应力-应变关系按照弹性模量成比例变化，屈服以后，则按照其位置不同，以不同的、小于弹性模量的另一个模量变化。

(5)双线性随动强化(BKIN)

如图 11-5 和图 11-6 所示。

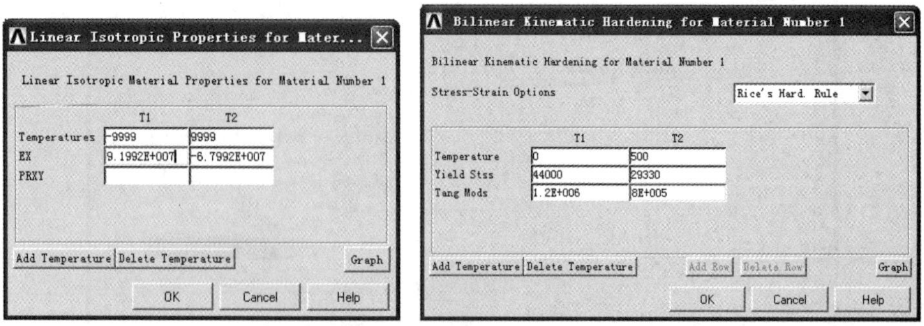

图 11-5 定义双线性随动强化(BKIN)材料

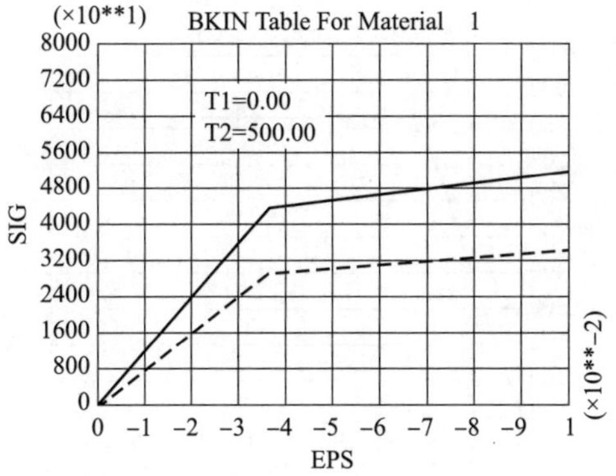

图 11-6　双线性随动强化(BKIN)材料曲线

```
/PREP7
MPTEMP，1，0，500                              ！不同温度下的弹性模量
MP，EX，1，12E6，-8E3
TB，BKIN，1，2                                 ！激活数据表
TBTEMP，0.0                                    ！温度
TBDATA，1，44E3，1.2E6                         ！屈服应力，切线模量
TBTEMP，500                                    ！温度
TBDATA，1，29.33E3，0.8E6                      ！屈服应力，切线模量
TBLIST，BKIN，1                                ！列数据表
/XRANGE，0，0.01                               ！X 轴范围
TBPLOT，BKIN，1                                ！显示数据表曲线
```

(6)双线性等向强化(BISO)

如图 11-7 和图 11-8 所示。

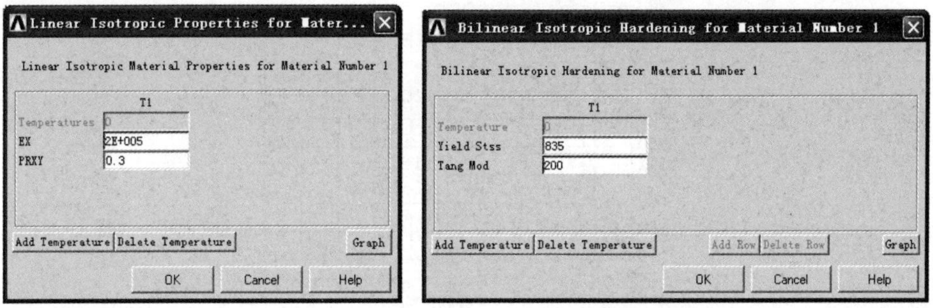

图 11-7　定义双线性等向强化(BISO)材料

```
/PREP7
MP，EX，1，2.0E5                               ！弹性模量
MP，PRXY，1，0.3
TB，BISO，1                                    ！BISO 数据表
TBDATA，1，835，200                            ！屈服应力，剪切模量
TBLIST，BISO，1                                ！列数据表
TBPLOT，BISO，1                                ！显示数据表曲线
```

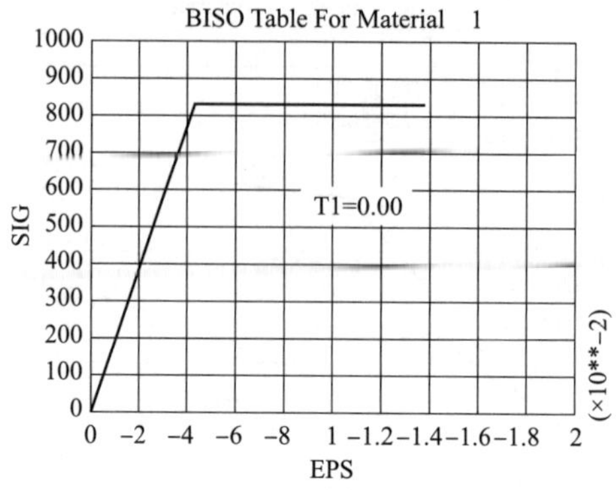

图 11-8 双线性等向强化(BISO)材料曲线

(7)多线性随动强化(MKIN)

如图 11-9 和图 11-10 所示。

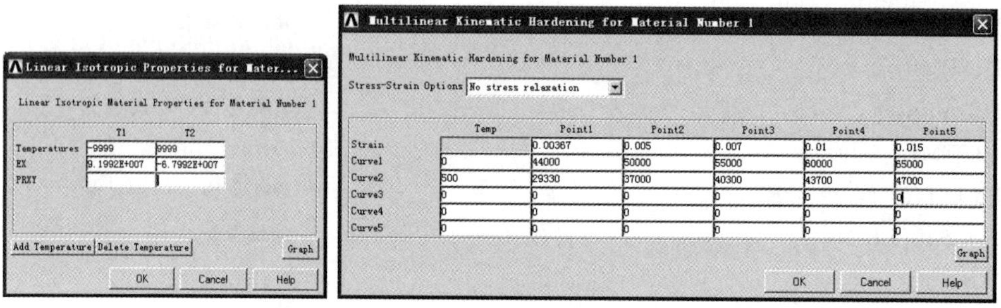

图 11-9 定义多线性随动强化(MKIN)材料

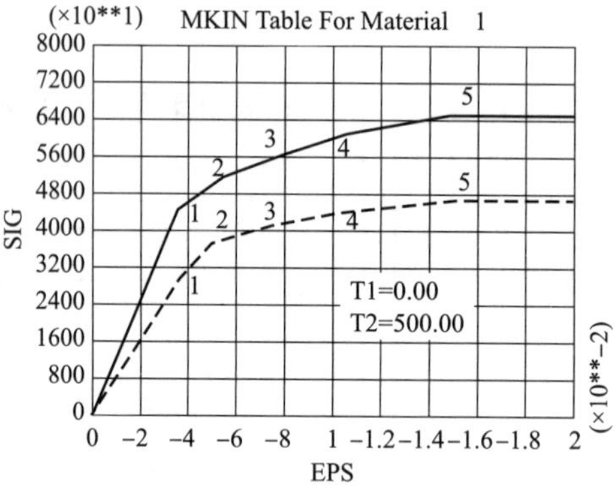

图 11-10 多线性随动强化(MKIN)材料曲线

```
/PREP7
MPTEMP, 1, 0, 500                                  ! 不同温度下的弹性模量
MP, EX, 1, 12E6, -8E3                              ! as in BKIN example
TB, MKIN, 1, 2                                     ! 激活数据表
TBTEMP,, STRAIN                                    ! 所有温度下的应变
TBDATA, 1, 3.67E-3, 5E-3, 7E-3, 10E-3, 15E-3       ! 应变
```

```
TBTEMP, 0.0                                         ! 温度
TBDATA, 1, 44E3, 50E3, 55E3, 60E3, 65E3             ! 应变应力
TBTEMP, 500                                         ! 温度
TBDATA, 1, 29.33E3, 37E3, 40.3E3, 43.7E3, 47E3      ! 应变应力
TBLIST, MKIN, 1                                     ! 列数据表
/XRANGE, 0, 0.02                                    ! X 轴范围
TBPLOT, MKIN, 1                                     ! 显示数据表曲线
```

(4)多线性等向强化(MISO)

如图 11－11 和图 11－12 所示。

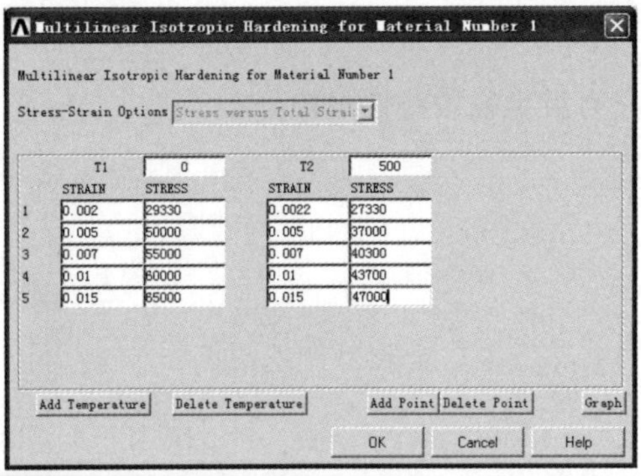

图 11－11　定义多线性等向强化(MISO)材料

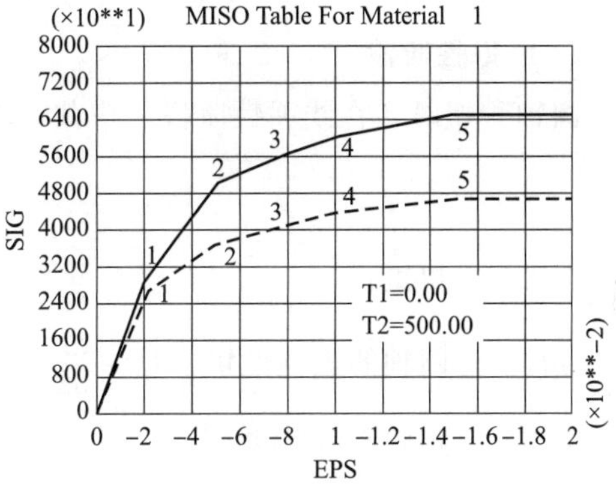

图 11－12　多线性等向强化(MISO)材料曲线

```
/PREP7
MPTEMP, 1, 0, 500                                   ! 不同温度下的弹性模量
MPDATA, EX, 1,, 14.665E6, 12.423e6
MPDATA, PRXY, 1,, 0.3
TB, MISO, 1, 2, 5                                   ! 激活数据表
TBTEMP, 0.0                                         ! 温度
TBPT, DEFI, 2E-3, 29.33E3                           ! 在此温度时的应变应力
TBPT, DEFI, 5E-3, 50E3
TBPT, DEFI, 7E-3, 55E3
TBPT, DEFI, 10E-3, 60E3
TBPT, DEFI, 15E-3, 65E3
TBTEMP, 500                                         ! 温度
TBPT, DEFI, 2.2E-3, 27.33E3                         ! 在此温度时的应变应力
TBPT, DEFI, 5E-3, 37E3
TBPT, DEFI, 7E-3, 40.3E3
TBPT, DEFI, 10E-3, 43.7E3
TBPT, DEFI, 15E-3, 47E3
TBLIST, MISO, 1                                     ! 列数据表
/XRANGE, 0, 0.02                                    ! X 轴范围
TBPLOT, MISO, 1                                     ! 显示数据表曲线
```

11.2　圆轴扭转的弹塑性分析

11.2.1　问题描述

轴的直径为 $D=10\text{mm}$，长度 $L=40\text{mm}$。假设材料为理想弹塑性材料，扭转剪切屈服强度 $\tau_s=200\text{MPa}$，弹性模量 $E=200\text{GPa}$，泊松比 $\mu=0.3$。计算圆轴扭转的极限扭矩。

11.2.2　塑性极限扭矩的解析解

1. 线弹性阶段

圆轴受扭时，在线弹性阶段，横截面的切应力沿半径按线性规律分布：

$$\tau_\rho=\frac{T_\rho}{I_p} \tag{11-1}$$

式中　T——扭矩；

I_p——圆轴的极惯性矩，$I_p=\dfrac{\pi d^4}{32}$；

ρ——距圆心的距离。

2. 弹性极限扭矩

随着扭矩的逐渐增加，截面边缘处的最大切应力首先达到剪切屈服强度 τ_s，见图 11-13(a)，对应的扭矩为弹性极限扭矩 T_s，其值为：

$$T_s=\tau_s \cdot W_p \tag{11-2}$$

式中　T_s——弹性极限扭矩；

τ_s——扭转剪切屈服强度；

W_p——试件的抗扭截面系数，$W_p=\dfrac{\pi D^3}{16}$。

3. 塑性极限扭矩

假设切应力和切应变的关系为理想弹塑性，见图 11-13(b)。当扭矩继续增加时，横截面上屈服区域逐渐增大，且切应力保持为 τ_s，而弹性区的面积逐渐缩小，见图 11-13(c)。最后只剩下圆心周围一个很小的圆内是弹性的。它对抵抗载荷的贡献甚小，可以认为整个截面上切应力均匀分布，见图 11-13(d)，对应的扭矩即为塑性极限扭矩，其值为：

$$T_p=\frac{4}{3}\tau_s W_p=\frac{4}{3}T_s \tag{11-3}$$

由此可见，对于理想弹塑性材料，其塑性极限扭矩比弹性极限扭矩大 33%。达到塑性极限扭矩后，不需要再增加扭矩而轴的扭转变形将持续增加，轴已经丧失承载能力。

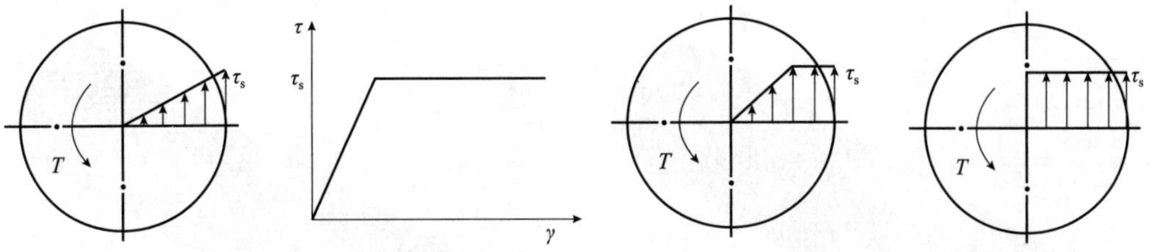

(a)$T=T_s=\tau_s\cdot W_p$　(b)理想弹塑性　(c)$T_s<T<T_p$　(d)$T=T_p=\frac{4}{3}T_s$

图 11-13　圆轴的塑形扭转

11.2.3　剪切强度与第三、第四强度理论的关系

圆轴扭转在纯剪切应力状态下，特雷斯卡(Tresca)第三屈服强度与扭转剪切屈服强度 τ_s 的关系式 $\sigma_{s,3}=2\tau_s$，米泽斯(Mises)第四屈服强度与扭转剪切屈服强度 τ_s 的关系式为 $\sigma_{s,4}=\sqrt{3}\tau_s$。

在 ANSYS 理想弹塑性材料本构关系中，输入的屈服强度是米泽斯第四屈服强度。扭转剪切屈服强度 $\tau_s=200$MPa，对应的米泽斯第四屈服强度为 $\sigma_{s,4}=346.41$MPa。

11.2.4　从不收敛的结果中识别塑性极限载荷

解析解中已知圆轴扭转的极限扭矩值，但是在工程实际中，常常是不知道极限载荷的大小，才需要用有限元进行计算。本算例在第 1 载荷步中，施加弹性极限扭矩 39.270 E3N·mm；在第 2 载荷步中，施加大于塑性极限扭矩的数值：1.2 * 52.360 E3N·mm。

计算求解过程中，在时间 1.57831055(静力学分析中 Time 表示载荷步和载荷子步)时，提示求解不收敛。达到塑性极限扭矩后，不需要再增加扭矩而轴的扭转变形将持续增加，轴已经丧失承载能力，导致求解不收敛。

通过列表显示载荷步和载荷子步，在不收敛的上一个子步，也就在 1.5733 载荷子步的结果是收敛的。那么，ANSYS 计算的塑性极限载荷为 39.270＋(1.5733－1)×(1.2×52.360－39.270)＝52.778N·m。

表 11-1 给出了极限扭矩计算结果对比，可见数值解与解析解吻合。图 11-14 给出了极限扭矩条件下的应力云图，由图可见，切应力均为 199.692MPa，Tresca 第三强度相当应力 399.385MPa，von Mises 第四强度相当应力 345.877MPa，数值大小满足剪切强度与第三、第四强度的关系。

表 11-1　圆轴扭转的极限扭矩计算结果

载荷步	解析解/(N·m)	数值解/(N·m)	比值
弹性极限扭矩 T_s	39.270	—	—
塑性极限扭矩 T_p	52.360	52.778	1.008

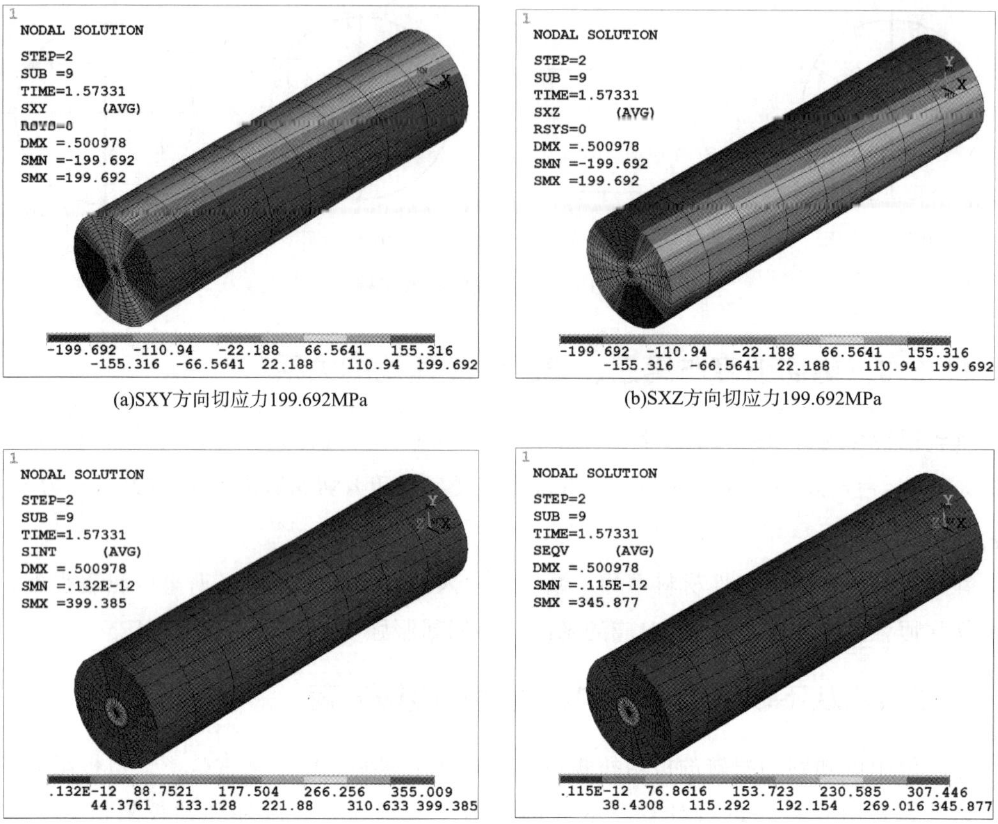

(a)SXY方向切应力199.692MPa

(b)SXZ方向切应力199.692MPa

(c)第三强度相当应力(SINT)399.385MPa

(d)第四强度相当应力(SEQV)345.877MPa

图 11-14　圆轴扭转的应力云图

11.2.5　操作步骤

1. 进入 ANSYS

程序→ANSYS→ANSYS Product Launcher→改变 working directory 到指定文件夹→在 job name 输入：file→Run。

2. 定义单元属性

(1)单元类型：Main Menu>Preprocessor>Element Type>Add/Edit/Delete→Add→在左列表框中选择 Beam，在右列表框中选择 2 node 188→OK。

(2)横截面：Main Menu>Preprocessor>Sections>Beam>Common Sections→ID：输入 1；Sub-Type：选择实心圆形截面；R：输入 5；N：输入 24；T：输入 12→Meshview→OK。单位采用 mm、N 和 MPa。

(3)材料属性

①弹性模量和泊松比：Main Menu>Preprocessor>Material Props>Material Models→Structural→Linear→Elastic→Isotropic→EX：输入 2E5；PRXY：输入 0.3→OK。

②理想弹塑性模型：见图 11-15。Main Menu>Preprocessor>Material Props>Material Models→Structural→Nonlinear→见图 11－15→双击 Bilinear（双线性）→Yield Stress：输入 346.41（第四强度理论的屈服强度）；Tang Mods：输入 0（切线模量）→OK。

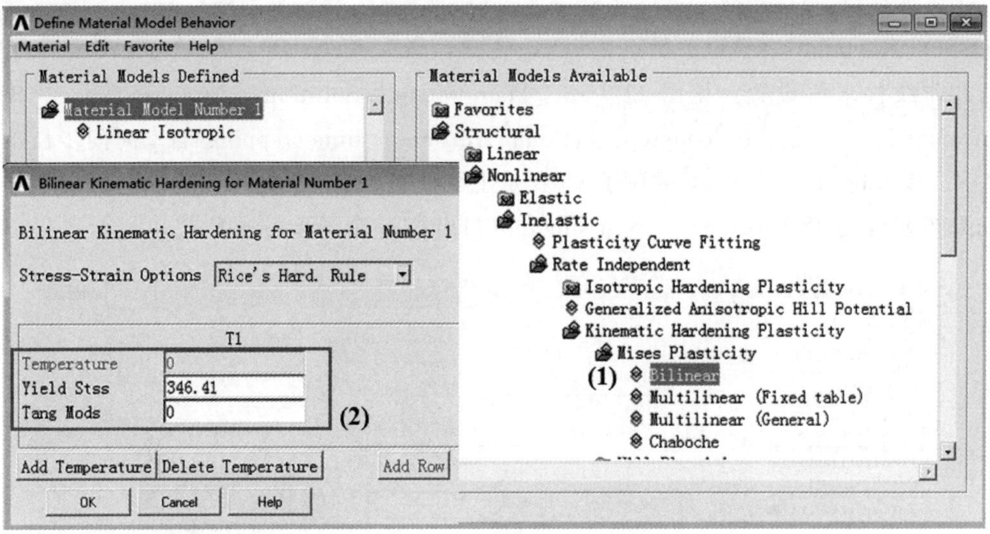

图 11－15　理想弹塑性材料模型

3. 建立模型

（1）定义关键点：Main Menu＞Preprocessor＞Create＞Nodes＞In Active CS→依次输入 2 个关键点坐标 1（0，0，0）和 2（0，0，40）→OK。

（2）创建直线：Main Menu＞Preprocessor＞Modeling＞Create＞Lines＞Straight Line→依次拾取 1 和 2，创建 1 条直线→OK。

4. 划分网格

（1）设置线的单元属性：Main Menu＞Preprocessor＞Meshing＞Mesh Tool→在 Element Attributes 下方选择 Lines Set→拾取线 1→OK→选择 MAT：1；TYPE：1；SECT：1→OK。

（2）设置单元尺寸：Main Menu＞Preprocessor＞Meshing＞Mesh Tool→在 Size Controls 下方选择 Global Set→SIZE：输入 5→OK。

（3）划分梁单元：Main Menu＞Preprocessor＞Meshing＞Mesh Tool→Mesh：Lines→Mesh→Pick All。

（4）打开梁单元的单元形状：Utility Menu＞PlotCtrls＞Style＞Size and Shape→[/ESHAPE]：勾选 On。

（5）显示单元：Utility Menu＞Plot＞Element。

5. 施加边界条件

（1）施加约束：Main Menu＞Solution＞Define Loads＞Apply＞Structural＞Displacement＞On Keypoints→拾取关键点 1→OK→Lab2：All DOF→Apply→拾取关键点 2→OK→Lab2：UX、UY、UZ、ROTX、ROTY→OK。

（2）保存模型：Utility Menu＞Files＞Save as→输入 M.db→OK。

6. 按照载荷步依次求解

(1)第 1 载荷步

①施加载荷：Main Menu>Solution>Define Loads>Apply>Structural>Force/Moment>On Keypoints→拾取关键点 2→OK→Lab：MZ，VALUE：输入 39.270E3→OK。

②非线性求解设置：见图 11－16。Main Menu>Solution>Analysis Type>Sol′n Controls→Time at end of loadstep：输入 1；Automatic time stepping(自动时间步长)：勾选 ON；Number of substeps(载荷子步)：从上到下依次输入 20，200，5；Frequency(写出结果频率)：选择 Write every Nth substep(写出每 N 个子步)→OK。

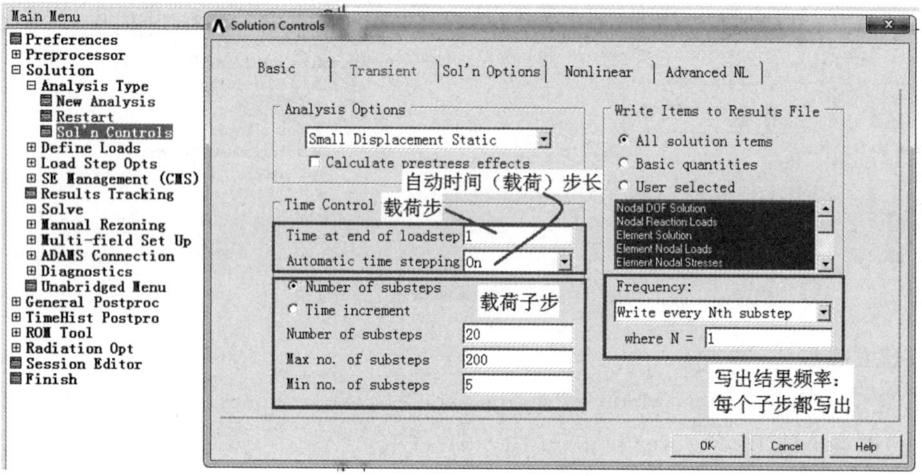

图 11－16 非线性求解设置

③求解：Main Menu>Solution>Solve>Current LS→File>Close→Solve Current Load Step→OK→Solution is done→Close。

(2)第 2 载荷步

①施加载荷：Main Menu>Solution>Define Loads>Apply>Structural>Force/Moment>On Keypoints→拾取关键点 2→OK→Lab：MZ，VALUE：输入 1.2＊52.360E3→OK。

②非线性求解设置：Main Menu>Solution>Analysis Type>Sol′n Controls→Time at end of loadstep：输入 1；Automatic time stepping(自动时间步长)：勾选 ON；Number of substeps(载荷子步)：从上到下依次输入 20，200，5；Frequency(写出结果频率)：选择 Write every Nth substep(写出每 N 个子步)→OK。

③求解：Main Menu>Solution>Solve>Current LS→File>Close→Solve Current Load Step→OK→Solution is done→Close。

求解过程中，在时间 1.57831055(静力学分析中 Time 表示载荷步和载荷子步)时，提示求解不收敛，见图 11－17，点按 Error 对话框中的叉号，停止计算。

(3)保存结果文件：Utility Menu>Files>Save as→输入 S.db→OK。

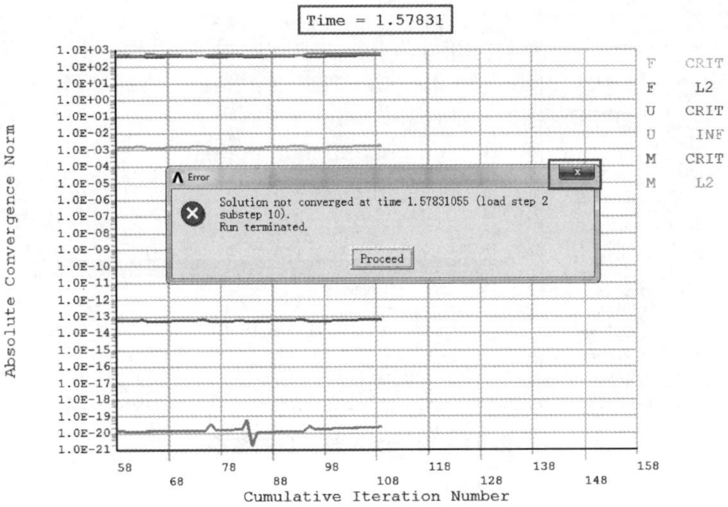

图 11-17　求解不收敛

7. 后处理

(1)列表显示载荷步和载荷子步：见图 11-18。Main Menu>Genenral Postproc>Results Summary→TIME/FREQ 是每个载荷步和载荷子步的增量，Load STEP 是载荷步，SUBSTEP 是载荷子步。

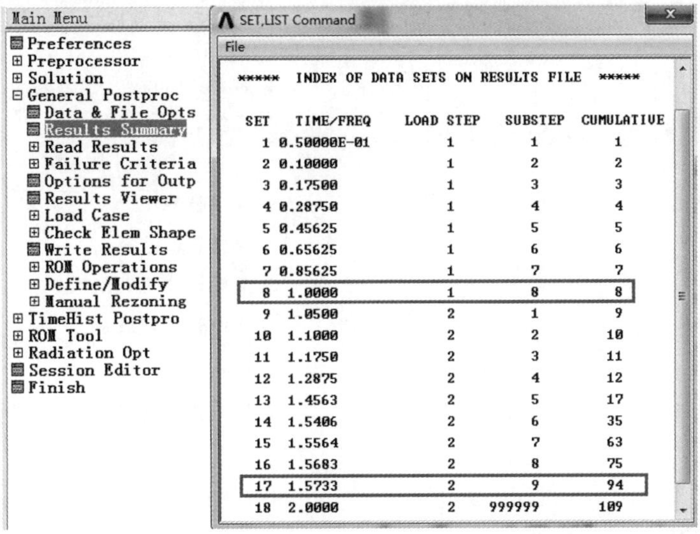

***** INDEX OF DATA SETS ON RESULTS FILE *****

SET	TIME/FREQ	LOAD STEP	SUBSTEP	CUMULATIVE
1	0.50000E-01	1	1	1
2	0.10000	1	2	2
3	0.17500	1	3	3
4	0.28750	1	4	4
5	0.45625	1	5	5
6	0.65625	1	6	6
7	0.85625	1	7	7
8	1.0000	1	8	8
9	1.0500	2	1	9
10	1.1000	2	2	10
11	1.1750	2	3	11
12	1.2875	2	4	12
13	1.4563	2	5	17
14	1.5406	2	6	35
15	1.5564	2	7	63
16	1.5683	2	8	75
17	1.5733	2	9	94
18	2.0000	2	999999	109

图 11-18　求解不收敛

(2)读入载荷步的结果：见图 11-19。Main Menu>General Postproc>Read Results>By Pick→拾取想要看的载荷步→Read→Close。例如读取载荷步 2，载荷子步 9 的计算结果。

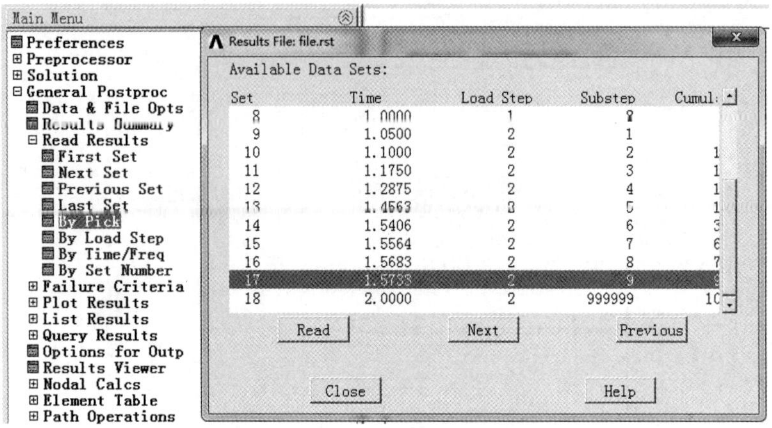

图 11-19　读入载荷步的结果

(3)画应力云图

Main Menu>General Postproc>Plot Results>Contour Plot>Nodal Solu

①→XY Shear stress 或 XZ Shear stress(切应力)→OK。例如 XY 切应力：结果是在单元坐标系(直角坐标系)，轴向为 X 轴。X 表示与 X 轴垂直的面内，沿 Y 方向的切应力。

②→Stress intensity(第三强度相当应力)→OK。

③→von Mises stress(第四强度相当应力)→OK。

11.2.6　命令流

```
Len=40                                  ！轴长，mm
D=10                                    ！直径，mm
pi=acos(-1)
Ip=pi*D**4/32                           ！极惯性矩
Wp=pi*D**3/16                           ！抗扭截面系数
Tao=200                                 ！屈服切应力，MPa
Sigma=Tao*3**0.5                        ！第四强度屈服应力
Ts=Wp*Tao                               ！屈服扭矩，N·mm
Tu=(4/3)*Ts                             ！极限扭矩 Tu=(4/3)*Ts
！--------------------------------------------------------------
/PREP7
ET，1，BEAM188                          ！单元类型
SECTYPE，1，BEAM，CSOLID，，0           ！横截面
SECOFFSET，CENT
SECDATA，5，24，12
MP，EX，1，2.0E5                        ！弹性模量
MP，PRXY，1，0.3                        ！泊松比
！双线性随动强化(BKIN)可定义理想弹塑性
TB，BKINTBTEMP，0
```

```
TBDATA，1，346.41，0                      ！第四强度屈服应力
K，1，0，0，0，                           ！关键点
K，2，0，0，40，
L，1，2                                   ！线
LESIZE，all，5，，，，，，1                ！单元尺寸
LMESH，1                                  ！分网
/ESHAPE，1.0                              ！打开单元形状
FINISH
/SOLU                                     ！求解器
DK，1，ALL                                ！约束
DK，2，UX
DK，2，UY
DK，2，UZ
DK，2，ROTX
DK，2，ROTY
TIME，1                                   ！第 1 载荷步
AUTOTS，ON                                ！自动载荷步
NSUBST，20，200，5                        ！载荷子步
OUTRES，ALL，1                            ！输出每个子步的结果
FK，2，MZ，39.270e3                       ！施加弹性极限扭矩
SOLVE                                     ！第 1 载荷步求解
TIME，2                                   ！第 2 载荷步
NSUBST，20，200，5                        ！载荷子步
OUTRES，ALL，1                            ！输出每个子步的结果
FK，2，MZ，1.2*52.360e3                   ！塑性极限扭矩
SOLVE                                     ！第 2 载荷步求解
FINISH
/POST1
SET，LIST                                 ！查看计算的载荷步
SET，LAST                                 ！读入最后载荷子步的结果
SET，PREVIOUS                             ！提取上一个载荷子步的结果
PLNSOL，S，EQV，0，1.0                    ！第四强度 SEQV
PLNSOL，S，INT，0，1.0                    ！第三强度 SINT
PLNSOL，S，XY，0，1.0                     ！切应力 SXY
PLNSOL，S，XZ，0，1.0                     ！切应力 SXZ
```

11.3　厚壁圆筒的塑性变形分析

厚壁圆筒在内表面处作用均匀内压，圆筒材料为理想弹塑性。随着压力的增加，圆筒内的径向应力和环向应力都不断增加，若圆筒处于平面应变状态下，其轴向应力也在增

加。当应力分量的组合达到某一临界值时，圆筒内表面处的材料先进入塑性变形状态，并逐渐形成塑性区，随着压力的继续增加，塑性区沿壁厚不断扩大，弹性区相对减小。若作用的压力卸载至零，将在圆筒内出现残余应力。本节将进行厚壁圆筒在内压作用下的弹塑性分析，具体分析加载的塑性变形时的应力和卸载后的残余应力。

11.3.1 问题描述

厚壁圆筒的内外半径分别为 $a=20$mm，$b=40$mm，在内压的作用下，处于弹塑性状态，并已知弹性区和塑形区分界面的半径 $c=30$mm。圆筒材料为碳素钢，采用第三强度的屈服条件，屈服强度 300MPa。试求产生这一弹塑性状态所需的内压 p，计算筒壁内半径分别为 20mm、30mm 和 40mm 处的应力。分析加载的塑性变形时的应力和卸载后的残余应力。

11.3.2 问题分析

厚壁圆筒在内表面处作用均匀内压，圆筒材料为理想弹塑性。随着压力的增加，圆筒内的径向应力和环向应力都不断增加，若圆筒处于平面应变状态下，其轴向应力也在增加。当应力分量的组合达到某一临界值时，圆筒内表面处的材料先进入塑性变形状态，并逐渐形成塑性区，随着压力的继续增加，塑性区沿壁厚不断扩大，弹性区相对减小。若作用的压力卸载至零，将在圆筒内出现残余应力。

模型简化成平面应变问题，根据对称性，圆周角度取 5°(任意的角度都行)。Tresca 屈服条件的系数为 1，Mises 屈服条件是 Tresca 屈服条件的 0.5 倍的根号 3，ANSYS 采用的是 Mises 屈服条件，对应的 Mises 屈服应力为 259.81MPa。弹塑性和残余应力分析分 2 个载荷步，第 1 步加载，第 2 步卸载。

11.3.3 计算结果

加载和卸载的各项应力 ANSYS 数值解与解析解均十分吻合。Tresca 应力(SINT)为 299.89MPa，Mises 应力(SEQV)为 259.81MPa，两者的比值为 1.154，与 1.155 很接近。

(1)径向应力和环向应力结果对比

如表 11-2 和表 11-3 所示。

表 11-2 径向应力

半径/mm	加载			卸载		
	解析解/MPa	数值解/MPa	比值	解析解/MPa	数值解/MPa	比值
20	−187.30	−185.72	0.992	0	−1.04	—
30	−65.66	−65.83	1.003	−17.1	−17.27	1.01
40	0	0	—	0	0	—

表 11-3　环向应力

半径/mm	加载			卸载		
	解析解/MPa	数值解/MPa	比值	解析解/MPa	数值解/MPa	比值
20	112.70	114.17	1.013	−199.47	−195.37	0.979
30	234.34	231.77	0.989	60.91	58.34	0.958
40	168.75	169.32	1.003	43.88	44.45	1.013

(2)加载后 Tresca 应力(SINT)和 Mises 应力(SEQV)

如图 11-20 所示。

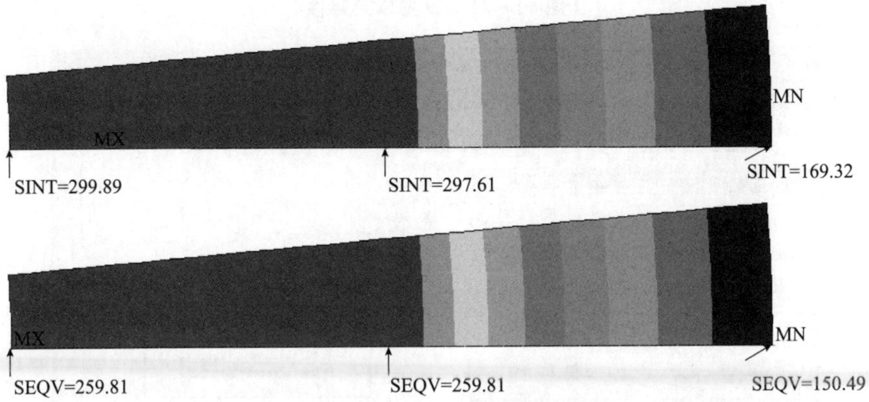

图 11-20　Tresca 应力和 Mises 应力

11.3.4　操作步骤

1. 进入 ANSYS

程序→ANSYS→ANSYS Product Launcher→改变 working directory 到指定文件夹→在 job name 输入：file。

2. 设置单元属性

如图 11-21 所示。

1)单元类型

(1)定义单元：Main Menu>Preprocessor>Element Type>Add/Edit/Delete→Add→选择 PLANE183 单元，即在左列表框中选择 Solid，在右列表框中选择 8 node 183→OK。

(2)设置单元选项：选中 PLANE183 单元→Option→K3 改成 Plane strain→OK→Close。

2)材料属性

(1)弹性模量和泊松比：Main Menu>Preprocessor>Material Props>Material Models→Structural→Linear→Elastic→Isotropic→EX：2.1E5；PRXY：0.3→OK。

(2)理想弹塑性模型：Main Menu>Preprocessor>Material Props>Material Models→Structural→Nonlinear→见图 11-22→双击 Bilinear(双线性)→Yield Stress：259.81；Tang Mods：0→OK。关键步骤：双线性随动强化(BKIN)可定义理想弹塑性模型。

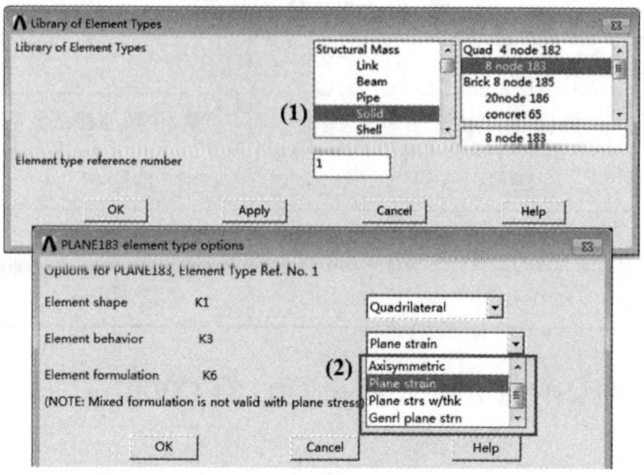

图 11-21 设置单元属性

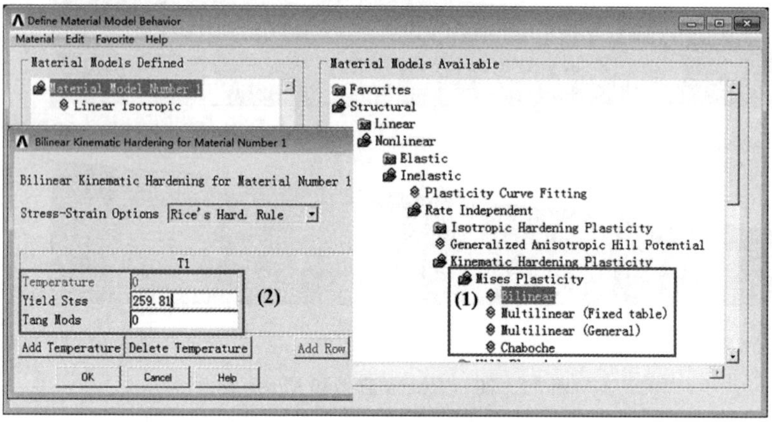

图 11-22 设置材料属性

3. 建立几何模型

Main Menu>Preprocessor>Modeling>Create>Areas>Circle>By Dimensions→RAD1，RAD2，THETA1，THETA2 中分别输入 40，20，0，5→OK。本算例建立的是平面应变模型，根据对称性，可以建一个扇形区域进行计算，扇形的角度可以任取。

4. 划分网格

(1)设置整体单元尺寸：Main Menu>Preprocessor>Meshing>Mesh Tool→在 Size Controls 下方选择 Global Set→SIZE：0.5→OK。

(2)划分网格：Main Menu>Preprocessor>Meshing>Mesh Tool→Areas，Quad，Mapped→Mesh→拾取面 A1→OK。

5. 施加边界条件

(1)显示节点：Utility Menu>Plot>Nodes。

(2)在直角坐标系下，选取 0°的节点，约束 y 方向自由度。

①选择角度为 0°的节点：Utility Menu>Select>Entities→从上往下依次选择 Nodes，By Location，Y coordinates，Min，Max 输入 0，From Full→Apply→Replot→OK。

②约束 y 方向自由度：Main Menu>Preprocessor>Loads>Define Loads>Apply>Structural>Displacement>On Nodes→Pick All→Lab2：UY→OK。

③选择所有：Utility Menu>Select>Everything。

④显示节点：Utility Menu>Plot>Nodes。

(3)在柱坐标系下，选取 5°的节点，约束环向自由度。

①将当前活动坐标系转换到柱坐标系：Utility Menu>WorkPlane>change Active CS to>Global Cylindical。

②选择角度为 5°的节点：Utility Menu>Select>Entities→从上往下依次选择 Nodes，By Location，Y coordinates，Min，Max 输入 5，From Full→Apply→Replot→OK。

③将节点坐标系转到柱坐标系下：Main Menu>Preprocessor>Modeling>Move/Modify>Rotate Node CS>To Active CS→Pick All→OK。节点坐标系默认的是与整体直角坐标系保持一致，当要施加环向约束时，需要转化节点坐标系到柱坐标系下，在柱坐标系下约束 y 方向自由度。

④打开节点坐标系：Utility Menu>PlotCtrls>Symbols→DNIR Node coordinate system：On。黄色的为节点坐标系的 y 坐标。

⑤约束 y 方向自由度：Main Menu>Preprocessor>Loads>Define Loads>Apply>Structural>Displacement>On Nodes→Pick All→Lab2：UY→OK。

⑥选择所有：Utility Menu>Select>Everything。

⑦显示节点：Utility Menu>Plot>Nodes。

(4)施加载荷

①选择内表面节点：Utility Menu>Select>Entities→从上往下依次选择 Nodes，By Location，X Coordinates，Min，Max 输入 30，From Full→Apply→Replot→OK。

②创建节点组：Utility Menu>Select>Comp/Assembly>Create Component→Cname：Ca(节点组名)→OK。

③施加内压：Main Menu>Preprocessor>Loads>Define Loads>Apply>Structural>Pressure>On Nodes→Pick All→VALUE：187.3→OK。施加的压力外载荷：正值表示压力，单位 MPa。

(5)显示施加的边界条件

①选择所有：Utility Menu>Select>Everything。

②将施加的压力箭头打开：Utility Menu>PlotCtrls>Symbols→[/PBC]：All Applied BCs(所有施加的边界条件)，[/PSF]Surface Load Symbols：Pressures(压力)；Show pres and convect as：Arrows(压力箭头)；DNIR Node coordinate system：Off(关闭节点坐标系)→OK。

(6)求解前保存模型：Utility Menu>File>Save as→输入 Load.db。

6. 求解

(1)第 1 载荷步求解

如图 11-23 所示。

①非线性求解设置：Main Menu>Solution>Analysis Type>Sol′n Controls→Time at end of loadstep(载荷步)：1；Automatic time stepping(自动时间步长)：ON；Number of substeps(载荷子步)：10；Frequency(写出结果频率)：Write last substep only→OK。

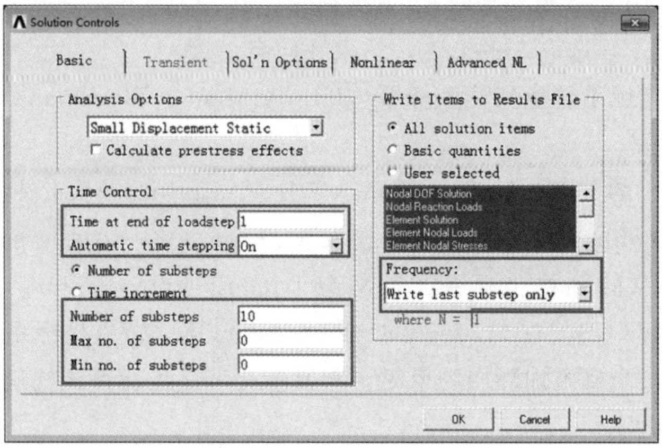

图 11-23　求解

②求解前选择所有：Utility Menu>Select>Everything。务必选择所有，才能使所有节点和单元参与计算。

③求解：Main Menu>Solution>Solve>Current LS→关闭/SATUS Command 窗口→OK→[Sloution is done]：Close，完成求解计算。

(2)第 2 载荷步求解

①选择内壁节点组：Utility Menu>Select>Comp/Assembly>Select Comp/Assembly→OK→选择 Ca→OK。

②卸载内压：Main Menu>Preprocessor>Loads>Define Loads>Apply>Structural>Pressure>On Nodes→Pick All→VALUE：0→OK。施加的压力外载荷：正值表示压力，单位 MPa。

③求解前选择所有：Utility Menu>Select>Everything。务必选择所有，才能使所有节点和单元参与计算。

④求解：Main Menu>Solution>Solve>Current LS→关闭/SATUS Command 窗口→OK→[Sloution is done]：Close，完成求解计算。

(3)求解后保存模型：Utility Menu>File>Save as→输入 Solve. db。

7. 后处理

后续出图，保存图片：Utility Menu>PlotCtrls>Hard Copy>To File…→图片文件名→OK。

(1)读入载荷步的计算结果：Main Menu>General Postproc>Read Results>By Pick→拾取想要看的载荷步→Read→Close。

(2)云图显示应力分布：Main Menu>General Postproc>Plot Results>Contour Plot>Nodal Solu。

云图显示径向、轴向、环向应力：→X-Component of stress→Apply。径向应力，云图中的符号为 SX。

第12章　典型圆筒结构热应力分析

本章主要介绍热应力分析间接法和直接法的原理及相应的ANSYS操作步骤，并通过对实例进行具体、详细的分析求解，加深对热应力分析的理解，便于读者掌握ANSYS处理热应力问题的基本方法和步骤。

12.1　间接法热应力分析

12.1.1　概述

利用间接法计算热应力，首先进行热分析，然后将求得的节点温度作为体载荷施加在结构应力分析中。热分析可以是瞬态的，也可以是稳态的，当热分析是瞬态时，需要找到温度梯度最大的时间点，并将该时间点的结构温度场作为体载荷施加到结构上。

由于间接法可以使用所有热分析和结构分析的功能，所以绝大多数情况都推荐使用该方法。

12.1.2　间接法热应力分析的主要步骤

1. 建模

稳态热分析的建模过程与其他分析相似，包括定义单元类型、定义单元实常数、定义材料特性、建立几何模型和划分网格等。需注意的是：稳态热分析必须定义材料的导热系数。

2. 施加载荷和求解

(1)指定分析类型

Main Menu>Solution>Analysis Type>New Analysis，选择Static。

(2)施加载荷

可以施加恒定的温度、热流率、对流、热流密度、生热率，Main Menu>Solution>Define Loads>Apply>Thermal。

(3)设置载荷步选项

普通选项包括：时间(用于定义载荷步和子步)，每一载荷步的子步数，阶跃选项等，Main Menu>Solution>Load Step Opts>Time/Frequenc>Time-Time Step。

非线性选项包括：迭代次数(默认25)，Main Menu>Solution>Load Step Opts>

Nonlinear>Equilibrium Iter；打开自动时间步长，Main Menu>Solution>Load Step Opts>Time/Frequenc>Time-Time Step；等等。

输出选项包括：控制打印的输出，Main Menu>Solution>Load Step Opts>Output Ctrls>Solu Printout；控制结果文件的输出，Main Menu>Solution>Load Step Opts>Output Ctrls>DB/Results File。

(4)设置分析选项

牛顿-拉普森选项(仅对非线性分析有用)；选择求解器；确定绝对零度(热辐射分析使用)。

(5)求解

3. 查看结果

稳态热分析使用 POST1 后处理器查看结果，对于热应力计算查看结果不是必要的。

4. 结构分析

与一般的结构分析过程大致相同，不同的是：

(1)转换单元，将热单元转换为相应的结构单元，相应的单元选项：Main Menu>Preprocessor>Element Type>Switch Elem Type。

(2)设置结构分析的材料属性，例如：热膨胀系数、弹性模量、泊松比等。设置前处理细节，例如节点耦合等 Main Menu>Preprocessor>Material Models。

(3)读入热分析得到的节点温度，Main Menu>Solution>Define Loads>Apply>Structural>Temperature>From Therm Analy。

(4)指定参考温度，计算热膨胀大小时，温度差等于节点温度减去参考温度，Main Menu>Solution>Define Loads>Settings>Reference Temp。

12.2 直接法热应力分析

与一般的分析过程类似，只是使用具有温度和位移自由度的耦合单元，并同时施加结构分析和热分析的约束和载荷。

由于间接法可以使用所有热分析和结构分析的功能，所以对绝大多数情况都推荐使用该方法。

12.3 保温管道热应力有限元分析

12.3.1 保温管道间接法热应力有限元分析

1. 问题描述

某液体管路内部通有液体，外部包有保温层，保温层与空气接触，结构如图 12-1 所示。已知管路由铸铁制造，其导热系数为 70W/(m·℃)，弹性模量为 200GPa，泊松比为 0.3，热膨胀系数为 1.2×10^{-5}/℃；保温层的导热系数为 0.02W/(m·℃)，弹性模量为 20GPa，泊松比为 0.4，热膨胀系数为 1.2×10^{-5}/℃；管路内液体压力 0.3MPa，温度为

70℃，对流换热系数为 1W/(m² · ℃)；空气温度为 −40℃，对流换热系数为 0.5W/(m² · ℃)。试分析管路内热应力情况。

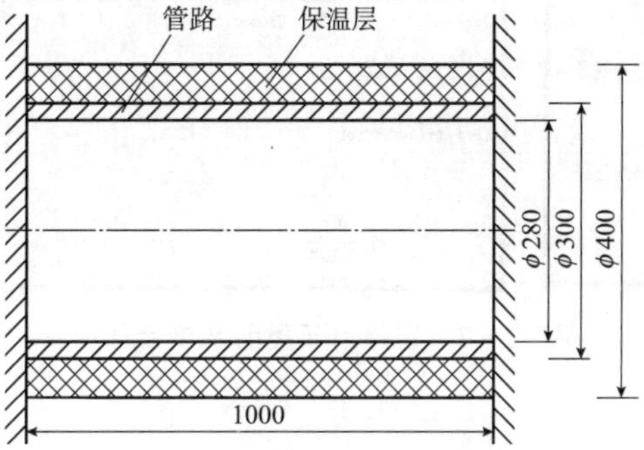

图 12-1　液体管路结构

2. GUI 分析步骤

1)进入 ANSYS

程序→ANSYS→ANSYS Product Launcher→改变 working directory 到指定文件夹→在 job name 输入：file。

2)定义变量

Utility Menu→Parameters→Scalar Parameters→Selection 输入 Len＝1→Accept→Selection 输入 D1＝0.28→Accept→Selection 输入 D2＝0.30→Accept→Selection 输入 D3＝0.40→Accept→Close。

3)设置计算类型

Main Menu＞Preferences→选择 Structural→OK。

4)定义单元属性

(1)定义单元类型

①Main Menu＞Preprocessor＞Element Type＞Add/Edit/Delete→Add→选择 PLANE77 单元，即在左列表框中选择 Thermal Solid，在右列表框中选择 8 node 77→OK，见图 12-2。

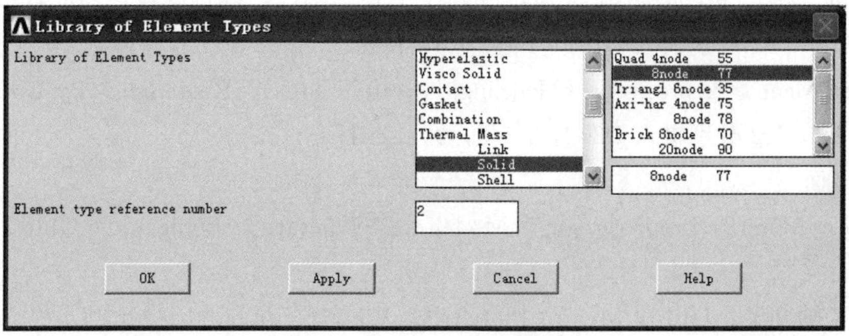

图 12-2　热结构单元

②单元选项设置：选中 PLANE77 单元→Options→K3 改成 Axisymmetric→OK→

Close，见图 12-3。

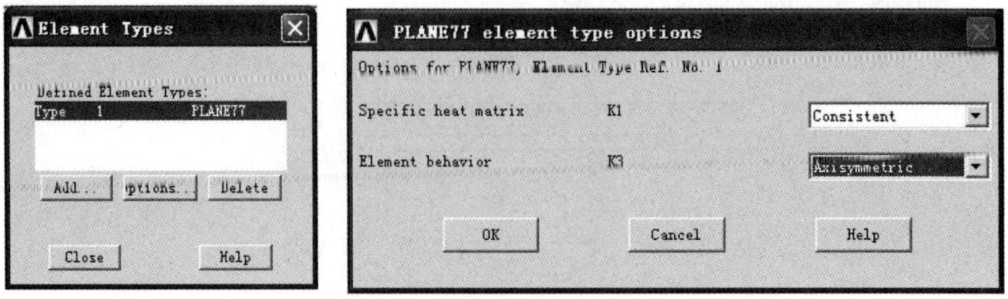

图 12-3 选择单元类型及单元选项

(2)定义材料参数

①定义管道材料：Main Menu > Preprocessor > Material Props > Material Models Available→Thermal→Conductivity→Isotropic→KXX 输入 70→OK，见图 12-4。

②定义保温层材料：Material→New Model→Define Material ID：2→Thermal→Conductivity→Isotropic→KXX 输入 0.02→OK。

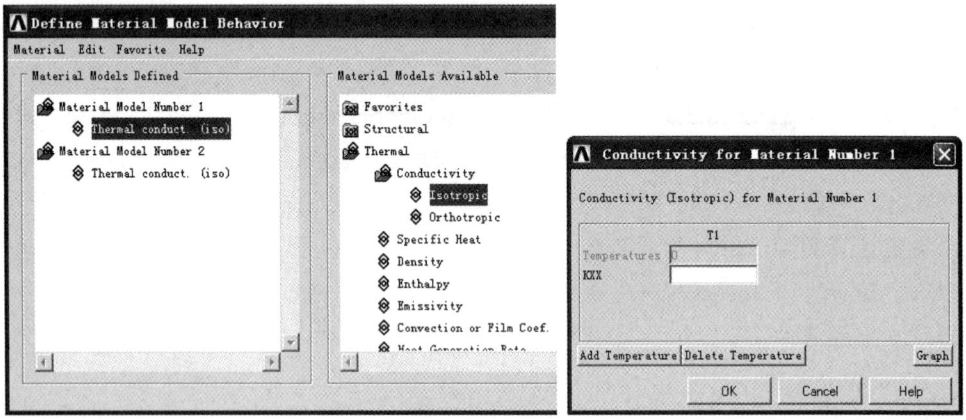

图 12-4 热传导系数菜单

5)建立几何模型

①Main Menu>Preprocessor>Modeling>Create>Areas>Rectangle>By Dimensions→X1，X2，Y1，Y2 分别输入 D1/2，D2/2，0，Len1。

②Main Menu>Preprocessor>Modeling>Create>Areas>Rectangle>By Dimensions→X1，X2，Y1，Y2 分别输入 D2/2，D3/2，0，Len1。

6)黏接面

①Main Menu > Preprocessor > Modeling > Operate > Booleans > Glue > Areas → Pick All。

②将 X 轴朝上：Utility Menu>PlotCtrls>View Settings>Viewing Direction→/VUP 选择 X-axis up→OK，见图 12-5。

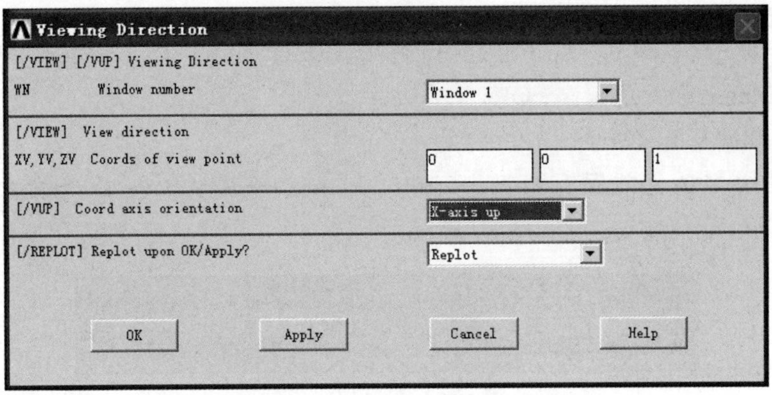

图 12－5　调整坐标轴的朝向

7)显示面号

①显示面号：Utility Menu>PlotCtrls>Numbering→/PNUM 中选择 AREA→OK。

②压缩编号：Main Menu>Preprocessor>Numbering Ctrls>Compress Numbers→选择 ALL→OK，见图 12－6。压缩编号使其无中间空号。

③鼠标放在屏幕中→单击右键→Replot。

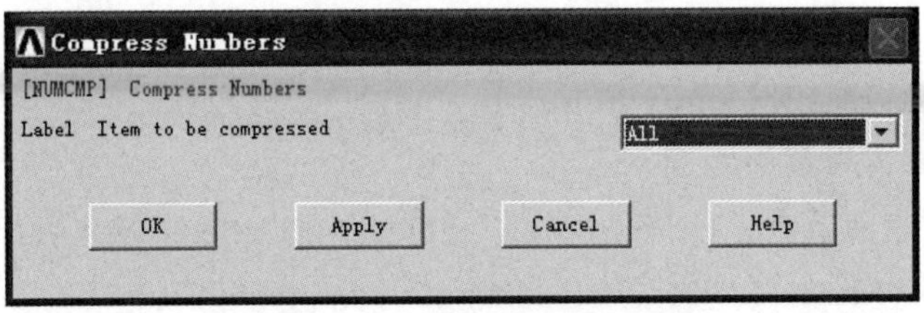

图 12－6　调整坐标轴的朝向

8)划分单元

(1)设置单元尺寸：Main Menu>Preprocessor>Meshing>Mesh Tool→在 Size Controls 下方选择 Global Set→SIZE 中输入 0.01→OK。

(2)设置面的单元属性：

①选择管道面：Utility Menu>Select>Entities→从上往下依次选择 Areas，By Location，X Coordinates，D1/2，D2/2→Apply→Plot→OK。

在 Mesh Tool 的 Element Attributes 下方选择 Areas Set→Pick All→OK→选择 MAT：1，TYPE：1→OK。

②选择保温层面：Utility Menu>Select>Entities→从上往下依次选择 Areas，By Location，X Coordinates，D2/2，D3/3→Apply→Plot→OK。

在 Mesh Tool 的 Element Attributes 下方选择 Areas Set→Pick All→OK→选择 MAT：2，TYPE：1→OK。

(3)选择所有：Utility Menu>Select>Everything。主菜单→Plot→Replot。

(4)划分网格：Main Menu>Preprocessor>Meshing>Mesh Tool→Areas，Quad，

Mapped→Mesh→Pick All→OK。

(5)打开单元材料编号：Utility Menu＞PlotCtrls＞Numbering→Elem/Attrib numbering 中选择 Materrial numbers→OK。

(6)几何模型及面网格见图 12－7。

(7)施加边界条件前保存模型：Utility Menu＞File＞Save as→输入 Thermal_mesh. db。

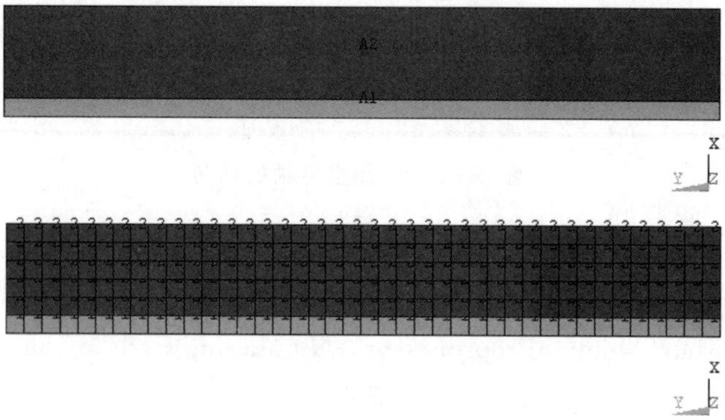

图 12－7　几何模型及面网格

9)施加约束，载荷并求解

(1)进入求解器：Main Menu＞Solution。

(2)管道内表面边界条件。

①选择管道内表面节点：Utility Menu＞Select＞Entities→从上往下依次选择 Nodes，By Location，X Coordinates，D1/2，From Full→Apply→Plot→OK。

②施加对流传热系数和温度边界：Main Menu＞Solution＞Define Loads＞Apply＞Thermal＞Convection＞On Nodes→VALI 中输入对流传热系数 1，VAL2I 中输入温度 70，见图 12－8→OK。

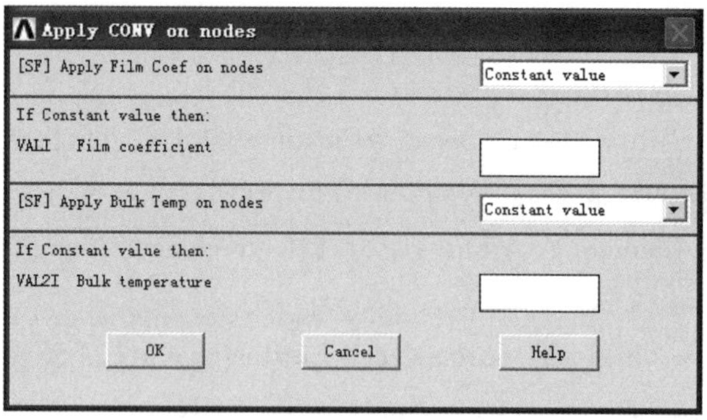

图 12－8　对流传热系数和温度边界

(3)保温层外表面边界条件

①选择管道内表面节点：Utility Menu＞Select＞Entities→从上往下依次选择 Nodes，By Location，X Coordinates，D3/2，From Full→Apply→Plot→OK。

②施加对流传热系数和温度：Main Menu>Solution>Define。

Loads>Apply>Thermal>Convection>On Nodes→VALI 中输入对流传热系数 0.5，VAL2I 中输入温度-40，见图 12-8→OK。

(4)求解前选择所有：Utility Menu>Select>Everything。

(5)求解前保存模型：Utility Menu>File>Save as→输入 Thermal _ load. db。

(6)开始求解计算：Main Menu>Solution>Slove>Current LS→File>Close→OK→[Sloution is done]：Close，完成求解计算。

(7)求解后保存模型：Utility Menu>File>Save as→输入 Thermal _ solve. db。

10)通用后处理，查看温度分布

(1)进入通用后处理器：Main Menu>General Postproc。

(2)查看温度分布云图：Main Menu>General Postproc>Plot Results>Contour Plot>Nodal Solu→Nodal Solution→DOF Solution→Nodal Temperature→OK。

(3)温度分布云图见图 12-9。

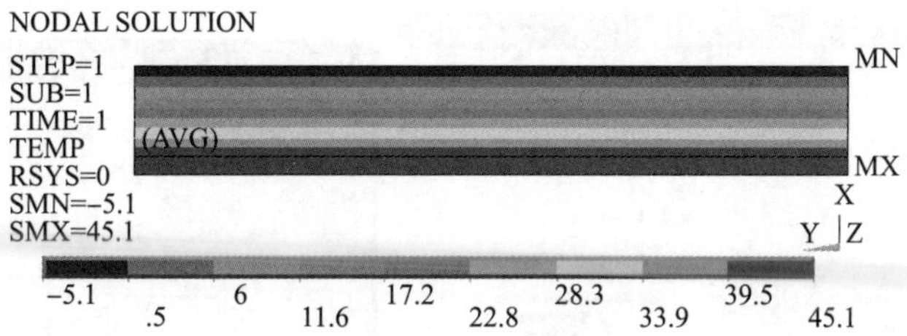

图 12-9　温度分布云图

11)结构应力分析

(1)进入前处理器：Main Menu>Preprocessor。

(2)轴对称结构单元。

①将热单元转换成结构单元：Main Menu>Preprocessor>Element Type>Switch Elem Type→选择 Thermal to struc，见图 12-10→OK。

②单元选项设置：选中 PLANE183 单元→Option→K3 改成轴对称 Axisymmetric→OK→Close。

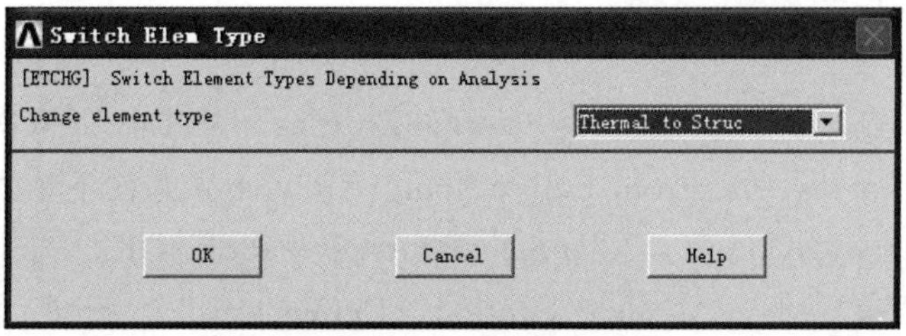

图 12-10　热单元转换成结构单元

(3)定义结构分析材料参数。

①定义管道弹性模量和泊松比：Main Menu>Preprocessor>Material Props>Material Models→选中 Material Model Number 1→Structural→Linear→Elastic→Isotropic→EX：2.0E11，PRXY：0.3→OK。

定义管道热膨胀系数：Main Menu>Preprocessor>Material Props>Material Models→选中 Material Model Number 2→Structural→Thermal Expansion→Secant Coefficient→Isotropic→ALPX 中输入 1.2E-5，见图 12-11→OK。

②定义保温层弹性模量和泊松比：Main Menu>Preprocessor>Material Props>Material Models→选中 Material Model Number 2→Structural→Linear→Elastic→Isotropic→EX：0.2E11，PRXY：0.4→OK。

定义保温层热膨胀系数：Main Menu>Preprocessor>Material Props>Material Models→选中 Material Model Number 1→Structural→Thermal Expansion→Secant Coefficient→Isotropic→ALPX 中输入 1.2E-5→OK。

12)施加内压和位移约束

(1)进入求解器：Main Menu>Solution。

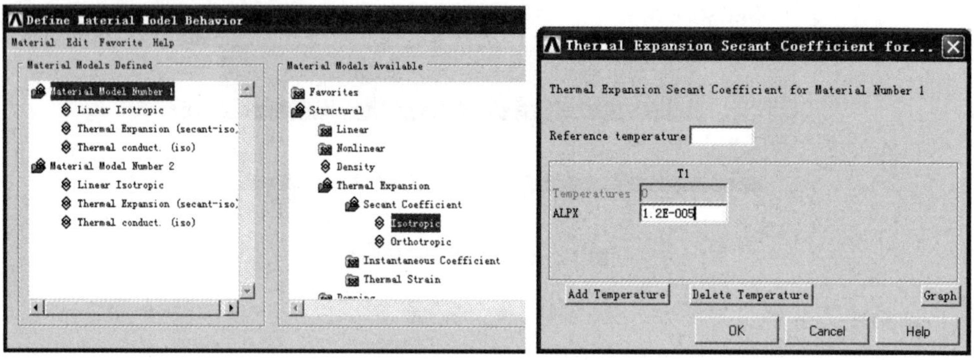

图 12-11 热膨胀系数

(2)管道内表面施加内压。

①选择管道内表面节点：Utility Menu>Select>Entities→从上往下依次选择 Nodes，By Location，X Coordinates，D1/2，From Full→Apply→Plot→OK。

②施加压力：Main Menu>Solution>Define Loads>Apply>Structural>Pressure>On Nodes→VALUE 中输入 0.3E6。

(3)约束两端 UY。

①选择两端节点：Utility Menu>Select>Entities→从上往下依次选择 Nodes，By Location，Y coordinates，0，From Full→Apply→Plot→从上往下依次选择 Nodes，By Location，Y coordinates，Len1，Also Select→Apply→Plot→OK。

②施加 UY 约束：Main Menu>Solution>Define Loads>Apply>Structural>Displacement>OnNodes→Lab2 中单选 UY→OK。

13)施加温度体载荷

(1)选择所有：Utility Menu>Select>Everything。从温度结果文件中读入温度体载荷前，务必选择所有。

(2)从温度结果文件中读入温度体载荷：Main Menu>Solution>Define Loads>Apply>Structural>Temperature>From Therm Analy→Browse→选中温度结果文件 file. rth，见图 12-12→OK。

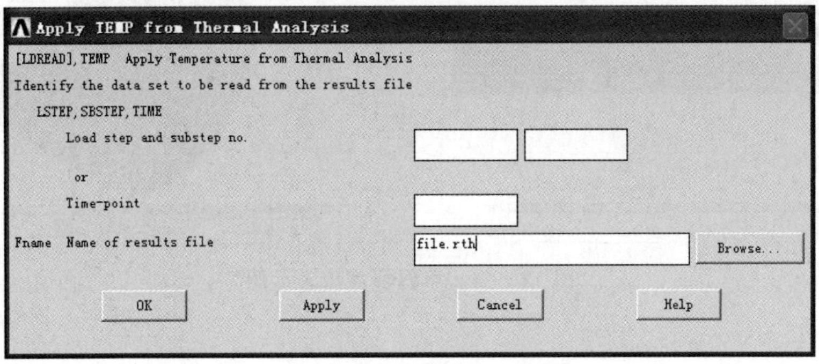

图 12-12　从温度结果文件中读入温度体载荷

14)设置参考温度

Main Menu>Solution>Define Loads>Settings>Reference Temp erature→输入 20，见图 12-13→OK。

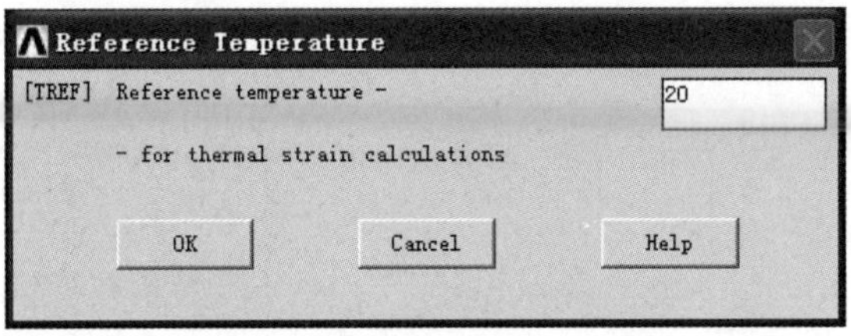

图 12-13　设置参考温度

15)求解

(1)求解前保存模型：Utility Menu>File>Save as→输入 Struc _ load. db。

(2)开始求解计算：Main Menu>Solution>Slove>Current LS→File>Close→OK→[Sloution is done]：Close，完成求解计算。

(3)求解后保存模型：Utility Menu>File>Save as→输入 Struc _ solve. db。

16)通用后处理

(1)进入通用后处理：Main Menu>General Postproc。

(2)云图显示第四强度的应力：

①轴对称显示：Main Menu>General Postproc>Plot Results>Contour Plot>Nodal Solu→Stress→von Mises stress→OK。

②3/4 圆环显示：Utility Menu>PlotCtrls>Style>Symmetry Expansion>2D Axi-Symmetric→单选 3/4 expansion→OK。

③ISO 视图显示：屏幕右上角单击 Isometric View →屏幕中单击右键→Replot。应力云图见图 12-14。

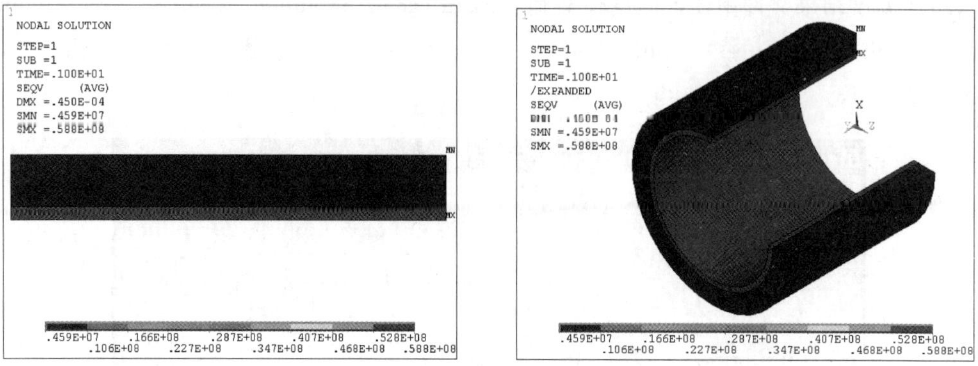

图 12-14　第四强度应力云图

17)退出 ANSYS 软件：

Utility Menu>File>Exit→Quit-No Save→OK。

3. ADPL 求解步骤

```
Len1=1.0                                 ！参数化管道长度
D1=0.28                                  ！参数化管道内直径
D2=0.30                                  ！参数化管道外直径
D3=0.40                                  ！参数化保温层外直径
/PREP7                                   ！进入前处理器
ET，1，PLANE77                           ！平面热单元
KEYOPT，1，3，1                          ！轴对称
MP，KXX，1，70                           ！导热系数 1
MP，KXX，2，0.02                         ！导热系数 2
RECTANG，D1/2，D2/2，0，Len1             ！矩形面
RECTANG，D2/2，D3/2，0，Len1             ！矩形面
AGLUE，ALL                               ！黏结
/VUP，1，X                               ！X 轴朝上
/PNUM，AREA，1                           ！打开面号
NUMCMP，ALL                              ！压缩编号
ESIZE，0.01                              ！单元尺寸
ASEL，S，LOC，X，D1/2，D2/2              ！选择面 1
AATT，1，，1，0，                        ！面 1 的单元属性
ASEL，S，LOC，X，D2/2，D3/2              ！选择面 2
AATT，2，，1，0，                        ！面 2 的单元属性
ALLSEL，ALL                              ！选择所有
MSHKEY，1                                ！映射网格
MSHAPE，0                                ！四边形网格
AMESH，ALL                               ！分网
FINISH                                   ！退出前处理器
/SOLU                                    ！进入求解器
```

```
NSEL，S，LOC，X，D1/2                    ！选择节点
SF，ALL，CONV，1，70                     ！对流系数、温度
NSEL，S，LOC，X，D3/2                    ！选择节点
SF，ALL，CONV，0.5，-40                  ！对流系数、温度
ALLSEL，ALL                              ！选择所有
SOLVE                                    ！求解
FINISH                                   ！退出求解器
/POST1                                   ！后处理
PLNSOL，TEMP,，0                         ！温度云图
FINISH                                   ！退出后处理器
/PREP7                                   ！进入前处理器
ETCHG，TTS                               ！热→结构单元
KEYOPT，1，3，1                          ！轴对称
MP，EX，1，2.0E11                        ！弹性模量
MP，NUXY，1，0.3                         ！泊松比
MP，ALPX，1，1.2E-5                      ！热膨胀系数
MP，EX，2，0.2E11                        ！弹性模量
MP，NUXY，2，0.4                         ！泊松比
MP，ALPX，2，1.2E-6                      ！热膨胀系数
FINISH                                   ！退出前处理器
/SOLU                                    ！进入求解器
NSEL，S，LOC，X，D1/2                    ！选择节点
SF，ALL，PRES，0.3E6                     ！内压
NSEL，S，LOC，Y，0                       ！选择右端节点
NSEL，A，LOC，Y，Len1                    ！选择左端
D，ALL，UY                               ！两端约束 UY
ALLSEL，ALL                              ！选择所有
LDREAD，TEMP,,,,,，RTH                   ！结果文件中读入温度体载荷
TREF，20                                 ！参考温度
ALLSEL，ALL                              ！选择所有
SOLVE                                    ！求解
FINISH                                   ！退出求解器
/POST1                                   ！进入通用后处理器
PLNSOL，S，EQV                           ！第四强度应力
/EXPAND，27，AXIS,,，10                  ！扩展¾
/VIEW，1，1，1，1                        ！ISO 视图
/REPLOT                                  ！重新画图
FINISH                                   ！退出后处理器
```

12.3.2　保温管道直接法热应力有限元分析

为了与间接法进行热应力计算相比较，本例采用了与上例相同的模型。

1. GUI 分析步骤

1)进入 ANSYS

程序→ANSYS→ANSYS Product Launcher→改变 working directory 到指定文件夹→在 job name 输入：file。

2)定义变量

Utility Menu→Parameters→Scalar Parameters→Selection 输入 Len＝1→Accept→Selection 输入 D1＝0. 28→Accept→Selection 输入 D2＝0. 30→Accept→Selection 输入 D3＝0. 40→Accept→Close。

3)设置计算类型

Main Menu＞Preferences→选择 Structural→OK。

4)定义单元属性

(1)定义单元类型

①Main Menu＞Preprocessor＞Element Type＞Add/Edit/Delete→Add→选择 PLANE13 单元，即在左列表框中选择 Coupled Field，在右列表框中选择 Vector Quad 13→OK，见图 12－15。

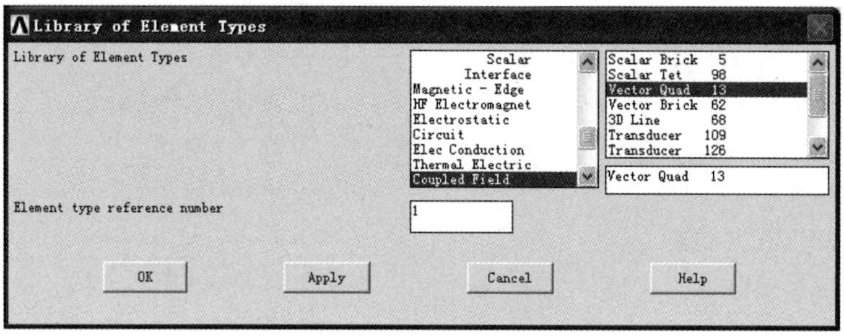

图 12－15　热与结构耦合单元

②单元选项设置：选中 PLANE13 单元→Option→K1 改成 UX，UY，TEMP，AZ；K3 改成 Axisymmetric→OK→Close，见图 12－16。

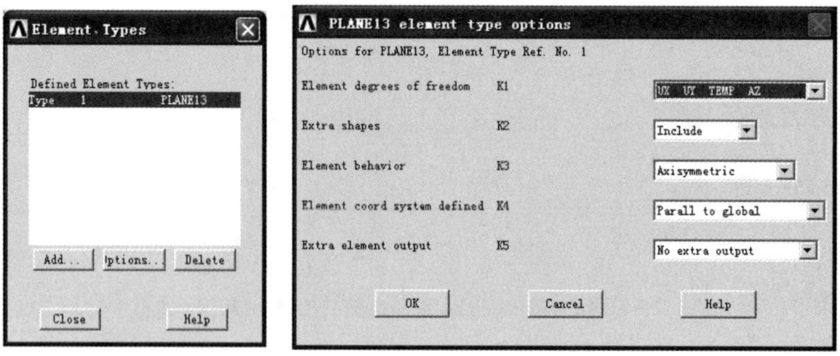

图 12－16　选择单元类型及单元选项

(2)定义管道材料参数：

①热传导系数：Main Menu＞Preprocessor＞Material Props＞Material Models→Thermal→Conductivity→Isotropic→KXX 输入 70→OK。

②弹性模量和泊松比：Main Menu>Preprocessor>Material Props>Material Models→选中 Material Model Number 1→Structural→Linear→Elastic→Isotropic→EX：2.0E11，PRXY：0.3→OK。

③热膨胀系数：Main Menu>Preprocessor>Material Props>Material Models→选中 Material Model Number 1→Structural→Thermal Expansion→Secant Coefficient→Isotropic→ALPX 中输入 1.2E-5→OK。

(3)定义保温层材料

①热传导系数：Material→New Model→Define Material ID：2→Thermal→Conductivity→Isotropic→KXX 输入 0.02→OK。

②弹性模量和泊松比：Main Menu>Preprocessor>Material Props>Material Models→选中 Material Model Number 2→Structural→Linear→Elastic→Isotropic→EX：0.2E11，PRXY：0.4→OK。

③热膨胀系数：Main Menu>Preprocessor>Material Props>Material Models→选中 Material Model Number 2→Structural→Thermal Expansion→Secant Coefficient→Isotropic→ALPX 中输入 1.2E-5→OK。

5)建立几何模型

①Main Menu>Preprocessor>Modeling>Create>Areas>Rectangle>By Dimensions→X1，X2，Y1，Y2 分别输入 D1/2，D2/2，0，Len1。

②Main Menu>Preprocessor>Modeling>Create>Areas>Rectangle>By Dimensions→X1，X2，Y1，Y2 分别输入 D2/2，D3/2，0，Len1。

6)黏接面

①Main Menu>Preprocessor>Modeling>Operate>Booleans>Glue>Areas→Pick All。

②将 X 轴朝上：Utility Menu>PlotCtrls>View Settings>Viewing Direction→/VUP 选择 X-axis up→OK。

7)显示面号

①显示面号：Utility Menu>PlotCtrls>Numbering→/PNUM 中选择 AREA→OK。

②压缩编号：Main Menu>Preprocessor>Numbering Ctrls>Compress Numbers→选择 ALL→OK。压缩编号使其无中间空号。

③鼠标放在屏幕中→单击右键→Replot。

8)划分单元

(1)设置单元尺寸：Main Menu>Preprocessor>Meshing>Mesh Tool→在 Size Controls 下方选择 Global Set→SIZE 中输入 0.01→OK。

(2)设置面的单元属性

①选择管道面：Utility Menu>Select>Entities→从上往下依次选择 Areas，By Location，X Coordinates，D1/2，D2/2→Apply→Plot→OK。

设置管道面的单元属性：在 Mesh Tool 的 Element Attributes 下方选择 Areas Set→Pick All→OK→选择 MAT：1，TYPE：1→OK。

②选择保温层面：Utility Menu>Select>Entities→从上往下依次选择 Areas，By Location，X Coordinates，D2/2，D3/3→Apply→Plot→OK。

设置保温层面的单元属性：在 Mesh Tool 的 Element Attributes 下方选择 Areas Set→PickAll→OK→选择 MAT：2，TYPE：1→OK。

(3)选择所有：Utility Menu>Select>Everything→主菜单→Plot→Replot。

(4)划分网格：Main Menu>Preprocessor>Meshing>Mesh Tool→Areas，Quad，Mapped→Mesh→Pick All→OK。

(5)打开单元材料编号：Utility Menu>PlotCtrls>Numbering→Elem/Attrib numbering 中选择 Materrial numbers→OK。

(6)施加边界条件前保存模型：Utility Menu>File>Save as→输入 ThermalStruc_mesh.db。

9)施加边界条件

(1)进入求解器：Main Menu>Solution。

(2)管道内表面边界条件。

①选择管道内表面节点：Utility Menu>Select>Entities→从上往下依次选择 Nodes，By Location，X Coordinates，D1/2，From Full→Apply→Plot→OK。

②施加对流传热系数和温度：Main Menu>Solution>Define Loads>Apply>Thermal>Convection>On Nodes→VALI 中输入对流传热系数 1，VAL2I 中输入温度 70→OK。

③施加压力：Main Menu>Solution>Define Loads>Apply>Structural>Pressure>On Nodes→VALUE 中输入 0.3E6。

(3)保温层外表面边界条件。

①选择管道内表面节点：Utility Menu>Select>Entities→从上往下依次选择 Nodes，By Location，X Coordinates，D3/2，From Full→Apply→Plot→OK。

②施加对流传热系数和温度：Main Menu>Solution>Define Loads>Apply>Thermal>Convection>On Nodes→VALI 中输入对流传热系数 0.5，VAL2I 中输入温度−40→OK。

(4)约束两端 UY。

①选择两端节点：Utility Menu>Select>Entities→从上往下依次选择 Nodes，By Location，Y coordinates，0，From Full→Apply→Plot→从上往下依次选择 Nodes，By Location，Y coordinates，Len1，Also Select→Apply→Plot→OK。

②施加 UY 约束：Main Menu>Solution>Define Loads>Apply>Structural>Displacement>OnNodes→Lab2 中单选 UY→OK。

10)设置参考温度。

Main Menu>Solution>Define Loads>Settings>Reference Temp→输入 20→OK。

11)求解

(1)求解前选择所有：Utility Menu>Select>Everything。

(2)求解前保存模型：Utility Menu>File>Save as→输入 ThermalStruc _ load. db。

(3)开始求解计算：Main Menu>Solution>Slove>Current LS→File>Close→OK→[Sloution is done]：Close，完成求解计算。

(4)求解后保存模型：Utility Menu>File>Save as→输入 ThermalStruc _ solve. db。

12)通用后处理

(1)进入通用后处理器：Main Menu>General Postproc。

(2)查看温度分布云图：Main Menu>General Postproc>Plot Results>Contour Plot>Nodal Solu→Nodal Solution→DOF Solution→Nodal Temperature→OK。温度分布云图见图 12 - 17。

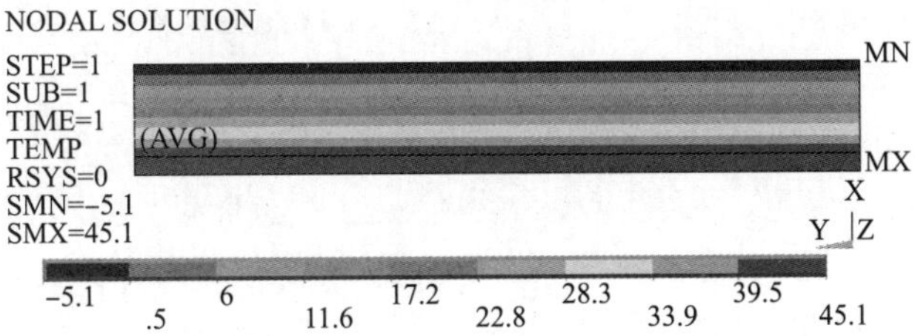

图 12 - 17　温度分布云图

(3)云图显示第四强度的应力。

①轴对称显示：Main Menu>General Postproc>Plot Results>Contour Plot>Nodal Solu→Stress→von Mises stress→OK。

②3/4 圆环显示：Utility Menu>PlotCtrls>Style>Symmetry Expansion>2D Axi-Symmetric→单选 3/4 expansion→OK。

③ISO 视图显示：屏幕右上角单击 Isometric View →屏幕中单击右键→Replot。第四强度应力云图见图 12 - 18。

13)退出 ANSYS 软件

Utility Menu>File>Exit→Quit-No Save→OK。

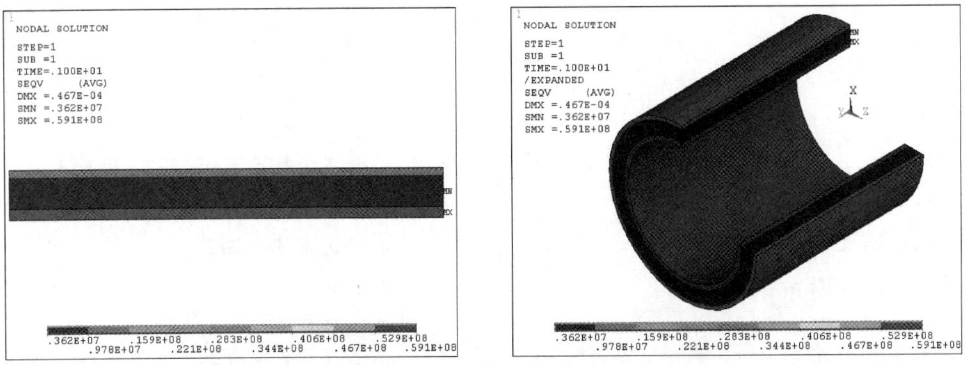

图 12 - 18　第四强度应力云图

2. ADPL 求解步骤

```
Len1=1.0                                  ! 参数化管道长度
D1=0.28                                   ! 参数化管道内直径
```

```
D2=0.30                                    ! 参数化管道外直径
D3=0.40                                    ! 参数化保温层外直径
/PREP7                                     ! 进入前处理器
ET，1，PLANE13                             ! 平面热结构耦合单元
KEYOPT，1，1，4                            ! 热结构耦合
KEYOPT，1，3，1                            ! 轴对称
MP，KXX，1，70                             ! 导热系数
MP，EX，1，2.0E11                          ! 弹性模量
MP，NUXY，1，0.3                           ! 泊松比
MP，ALPX，1，1.2E-5                        ! 热膨胀系数
MP，KXX，2，0.02                           ! 导热系数
MP，EX，2，0.2E11                          ! 弹性模量
MP，NUXY，2，0.4                           ! 泊松比
MP，ALPX，2，1.2E-5                        ! 热膨胀系数
RECTANG，D1/2，D2/2，0，Len1               ! 矩形面
RECTANG，D2/2，D3/2，0，Len1               ! 矩形面
AGLUE，ALL                                 ! 黏结
/VUP，1，X                                 ! X轴朝上
/PNUM，AREA，1                             ! 打开面号
NUMCMP，ALL                                ! 压缩编号
ESIZE，0.01                                ! 单元尺寸
ASEL，S，LOC，X，D1/2，D2/2                ! 选择面1
AATT，1，，1，0，                          ! 面1的单元属性
ASEL，S，LOC，X，D2/2，D3/2                ! 选择面2
AATT，2，，1，0，                          ! 面2的单元属性
ALLSEL，ALL                                ! 选择所有
MSHKEY，1                                  ! 映射网格
MSHAPE，0                                  ! 四边形网格
AMESH，ALL                                 ! 分网
FINISH                                     ! 退出前处理器
/SOLU                                      ! 进入求解器
NSEL，S，LOC，X，D1/2                      ! 选择节点
SF，ALL，CONV，1，70                       ! 对流系数、温度
SF，ALL，PRES，0.3E6                       ! 内压
NSEL，S，LOC，X，D3/2                      ! 选择节点
SF，ALL，CONV，0.5，-40                    ! 对流系数、温度
NSEL，S，LOC，Y，0                         ! 选择右端节点
NSEL，A，LOC，Y，Len1                      ! 选择左端
D，ALL，UY                                 ! 两端约束UY
TREF，20                                   ! 参考温度
```

```
ALLSEL, ALL                          ! 选择所有
SOLVE                                ! 求解
FINISH                               ! 退出求解器
/POST1                               ! 进入通用后处理器
PLNSOL, TEMP,, 0                     ! 温度云图
PLNSOL, S, EQV                       ! 第四强度应力
/EXPAND, 27, AXIS,,, 10              ! 扩展 3/4
/VIEW, 1, 1, 1, 1                    ! ISO 视图
/REPLOT                              ! 重新画图
FINISH                               ! 退出后处理器
```

12.4　基于体插值法的厚壁圆筒热应力分析

12.4.1　问题描述

一个厚壁圆筒，在内表面维持温度 T_i，在外表面维持温度为 T_o。选择¼圆筒模型，热和结构分析模型采用不同的网格，计算热-应力问题。

尺寸参数：轴对称的厚壁圆筒半径为 $IR=0.304$m，$OR=0.625$m；¼圆筒模型 $\theta=90°$；长度为 $H_1=0.5$m。

材料参数：弹性模量 $E=2.3E6$Pa；泊松比 $\mu=0.3$；导热系数 $k=3$W/(m·℃)；热膨胀系数$\alpha=1.435E-5$。

内表面温度：$T_i=-1$℃；外表面温度：$T_o=0$℃。

求：圆筒的温度分布、内表面的轴向应力和环向应力。

解决方法：热单元采用 SOLID87，结构单元采用 SOLID95。首先建立热分析模型，在内外表面分别施加温度。再建立结构分析模型。在对称边界施加对称约束，在 Z 方向，一端约束，另一端 UZ 自由，模拟无限长的圆筒。对所有单元设置体载荷传递标签，热和结构模型的位置完全重合，但不共用单元和节点。分配物理场文件名，物理场文件名用于结果文件的命名(MFFNAME)。用 MFVOLUME 命令定义体载荷传递，从热物理场传递载荷给结构场。对热分析求解设置分析选项，并写到一个文件中。同样地，对结构分析求解设置分析选项，并写到一个文件中，然后开始求解。模型示意图见图 12-19。

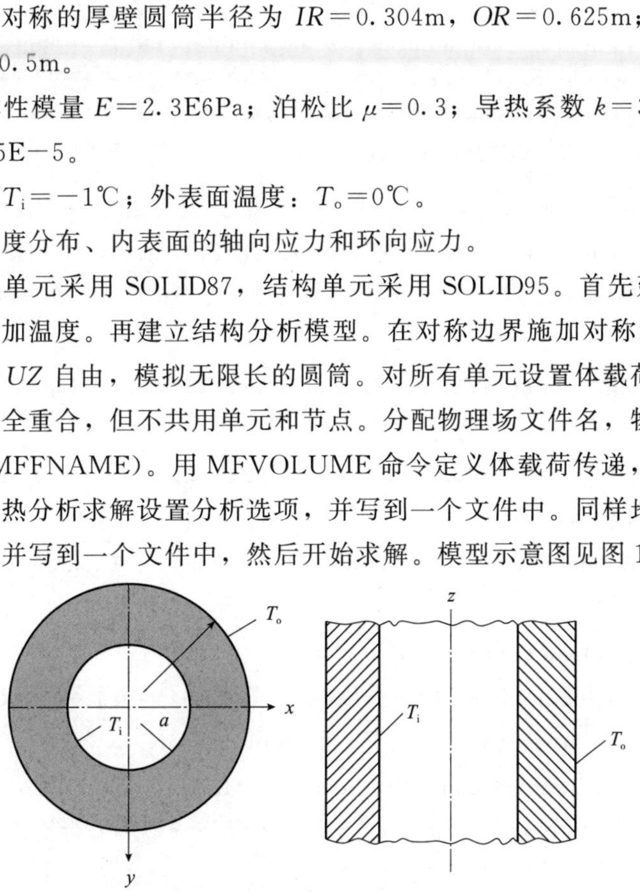

图 12-19　模型示意图

12.4.2 GUI 操作方式

1. 定义工作文件名

File>Change Jobname→输入 Thermal stress analysis of a long thick cylinder。

2. 定义变量

Utility Menu→Parameters→Scalar Parameters→Selection 圆筒内径参数化输入 IR=0.1875→Accept→Selection 圆筒外径参数化输入 OR=0.625→Accept→Selection 圆筒角度参数化输入 Theta=90→Accept→Selection 圆筒高度参数化输入 H1=0.5→Accept→Close。

3. 定义热单元类型及属性

(1)定义单元类型：Main Menu>Preprocessor>Element Type>Add/Edit/Delete→Add→左侧选择 Thermal Solid，右侧选择 Tet 10node 87，见图 12-20→OK。

(2)定义导热系数：Material Models>Thermal>Condurivity>Isotropic→KXX 输入 3，见图 12-21→OK。

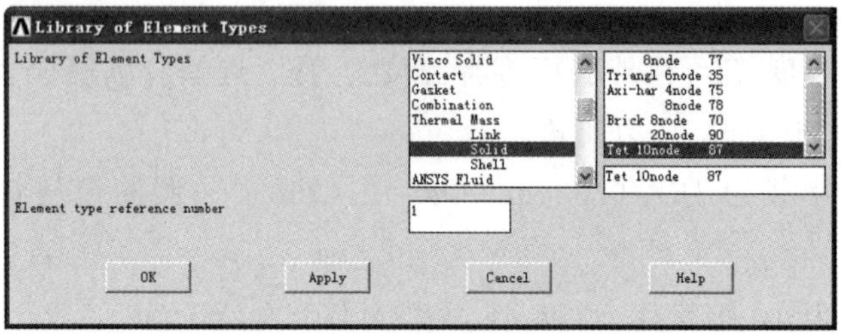

图 12-20 选择热单元类型

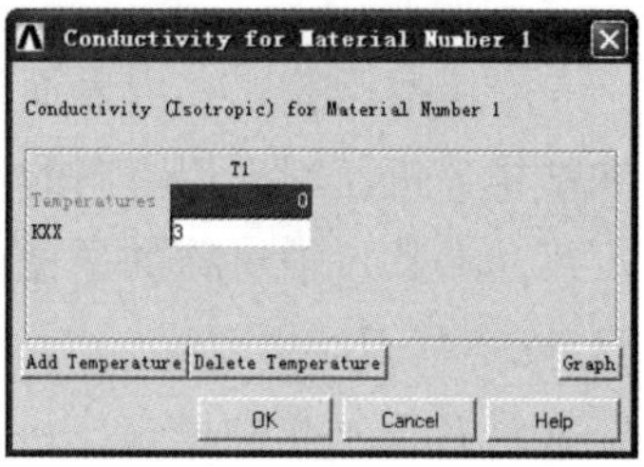

图 12-21 设置材料导热系数

4. 建立热分析几何体

Main Menu>Preprocessor>Crecte>Volumes>By Dimensions→RAD1 输入 IR，RAD2 输入 OR，Z1Z2 分别输入 0 和 H1，THETA1 和 THETA2 分布输入 0 和 Theta→OK。

5. 体分网

(1)设置单元份数：Main Menu>Preprocessor>Meshing>Size Ctrls>ManulSize>GlobalSizes→NDIV 输入 6→OK。

(2)自由划分网格：Main Menu>Preprocessor>Meshing>Mesh>Volumes>Free→PickAll。

6. 施加温度约束

(1)转化坐标系为柱坐标系：Utility Menu>WorkPlane>Change Active CS to>Global Cylindrical。

(2)在内表面施加温度约束

①选择内表面节点：Utility Menu>Select>Entities→从上到下依次设置：Nodes→By Location→X cordinates→IR→From Full→Apply→Plot。

②施加温度约束：Main Menu>Preprocessor>Loads>Define Loads>Apply>Thermal>Temperature>On Nodes→Pick All→选择 TEMP→最后一行输入-1→OK。

(3)在外表面施加温度约束

①选择外表面节点：Utility Menu>Select>Entities→从上到下依次设置：Nodes→By Location→X cordinates→OR→From Full→Apply→Plot。

②施加温度约束：Main Menu>Preprocessor>Loads>Define Loads>Apply>Thermal>Temperature>On Nodes→Pick All→选择 TEMP→最后一行输入 0→OK。

(4)选择所有节点：Utility Menu>Select>Everything。

7. 定义结构单元类型及属性

(1)定义单元类型：Main Menu>Preprocessor>Element Type>Add/Edit/Delete→Add→左侧选择 Structural Solid，右侧选择 20 node 95→OK。

(2)设置材料属性：

①弹性模量和泊松比：Main Menu>Preprocessor>Material Models>Structural>Linear>Elastic>Isotropic→EX 输入 2.3e6，PRXY 输入 0.3→OK。

②热膨胀系数：Structural>Thermal Expansis>Secant Coefficient>Isotropic→ALPX 输入 1.435e-5→OK。

8. 建立结构分析几何体

Main Menu>Preprocessor>Crecte>Volumes>By Dimensions→RAD1 输入 IR，RAD2 输入 OR，Z1Z2 分别输入 0 和 H1，THETA1 和 THETA2 分布输入 0 和 Theta→OK。

9. 体分网

(1)设置单元份数：Main Menu>Preprocessor>Meshing>Size Ctrls>ManulSize>GlobalSizes→NDIV 输入 9→OK。

(2)选择体 2：Utility Menu>Select>Entities→从上到下依次选择 Volumes，By Num/Pick，From Full，OK→拾取体 2→OK。

(3)选择体之下：Utility Menu>Select>Everything Below>Selected Volumes。

(4)设置几何体的单元属性：Main Menu>Preprocessor>Meshing>Mesh Attributes>Picked Volumes→Pick ALL→OK→MAT 选择 2，TYPE 选择 2→OK。

(5)映射划分体 2：Main Menu>Preprocessor>Meshing>Mesh Tool→Mesh：Volumes 中选择 Hex/Wedge 和 Sweep→Sweep→Pick ALL。

10. 施加位移边界条件

(1)转化当前活动坐标系为直角坐标系：Utility Menu>WorkPlane>Change Active CS to>Global Cartesian。

(2)Z 轴下端约束 UX。

①选择节点：Utility Menu>Select>Entities→从上到下依次设置：Node→By Location→Z cordinates→0→Reselect→Apply→Plot。

②约束 UZ：MainMenu>Preprocessor>Loads>DefineLoads>Apply>Structural>Displacement>On Nodes→Pick All→UZ→OK。

(3)圆周 0°的面约束 UY。

①选择体之下：Utility Menu>Select>Everything Below>Selected Volumes。

②选择节点：Utility Menu>Select>Entities→从上到下依次设置：Node→By Location→Y cordinates→0→Reselect→Apply→Plot。

③约束 UY：MainMenu>Preprocessor>Loads>DefineLoads>Apply>Structural>Displacement>On Nodes→Pick All→UY→OK。

(4)圆周 90°的面约束 UX。

①选择体之下：Utility Menu>Select>Everything Below>Selected Volumes。

②选择节点：Utility Menu>Select>Entities→从上到下依次设置：Node→By Location→X cordinates→0→Reselect→Apply→Plot。

③约束 UX：MainMenu>Preprocessor>Loads>DefineLoads>Apply>Structural>Displacement>On Nodes→Pick All→UX→OK。

11. 耦合自由度

(1)选择体之下：Utility Menu>Select>Everything Below>Selected Volumes。

(2)选择节点：Utility Menu>Select>Entities→从上到下依次设置：Node→By Location→Zcordinates→H1→Reselect→Apply→Plot。

(3)耦合 UZ 自由度：Main Menu>Preprocessor>Coupling/Ceqn>Couple DOFs→Pick All→在 NSEL 中输入 1，在 Lab 选择 UZ→OK。

12. 标记体载荷传递界面标签

(1)选择所有节点：Utility Menu>Select>Everything。

(2)在所有热单元和结构单元上标记体载荷传递界面标签 1：Main Menu>Preprocessor>Loads>Define Loads>Apply>Field Volume Intr>On Elements→Pick All→在 VAL1 输入 1，见图 12-22→OK。

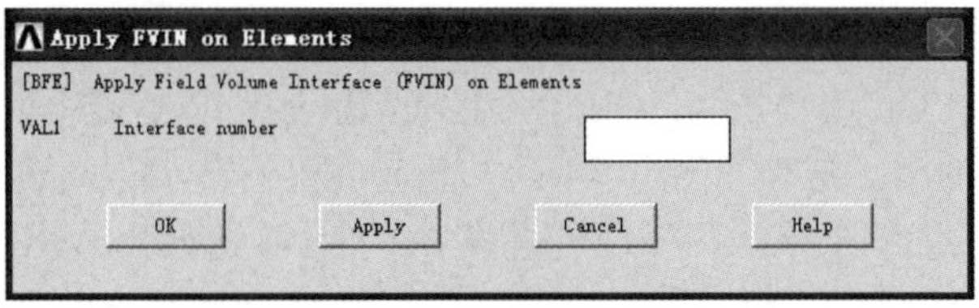

图 12-22 标记体载荷传递界面标签

热分析单元和结构分析单元见图 12-23 和见图 12-24。

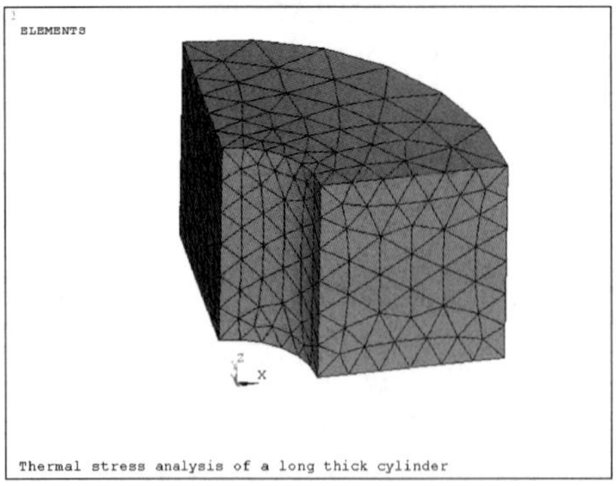

图 12-23 热分析单元

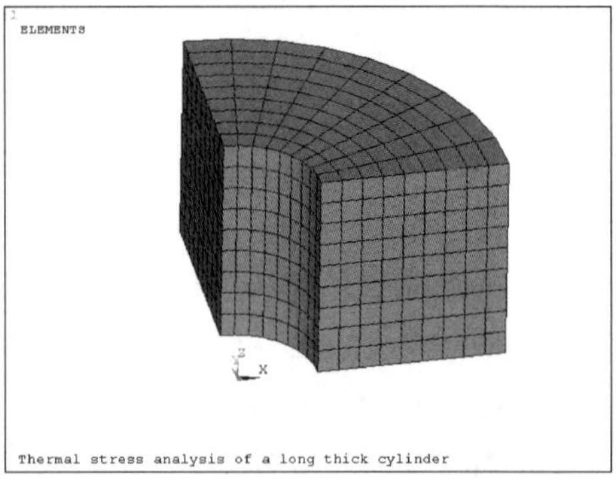

图 12-24 结构分析单元

13. MFS 求解器设置

(1)激活 MFS 分析：Main Menu>Solution>Multi-field Set Up>Select method→选择 ON→OK→单选 MFS-Single Code，见图 12－25→OK。

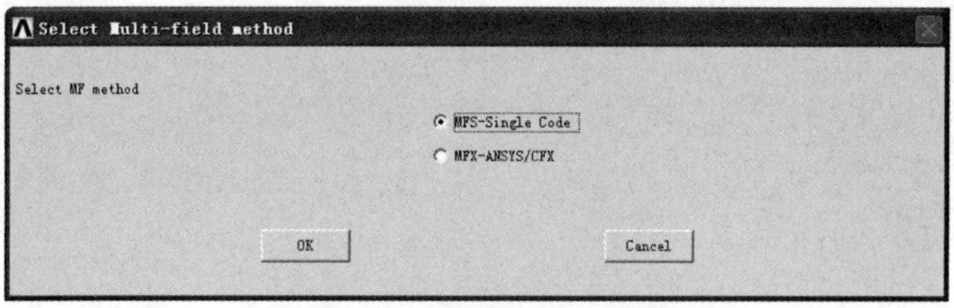

图 12－25　激活 MFS 分析

(2)定义热分析场编号、单元和文件名：Main Menu>Solution>Multi-field Set Up>MFS-Single Code>Define→从上到下依次：输入 1→选择 1 SOLID87→输入 therm1，见图 12－26→OK。

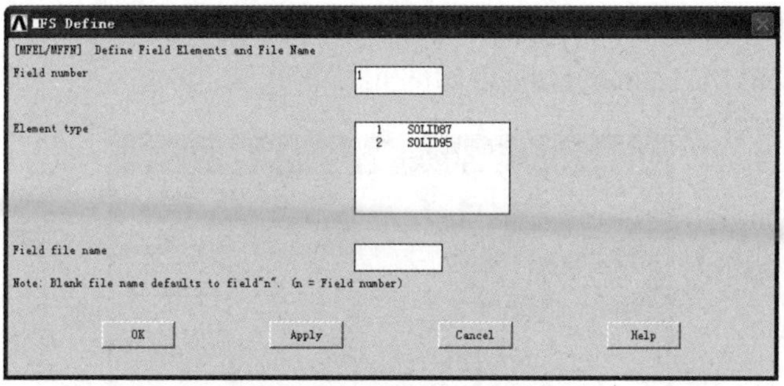

图 12－26　场单元和文件名

(3)定义结构分析场编号、单元和文件名：Main Menu>Solution>Multi-field SetUp>MFS-Single Code>Define>Define→从上到下依次：输入 2→选择 2 SOLID95→输入 struc2→OK。

(4)设置物理场求解顺序：Main Menu>Solution>Multi-field Set Up>MFS-Single Code>Setup>Order→上下依次选择 1 和 2，见图 12－27→OK。

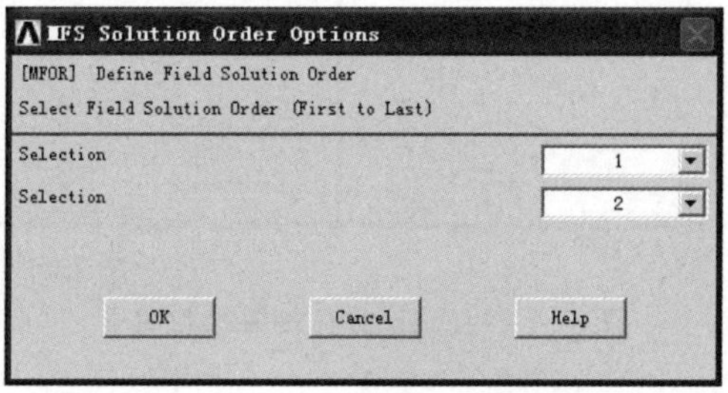

图 12－27　设置物理场求解顺序

(5)设置分析终止时间及载荷步长：Main Menu>Solution>Multi-field Set Up>MFS-Single Code>Time Ctrl→[MFTI]输入 1，[MFDT]初始时间步 Initial Time step 输入 1，

其余为 0，见图 12－28→OK。

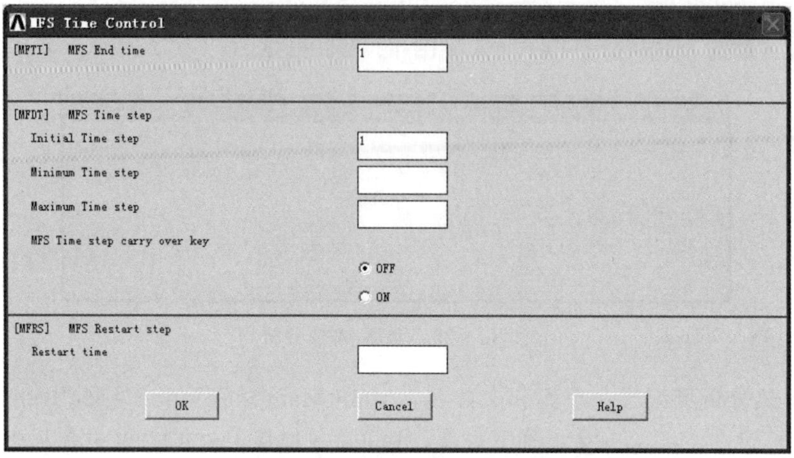

图 12－28　设置终止时间及载荷步

（6）设置迭代次数：Main Menu>Solution>Multi-field Set Up>MFS-Single Code>Stagger>Iterations→[MFIT]Maximum Stagger Iteration 输入 5，其余为 0，见图 12－29→OK。

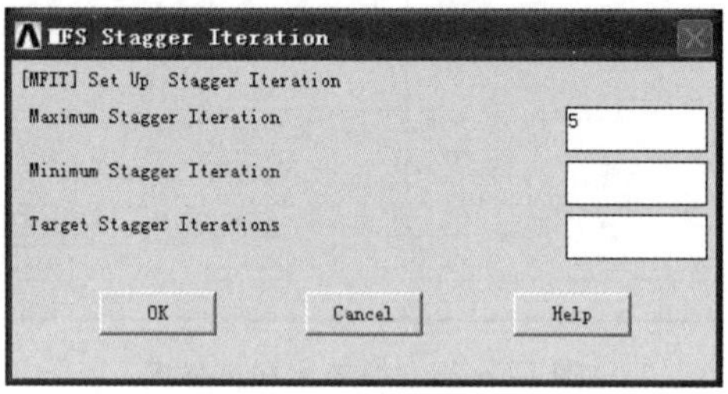

图 12－29　设置迭代次数

（7）设置载荷传递松弛因子：Main Menu>Solution>Multi-field Set Up>MFS-Single Code>Stagger>Relaxation→选择 All，见图 12－30(a)→OK→输入 0.5，见图 12－30(b)→OK。

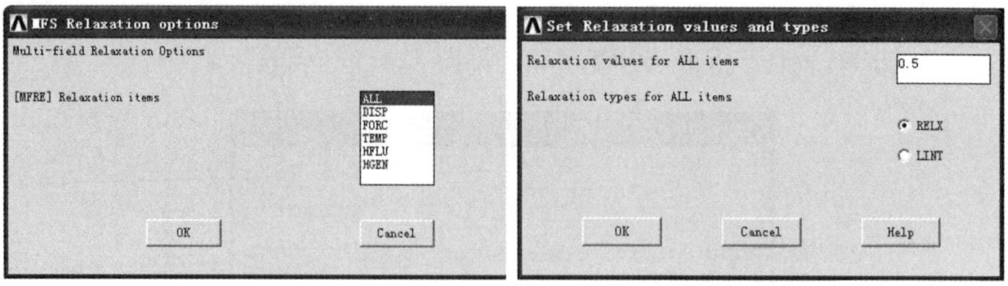

（a）松弛因子选项　　（b）松弛因子数值

图 12－30　设置载荷传递松弛因子

（8）设置体载荷传递：Main Menu>Solution>Multi-field Set Up>MFS-Single Code>Interface>Volume→依次选择 TEMP，1，2，1，见图 12－31→OK。

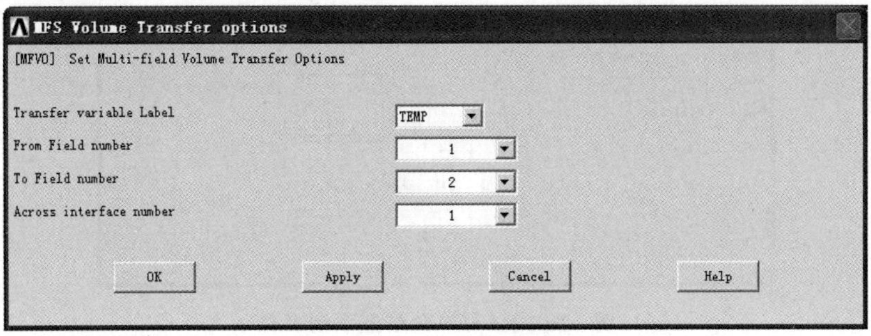

图 12-31　设置体载荷传递

14. 设置热分析类型

(1)设置热分析类型：Main Menu>Solution>Analysis Type>New Analysisn→选择 Static→OK。

(2)设置方程求解器的类型：Main Menu>Solution>Analysis Type>Analysis Options→[EQSLV]选择 Inc Cholysky CG，见图 12-32→OK。

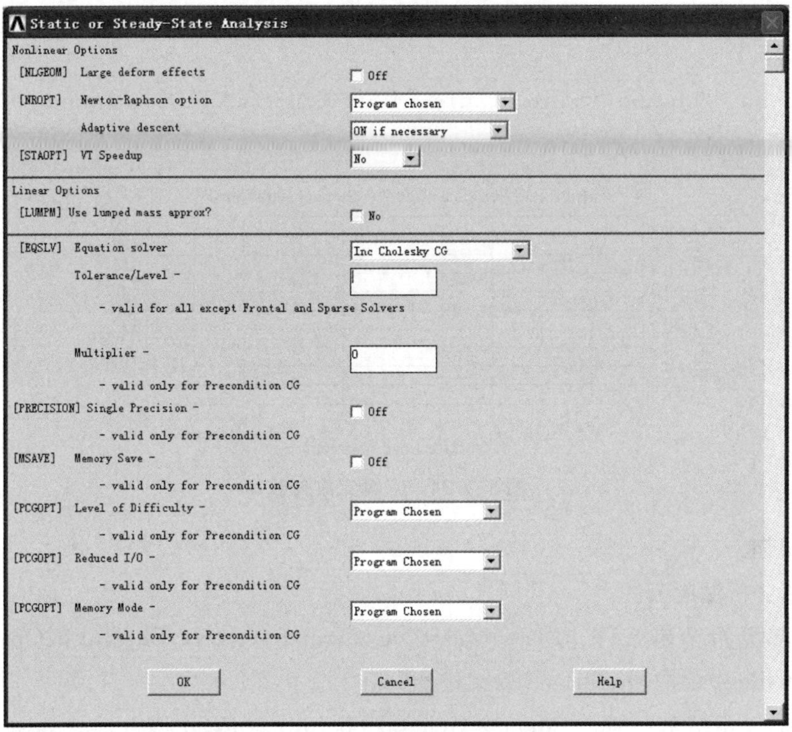

图 12-32　设置方程求解器的类型

(3)写热分析选项到文件 field1. cmd：Main Menu>Solution>Multi-field Set Up>MFS-Single Code>Capture→Field number 选择 1，见图 12-33→OK。

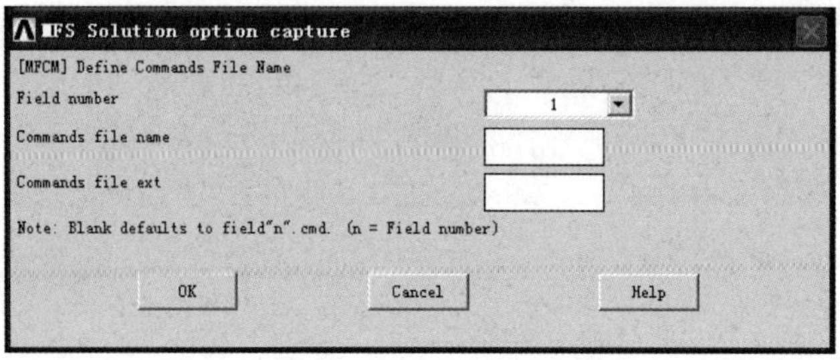

图 12 - 33　写热分析选项到文件

15. 设置结构分析类型

(1)设置结构分析类型：Main Menu>Solution>Analysis Type>New Analysisn→选择 Static→OK。

(2)设置方程求解器的类型：Main Menu>Solution>Analysis Type>Analysis Options→[EQSLV]选择 Precondition CG→OK。

(3)写结构分析选项到文件 field2. cmd：Main Menu>Solution>Multi-field Set Up>MFS-Single Code>Capture→Field number 选择 2→OK。

16. 求解

Main Menu>Solution>Solve>Current LS→关闭/STATUS Commnd 窗口→OK。求解完成曲线显示见图 12 - 34。

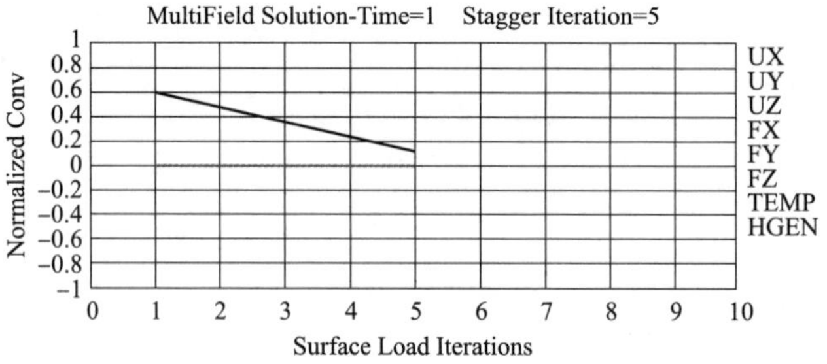

图 12 - 34　求解完成曲线

17. 后处理

(1)画热分析温度云图

①调入热分析结果文件：Main Menu>General Potproc>Date&FileOpts→在 Read single result file 中读取 therm1，rth 文件→OK。

②读最后一步结果：Main Menu>General Postproc>Read Results>Last Set。

③选择热单元：Utility Menu>Select>Entities→从上到下依次设置：Element，By Attributes，Element type num 1，From Full，Apply，Plot。

④画温度分布云图：Main Menu>General Postproc>Plot Results>Contour Plot>Nodal Solu→Nodal Solution→DOF Solution→Nodal Temperature→OK。

(2)画结构分析应力云图

①调入结构分析结果文件：Main Menu>General Potproc>Date&FileOpts→在 Read

single result file 中读取 struc2，rst 文件→OK。

②读最后一步结果：Main Menu>General Postproc>Read Results>Last Set。

③选择结构单元：Utility Menu>Select>Entities→从上到下依次设置：Element，By Attributes，Element type num，2，From Full，Apply，Plot。

④设置结果柱坐标系：Main Menu>General Postproc>Options for Outp→[RSYS]选择 Global cylindric→OK。

⑤显示轴向和环向应力分布：Utility Menu>Plot>Results>Contour Plot>Nodal Solution→Stress→分别选择 Z-Component of stress 和 Y-Component of stress。

(3)提取内表面的轴向应力和环向应力

①设置当前活动坐标系为柱坐标系：Utility Menu>WorkPlane>Change Active CS to>Global Cylindrical。

②选择内表面节点：Utility Menu>Select>Entities→从上到下依次设置：Node，By Location，X cordinates，IR，From Ful，Apply→Plot。

③对节点的轴向应力排序：Main Menu>General Postproc>List Results>Sorted Listing>Sort Nodes→最下面设置项：左选 Stress，右选 Z-direction SZ，见图 12-35→OK。

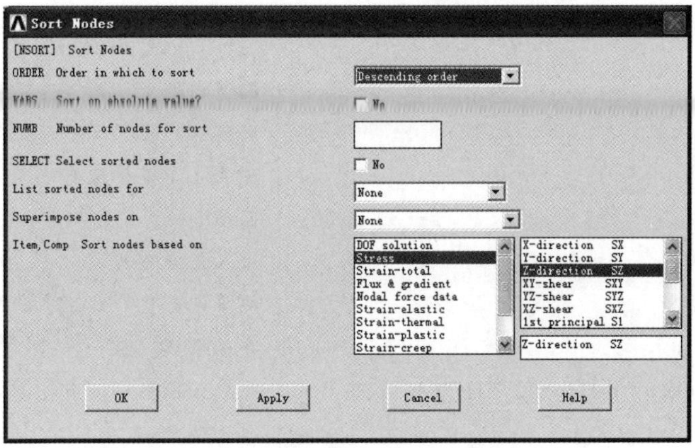

图 12-35　对节点的轴向应力排序

④提取轴向应力最大值：Utility Menu>Parameters>Get Scalar Date→左选 Results data，右选 Other operations→OK→上一行输入定义名：szmax，下左选 From sort oper′n，右选 maximum value，见图 12-36→OK。同理提取轴向应力最小值。

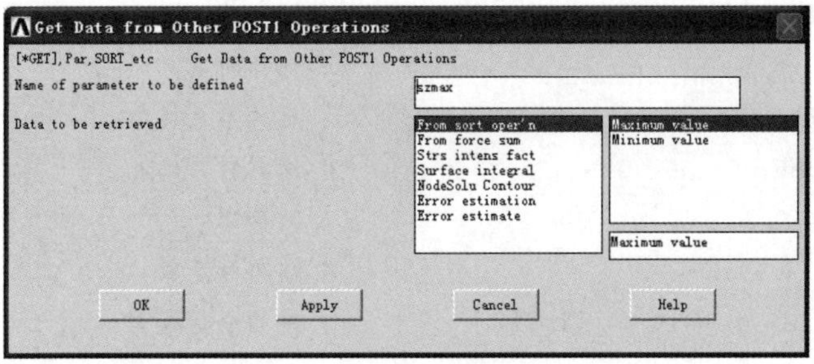

图 12-36　提取轴向应力最大值

⑤同理提取节点的环向应力的最大值和最小值。

⑥显示最大/最小值：Utility Menu>List>Status>Parameters>All Parameters。

18. 退出 ANSYS 软件

Utility Menu>File>Exit→Quit-No Save→OK。

温度和轴向应力分布云图见图 12-37 和图 12-38。

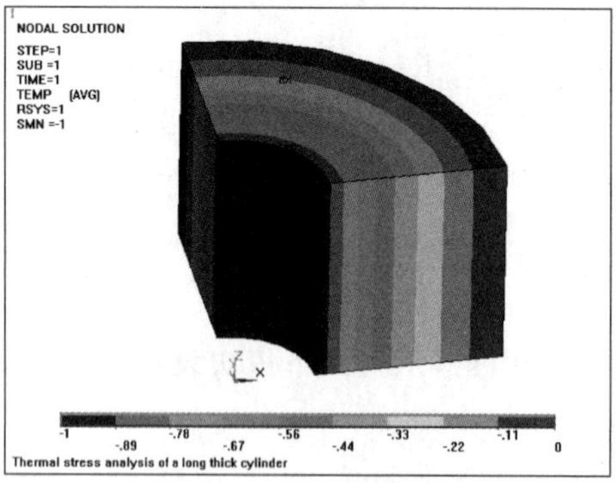

图 12-37　温度分布云图

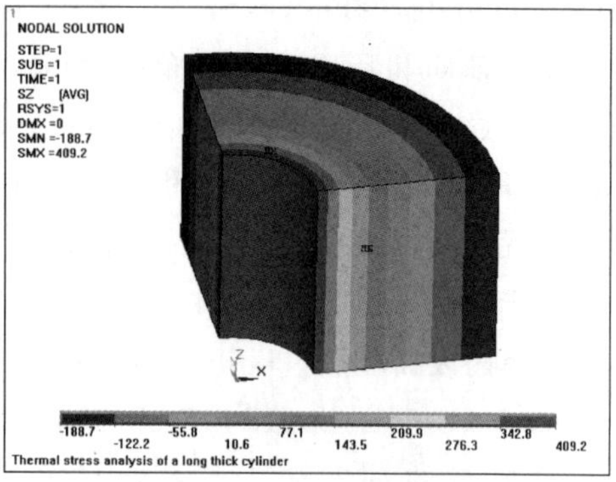

图 12-38　轴向应力分布云图

12.4.3　APDL 求解步骤

```
IR=0.1875                              ! 圆筒内径
OR=0.625                               ! 圆筒外径
THETA=90                               ! 建立 1/4 模型角度
H1=0.5                                 ! 高度
/PREP7                                 ! 进入前处理器
ET，1，SOLID87                         ! 热单元类型
MP，KXX，1，3                          ! 导热系数
CYLIND，IR，OR，0，H1，0，THETA        ! 热分析模型
ESIZ,，6                               ! 单元份数
VMESH，ALL                             ! 自由四面体网格
CSYS，1                                ! 柱坐标系
NSEL，S，LOC，X，IR                    ! 选择节点
D，ALL，TEMP，-1                       ! 内表面温度
NSEL，S，LOC，X，OR                    ! 选择节点
D，ALL，TEMP，0                        ! 外表面温度
ALLSEL，ALL                            ! 选择所有
ET，2，SOLID95                         ! 结构单元类型
MP，EX，2，30E6                        ! 结构材料性能
MP，NUXY，2，0.3                       ! 泊松比
MP，ALPX，2，1.435E-5                  ! 热膨胀系数
CYLIND，IR，OR，0，H1，0，THETA        ! 结构分析模型
ESIZ,，9                               ! 单元份数
```

```
VSEL, S,,, 2                    ! 选择体 2
ALLSEL, BELOW, VOLU             ! 体之下
VATT, 2, 1, 2                   ! 体 2 的单元属性
VSWEEP, 2                       ! 映射六面体网格
CSYS, 0                         ! 直角坐标系
ALLSEL, BELOW, VOLU             ! 体之下
NSEL, R, LOC, Z, 0              ! 节点 Z=0
D, ALL, UZ, 0                   ! 约束 UZ
ALLSEL, BELOW, VOLU             ! 体之下
NSEL, R, LOC, Y, 0              ! 节点 Y=0
D, ALL, UY, 0                   ! 约束 UY
ALLSEL, BELOW, VOLU             ! 体之下
NSEL, R, LOC, X, 0              ! 节点 X=0
D, ALL, UX, 0                   ! 约束 UX
ALLSEL, BELOW, VOLU             ! 体之下
NSEL, R, LOC, Z, H1             ! 选择节点
CP, 1, UZ, ALL                  ! 耦合 UZ 自由度
ALLSEL, ALL                     ! 选择所有
BFE, ALL, FVIN,, 1              ! 标记体载荷界面标签 1
FINISH                          ! 退出前处理器
/SOLU                           ! 进入求解器
MFAN, ON                        ! 激活 MFS 分析
MFEL, 1, 1                      ! 热物理场编号，单元类型编号
MFFN, 1, Therm1                 ! 热物理场文件名 Therm1
MFEL, 2, 2                      ! 结构物理场编号，单元类型编号
MFFN, 2, Struc2                 ! 结构物理场文件名 Struc2
MFOR, 1, 2                      ! 求解顺序
MFTI, 1                         ! 分析终止时间
MFDT, 1                         ! 载荷步长
MFIT, 5                         ! 最大迭代次数
MFRE, ALL, 0.5                  ! 载荷传递的松弛因子
MFVO, 1, 1, TEMP, 2             ! 体载荷传递
ANTYP, STAT                     ! 热分析类型：静态分析
EQSLV, ICCG                     ! 方程求解器的类型
MFCM, 1                         ! 写热分析选项到文件 FIELD1.CMD
ANTYPE, STATIC                  ! 结构分析类型：静态分析
EQSLV, PCG                      ! 方程求解器的类型
MFCM, 2                         ! 写热分析选项到文件 FIELD2.CMD
SOLVE                           ! 求解
FINISH                          ! 退出求解器
```

```
/POST1                                ! 进入后处理器
FILE, Therm1, rth                     ! 调入热分析结果文件
SET, LAST                             ! 读入最后载荷步
ESEL, S, TYPE,, 1                     ! 选择热单元
PLNS, TEMP                            ! 画温度分布
FILE, Struc2, rst                     ! 调入结构分析结果文件
SET, LAST                             ! 读入最后载荷步
ESEL, S, TYPE,, 2                     ! 选择结构单元
RSYS, 1                               ! 结果坐标系
PLNS, S, Z                            ! 画轴向应力分布
CSYS, 1                               ! 柱坐标系
NSEL, S, LOC, X, IR                   ! 选择内表现面节点
NSORT, S, Z                           ! 对节点的轴向应力排序
*GET, SZMAX, SORT,, MAX               ! 轴向应力最大值
*GET, SZMIN, SORT,, MIN               ! 轴向应力最小值
NSORT, S, Y                           ! 对节点的环向应力排序
*GET, SYMAX, SORT,, MAX               ! 环向应力最大值
*GET, SYMIN, SORT,, MIN               ! 环向应力最小值
FINISH                                ! 退出后处理器
```

12.5 双层圆筒壁的热传导分析

12.5.1 问题描述

ϕ50mm×5mm 的不锈钢管，热导率 $\lambda_1=16\text{W}/(\text{m}^2\cdot℃)$，外面包裹厚度为 30mm、热导率 $\lambda_2=0.2\text{W}/(\text{m}^2\cdot℃)$的石棉保温层。若钢管的内表面温度为 350℃，保温层外表面温度为 100℃，试求每米管道的热损失及钢管外表面温度。

12.5.2 与解析解对比

1. 解析解

单位长度管道的热损失：

$$\frac{Q}{L}=\frac{2\pi(t_1-t_3)}{\frac{1}{\lambda_1}\ln\frac{r_2}{r_1}+\frac{1}{\lambda_2}\ln\frac{r_3}{r_2}}=397\text{W/m} \tag{12-1}$$

虽然涉及的是两层圆筒壁的热传导问题，但导热过程定态，因此通过各圆筒壁(等温面)的导热速率 Q 相等。可利用上式的计算结果，考虑通过管壁的单层导热，求出钢管外表面温度：

$$t_2=t_1-\frac{Q}{2\pi l}\times\frac{1}{\lambda_1}\ln\frac{\text{r}_2}{\text{r}_1}=349℃ \tag{12-2}$$

2. 计算结果

采用四节点的平面热单元 PLANE55 或者 8 节点的平面热单元 PLANE77，设置成轴对称。钢管长度可取任意长，模型中取 $L=10\text{mm}$。

表 12-1 给出了热传导分析计算结果对比，图 12-39 给出了不锈钢管和保温层的温度云图，图 12-40 给出了温度梯度云图，图 12-41 给出了热通量云图。由图可见，保温层的温度梯度小，保温效果好；不锈钢钢管的温度梯度小，温度只降低了 0.9℃。

表 12-1 热传导分析计算结果对比

结果	单位长度热损失/(W/m)	钢管外表面温度/℃
解析解	397	349
数值解	长度 L 的数值解 3.970434W，单位长度 $3.970434/L=397\text{W/m}$	349

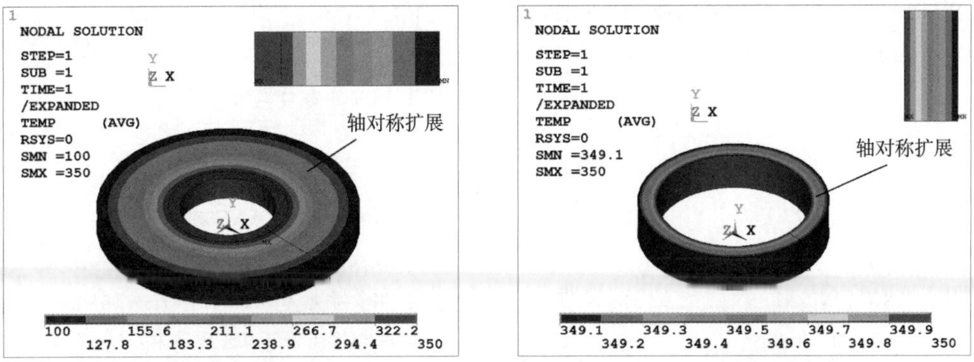

(a)不锈钢钢管和保温层　　(b)不锈钢钢管

图 12-39 不锈钢管和保温层的温度云图

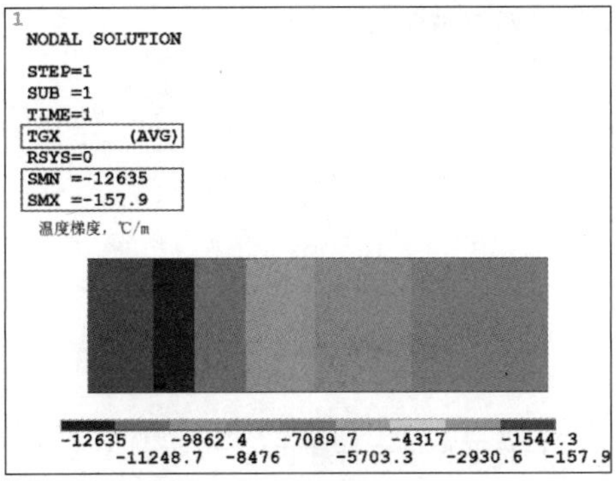

图 12-40 温度梯度云图

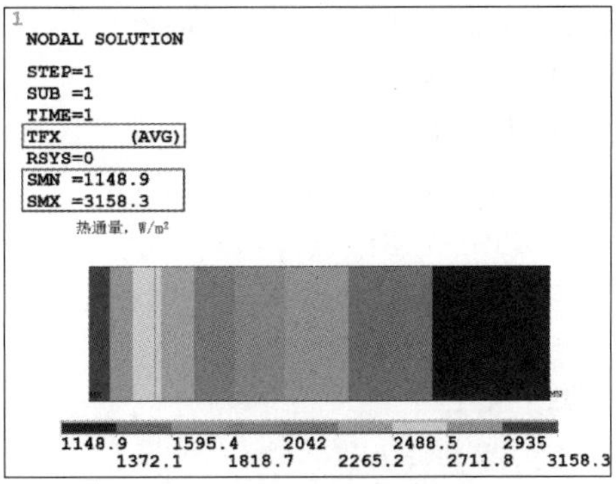

图 12-41 热通量云图

由于通过各圆筒壁(等温面)的导热速率 Q 相等，不锈钢钢管的内壁的面积小，热通量大，数值为 $q=3158.3\text{W/m}^2$，内壁的导热速率 $Q=qA=3158.3\times(2\pi r_1)\times L=3.97\text{W}$；保温层外壁的面积大，热通量小，数值为 $q=1148.9\text{W/m}^2$，外壁的导热速率 $Q=qA=1148.9\times(2\pi r_3)\times L=3.97\text{W}$。

12.5.3 命令流

```
kx1=16                                            ! 钢管导热系数
kx2=0.2                                           ! 保温层导热系数
r1=20e-3                                          ! 钢管内径
r2=25e-3                                          ! 钢管外径
r3=55e-3                                          ! 保温层外径
L12=10e-3                                         ! 高度
t1=350                                            ! 钢管内壁温度
t3=100                                            ! 保温层外壁温度
pi=acos(-1)
! 单位长度热损失
QL=2 * pi * (t1-t3)/(LOG(r2/r1)/kx1+LOG(r3/r1)/kx2)
dt1=QL/(2 * pi) * LOG(r2/r1)/kx1
t2=t1-dt1                                         ! 钢管外表面温度
! ----------------------------------------------------------------
/PREP7
ET, 1, PLANE77                                    ! 热单元或 PLANE55
KEYOPT, 1, 3, 1                                   ! 轴对称
MP, KXX, 1, kx1                                   ! 钢管导热系数(热导率)
MP, KXX, 2, kx2                                   ! 保温层导热系数(热导率)
RECTNG, r1, r2, 0, L12,                           ! 钢管几何面
RECTNG, r2, r3, 0, L12,                           ! 保温层几何面
NUMMRG, KP,,,, LOW                                ! 合并关键点
NUMCMP, ALL                                       ! 压缩编号
/PNUM, LINE, 1
/PNUM, AREA, 1
ESIZE, 1e-3, 0,                                   ! 单元尺寸
MSHAPE, 0, 2D
ASEL, S,,, 1
AATT, 1,, 1, 0,                                   ! 指定钢管材料属性
ASEL, S,,, 2
AATT, 2,, 1, 0,                                   ! 指定保温层材料属性
MSHKEY, 1
ALLSEL, ALL
AMESH, ALL
DL, 4,, TEMP, 350, 0                              ! 左侧温度
DL, 6,, TEMP, 100, 0                              ! 右侧温度
FINISH
/SOLU
```

```
ALLSEL，ALL
SOLVE
FINISH
/POST1
PLNSOL，TF，X，0                         ! 热通量 W/m2
PLNSOL，TEMP,，0                         ! 温度云图℃
PLNSOL，TG，X，0                         ! 温度梯度℃/m
ASEL，S,,，1
ALLSEL，BELOW，AREA
PLNSOL，TEMP,，0                         ! 温度云图℃
LSEL，S,,，4                             ! 选择线 L4
LPLOT                                    ! 显示线
NSLL，S，1                               ! 节点依附到线
NPLOT                                    ! 显示节点
FSUM，0，ALL                             ! 计算热流量−3.970434/L12=397
Q1=3158.3*(2*pi*r1)*L12
Q3=1148.9*(2*pi*r3)*L12
```

第13章　基于压力容器分析设计标准的应力分析法

压力容器是化工、石油、冶金、轻工、纺织、机械以及航空航天工业中广泛使用的承压设备。尽管各类压力容器设备功能各异、结构复杂程度不一，但从整体上看，均具有明显特点，并可以方便地进行归类分析。为了解决压力容器使用过程中的安全问题，世界各国均严格实行了规范化设计，而随着科技水平的不断提高，特别是ANSYS等有限元软件的出现，为推动CAE分析设计在该领域的普及做出了卓越有效的工作。而应用有限元分析结果进行评定，涉及的力学知识和方法众多，本章主要针对结构线弹性分析中涉及的强度评定问题展开讨论，对强度理论、应力分类评定等问题进行讨论，并在最后给出了分析报告的一般性要求。

13.1　压力容器设计解决方案

压力容器的设计方法有两种，分别对应两种设计规范。我国的GB/T 150《压力容器》采用的是传统的设计方法，称为“按规则设计”，它的基本思想是不需要对压力容器的各个部位进行详细的应力分析，而是结合经典力学理论和经验公式对压力容器部件的设计做一些规定，如：选材、安全系数、特征尺寸、制造工艺等都必须满足一定的条件。另一种更科学、更严密的设计规范是JB 4732《钢制压力容器——分析设计标准》，它采用“分析设计”方法，要求对压力容器进行应力分析和疲劳分析，由于这种定量分析结果使结构趋于更合理，因此，用该规范设计的容器可以达到较高的许用应力而并不削弱安全裕度。

规则设计法标准是基于弹性失效设计准则，将容器中某一最大应力限制在弹性范围内就认为可保证安全。这种“规则设计”方法对设计的容器基本上是安全的，随着技术的发展及核容器和大型化的高参数化工容器的广泛使用，工程师们逐步认识到各种不同的应力对容器的失效有不同的影响，感到应从产生应力的原因、作用的部位以及对失效的影响几个方面将容器中的应力进行合理的分类，从而形成了“应力分类”的概念和相应的“分析设计”方法。

压力容器的分析设计标准是与规则设计法标准相平行的另一种标准。其设计思想是进行容器设计时必先进行详细的应力分析，将各种外载荷或变形约束产生的应力分别计算出来，然后进行应力分类，再按不同的设计准则来限制，保证容器在使用期内不发生各种形式的失效，而进行分析设计的最有效和最实用的工具就是通过有限元应力分析。

13.2　压力容器及其分类

化工容器是化学工业、石油化学工业领域中受压设备的泛称。化学工业、石油化工工业领域使用的受压设备繁多，常用的有反应器、热交换器、塔设备以及各种储槽等。这些设备的功能及其内、外结构各异，但从强度和刚度的角度分析，除个别者外都是受压力载荷的回转壳体，都属于压力容器的范畴。

通常，当容器承受的内压大于 0.1MPa 时，才称为压力容器；当容器承受的内压小于 0.1MPa 时，称为常压容器；当容器所承受的内外压差小于零时，称为外压容器。

压力容器的常见结构形式有两种：球形容器和圆筒形容器。压力容器由容器本体和附件构成。对于圆筒形容器，容器本体由筒体与封头两部分组成。常见的压力容器封头有：球形封头、椭圆形封头、蝶形封头、球冠形封头、锥形封头和平盖封头等。容器附件包括支座、法兰、接管、人孔、手孔、视镜和安全附件等。

压力容器有多种分类方法，常见的有：

(1)按压力大小，可将压力容器分为如下 4 类：低压容器、中压容器、高压容器以及超高压容器；

(2)按其功能，可将压力容器分为如下 4 类：反应容器、换热容器、分离容器以及储存容器；

(3)按安全技术管理要求，可将压力容器分为第一、二、三类压力容器。

对于不同类别的压力容器，在设计、制造(组焊)、安装、使用、检验、修理和改造等方面，有不同的规定和要求。且对于不同类别的压力容器，不仅要具有相应的设计和制造资格，而且其设计和制造成本会有很大差别。

压力容器的基本要求是安全性和经济性，安全是核心问题，在充分保证安全的前提下尽可能做到经济。保证安全，不是盲目地增加壁厚、提高材料品质，而应从合理的结构设计、精确的强度计算、合理的材料选用以及正确的技术要求等方面着手。通常应使所设计的压力容器满足如下基本要求：有足够的强度、刚度、使用寿命以及合理的结构。总之，压力容器的设计一定要围绕安全、经济、环保、健康四点。

13.3　强度理论

在复杂应力状态下，一点的三个主应力 σ_1、σ_2、σ_3 可能都不为零，而且会出现不同的主应力组合。此时如果采用直接实验的方法来建立强度条件是非常困难的，原因在于：进行复杂应力状态试验的设备和加工比较复杂、不同的应力组合需要重新做试验、不同的材料需要重新试验。

人们经过长期的生产实践和科学研究，总结出材料破坏的规律，提出了各种不同的假说：认为材料之所以按某种形式破坏，是由某一特定因素(应力、应变、形状改变比能)引起的；对于同一种材料，无论处于何种应力状态，当导致它们破坏的这一共同因素达到某一极限时，材料就会发生破坏。这样的一些假说被称为强度理论。

13.3.1 材料的破坏形式

工程实际中许多构件的危险点处于复杂应力状态，其破坏现象较复杂，但材料的破坏形式可分为如下两类。

(1)脆性断裂。材料失效时未发生明显的塑性变形而突然断裂。例如，铸铁在单向拉伸和剪切应力状态下的破坏。

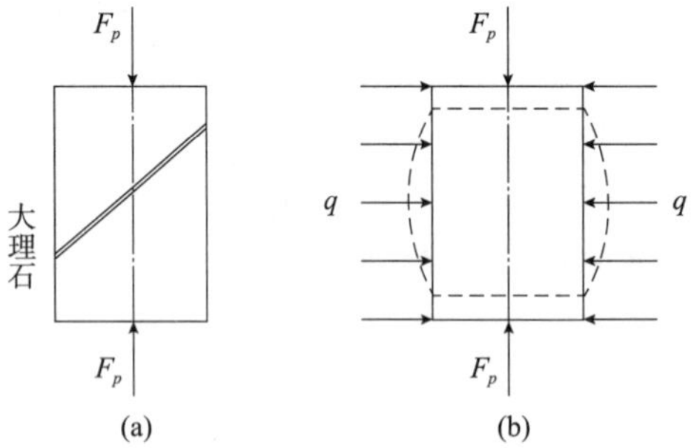

图 13-1 破坏形式示意

(2)塑性屈服。材料失效时产生明显的塑性变形并伴有屈服现象。例如，低碳钢在单向拉伸和剪切应力状态下的破坏。

注意：材料的破坏形式并不是以材料为塑性材料或脆性材料为分类依据。例如，大理石为脆性材料，在单向压缩时发生的破坏为脆性断裂，如图 13-1(a)所示；若表面受均匀径向压力，施加轴向力后出现明显的塑性变形，成为腰鼓形，显然其破坏形式为塑性屈服，如图 13-1(b)所示。

13.3.2 基本强度理论

由于材料存在着脆性断裂和塑性屈服两种破坏形式，因此强度理论也分为两类：一类是解释材料脆性断裂破坏的强度理论，其中有最大拉应力理论和最大拉伸长线应变理论；另一类是解释材料塑性屈服破坏的强度理论，其中有最大切应力理论和最大形状改变比能理论。

1. 第一强度理论——最大拉应力理论

该理论认为材料断裂的主要因素是该点的最大主拉应力，即在复杂应力状态，只要材料内一点的最大主拉应力 σ_1($\sigma_1>0$)达到单向拉伸断裂时横截面上的极限应力 σ_u，材料发生断裂破坏。其强度条件为：

$$\sigma_1 \leqslant [\sigma] \quad (\sigma_1>0) \tag{13-1}$$

式中 $[\sigma]$——单向拉伸时材料的许用应力：$[\sigma]=\sigma_b/n_S$。

试验表明，该理论主要适用于脆性材料在二向或三向受拉(例如铸铁、玻璃、石膏等)。

对于存在有压应力的脆性材料，只要最大压应力值不超过最大拉应力值，也是正确的。

2. 第二强度理论——最大伸长线应变理论

该理论认为材料断裂的主要因素是该点的最大伸长线应变，即在复杂应力状态，只要材料内一点的最大拉应变 σ_1 达到了单向拉伸断裂时最大伸长应变的极限值 σ_u 时，材料就发生断裂破坏。其强度条件表达式为：

$$\sigma_1-v(\sigma_2+\sigma_3)\leqslant[\sigma] \tag{13-2}$$

此理论考虑了三个主应力的影响，形式上比第一强度理论完善，但用于工程上其可靠性很差，现在很少采用。

3. 第三强度理论——最大切应力理论

该理论认为材料屈服的主要因素是最大切应力。在复杂应力状态下，只要材料内一点处的最大切应力 τ_{max} 达到单向拉伸屈服时切应力的屈服极限 τ_s，材料就在该处发生塑性屈服。其强度条件为：

$$\sigma_1-\sigma_3\leqslant[\sigma] \tag{13-3}$$

该理论对于单向拉伸和单向压缩的抗力大体相当的材料(如低碳钢)是适合的。在 ANSYS 软件中，称之为应力强度(stress instensity)，这也是以有限元分析为基础的设计或强度校核中通常采用的标准。

4. 第四强度理论——最大形状改变比能理论

该理论认为材料屈服的主要因素是该点的形状改变比能。在复杂应力状态下，材料内一点的形状改变比能 v_d 达到材料单向拉伸屈服时形状改变比能的极限值 v_d，材料就会发生塑性屈服。其对应强度条件为：

$$\sqrt{\frac{1}{2}[(\sigma_1-\sigma_2)^2+(\sigma_2-\sigma_3)^2+(\sigma_3-\sigma_1)^2]}\leqslant[\sigma] \tag{13-4}$$

实验表明，对于塑性材料，此理论比第三强度理论更符合试验结果。在有限元软件中，式(13-4)的左侧通常用 SEQV 或 Von Mises 表示。

13.4　应力分类

进行压力容器设计时，主要任务之一是对受压容器的各个部件进行应力分析，确定最大应力值并将其限制在许用范围内。事实上，应力可以从不同角度进行分类：就其范围而言，可以分为总体应力和局部应力；按照沿壁厚的分布情况，可以分为均匀分布(薄膜应力)、线性分布(弯曲应力)和非线性分布的应力；按照其性质可以分为一次应力、二次应力和峰值应力。在压力容器分析设计中，一个重要的工作就是合理地将有限元计算结果划分为一次应力(包括一次总体薄膜应力、一次弯曲应力及一次局部薄膜应力)、二次应力和峰值应力。

13.4.1　应力分类

1. 法向应力　normal stress

是垂直于所考虑截面的应力分量，也称为正应力。

通常法向应力沿部件厚度的分布是不均匀的，次应力由两种成分组成，一是均匀分布的成分，它等于沿该截面厚度应力的平均值；二是随着截面厚度各点位置不同而变化的成分。

2. 剪应力　shear stress

是与所考虑截面相切的应力分布。

3. 薄膜应力　membrane stress

是沿截面厚度均匀分布的应力成分，它等于沿所考虑截面厚度的应力平均值。

4. 弯曲应力　bending stress

弯曲应力是指法向应力的变化分量，沿厚度上的变化可以是线性的，也可以不是线性的。其最大值发生在容器的表面处，设计时取最大值。本标准是指线性弯曲应力。

5. 一次应力　primary stress

为平衡压力与其他机械载荷所必需的法向应力或剪应力。

对理想塑性材料，一次应力所引起的总体塑性流动是非自限的，即当结构内的塑性区扩展到使之变成几何可变的机构时，达到极限状态，即使载荷不再增加，仍产生不可限制的塑性流动，直至破坏。

一次应力分为以下三类。

(1)一次总体薄膜应力 P_m()general primary membrane stress()。

影响范围遍及整个结构的一次薄膜应力。在塑性流动过程之中的一次总体薄膜应力不会发生重新分布，它将直接导致结构破坏。例如：各种课题中的平衡内压或分布载荷所引起的薄膜应力。

(2)一次局部薄膜应力 P_L()primary local membrane stress()。

应力水平大于一次总体薄膜应力，但影响范围仅局限于结构局部区域的一次薄膜应力。当结构局部发生塑性流动时，这类应力将重新分布。若不加以限制，则当载荷从结构的某一部分(高应力区)传递到另一部分(低应力区)时，会产生过量塑性变形而导致破坏。总体结构不连续引起的局部薄膜应力，虽具有二次应力的性质，但从方便与稳妥考虑仍归入一次局部薄膜应力。

局部应力区是指经线方向延伸距离不大于 $1.0\sqrt{R\delta}$，应力强度超过的区域(此处是该区域内壳体中面的第二曲率半径，即沿中面法线方向从壳体到回转轴到壳体中面的距离；为该区域内的最小壁厚)。局部薄膜应力强度超过的两个相邻应力区之间应彼此间隔开，它们之间沿经线方向的间距不得小于 $2.5\sqrt{R_m\delta_m}$[其中，$R_m=\frac{1}{2}(R_1+R_2)$，$\delta_m=\frac{1}{2}(\delta_1+\delta_2)$。而 R_1 与 R_2 分别为所考虑两个区域的壳体中面第二曲率半径；δ_1 与 δ_2 为每一所考虑区域的最小厚度]。

一次局部薄膜应力的例子是：在壳体的固定支座或接管处由外部载荷和力矩引起的薄膜应力。

(3)一次弯曲应力 P_b(primary bending stress)。

平衡压力或其他机械载荷所需的沿截面厚度线性分布的弯曲应力。

6. 二次应力 *Q*　secondary stress

为满足外部约束条件或结构自身变形连续要求所需的法向应力或剪应力。二次应力的基本特征是具有局限性，即局部屈服和小量的变形就可以约束条件或变形连续要求得到满足，从而变形不再继续增大，只要不反复加载，二次应力就不会导致结构破坏。

例如，总体热应力和总体结构不连续处弯曲应力。

7. 峰值应力 *F*　peak stress

由局部结构不连续或局部热应力影响而引起的附加于一次应力加二次应力的应力增

量。峰值应力的特征是同时具有自限性与局部性，它不会引起明显的变形；其危害性在于可能导致疲劳裂纹或脆性断裂。非高度局部性的应力，如果不引起显著变性者也属于此类。

例如，壳体接管连接处由于局部结构不连续引起的应力增量中沿厚度非线性分布的应力；复合钢板容器中复层的热应力。

8. 载荷应力　load stress

由压力或其他机械载荷所引起的应力。

9. 热应力　thermal stress

由结构内部温度分布不均匀或材料热膨胀系数不同所引起的自平衡应力，或当温度发生变化，结构的自由热变形被外部约束限制时所引起的应力。

热应力分为两种：

(1)总体热应力。

当接触约束之后，会引起结构显著变形的热应力。当这种应力在不集中的情况下已超过材料屈服强度的 2 倍时，连续的热循环可以引起塑性疲劳或递增塑性变形。故此种应力属于表 13－1 中的二次应力。

总体热应力的例子：

圆筒中，由于轴向温度梯度所引起的应力；

由壳体与接管间的温度差所引起的应力；

圆筒中由于径向温度梯度所引起的当量线性应力(沿厚度与实际应力分布具有相同纯弯矩的线性分布应力)。

(2)局部热应力。

解除约束后，不会引起结构显著变形的热应力。这种应力需要在疲劳分析中加以考虑。因此，属于表 13－1 中的峰值应力。

局部热应力例子：

容器壁上小范围局部过热处的应力；

筒体中由于径向温度梯度所引起的实际应力与当量线性应力之差；

复合钢板中因复层与基体金属膨胀系数不同而在复层中引起的热应力。

表 13－1　一些典型情况的应力分类

容器部件	位置	应力的起因	应力的类型	所属种类
圆筒形或球形壳体	远离不连续的筒体	内压	总体薄膜应力， 沿壁厚的应力梯度	P_m Q
		轴向温度梯度	薄膜应力， 弯曲应力	Q Q
	和封头或法兰的连接处	内压	薄膜应力， 弯曲应力	P_L Q

续表

容器部件	位置	应力的起因	应力的类型	所属种类
任何筒体或封头	沿整个容器的任何截面	外部载荷或力矩或内压	沿整个截面平均的总体薄膜应力，应力分量垂直于横截面	P_m
		外部载荷或内压	沿整个截面的弯曲应力，应力分量垂直于横截面	P_m
	接管或其他开孔的附近	外部载荷或力矩或内压	局部薄膜应力、 弯曲应力、 峰值应力	P_L Q F
	任何位置	壳体和封头间的温差	薄膜应力、 弯曲应力	Q Q
蝶形封头或锥形封头	顶部	内压	薄膜应力、 弯曲应力	P_m P_b
	过渡区或和筒体连接处	内压	薄膜应力、 弯曲应力	P_L[1] Q
平盖	中心区	内压	薄膜应力、 弯曲应力	P_m P_b
	和筒体连接处	内压	薄膜应力、 弯曲应力	P_L Q[2]
多孔的封头或筒体	均匀布置的典型管孔带	压力	薄膜应力 （沿横截面平均）、 弯曲应力 （沿管孔带的宽度平均，但沿壁厚有应力梯度）、 峰值应力	P_m P_b F
	分离的或非典型的孔带	压力	薄膜应力、 弯曲应力、 峰值应力	Q F F
接管	垂直于接管轴线的横截面	内压或外部载荷或力矩	沿整个截面平均的总体薄膜应力，应力分量垂直于横截面	P_m
		外部载荷或力矩	沿接管截面的弯曲应力	P_m
	接管壁	内压	总体薄膜应力、 局部薄膜应力、 弯曲应力、 峰值应力	P_m P_L Q F
		膨胀差	薄膜应力、 弯曲应力、 峰值应力	Q Q F

续表

容器部件	位置	应力的起因	应力的类型	所属种类
复层	任意	膨胀差	薄膜应力、 弯曲应力	F F
任意	任意	径向温度分布	当量线性应力、 应力分布的非线性部分	Q F
任意	任意	任意	应力集中(缺口效应)	$\sigma=C_1l^2+C_2l+C_3$

注：(1)必须考虑在直径-厚度比大的容器中发生皱褶或过度变形的可能性。

(2)若周边弯矩是为保持平盖中心处弯曲应力在允许限度内所需要的，则在连接处的弯曲应力可划分为 F 类；否则，划为 Q 类。

(3)应考虑热应力棘轮的可能性。

13.4.2　应力强度评定方法

应力强度是复杂应力的当量强度，既按所采用的强度(破坏)理论对复杂应力状态(二向或三向应力)组合为与单项应力可资比较和典型的膜应力区的若干截面以及几个特殊点，按分析设计规范对其进行评定。应力强度计算方法分为点处理法和线处理法。如果是复杂的非对称三维结构，则可将处理法推广为面处理法。

1. 点处理法

点处理法是将容器各计算部位，按各自一个点的应力值直接与规范规定的应力分类强度条件进行比较判断。点处理法的计算步骤是；选取坐标，应力计算与分类，应力分量求和，计算主应力，确定应力强度，但对于复杂的应力分布，单凭这一点的应力还不能进行区域应力强度评定。

2. 线处理法

线处理法是将容器各计算部位，按选择的危险截面把各应力分量沿一条应力处理线首先进行均匀化和当量化处理，然后进行应力计算和分类，包括根据应力分布(一般用有限单元法计算得出)如何选择危险截面和应力处理线。线处理法在一定程度上克服了点处理法的弊端，但使用时应注意危险截面的选取，因为危险截面的选择确定了应力处理线的位置和走向，是关系到沿线平均应力和当量线性化应力大小的重要步骤。基本方法如下。

(1)把每一截面视作一条应力处理线，沿线各点同类应力分量按最小二乘法拟合为二次曲线方程 $\sigma=C_1l^2+C_2l+C_3$。式中，l 为应力处理线上的无量纲坐标；C_1、C_2、C_3 为拟合曲线含应力量纲的常数。

(2)根据拟合的曲线方程，沿处理线按合力等效原则计算出各种应力分量的平均应力成分、内表面线性应力成分和外表面线性应力成分。计算公式分别为：

$$\sigma_{\mathrm{m}}=\frac{1}{3}C_1+\frac{1}{2}C_2+C_3 \tag{13-5}$$

$$\sigma_{L0}=\frac{1}{6}C_1+C_3 \tag{13-6}$$

$$\sigma_{L1}=\frac{5}{6}C_1+C_2+C \tag{13-7}$$

(3)根据应力分布原则进行应力分类。平均应力的各应力分量归属于(p_m+p_b+Q)，线性应力的各应力分量归属于(p_m 或 p_b)；因热应力属于二次应力，故后者应叠加热应力的线性应力成分。

(4)由应力处理法计算主应力。对于轴对称平面应变问题，存在 4 个应力分量，即环向应力是一个方向已知的主应力，若令 $\sigma_1=\sigma_\theta$，则另外两个方向的主应力与平面应力主应力的计算方法相同，可由公式(13－8)求得，即：

$$\left.\begin{matrix}\sigma_2\\ \sigma_3\end{matrix}\right\}=\frac{1}{2}\left[(\sigma_r+\sigma_\varphi)^2\pm\sqrt{(\sigma_r-\sigma_\varphi)^2+4\tau_{r\varphi}^2}\right] \tag{13-8}$$

计算平均应力与线性应力的主应力和应力强度，然后按表 13－2 的条件作出应力强度评定。

表 13－2　各类应力的强度限制标准

应力强度标准	符号	计算数据	许用值
一次总体薄膜应力强度	P_m	根据 P_m 计算	KS_m
一次局部薄膜应力强度	S_{II}	根据 P_L 计算	$1.5KS_m$
一次薄膜(总体或局部)应力强度加一次弯曲应力强度	S_{III}	根据 P_L+P_b 计算	$1.5KS_m$
一次加二次弯曲应力强度	S_{IV}	根据 P_L+P_b+Q 计算	$3KS_m$
峰值应力强度	S_V	根据 P_L+P_b+Q+F 计算	不超过疲劳曲线确定的需用应力强度幅值 S_a

其中，S_m 为设计压力强度，K 为载荷组合系数。在标准中对不同的载荷情况给出了具体的数值。在没有风载或地震载荷时，$K=1$。

13.5　分析报告模式

1. 分析报告封面

图 13－2 展示了一份标准分析报告的封面格式，包括：①分析报告的档案编号；②工程名称；③设备名称；④委托单位名称；⑤分析类型；⑥完整的分析报告名称，包括中、英文对照；⑦分析、校核和审批人员的签名、日期；⑧出具报告的单位全称并加盖公章或专用章；⑨部分说明注意事项等。当然，也可以编制包括分析结论和上述内容在内的专门的签字页。

2. 报告正文

正文是报告的核心部分，一般应该包括以下内容。

(1)目录。目的是使评阅人对报告的内容安排有一定的了解，也便于查看。

(2)任务的来源与目的。在报告正文开始之前，需要对任务的背景及其来源进行介绍，以便审阅人了解分析的意义。

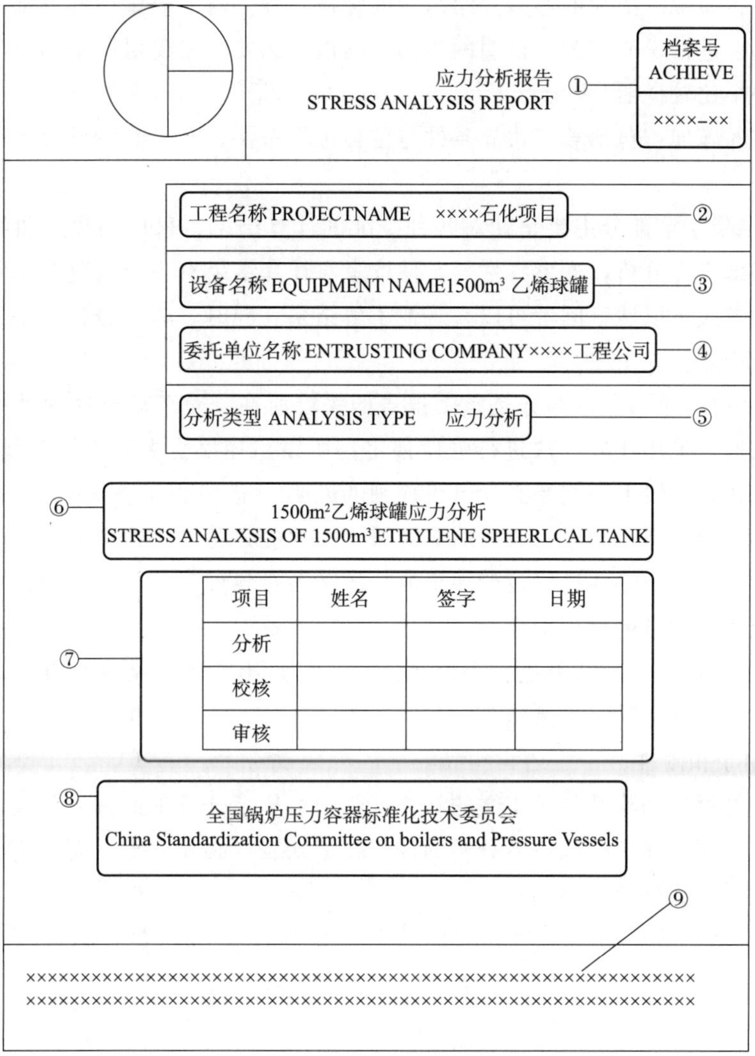

图 13-2　分析报告封面

(3)载荷分析设计参数。这是对分析过程中采纳的设计工况、运行工况，包括压力、温度、材料性能数据在内的多种信息的文字描述或表格说明。这些对检验分析结果的正确性非常重要。

(4)结构分析和力学模型。该部分描述的内容很多，主要包括以下几项。

建立分析模型的依据：是否为平面、轴对称或 3D 模型的分析，并需要阐述建立该类模型的理由，这需要对结构、载荷及约束等做一个概括性分析。

模型处理：是否对实物模型进行简化或者省略，并需要概述理由。

单元类型：模型中采用单元的种类，单元或节点的数目。必要时可以采用列表的形式进行说明。

模型本构参数：目前工程中大多涉及温度的变化，则必须对随温度变化的参数加以说明。而进行非线性分析时，必须补充材料的拉伸曲线、屈服模型等。

网格划分：通常以图片的形式介绍结构的网格划分，对于模型中的局部细化部位可结合重点考察部位进行说明。为了证明网格的精确性，必要时需要对网格的收敛性及计算结果的精度做一个比较说明。

边界条件的施加：包括载荷边界条件与位移边界条件。对于有特殊设置的，需要特别说明。

(5)分析结果。该部分主要是针对各种工况的计算结果，采用图片、曲线的形式表述模型总体或局部应力分析、变形特性等，使读者对计算结果有一个量化的了解，必要时可以采用动画的方式，以便审阅者可以直观地了解结果。同时，对于分析结果的正确性、准确性必须进行论述。

(6)结果评定与总结。该部分是整个报告的关键所在。对于基于线弹性应力分析的结果评定，目前通常采用线处理法进行强度评定。所以，在报告中对于评定线的选取原则、选取位置以及各评定线上的结果必须给予详细的说明。线处理法中的另一个重点是判断应力的分类信息，即所得薄膜应力、弯曲应力属于一次应力还是二次应力，这一点也应该在报告中加以详述。对于需要进行疲劳评定的，还必须对各种工况下的寿命信息进行归纳总结，判断是否满足设备的使用寿命等。

(7)对整个分析过程及结果进行最终评述，并且给出总体的结论和意见，对于需要进行的部位可以提出具体的改进措施等。

3. 报告附录和附件

分析报告的附件和附录是对正文的补充，其中汇集了分析中的重要数据、主要的参考文献等。特别是对于评定线或疲劳分析的详细数据列表，必须附上，而对于动画一类的附件还必须提供电子文档等。

第14章　典型压力容器及化工设备应力分析

14.1　压力容器设计概述

压力容器设计规范分为“按规则设计(Design by rules)与分析设计(Design by analysis)”。前者的设计准则是基于弹性失效准则，对应于GB/T 150规范系统，而“分析设计”是基于塑性失效准则与疲劳失效准则，对应规范为JB 4732。相比于规则设计，后者更为科学，更为严密，设计的结构也更为合理。

在分析设计中，塑性失效准则具体体现在应力分类与评定中，在此将结合有限元计算对应力分类与评定进行简要介绍，压力容器由于不同部位的结构特点不同以及载荷特点不同，存在于结构内的应力的性质也不同。因此分析设计规范根据结构部位及载荷特点，将结构内的应力分为一次应力、二次应力与峰值应力。其中，一次应力是由机械载荷引起的非自限性的应力，分为一次总体薄膜应力、一次局部薄膜应力与一次弯曲应力；二次应力是机械载荷或热载荷引起的在结构不同部件或不同部位间变形协调过程中产生的自限性的应力，峰值应力是由于结构局部不连续或局部热载荷引起的具有明显局部性的应力，它不会引起结构明显的变形，但是结构疲劳破坏的原因。应当注意的是ANSYS软件虽然将线性化处理程序固化在其后处理模块中，但并不能直接给出真正意义上的应力分类，使用者应根据结构及载荷特点具体确定，当缺乏经验时可参考JB 4732给出的典型结构在不同载荷下的应力分类表进行应力分类。

分析设计的应力评定是考虑了各种失效模式而确定的，这些失效模式包括过量的弹性变形(包括弹性不稳定性)、过量的塑性变形、脆性断裂、由应力引起的破坏、蠕变变形、塑性不稳定等。对一次应力的控制条件是基于塑性失效准则的极限载荷，而一次＋二次应力则是基于安定性准则确定的。应力评定应根据JB 4732的具体要求进行。

14.2　压力容器不连续区应力分析

14.2.1　高压容器筒体与封头的连接区的应力分析

由于球形封头在内压力作用下的两向应力相同，应力状态最好，在凸形封头中所需厚度最小，因此直径较大的高压容器一般采用球形封头。但是，由于球形封头的厚度与相连筒体的厚度相差较大，因此，筒体与封头之间必然存在过渡区，通常采用锥形过渡段进行连接。而锥形过渡段则通过削薄筒体端部获得，结构如图 14－1 所示。由于结构的不连续，使得该过渡区域成为高压容器的高应力区之一。

1. 问题描述

某高压容器设计压力 $p=16\text{MPa}$，设计温度 $T=200℃$，材料为 16MnR。筒体内径 $R_1=775\text{mm}$，壁厚 $t_1=100\text{mm}$；封头内径 $R_2=800\text{mm}$，厚度 $t_2=48\text{mm}$。筒体削边长度 $L=95\text{mm}$。试对该高压容器筒体与封头的连接区进行应力分析。

2. 分析问题

由于主要讨论封头与筒体过渡区的应力状况，忽略封头上的其他结构，如开孔接管等，建立如图 14－2 所示的有限元分析力学模型，其中筒体长度应远大于边缘应力的衰减长度，此处取筒体长度 $L_c=1200\text{mm}$。

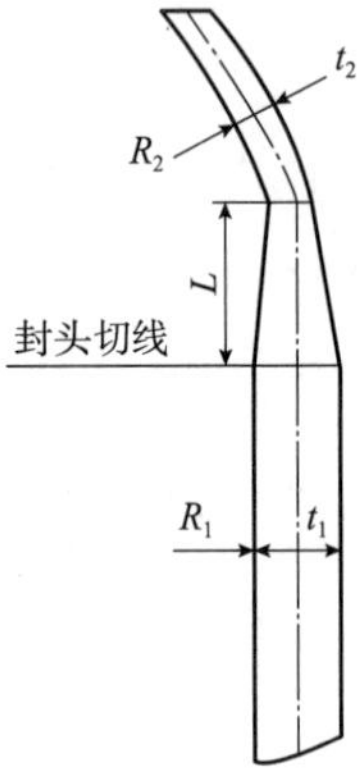

图 14－1 高压容器球形封头与筒体连接区结构

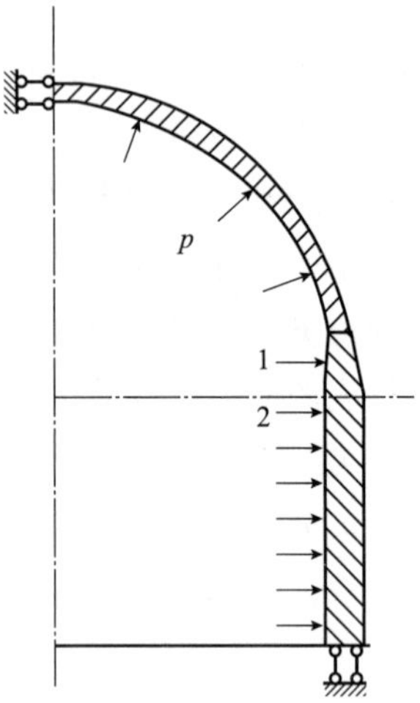

图 14－2 有限元分析力学模型

有限元计算采用 PLANE82 单元，并设定轴对称选项。筒体下端各节约束轴向位移，球壳对称面上各节点约束水平方向位移，内壁施加均匀压力面载荷。

3. GUI 过程

(1)环境设置。

Step1 启动 ANSYS：以交互模式进入 ANSYS。在总路径下面建立子路径 F：\\ANSYS_WORK，工作文件名取为 E41，进入 ANSYS 界面。

Step2 设置标题：执行 Utility Menu>Change Title 命令，弹出 Change Title 对话框，输入 vortex，单击 OK 按钮，关闭对话框。

Step3 初始化设计变量：执行 Utility Menu>Parameters>Scalar Parameters 命令，弹出 Scalar Parameters 对话框，输入表 14－1 所列参数。

表 14 - 1　参数表

参数	参数意义	参数	参数意义
$R_1=775mm$	筒体内半径	$E=2e5MPa$	材料弹性模量
$R_2=800mm$	球壳内半径	$nu=0.3$	材料泊松比
$t_1=100mm$	筒体壁厚	$nt=5$	厚度方向剖分数
$t_2=48mm$	球壳壁厚	$ns=30$	球壳经向剖分数
$Lc=1200mm$	筒体长度	$nc=30$	筒体轴向剖分数
$L=95mm$	筒体削边长度	$nl=5$	过渡段剖分数
$P=16MPa$	设计压力	$ra=0.6$	剖分比例

注意：初始化参数的时候不能连同单位一起输入，实际上，ANSYS 没有单位的限制，设计者可以采用国际单位制，也可以采用非标准制，但无论如何彼此换算必须统一。

(2)定义单元及材料。

Step1 定义单元类型：执行 Main Menu>Preprocessor>Element Type>Add/Edit/Delete 命令，弹出 Element Type 对话框；单击 Add 按钮，添加单元。弹出 Library of Element Types 对话框。在左侧列表中选择 Structural Solid 项，在右侧列表中选择 Quad 8node 82 项，如图 14 - 3 所示。单击 OK 按钮，退回至 Element Type 对话框。

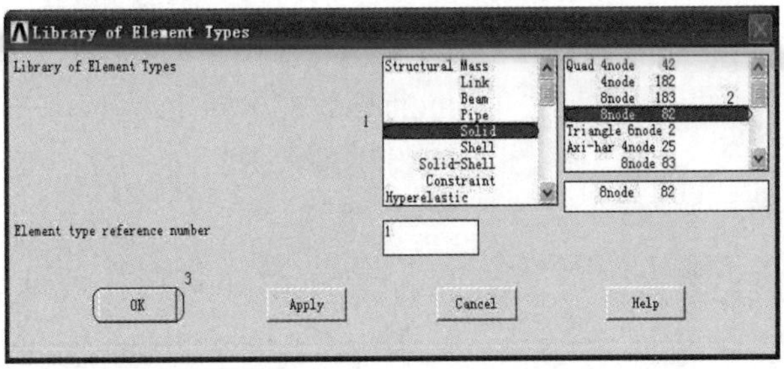

图 14 - 3　定义单元类型

Step2 设置轴对称选项：在 Element Type 对话框中，单击 Options 按钮，设置 PLANE82 element type options 选项，在 Element behavior K3 下拉框中选择 Axisymmetric，单击 OK 按钮，如图 14 - 4 所示。

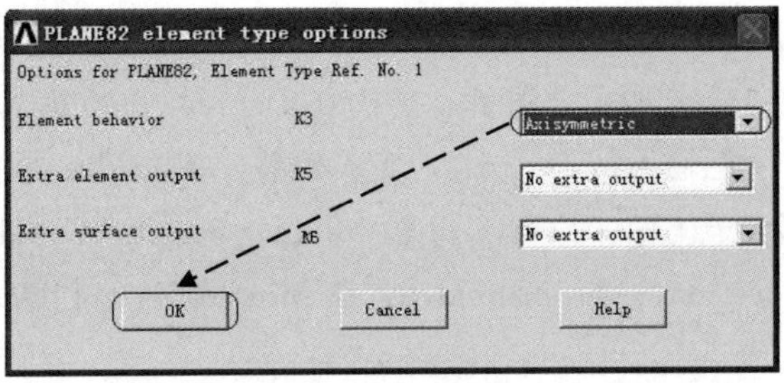

图 14 - 4　设置轴对称选项

Step3 定义材料属性：执行 Main Menu>Preprocessor>Material Props>Material

Models 命令，弹出 Define Material Model Behavior 对话框，如图 14－5 所示，在右边的可选材料模型 Material Models Available 框中选择 Structural>Linear>Elastic>Isotropic。

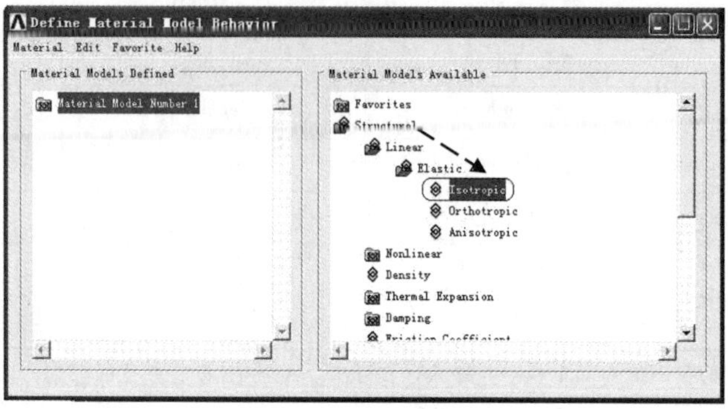

图 14－5　Define Material Model Behavior 对话框

Step4 单击 Isotropic 项，弹出 Linear Isotropic Properties for Material Number 1 对话框，在 EX 文本框中输入 E，PRXY 文本框中输入 nu。单击 OK 按钮确定，关闭该对话框。

(3)创建模型。

Step1 生成球壳部分子午面：执行 Main Menu>Preprocessor>Modeling>Create>Areas>Circle>Partial Annulus 命令，弹出执行框，在 Rad-1、Theta-1、Rad-2、Theta-2 中分别输入 R2、0、R2+t2、90，单击 OK 按钮完成。

Step2 生成筒体部分子午面：执行 Main Menu>Preprocessor>Modeling>Create>Areas>Rectangle>By 2 Corners 命令，弹出执行框，在 WP X、WP Y、Width、Height 中分别输入 R1、0、t1、－Lc+L，单击 OK 按钮完成输入，执行后所得几何图形如图 14－6 所示。

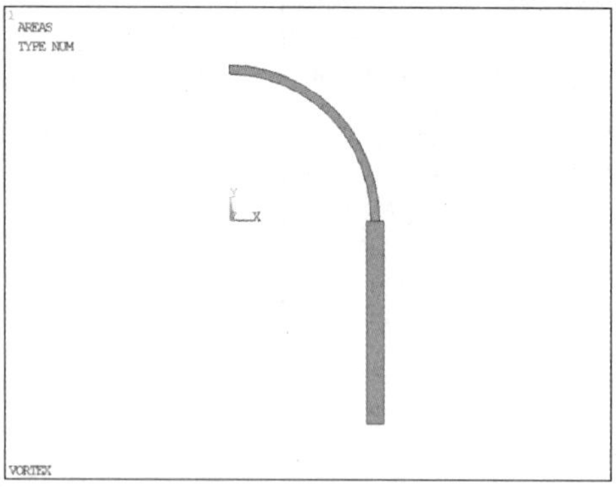

图 14－6　几何模型

Step3 旋转、偏移工作平面：执行 Utility Menu>WorkPlane>Offset WP by Increments 命令，弹出如图 14－7 所示选取框，首先在 Degrees 一栏输入“0，－90”，单击 Apply 按钮，再在 Snaps 一栏输入“0，0，L”，完成偏移，单击 OK 按钮结束。

Step4 选择球壳部分子午面：执行 Utility Menu>Select>Entities 命令，在下拉框中分别选择 Area、By Location、Y coordinates，在 Min，Max 一栏输入“0，R2+t2”，单击 OK 按钮结束。

Step5 用工作平面分割球壳部分子午面：执行 Main Menu>Preprocessor>Modeling>Operate>Booleans>Divide>Area by WorkPlane 命令，弹出拾取框，单击 Pick All 按钮完成。

Step6 删除球壳应删除的部分：执行 Main Menu > Preprocessor > Modeling > Delete > Area and Below 命令，弹出拾取框，选中编号为 4 的面，单击 OK 按钮完成删除。

Step7 提取定义过渡段的节点：在命令流输入框中输入 k1=kp(R1，0，0)，k2=kp(R1+t1，0，0)，分别提取定义过渡段的节点 1、2。再执行 Utility Menu > Select > Entities 命令，在下拉框中分别选择 Keypoints、By Location、Y coordinates，在 Min，Max 一栏输入"L，0"，单击 OK 按钮结束。再在命令流输入框中输入" * get，k3，kp，，num，min"与" * get，k4，kp，，num，max"，提取过渡段的节点 3、4。

Step8 全选择：执行 Utility Menu > Select > Everything 命令。

Step9 生成过渡段子午面：执行 Main Menu > Preprocessor > Modeling > Create > Areas > Arbitrary > Through KPs 命令，选中该过渡段编号为 8、7、9、10 的 4 个点（分别对应 k1、k2、k3、k4），单击 OK 按钮结束。

注意：采用 Arbitrary 生成平面的时候要注意连接点的顺序，否则生成的面的边界线编号会不一致。本例中采用逆时针连线构成面。

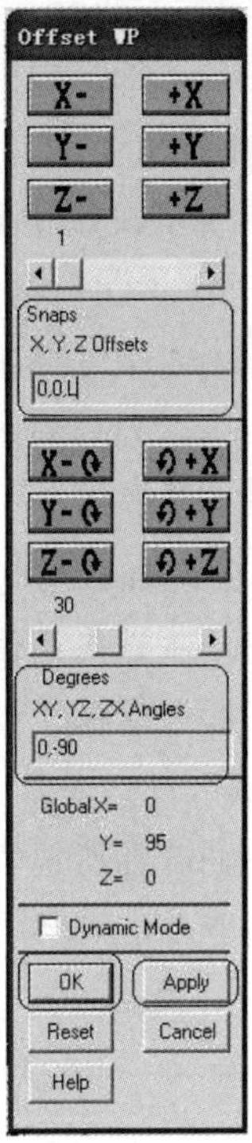

图 14-7　工作平面调器

(4)划分网格。

Step1 部分与壁厚相关的线段：执行 Main Menu > Preprocessor > Meshing > Size Cntrls > ManualSize > Lines > Picked Lines 命令，弹出拾取框，单击选中编号为 2、5、7、11 的四条边壁线，单击 Apply 按钮，弹出如图 14-8 所示的对话框，将 NDIV 设定为 nt，单击 OK 按钮结束。

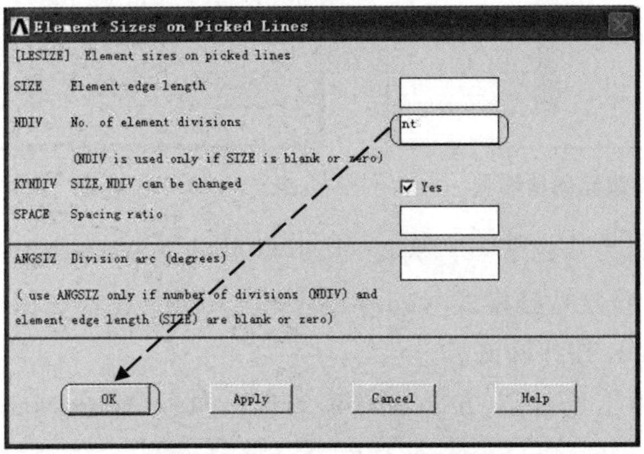

图 14-8　划分线段对话框

Step2 部分筒体内壁经向线段：重复 Step1，选中编号为 8 的筒体内壁经向线段，将 NDIV 设定为 nc，SPACE 剖分比例设定为 1/ra，单击 OK 按钮结束。

Step3 部分筒体外壁经向线段：重复 Step1，选中编号为 6 的筒体外壁经向线段，将

NDIV 设定为 nc，SPACE 剖分比例设定为 ra，单击 OK 按钮结束。

Step4 部分球壳内外壁经向线段：重复 Step1，选中编号为 9、10 的球壳内外壁经向线段，将 NDIV 设定为 ns，SPACE 剖分比例设定为 ra，单击 OK 按钮结束。

Step5 部分过渡段内外壁经向线段：重复 Step1，选中编号 1、3 的过渡段内外壁经向线段，将 NDIV 设定为 nl，单击 OK 按钮结束。

Step6 全选择：执行 Utility Menu>Select>Everything 命令。

Step7 划分网格：执行 Main Menu>Preprocessor>Meshing>Mesh>Areas>Mapped>3 or 4 sided 命令，网格划分结果如图 14－9 所示。

(5)施加载荷与约束。

Step1 选择筒体底端各节点：执行 Utility Menu>Select>Entities 命令，弹出 Select Entities 对话框，设定选择模式 Nodes、By Location、Y coordinates、From Full，在文本框中输入－Lc＋L，单击 OK 按钮。

Step2 在所选节点上施加 Y 方向约束：执行 Main Menu>Preprocessor>Loads>Define Loads>Apply>Displacement>On Nodes 命令，单击 Pick All 按钮。在弹出的 Apply U，ROT on Nodes 对话框中选择 UY，如图 14－10 所示，单击 OK 按钮。

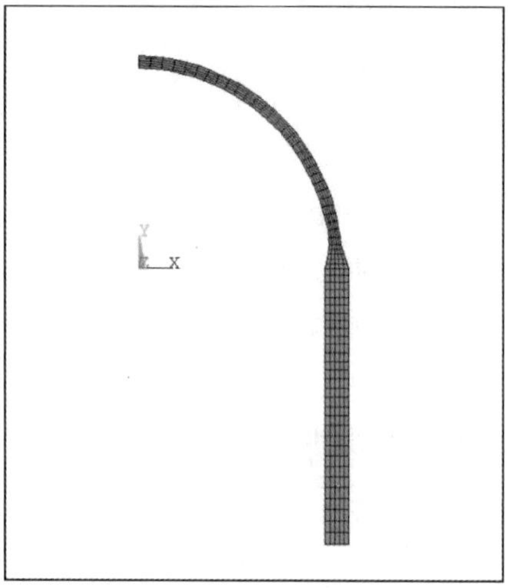

图 14－9　有限元网格模型

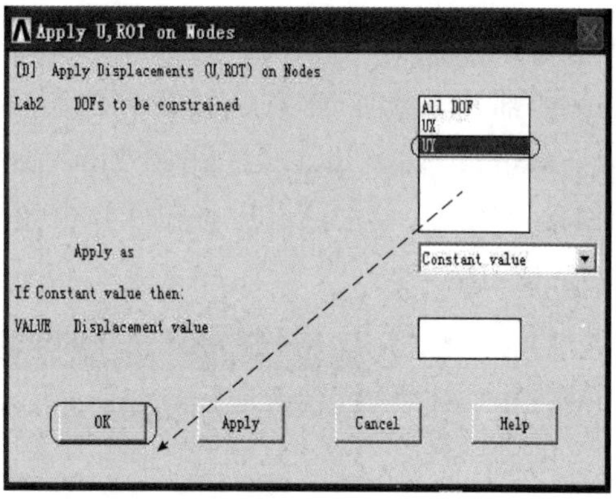

图 14－10　Apply U，ROT on Nodes 对话框

Step3 选择 X 坐标为 0 的节点：执行 Utility Menu>Select>Entities 命令，弹出 Select Entities 对话框，设定选择模式 Nodes、By Location、X Coordinates、From Full，在文本框输入 0，单击 OK 按钮确认。

Step4 在所选节点上施加 X 方向轴对称约束：执行 Main Menu>Solution>Define Loads>Apply>Structural>Displacement>Symmetry B. C. >On Nodes 命令，在弹出 Apply SyMM on Nodes 对话框中选择 X-axis，如图 14－11 所示，单击 OK 按钮确认。

Step5 选择容器内壁对应的线单元：执行 Utility Menu>Select>Entities 命令，弹出 Select Entities 对话框，设定选择模式：Lines、By Num/Pick、From Full，单击 OK 按钮确认，弹出 Select Lines 对话框，选中编号为 3、8、10 的三条线段，单击 OK 按钮完成。

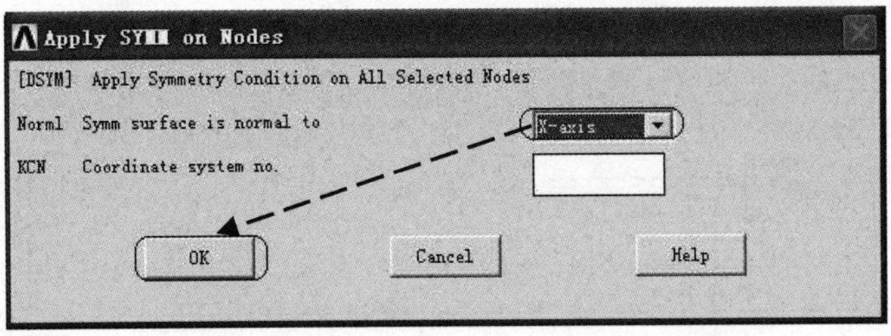

图 14-11　Apply SYMM on Nodes 对话框

Step6 选择依附在所选线单元上的节点：执行 Utility Menu>Select>Entities 命令，弹出 Select Entities 对话框，设定选择模式 Nodes、Attached to、Lines all、From Full，单击 OK 按钮确认。

Step7 在节点上施加均布压力：执行 Main Menu>Solution>Define Loads>Apply>Structural>Pressure>On Nodes 命令，在弹出的 Apply Pressure On Nodes 对话框中单击 Pick All 按钮，在 Value 文本框中输入 P，单击 OK 按钮确认，所加载荷及边界条件如图 14-12 所示。

提示：如果用户想查看边界条件，可以通过执行 Utility Menu>PlotCtrls>Symbols 命令进行设置。对于压力的显示，默认为 Face outlines 轮廓线方式显示，读者可以在 Show pres and vector as 下拉框中进行修改，Arrows 箭头显示方式如图 14-12 所示。

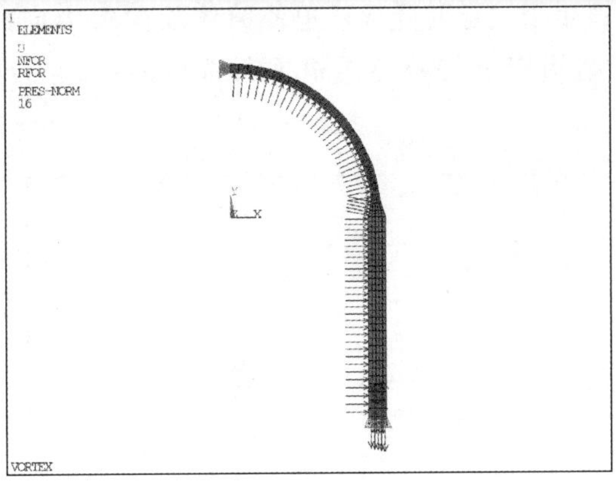

图 14-12　均布载荷及边界设置图

(6)求解。

Step1 选择所有单元和节点：执行 Utility Menu>Select>Everything 命令。

Step2 求解：执行 Main Menu>Solution>Solve>Current Ls 命令，单击开始求解对话框的 OK 按钮，开始计算；当弹出 Note 提示框，显示求解已经结束时，单击 Close 按钮关闭此提示，求解完毕。

(7)结果后处理。执行 Utility Menu>Plot>Results>Contour Plot>Nodal Solution 命令，弹出如图 14-13 所示的选择框，单击 Stress，在其子目录中选择 von Mises stress，边界显示设定为 Deformed shape with undeformed edge，单击 OK 按钮完成，即可显示应

力云图。

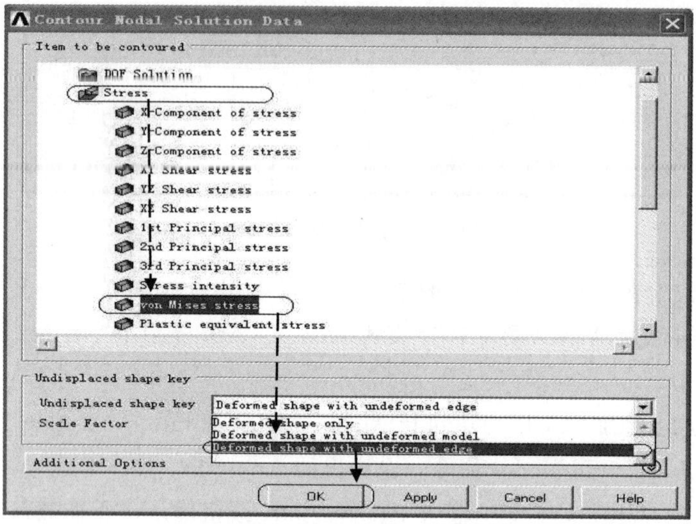

图 14-13　应力云图显示设置框

4. 结果与讨论

应力云图如图 14-14 所示。可见最大应力强度出现在过渡段与球壳连接处，最大应力强度值为 204MPa。

结构在内压作用下产生了一定的变形，迫使筒体段在 X 方向产生位移，球壳在 Y 方向有了一定的变形。但结构安全与否还需根据所选用的设计标准进行进一步的分析与评定。

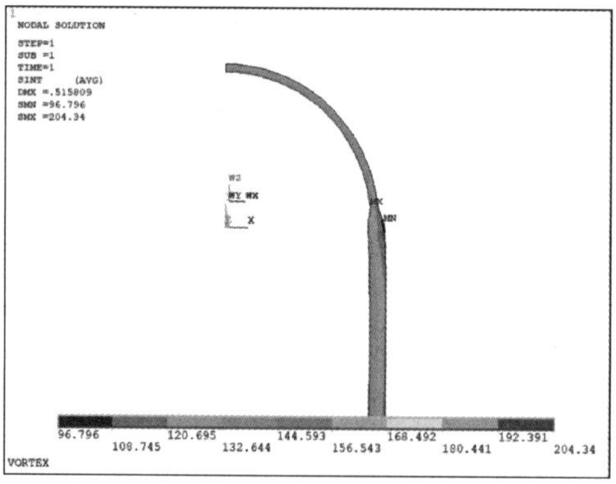

图 14-14　应力云图

5. 命令流分析过程

```
!******************** 环境设置 ********************
FINISH
/CLEAR
/FILN, E41
/TITLE, VORTEX
```

```
/UNITS, SI                                  ! 采用国际单位制
!****************** 参数设定 ************************
R1=775                                      ! 筒体内半径
T1=100                                      ! 筒体厚度
R2=800                                      ! 球壳内半径
T2=48                                       ! 球壳厚度
L=95                                        ! 筒体削边长度
Lc=1200                                     ! 筒体长度
P=16                                        ! 内压
E=2E5                                       ! 材料弹性模量
NU=0.3                                      ! 材料泊松比
NT=5                                        ! 厚度方向剖分数
NS=30                                       ! 球壳经向剖分数
NC=30                                       ! 筒体轴向剖分数
NL=5                                        ! 过渡段剖分数
RA=0.6                                      ! 剖分比例
!****************** 前处理 ************************
/PREP7
ET, 1, 82                                   ! 定义单元类型
KEYOPT, 1, 3, 1                             ! 设定轴对称选项
MP, EX, 1, E                                ! 定义材料的弹性模量
MP, NUXY, 1, NU                             ! 定义材料的泊松比
CYL4,,, R2, 0, R2+T2, 90                    ! 生成球壳部分子午面
BLC4, R1, 0, T1, -LC+L                      ! 生成筒体部分子午面
WPROT,, -90                                 ! 旋转工作平面
WPOFF,,, L                                  ! 移动工作平面
ASEL, S, LOC, Y, 0, R2+T2                   ! 选择球壳部分子午面
ASBW, ALL                                   ! 用工作平面分割球壳部分子午面
ASEL, S, LOC, Y, 0, L                       ! 选择应删除的球壳部分
ADELE, ALL,,, 1                             ! 删除球壳应删除的部分
K1=KP(R1, 0, 0)                             ! 提取定义过渡段的节点1
K2=KP(R1+T1, 0, 0)                          ! 提取定义过渡段的节点2
KSEL, S, LOC, Y, L
*GET, K3, KP,, NUM, MIN                     ! 提取过渡段的节点3
*GET, K4, KP,, NUM, MAX                     ! 提取过渡段的节点4
ALLS                                        ! 全选
A, K1, K2, K3, K4                           ! 生成过渡段子午面
!****************** 划分网格 ************************
LSEL, S, LOC, Y, -Lc+L                      ! 选择与壁厚相关的线段
LSEL, A, LOC, Y, 0
```

```
LSEL, A, LOC, Y, L
LSEL, A, LOC, X, 0
LESIZE, ALL,,, NT,,,,, 1                 ! 设定壁厚方向的剖分数
LSEL, S, LENGTH,, LC-L                   ! 选择筒体内壁经向线段
LSEL, R, LOC, X, R1
LESIZE, ALL,,, NC, 1/RA,,,, 1            ! 设定筒体内壁经向线段的剖分数
LSEL, S, LENGTH,, LC-L                   ! 选择筒体外壁经向线段
LSEL, R, LOC, X, R1+T1
LESIZE, ALL,,, NC, RA,,,, 1              ! 设定筒体外壁经向线段的剖分数
LSEL, S, RADIUS,, R2                     ! 选择球壳内外壁经向线段
LSEL, A, RADIUS,, R2+T2
LESIZE, ALL,,, NS, RA,,,, 1              ! 设定球壳内外壁经向线段的剖分数
LSEL, S, LOC, Y, 0, L                    ! 选择过渡段内外壁经向线段
LSEL, U, LOC, Y, 0
LSEL, U, LOC, Y, L
LESIZE, ALL,,, NL,,,,, 1                 ! 设定过渡段内外壁经向线段的剖分数
ALLS
AMESH, ALL                               ! 网格剖分
FINI
!****************** 求解 *************************
/SOLU
NSEL, S, LOC, Y, -LC+L                   ! 选择筒体底端各节点
D, ALL, UY                               ! 施加轴向位移约束
NSEL, S, LOC, X, 0                       ! 选择球壳对称面上的各节点
D, ALL, UX                               ! 施加水平方向位移约束
LSEL, S, LINE,, 3, 8, 5
LSEL, A, LINE,, 10
NSLL, S, 1
SF, ALL, PRES, P                         ! 施加压力面载荷
ALLS
SOLVE                                    ! 求解
FINI
!****************** 后处理 *************************
/POST1
PLNSOL, S, INT, 0, 1                     ! 显示应力云图
FINI
```

14.2.2 压力容器开孔接管区的应力分析

化工装备为了完成工艺过程必须设置接口，以便物料流入与流出，同时为了便于检测与检修，需设置压力表、液位计、安全阀人孔或手孔等，这使得压力容器上必须进行开孔

接管。开孔接管区的应力状况非常复杂，这是因为一方面开孔破坏了壳体材料的连续性，削弱了原有的承载面积，在开孔边缘附近必定会造成应力集中；另一方面接管的存在使开孔接管区成为总体结构不连续区，壳体与接管在内压作用下自由变形不一致，在变形协调过程中将产生边缘应力；同时接管与壳体是通过焊缝连接在一起的，焊缝的结构尺寸如焊缝高度、过度圆角等会形成局部结构不连续，形成局部不连续应力，JB 4732 对焊缝过度圆角做了较为详细的规定。以下将以柱壳内伸接管为例讨论压力容器开孔接管区的应力分析。

1. 问题描述

压力容器筒体内径 $D_i=2000$mm，壁厚 $t_c=30$mm，接管外径 $d_0=530$mm，壁厚为 15mm，接管内伸长度 $L_i=195$mm，外侧过度圆角 $r_1=30$mm，内侧过度圆角 $r_2=15$mm。内压 $p=1.2$MPa。材料的弹性模量 $E=2.0e^5$MPa，泊松比 $\mu=0.3$。柱壳开孔接管几何尺寸如图 14－15 所示。试对该容器的开孔接管区进行应力分析。

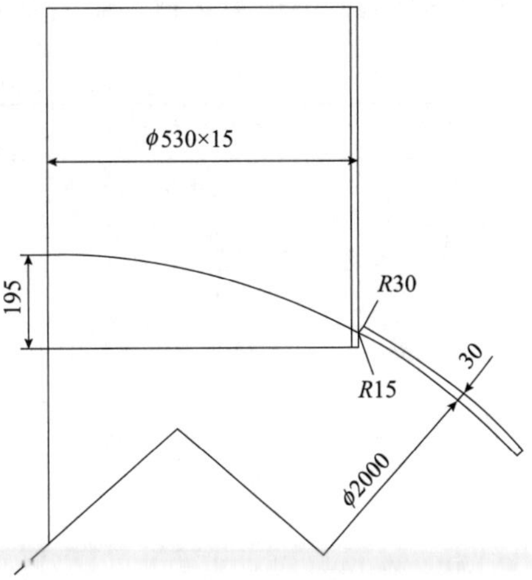

图 14－15　柱壳开孔接管几何尺寸示意图

2. 分析问题

由于仅考虑内压作用下的应力状况，为此有限元模型可利用结构的对称形取开孔接管区的1/4模型。筒体长度及接管外伸长度应远大于各自的边缘衰减长度，取柱壳长度 $L_c=4000$mm，接管外伸长度 $L_n=500$mm。

选择 SOLID45 单元对结构进行离散化，单元网格如图 14－16 所示。对称面施加对称约束，接管端部约束轴向位移，筒体端面施加轴向平衡面载荷 p_c，并按如下公式计算：

$$p_c=\frac{pD_i^2}{(D_i+2t_c)^2-D_i^2} \tag{14-1}$$

有限元计算模型如图 14－17 所示。

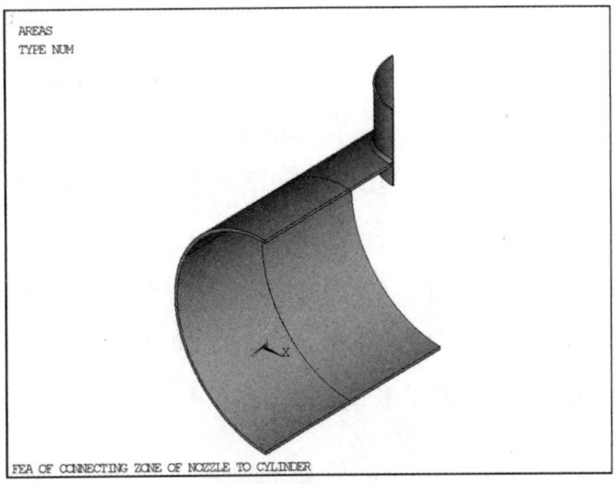

图 14－16　单元网格

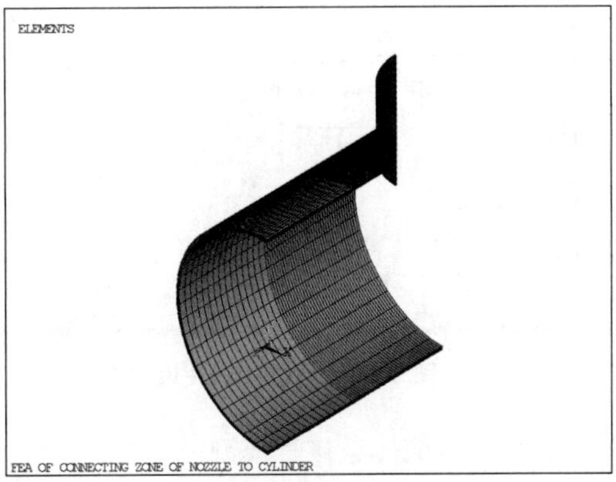

图 14－17　有限元计算模型

3. GUI 过程

(1)环境设置。

Step1 启动 ANSYS：以交互模式进入 ANSYS。在总路径下面建立子路径 F：\ ANSYS _ WORK，工作文件名取为 E42，进入 ANSYS 界面。

Step2 设置标题：执行 Utility Menu>Change Title 命令，弹出 Change Title 对话框，输入 FEA of connecting zone of nozzle to cylinder，单击 OK 按钮，关闭对话框。

Step3 初始化设计变量：执行 Utility Menu>Parameters>Scalar Parameters 命令，弹出 Scalar Parameters 对话框，输入表 14 - 2 所列参数。

表 14 - 2　参数表

参数	参数意义	参数	参数意义
$R_{ci}=1000$mm	筒体内半径	$L_i=50$mm	接管内伸长度
$t_c=30$mm	筒体厚度	$L_n=500$mm	接管外伸长度
$R_{co}=R_{ci}+t_c$	筒体外半径	$rr_1=30$mm	焊缝外侧过度圆角半径
$L_c=4000$mm	筒体长度	$rr_2=15$mm	焊缝内侧过度圆角半径
$R_{no}=530$mm	接管外半径	$p_i=1.2$MPa	内压
$t_n=15$mm	接管厚度	$p_c=p_i * R_{ci}$ ** 2/(R_{co} ** 2$-R_{ci}$ ** 2)	筒体端部轴向平衡面载荷
$R_{ni}=R_{no}-t_n$	接管内半径	$p_n=p_i * R_{ni}$ ** 2/(R_{no} ** 2$-R_{ni}$ ** 2)	接管端部纵向平衡面载荷

(2)定义单元及材料。

Step1 定义单元类型：执行 Main Menu>Preprocessor>Element Type>Add/Edit/Delete 命令，弹出 Element Type 对话框；单击 Add 按钮，添加单元。弹出 Library of Element Types 对话框，在左侧列表中选择 Structural Solid 项，在右侧列表中选择 Brick 20node 95 项。

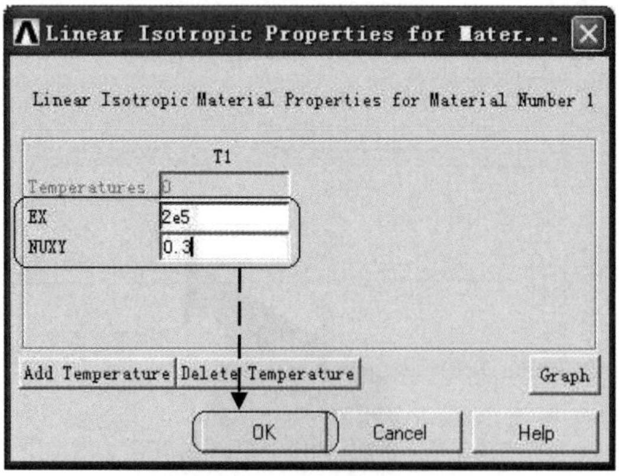

图 14 - 18　材料属性设置框

Step2 定义材料属性：执行 Main Menu>Preprocessor>Material Props>Material Models 命令，弹出 Define Material Model Behavior 对话框，在右边的可选材料模型 Material Models Available 框中选择 Structural>Linear>Elastic>Isotropic。单击 Isotropic 项，弹出 Linear Isotropic Properties for Material Number 1 对话框，在 EX 文本框中输入 2e5，PRXY 文本框中输入 0.3，如图 14 - 18 所示，单击 OK 按钮确定。

(3)创建筒体与接管模型。

Step1 创建筒体：执行 Main Menu>Preprocessor>Modeling>Create>Volumes>Cylinder>By Dimensions 命令，弹出如图 14 - 19 所示的设置框，在 RAD1 栏输入 Rco，

RAD2 栏输入 Rci，Z2 设定为-Lc/2，THETA1 栏输入 90，THETA2 栏输入 270，单击 OK 按钮结束。

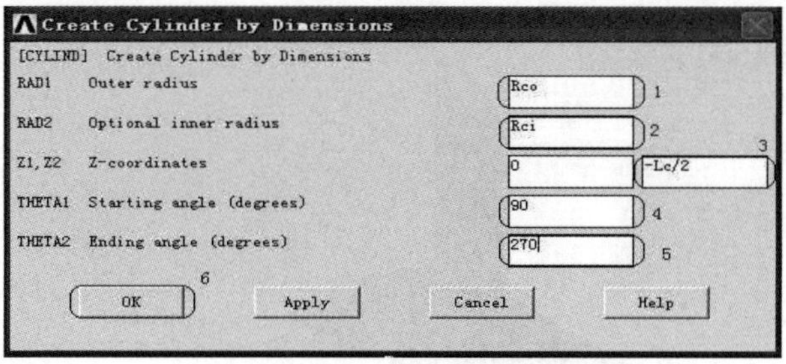

图 14－19　创建筒体

Step2 将工作面沿－Z 向移动 Lc/2；执行 Utility Menu>WorkPlane>Offset WP by Increments 命令，弹出对话框，在 Snaps 栏输入“0，0，-Lc/2”，完成偏移，单击 Apply 按钮。

Step3 将工作面沿 YZ 旋转 90 度：执行 Utility Menu>WorkPlane>Offset WP by Increments 命令，在弹出的对话框中，XY，YZ，ZX Angle 一栏输入“0，90”，单击 OK 按钮完成操作。

Step4 创建接管：重复执行 Step1，在 RAD1 一栏输入 Rno，RAD2 一栏输入 Rni，Z1 输入-Ln-Rci-tc，Z2 设定为-Rci+Li，THETA1 一栏输入 90，THETA2 一栏输入 180，单击 OK 按钮结束。

Step5 布尔操作：执行 Main Menu>Preprocessor>Modeling>Operate>Booleans>Overlap>Volumes 命令，弹出拾取框，单击 Pick All 按钮，完成操作退出。

Step6 选择筒体：执行 Utility Menu>Select>Entities 命令，弹出设定下拉框，选择 Volume，单击 Apply 按钮，选中编号为 7 的筒体。

Step7 设定角度函数中的单位为角度：执行 Utility Menu>Parameters>Angular Units 命令。弹出对话框，在 Units 下拉框中选择 Degrees DEG 模式，单击 OK 按钮结束。

Step8 计算接管区切割角度：执行 Utility Menu>Parameters>Scalar Parameters 命令，弹出 Scalar Parameters 对话框，输入 ang1＝2 * nint(asin(Rno/Rci))，单击 Accept 按钮，完成后再单击 Close 按钮退出。

Step9 旋转坐标系：重复 Step3，在 XY，YZ，ZX Angle 一栏输入“0，0，-90＋ang1”。

Step10 切割筒体：执行 Main Menu>Preprocessor>Modeling>Operate>Booleans>Divide>Volu by WorkPlane 命令，在弹出的选择框中单击 Pick All 按钮，完成操作。

提示：此处切割筒体，是为划分网格作准备。

Step11 创建筒体与接管外表面圆：执行 Main Menu>Preprocessor>Modeling>Create>Areas>Area Fillet 命令，弹出拾取框，选中接管与筒体相交的两个面，如图 14－20 所示，编号为 21 和 12，单击 OK 按钮，弹出 Area fillet 的画框，在 RAD 一栏输入 rr1，单击 OK 按钮退出。类似地，选择编号为 23 和 35 生成筒体内表面与接管外表面圆角，半径为 rr2；选择编号为 14 和 25 生成下辅助过渡圆角，半径为 rr2；选择编号为 13 和 29 生成上辅助过渡圆角，半径为 rr1。

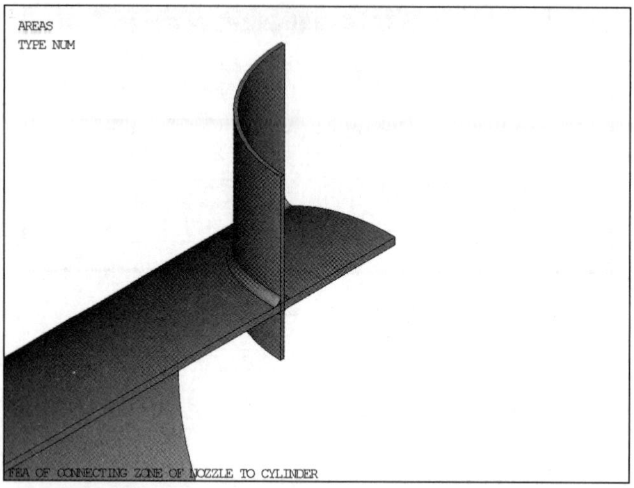

图 14-20 创建筒体外表面与接管外表面倒角

Step12 全选择：执行 Utility Menu>Select>Everything 命令。

Step13 根据内外圆角界蒙皮生成切割面：执行 Main Menu>Preprocessor>Modeling>Create>Areas>Arbitrary>By Skinning 命令，弹出拾取框，单击选中编号为 91、64 的内外圆角边界线，单击 OK 按钮，生成蒙皮。

Step14 切割外伸接管：Main Menu>Preprocessor>Modeling>Operate>Booleans>Divide>Volume by Area 命令，弹出拾取框，选中编号为 4 的筒体，单击 OK 按钮，再选中 Step13 生成的蒙皮面，编号为 13，单击 OK 按钮，生成的图形如图 14-21 所示。

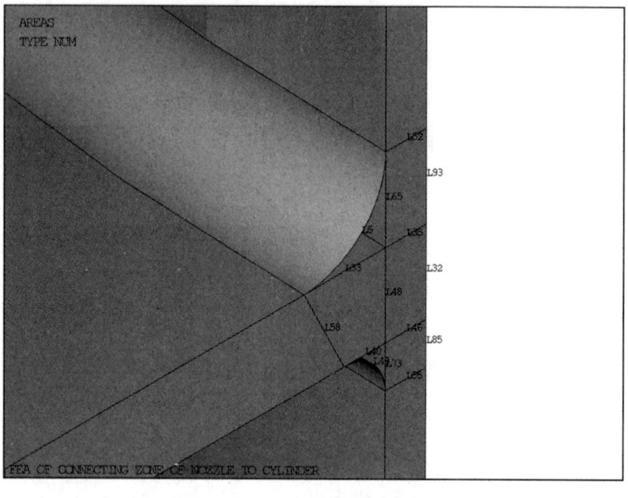

图 14-21 蒙皮面切割筒体

Step15 类似地，生成接管内过渡圆角在接管内外表面上的交线蒙面及内外圆角边界蒙皮切割面，分别切割内伸接管及筒体，对应命令如下：

```
askin，83，72              ！根据接管内过渡圆角在接管内外表面上的交线蒙面
vsba，5，18                ！切割内伸接管
askin，67，75              ！根据内外圆角边界蒙皮生成切割面 24
vsba，2，24                ！切割筒体
```

相应的操作，可以参考 Step13 和 Step14。

Step16 旋转坐标系：重复 Step3，在 XY，YZ，ZX Angle 一栏输入“0，0，90-ang1”。

Step17 旋转坐标系：重复 Step3，在 XY，YZ，ZX Angle 一栏输入“0，90，0”。

Step18 移动坐标系至接管区轴向切割位置：重复 Step3，在 Snaps 一栏输入“0，0，-2*Rni”。

Step19 采用工作平面切割筒体：执行 Main Menu>Preprocessor>Modeling>Operate>Booleans>Divide>Volu bu WorkPlane 命令，单击 Pick All 按钮完成。

Step20 删除筒体上开孔失去的部分及辅面：执行 Main Menu>Preprocessor>Modeling>Delete>Volume and Below 命令，选中编号为 3、25、35 的三个面，单击 OK 按钮完成。

Step21 生成内、外圆角区域所需的端面：该处目的是创建区域体，执行 Main Menu>Preprocessor>Modeling>Create>Areas>Arbitrary>By Lines 命令，分别选“33，65，5”三条线段来创建面，再选中“49，73，40”“66，7，37”“41，74，50”分别创建面。

Step22 创建外圆角区域体：执行 Main Menu>Preprocessor>Modeling>Create>Volumes>Arbitrary>By Areas 命令，选择“31，38，39，4，6”五个面，创建外圆角区域体。

Step23 创建内圆角区域体：执行 Main Menu>Preprocessor>Modeling>Create>Volumes>Arbitrary>By Areas 命令，选择“1，3，5，6，8，9”六个面，创建内圆角区域体。

Step24 合并体素：执行 Main Menu>Preprocessor>Modeling>Operate>Booleans>Add>Volumes 命令，单击 Pick All 按钮完成，生成的几何图形如图 14-22 所示。

Step25 全选择：执行 Utility Menu>Select>Everything 命令。

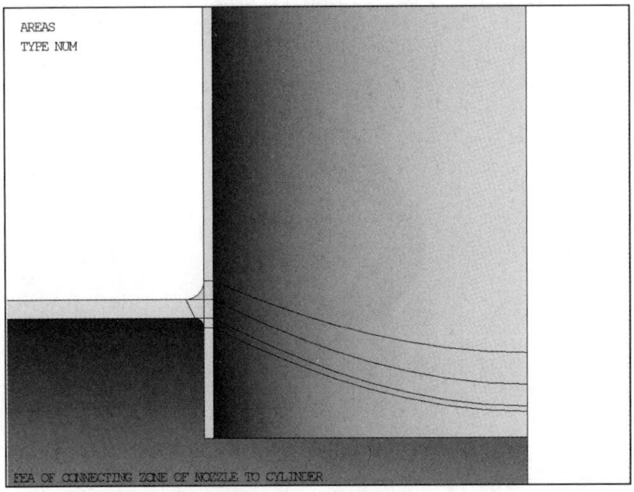

图 14-22　几何构造图

Step26 合并过渡区端面：执行 Main Menu>Preprocessor>Modeling>Operate>Booleans>Add>Areas 命令，选中"4，43，29，26，5，51"，单击 Apply 按钮创建过渡区端面，再选中"50，9，52，28，45，6"，单击 OK 按钮完成。

(4)划分单元。

Step1 设定接管端部线段划分份数：执行 Main Menu>Preprocessor>Meshing>Size Cntrls>ManualSize>Lines>Picked Lines 命令，弹出拾取框，单击选中焊缝处圆周方向编号为 67 的线，单击 Apply 按钮，弹出如图 14－23 所示对话框，在 NDIV 中设置 20，单击 Apply 按钮。

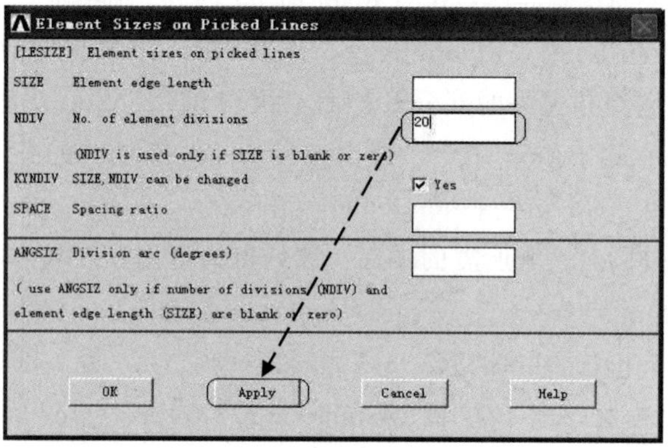

图 14－23 线段划分设置

Step2 设定过渡圆弧剖分份数：重复 Step1，选中编号为 5 的线段，设定划分段 NDIV 为 5。

Step3 映射划分单元：执行 Main Menu>Preprocessor>Meshing>Mesh>Volume Sweep>Sweep 命令，弹出拾取框，单击 Apply 按钮，选中编号为 10 的体，完成操作，效果如图 14－24 所示。

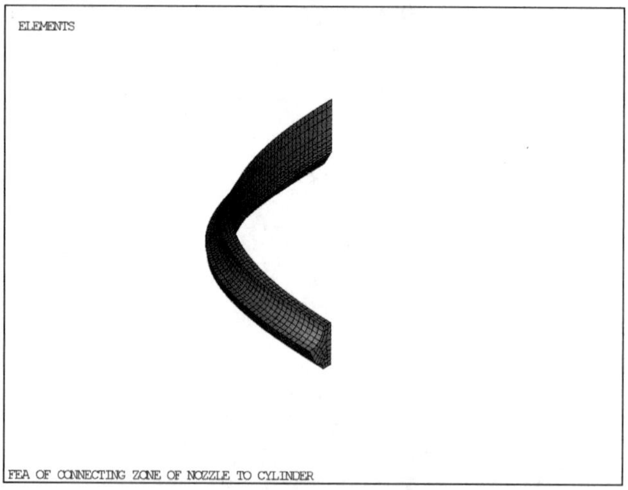

图 14－24 焊缝过渡段网格划分

Step4 全选择：执行 Utility Menu>Select>Everything 命令。

Step5 映射剖分接管上下部：执行 Main Menu>Preprocessor>Meshing>Mesh>Volume>Mapped>4 to 6 sided 命令，选择编号为 7 与 4 的接管部分，分别进行映射划分。

Step6 组合连接相邻面域：执行 Main Menu>Preprocessor>Meshing>Mesh>Volume>Mapped>Concatenate>Areas 命令，弹出拾取框，单击选中图 14-25 中筒体左下角的两个相邻面，单击 OK 按钮完成。

提示：为了进行映射剖分，需要将非六面体区域采用 accat 命令把适当的相邻面域连接在一起，类似的命令 lccat 用于面域的映射剖分。

Step7 指定筒体接管相邻区的剖分数：重复 Step1，选中编号为 108 的线段，设定划分段 NDIV 为 40，SPACE 设定为 0.5。

Step8 映射剖分该区域：重复 Step5，选择编号为 13 的体，进行映射划分，如图 14-26 所示。

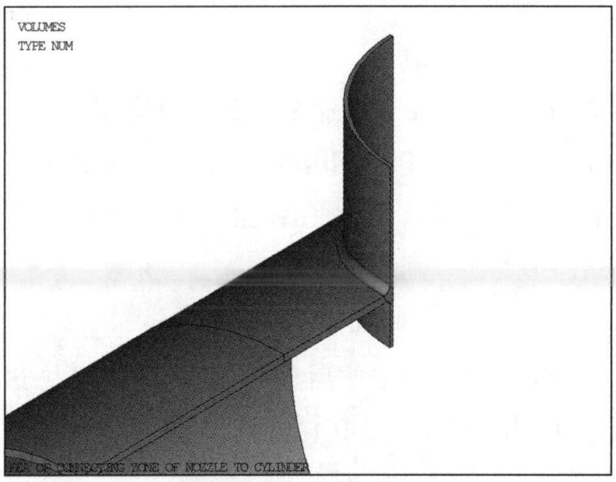

图 14-25　组合面

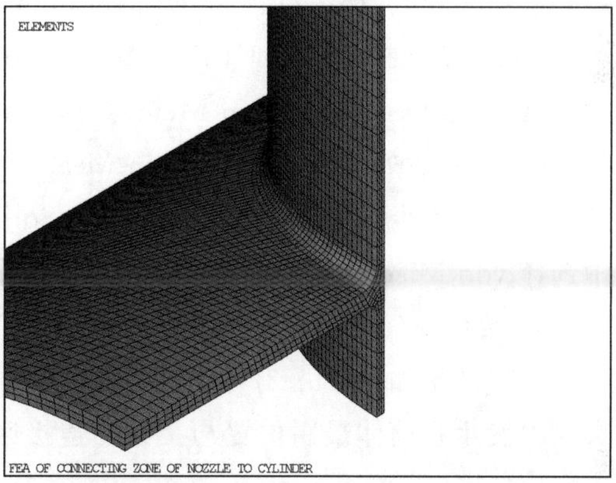

图 14-26　部分筒体及接管网格图形

Step9 扫略剖分剩余区域：执行 Main Menu>Preprocessor>Meshing>Mesh>Volume Sweep>Sweep 命令，选中编号为“11，12，2”的三个体，进行扫略划分。

Step10 全选择：执行 Utility Menu>Select>Everything 命令。

Step11 对模型信息进行合并：执行 Main Menu>Preprocessor>Numbering Ctrls>Merge Items 命令，弹出 Merge Coincident 对话框，在 Lab1 下拉框中选择 All，单击 OK 按钮退出。

Step12 对模型信息进行压缩：执行 Main Menu>Preprocessor>Numbering Ctrls>Compress Numbers 命令，弹出 Compress Numbers 对话框，在 Lab1 下拉框中选择 All，单击 OK 按钮退出。

(5)施加约束和载荷。

Step1 对筒体端面施加端面平衡面载荷：执行 Main Menu>Solution>Define Loads>Apply>Structural>Pressure>On Areas 命令，弹出拾取框，选中筒体端部编号为 3、10 的两个面(对应 Z=0)，单击 OK 按钮，在 VALUE 一栏输入-pc，单击 OK 按钮退出。

Step2 在对称面施加对称约束：首先选中 X=0 处对称面，执行 Utility Menu>Select>

Entities 命令，弹出拾取框，在下拉框中选择 Areas、By Location、X Coordinates，Min，Max 一栏填入 0，单击 OK 按钮完成操作。再执行 Main Menu>Solution>Define Loads>Apply>Structural>Displacement>Symmetry B. C. >On Areas 命令，弹出拾取框，单击 Pick All 按钮退出。

Step3 在 Z=-Lc/2 对称面上施加对称面约束：重复 Step2，设定 Areas、By Location、Z coordinates，Min，Max 一栏填入-Lc/2，选中 Z=-Lc/2 对称面，施加对称约束。

Step4 约束接管端面轴向位移：首先选中接管端面，执行 Utility Menu>Select>Entities 命令，弹出拾取框，在下拉框中选择 Areas、By Location、Y coordinates，Min，Max 一栏填入 Ln+Rci+Tc，单击 OK 按钮。再执行命令：Main Menu>Preprocessor>Loads>Define Loads>Apply>Structural>Displacement>On Areas，弹出拾取框，单击 Pick All 按钮，在弹出的对话框中设定 Dofs to be constrained 为 UY，单击 OK 按钮结束。

Step5 对内表面施加内压：重复执行 Step1，选中内表面编号为 38、34、9、41、12、10、7、22、25、15、27、23 的所有面，VALUE 设定为 pi。

Step6 全选择：执行 Utility Menu>Select>Everything 命令。

Step7 求解：执行 Main Menu>Solution>Solve>Current LS 命令，进行求解。

(6)结果后处理论。执行 Main Menu>General Postproc>Plot Results>Contour Plot>Nodal Solu 命令，弹出 Contour Nodal Solution Data 对话框，单击 Stress，在其下拉列表中选择 von Mises stress，显示节点应力云图。

4. 结果处理与讨论

计算结果如图 14-27 所示，分别从两个侧面显示了筒体开孔后的应力分布。可见最大应力发生在筒体最高位置与接管的连接区，最大应力强度为 283.4MPa。

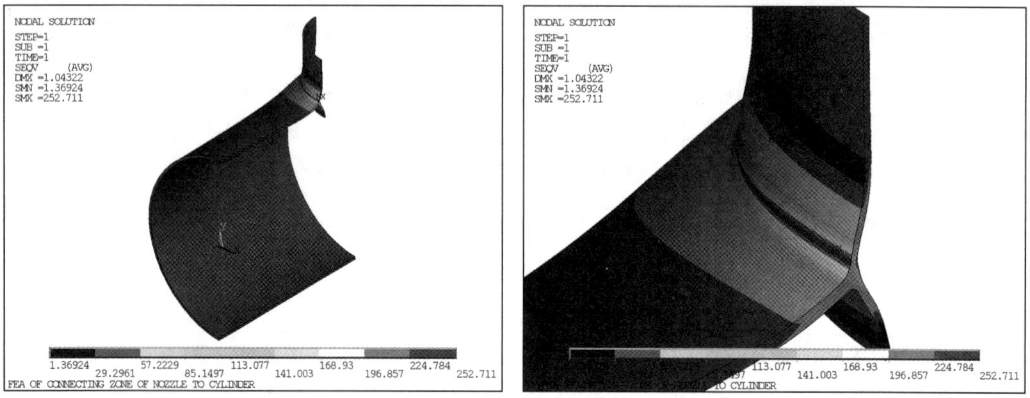

图 14-27 应力云图

5. 命令流分析过程

```
! ****************** 环境设置 *******************
FINISH
/CLEAR
/FILN, E42
```

```
/TITLE, FEA OF CONNECTING ZONE OF NOZZLE TO CYLINDER
!****************** 参数设定 ********************
RCI=1000                                        ! 筒体内半径
TC=30                                           ! 筒体厚度
RCO=RCI+TC                                      ! 筒体外半径
LC=4000                                         ! 筒体长度
RNO=530                                         ! 接管外半径
TN=15                                           ! 接管厚度
RNI=RNO-TN                                      ! 接管内半径
LI=193                                          ! 接管内伸长度
LN=500                                          ! 接管外伸长度
RR1=30                                          ! 焊缝外侧过渡圆角半径
RR2=15                                          ! 焊缝内侧过渡圆角半径
PI=1.2                                          ! 内压
PC=PI*RCI**2/(RCO**2-RCI**2)                    ! 筒体端部轴向平衡面载荷
PN=PI*RNI**2/(RNO**2-RNI**2)                    ! 接管端部纵向平衡面载荷
!****************** 前处理 *********************
/PREP7
ET, 1, 95                                       ! 定义单元类型
MP, EX, 1, 2E5                                  ! 定义材料的弹性模量
MP, NUXY, 1, 0.3                                ! 定义材料的泊松比
!************ 建立模型 ***************
CYLIND, RCO, RCI, 0, -LC/2, 90, 270,            ! 生成筒体
WPOFF, 0, 0, -LC/2                              ! 将工作面沿-Z向移动LC/2
WPROT, 0, 90,                                   ! 将工作面沿YZ旋转90°
CYLIND, RNO, RNI, -LN-RCI-TC, -RCI+LI, 90, 180, ! 生成接管
VOVLAP, ALL                                     ! 体OVERLAP布尔运算
VSEL, S,,, 7                                    ! 选择筒体
*AFUN, DEG                                      ! 设定角度函数中的单位为角度
ANG1=2*NINT(ASIN(RNO/RCI))                      ! 计算接管区切割角度
WPROT, 0, 0, -90+ANG1                           ! 旋转坐标系
VSBW, ALL                                       ! 切割筒体
AFILLT, 21, 12, RR1                             ! 筒体与接管外表面圆角
AFILLT, 23, 35, RR2                             ! 筒体内表面与接管外表面圆角
AFILLT, 14, 25, RR2                             ! 生成下辅助过渡圆角
AFILLT, 13, 19, RR1                             ! 生成上辅助过渡圆角
ALLS, ALL                                       ! 全选
ASKIN, 91, 64                                   ! 根据内外圆角边界蒙皮生成切割面
VSBA, 4, 13                                     ! 切割筒体
```

```
ASKIN，83，72                              ！根据接管内过渡圆角在接管内外表面上的交线蒙面
VSBA，5，18                                ！切割内伸接管
ASKIN，67，75                              ！根据内外圆角边界蒙皮生成切割面
VSBA，2，24                                ！切割筒体
WPROT，0，，90－ANG1                       ！旋转坐标系
WPROT，0，90，0                            ！旋转坐标系
WPOFF，0，0，－2＊RNI                      ！移动坐标系至接管区轴向切割位置
VSBW，ALL                                  ！切割筒体
VDELE，3，，，1                            ！删除筒体上开孔失去的部分
ADELE，25，，，1                           ！删除辅助面
ADELE，35，，，1                           ！删除辅助面
AL，33，65，5                              ！生成外圆角区域所需的端面
AL，49，73，40                             ！生成外圆角区域所需的端面
AL，66，7，37                              ！生成内圆角区域所需的端面
AL，41，74，50                             ！生成内圆角区域所需的端面
ASEL，S，，，31                            ！选择外圆角区域各面
ASEL，A，，，38，39
ASEL，A，，，4，6，2
VA，ALL                                    ！生成外圆角区域体
ASEL，S，，，21                            ！选择内圆角区域各面
ASEL，A，，，41，42
ASEL，A，，，5，9，4
VA，ALL                                    ！生成内圆角区域体
VSEL，S，，，1，5，2                       ！选择过渡区的体素
VSEL，A，，，8，9
VSEL，A，，，6
VADD，ALL                                  ！合并体素
ALLS
！****************** 划分网格 ********************
AADD，4，43，29，26，5，51                 ！合并过渡区端面面素
AADD，50，9，52，28，45，6                 ！合并过渡区端面面素
LESIZE，67，，，80，，，，，1               ！指定圆周方向的剖分数
LESIZE，5，，，5，，，，，1                 ！指定过渡圆弧的剖分数
VSWEEP，10                                 ！扫略剖分该区域
ALLS
MSHAPE，0，3D                              ！设定三维映射剖分
MSHKEY，1
VMESH，7                                   ！映射剖分接管上段
```

```
VMESH，4                                      ! 映射剖分接管上段
ACCAT，56，65                                 ! 筒体开孔相邻区区域规则化连面
LESIZE，108,,，40，0.5,,,，1                   ! 指定筒体接管相邻区的剖分数
VMESH，13                                     ! 扫掠剖分该区域
VSWEEP，11                                    ! 扫掠剖分筒体其他部分
VSWEEP，12
VSWEEP，2
ALLS
NUMMRG，ALL                                   ! 合并所有相同项
NUMCMP，ALL                                   ! 压缩
FINI
!****************** 求解 ************************
/SOLU
ASEL，S，LOC，Z，0                            ! 选择筒体端面
SFA，ALL，1，PRES，－PC                        ! 施加端面平衡面载荷
ASEL，S，LOC，X，0                            ! 选择对称面
ASEL，A，LOC，Z，－LC/2                        ! 选择对称面
DA，ALL，SYMM                                 ! 施加对称约束
ASEL，S，LOC，Y，LN＋RCI＋TC                   ! 选择接管端面
DA，ALLL，UY，                                ! 约束轴向位移
ASEL，S,,，38                                 ! 选择内表面面素
ASEL，A,,，34
ASEL，A,,，9
ASEL，A,,，41
ASEL，A,,，12
ASEL，A,,，10
ASEL，A,,，7
ASEL，A,,，22
ASEL，A,,，25
ASEL，A,,，15
ASEL，A,,，27
ASEL，A,,，23
SFA，ALL，1，PRES，PI                          ! 施加内压
ALLS
SOLVE                                         ! 求解
FINI
!****************** 后处理 **********************
/POST1
PLNSOL，S，INT，0，1                           ! 显示应力云图
FINI
```

14.2.3 支座支撑区应力分析

压力容器需支撑定位，通常根据容器的结构形式不同选用不同形式的支座，如立式容器，当安装高度不高时采用支腿或腿式支座，当安装高度较高时采用悬挂式支座(耳式支座)，对于塔式容器采用裙座，而对于卧式容器则采用鞍座。通常支座可根据其承载能力选用标准支座，同时按有关标准校核支座支撑区容器的局部强度。但是对于某些大型容器，其支座往往超出标准支座的范围，需设计者对支座及其与容器的支撑区进行应力分析，以便确定合理的结构尺寸。以下将以大型蒸发器支座为例对支座支撑区进行应力分析。

1. 问题描述

某蒸发器的设计压力 0.1MPa，设计温度 110℃，介质为卤水及水蒸气，操作容积 120m^3，内径 D_i=5000mm，材料为 00Cr17Ni12Mo2，板厚 t_c=40mm，材料的许用应力为 118MPa，支座材料为 Q235B，许用应力为 113MPa，两种材料的弹性模量 E=2.0e5MPa，泊松比 μ=0.3，设备空重 58.1t，4 个支座均布。蒸发器结构图形如图 14-28(a)所示，支座结构简图如图 14-28(b)和(c)所示，其中锥形封头半锥角 α=30°。试对蒸发器支座支撑区进行应力分析。

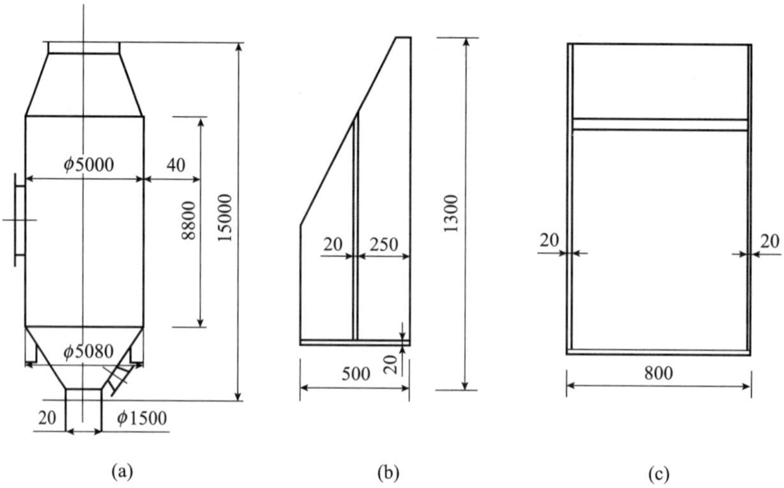

图 14-28 蒸发器及支座结构简图

2. 分析问题

由于只要讨论蒸发器支座支撑区的应力状况，可以忽略蒸发器其他细节，如锥形封头及筒体上的接管，并利用结构的对称性仅建立支座支撑区的⅛模型。筒体及锥形封头经向长度应远大于边缘应力衰减长度，模型中筒体长度取为 2500mm，锥形封头经向长度取为全锥经向长度的一半，有限元计算模型如图 14-29 所示，其中支座底面约束各向位移，两对称面施加对称约束；筒体内表面施加内压力，锥形封头内表面施加内压力及液柱静压力，其中液柱静压力取锥形封头部分液柱静压力的平均值，筒体端面及锥体下端面施加轴向平衡面载荷 p_c 及 p_{con}，并按下述方法计算 p_c 及 p_{con}。

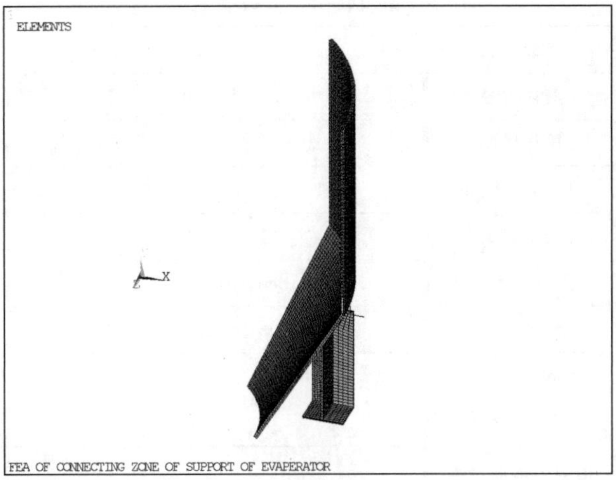

图 14－29　有限元计算模型

将重力转化为面载荷与内压引起的轴向平衡面载荷叠加，因此有：

$$p_c=\frac{pD_i^2}{(D_i+2t_c)^2-D_i^2}+\frac{m_1 g}{\pi[(D_i+2t_c)^2-D_i^2]} \tag{14-2}$$

将未能以液柱静压力体现的介质重量以面载荷的形式与内压引起的经向平衡面载荷叠加，因此有：

$$p_{con}=\frac{(p+p_{y0})D_r^2}{A_r\cos\alpha} \tag{14-3}$$

式中

$p_{y0}=\rho g h_{max}=1000\times 9.81\times 15/1\times 10^6=0.147\text{MPa}$

$D_r=D_i/4$

$A_r=(D_i/2+t_c\cos\alpha)\times t_c/2$

作用在模型中的锥形封头部分的液柱静压力为：

$$p_{y1}=\rho g h_1=1000\times 9.81\times 13/1\times 10^6=0.127\text{MPa}$$

值得注意的是上述计算中液柱静压力是以容器充满水即水压试验工况为计算依据的。

3. GUI 过程

(1)环境设置。

Step1 以交互模式进入 ANSYS，在总路径下面建立子路径 F：\ANSYS _ WORK，工作文件名取为 E43。

Step2 设置标题：执行 Utility Menu>Change Title 对话框，输入 FEA of connecting zone of support of evaporator，单击 OK 按钮，关闭对话框。

Step3 角度单位设定：执行 Utility Menu>Parameters>Angular Units 命令，弹出 Angles Units 设置框，在 Units 下拉框中选择 DEG 格式，单击 OK 按钮完成。

Step4 初始化设计变量：执行 Utility Menu>Parameters>Scalar Parameters 命令，弹出 Scalar Parameters 对话框，对照参数表 14－3，在 Selection 框中输入各参数量。

表 14-3 参数表

参数	参数意义	参数	参数意义
Dci=5000mm	筒体内径	w1=250	腹板位置
tc=40mm	筒体壁厚	pi=0.1	内压值
tcon=40mm	锥形封头壁厚	Gra=9.81	重力加速度，m/s^2
alfa=30°	锥形封头	denstell=7850	钢材密度，kg/m^3
lc=2500mm	锥形封头半锥角	denwater=1000	水的密度，kg/m^3
Lcon=Dci/2/tan(alfa)	筒体长度	m1=58.1E3	容器自重，kg
lrat=0.5	锥形封头经线方向长度系数	hy1max=13	锥形封头部分平均液面高度
Lcon=lcon * lrat	模型中锥形封头经线方向长度	hy0max=15	最大液面高度
ns=4	支座个数	py1=hy1max * denwater * Gra/1e6	锥形封头部分平均液柱静压力
h0=1500mm	支座垂直方向安装位置	py0=hy0max * denwater * Gra/1e6	容器最大液柱静压力
Dis=Dci+tc	支座水平方向安装位置	scon=(Dci/2 * lrat * 2+tcon * cos(alfa)) * tcon	模型中锥形封头端面面积
ts=20mm	支座筋板、腹板厚度	pcon=(pi+py0) * (Dci/2 * lrat) ** 2/scon/cos(alfa)	模型中锥形封头端面平衡面载荷
ws=500mm	筋板宽度	pcm1=m1 * gra/(3.1415927 * ((Dci+2 * tcon) ** 2-Dci ** 2))	自重在筒体端面引起的面载荷
hs=1300mm	筋板高度	pc=pi * Dci * * 2/((Dci+2 * tcon) ** 2-Dci ** 2)-pcm1	筒体端面平衡面载荷
bb=800mm	筋板长度		

(2)定义单元及材料。

Step1 定义单元类型：执行 Main Menu>Preprocessor>Element Type>Add/Edit/Delete 命令，弹出 Element Type 对话框；单击 Add 按钮，添加单元。弹出 Library of Element Types 对话框，在左侧列表中选择 Structural Solid 项，在右侧列表中选择 Brick 8node 45 项。

Step2 定义材料属性：执行 Main Menu>Preprocessor>Material Props>Material Models 命令，弹出 Define Material Model Behavior 对话框，在右边的可选材料模型 Material Models Available 框中选择 Structural>Linear>Elastic>Isotropic。

Step3 单击 Isotropic 项，弹出 Linear Isotropic Properties for Material Number 1 对话框，在 EX 文本框中输入 2e5，PRXY 文本框中输入 0.3，如图 14-30 所示。单击 OK 按钮确定，关闭该对话框。

(3)创建模型。

Step1 定义回转轴中心关键点：执行 Main Menu>Preprocessor>Modeling>Create>Keypoints>InActive CS 命令，弹出如图 14－31 所示的对话框，在 NPT 中输入 1，单击 Apply 按钮，生成坐标为(0，0，0)的关键点 1，再输入坐标为(0，Lc，0)的关键点 2。

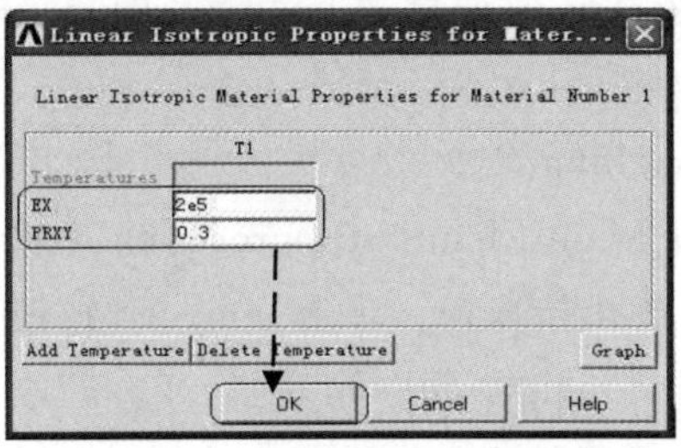

图 14－30　材料属性设置框

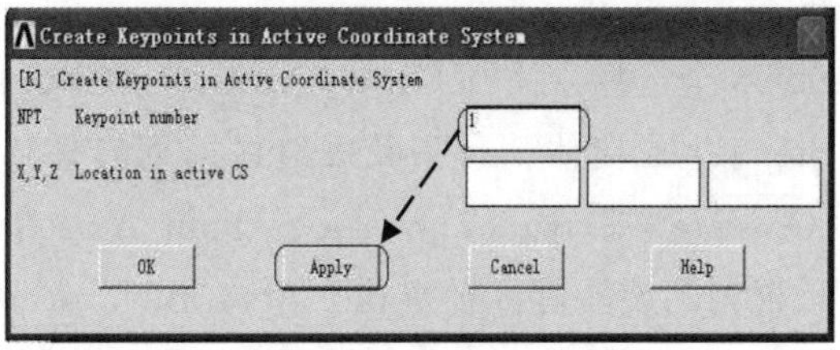

图 14－31　关键点建模

Step2 生成锥形封头子午面母体：执行 Main Menu>Preprocessor>Modeling>Create>Areas>Rectangle>By 2 Corners 命令，弹出 Rectangle by 2 Corners 对话框，在 XCORNER、YCORNER、WIDTH、HEIGHT 栏中分别输入 Dci/2、0、tcon、-lcon。单击 OK 按钮完成。

Step3 定义局部坐标系：执行 Utility Menu>WorkPlace>Local Coordinate Systems>Create Local CS>At Specified Loc 命令，弹出如图 14－32(a)所示的对话框，在对话框中输入局部坐标系定位点坐标(Dci/2，0，0)，单击 OK 按键，弹出如图 14－32(b)所示的对话框，在 KCS 下拉框中选择 Cylindrical 1，单击 OK 按钮完成。

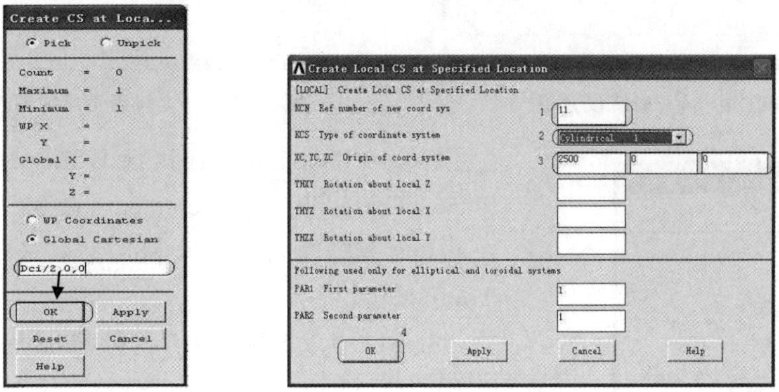

(a)　　　　　　　　　　　　(b)

图 14－32　创建局部坐标系

Step4 旋转母体得到旋转锥形封头子午面：执行 Main Menu>Preprocessor>Modeling>Move/Modify Areas>Areas 命令，弹出拾取框，选中编号为 1 的面，单击 OK 按钮，弹出如图 14－33 所示的对话框，设定 DY 为-alfa，单击 OK 按钮完成。

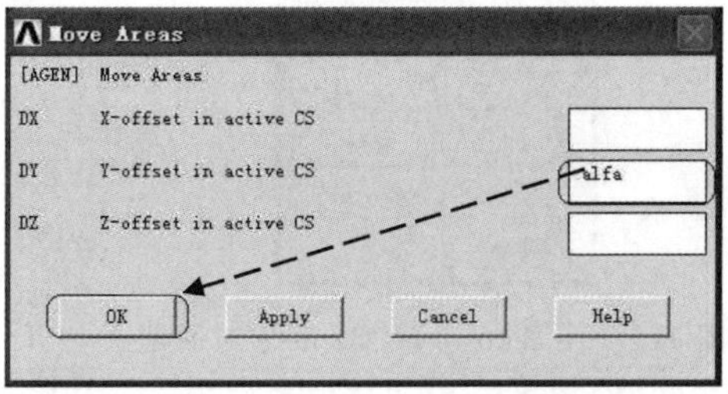

图 14－33　Move Areas 对话框

Step5 生成筒体子午面：重复 Step2，在

XCORNER、YCORNER、WIDTH、HEIGHT 栏中依次输入 Dci/2、0、tcon、lc。

Step6 合并相同项：执行 Menu>Preprocessor>Numbering Ctrls>Merge Items 命令，弹出 Merge Coincident 对话框，在 Lab1 下拉框中选择 All，单击 OK 按钮退出。

Step7 生成焊接区子午面：执行 Main Menu>Preprocessor>Modeling>Create>Areas>Arbitrary>Through KPs 命令，弹出拾取框，依次选中编号为 5、6、8 的三个关键点，单击 OK 按钮完成。

Step8 全选择：执行 Utility Menu>Select>Everything 命令。

Step9 生成筒体、封头及焊缝区⅛回转体：执行 Main Menu>Preprocessor>Modeling>Operate>Extrude>Areas>About Axis 命令，弹出拾取框，单击 Pick All 按钮，弹出对话框询问旋转对称轴定位，单击 min，max，Inc，在文本框中输入"1，2，1"，单击 OK 按钮，弹出如图 14-34 所示的对话框，在 ARC 一栏填入 360/2/ns，单击 OK 按钮，生成如图 14-35 所示的图形。

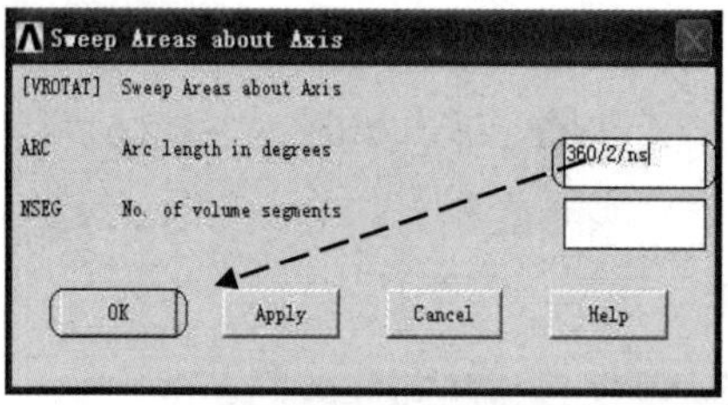

图 14-34 旋转设置框

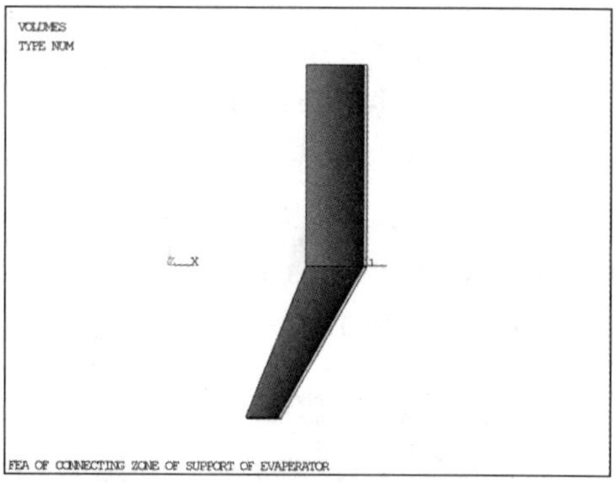

图 14-35 旋转后生成的图形

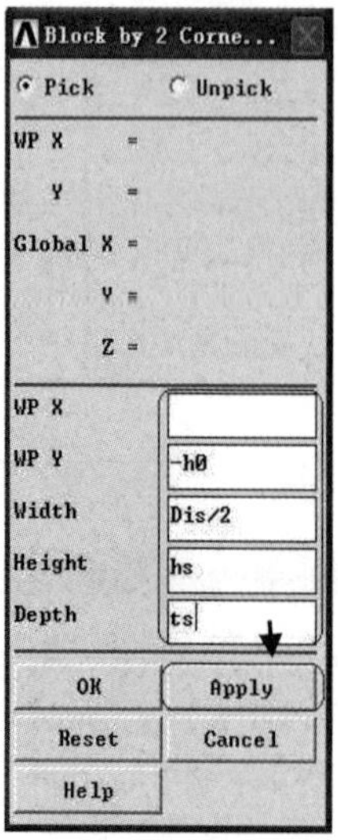

图 14-36 Block by 2 Corners 对话框

Step10 移动工作面：执行 Utility Menu>WorkPlane>Offset WP by Increments 命令，弹出拾取框，在 Snaps 一栏输入"0，0，-bb/2"，完成偏移，单击 Apply 按钮。

Step11 生成筋板母体：执行 Main Menu>Preprocessor>Modeling>Create>Volumes>Block>By 2 Corners&Z 命令，弹出如图 14-36 所示的设置框，在 WP X、WP Y、Width、Height、Depth 栏分别输入 0、-h0、Dis/2、hs、ts，单击 Apply 按钮完成。

Step12 生成腹板母体：重复 Step11，在 WP X、WP Y、Width、Height、Depth 栏分别输入 Dis/2-w1、-h0、-ts、hs、bb/2。

Step13 生成底板母体：重复 Step11，在 WP X、WP Y、Width、Height、Depth 栏分别输入 0、-h0、

Dis/2、ts、bb/2，生成的图形如图 14－37 所示。

Step14 选择筋板、腹板及底板母体：执行 Utility Menu＞Select＞Entities 命令，弹出对话框，依次选择 Volu、By Num/pick、From Full，单击 Apply 按钮，选中编号为 4、5、6 的筋板、腹板及底板母体，单击 OK 按钮完成。

Step15 用锥形封头外表面切割筋板、腹板及底板：执行 Main Menu＞Preprocessor＞Modeling＞Operate＞Booleans＞Divide＞Volume by Area 命令，弹出拾取框，单击 Pick All 按钮，即选中筋板、腹板及底板，再选中编号为 5 的锥形封头外表面，单击 OK 按钮完成。

Step16 删除母体多余部分：执行 Main Menu＞Preprocessor＞Modeling＞Delete＞Volume and Below 命令，弹出拾取框，选中 Step15 切割后多出的板体，编号分别为 7、10、11，单击 OK 按钮，效果如图 14－38 所示。

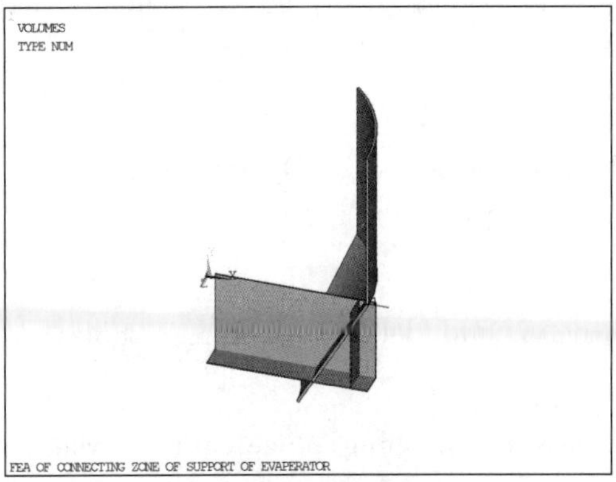

图 14－37　支撑构体

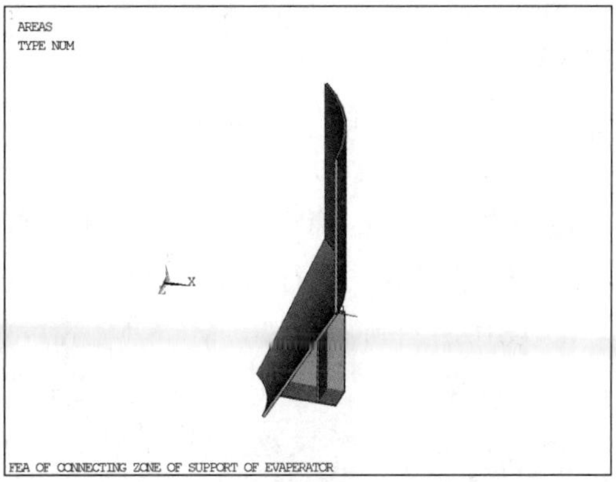

图 14－38　删除多余体之后模型

Step17 移动工作面：重复 Step10，在 Snaps 一栏输入“Dis/2-ws，0，0”完成偏移。

Step18 旋转工作面：执行 Utility Menu＞WorkPlane＞Offset WP by Increments 命令，在 Degrees 一栏输入“0，0，90”，单击 OK 按钮完成。

Step19 采用工作平面切割筋板与底板：执行 Main Menu＞Preprocessor＞Modeling＞Operate＞Booleans＞Divide＞Volu by WorkPlane 命令，弹出拾取框，单击 Pick All 按钮完成。

Step20 再次删除多余部分：重复执行 Step16，分别删除编号为 4 与 6 的实体单元，完成的几何模型如图 14－39 所示。

Step21 筋板、腹板及底板互分：执行 Main Menu＞Preprocessor＞Modeling＞Operate＞Booleans＞Partition＞Volumes 命令，弹出拾取框，单击 Pick All 按钮完成。

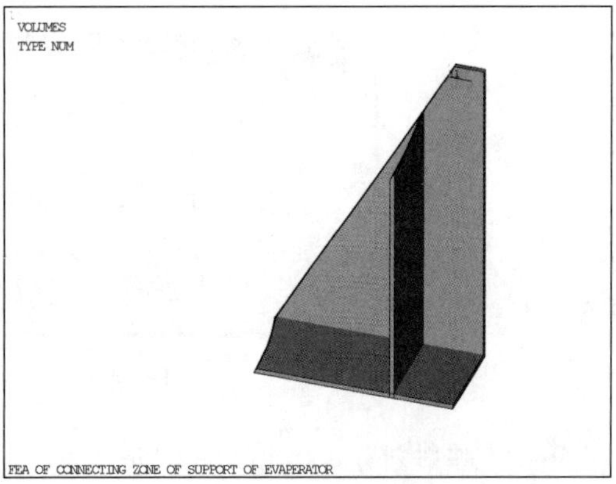

图 14－39　支座图形

Step22 全选择：执行 Utility Menu＞

Select>Everything 命令。

（4）划分网格。

提示：由于模型拓扑结构不规则，故首先进行剖分，再执行网格划分。

Step1 将坐标平面移至关键点 23：执行 Utility Menu>WorkPlane>Offset WP to>Keypoints 命令，选中编号为 23 的关键点，单击 OK 按钮完成。

Step2 旋转工作平面：执行 Utility Menu>WorkPlane>Offset WP by Increments 命令，在 Degrees 一栏输入“0，0，90”，单击 OK 按钮完成。

Step3 采用工作平面剖分体：执行 Main Menu>Preprocessor>Modeling>Operate>Booleans>Divide>Volu by WorkPlane 命令，弹出拾取框，单击 Pick All 按钮完成。

Step4 将坐标平面移至关键点 19：重复执行 Step1，将其移至 19 号关键点。

Step5 采用工作平面剖分体：重复执行 Step3。

Step6 旋转工作平面：重复执行 Step2，在 Degrees 一栏输入“0，90，0”，单击 OK 按钮完成。

Step7 采用工作平面剖分体：重复执行 Step3。

Step8 体互分：执行 Main Menu>Preprocessor>Modeling>Operate>Booleans>Partition>Volumes 命令，弹出拾取框，单击 Pick All 按钮完成。

Step9 全选择：执行 Utility Menu>Select>Everything 命令。

Step10 黏合所有线段：Main Menu>Preprocessor>Modeling>Operate>Booleans>Glue>Lines 命令，单击 Pick All 按钮完成。

Step11 设定线分段数：Main Menu>Preprocessor>Meshing>Size Cntrls>ManualSize>Layers>Picked Lines 命令，弹出拾取框，选中编号为 36 的线段，单击 Apply 按钮，弹出设定框，在 NDIV 一栏输入 3，设定腹板厚度方向划分为 3 份。

Step12 设定底板划分段数：重复 Step11，设定底板厚度方向 45、55 两条线段的分段数为 3 份。

Step13 设定单元大小：执行 Main Menu>Preprocessor>Meshing>Size Cntrls>ManualSize>Global>Size 命令，弹出如图 14-40 所示的对话框，在 SIZE 一栏输入 30，单击 OK 按钮完成。

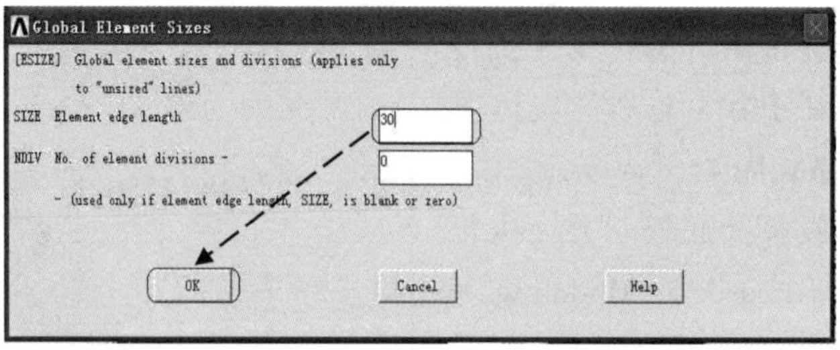

图 14-40 单元大小设定框

Step14 映射划分：执行 Main Menu>Preprocessor>Meshing>Mesh>Volume Sweep>Sweep 命令，单击 Pick All 按钮完成，网格划分结果如图 14-41 所示。

Step15 合并所有项：执行 Main Menu＞Preprocessor＞Numbering Ctrls＞Merge Items 命令，弹出 Merge Coincident Items 对话框，在 Type of item to be merge 下拉框中选择 All 单击 OK 按钮退出。

Step16 压缩编号：执行 Main Menu＞Preprocessor＞Numbering Ctrls＞Compress Numbers 命令，弹出 Compress Numbers 对话框，在 Item to be compressed 下拉框中选中 ALL，单击 OK 按钮退出。

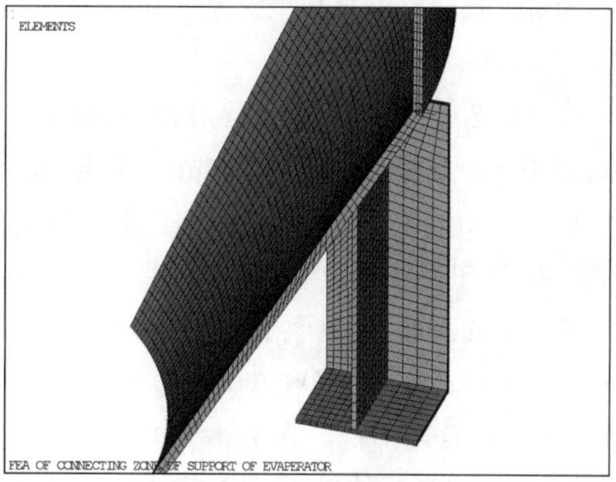

图 14－41　模型网格划分

(5)施加载荷与约束。

Step1 转换到原始坐标系：执行 Utility Menu＞WorkPlane＞Align WP with＞Specified Coord Sys 命令，弹出 Align WP with Specified Coord Sys 对话框，在 KCN 一栏输入 0，单击 OK 按钮完成。

Step2 选择坐标 Z=0 的面：执行 Utility Menu＞Select＞Entities 命令，弹出对话框，依次选择 Area、By Location、Z coordinates、From Full，在 Min，Max 一栏输入 0，单击 OK 按钮完成。

Step3 施加对称约束：Main Menu＞Solution＞Define＞Loads＞Apply＞Structural＞Displacement＞Symmetry B. C. ＞On Areas 命令，弹出对话框，单击 Pick All 按钮完成。

Step4 定义局部柱坐标系：执行 Utility Menu＞WorkPlane＞Local Coordinate Systems＞Create Local CS＞At Specified Loc 命令，弹出 Create CS at 定位框，在文本框中输入“0，0，0”，单击 OK 按钮进入如图 14－42 所示的对话框，设定 KCN 为 12，KCS 为 Cylindrical 1，THYZ 为－90，单击 OK 按钮完成。

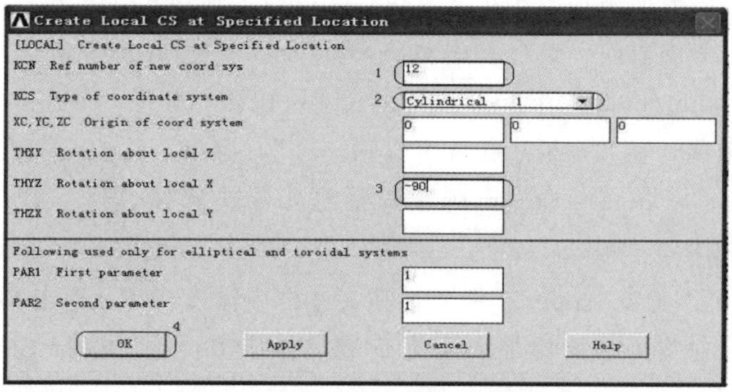

图 14－42　定义局部柱坐标系

Step5 选择⅛位置截面：重复执行 Step2，设定选项为 Area、By Location、Y coordinates、From Full，在 Min，Max 一栏输入 360/ns/2，单击 OK 按钮完成。

Step6 施加对称约束：重复执行 Step3。

Step7 激活整体直角坐标系：执行 Utility Menu>WorkPlane>Change Active CS to> Global Cartesian 命令。

Step8 选择支座底面：重复执行 Step2，设定选项为 Area、By Location、Y coordinates、From Full，在 Min，Max 一栏输入-h0，单击 Apply 按钮；再重新设定选项为 Area、By Location、X Coordinates、Reselect，在 Min，Max 一栏输入"Dis/2-ws，Dis/2"，单击 OK 按钮完成。

Step9 约束底面各向位移：执行 Main Menu>Solution>Define Loads>Apply>Structural>Displacement>On Areas 命令，弹出拾取框，单击 Pick All 按钮，弹出 Apply U，Rots on Areas 对话框，在 Lab2 中选中 All Dofs，单击 OK 按钮完成。

Step10 选择筒体端面：重复执行 Step2，设定选项为 Area、By Location、Y coordinates、From Full，在 Min，Max 一栏输入 Lc，单击 OK 按钮完成。

Step11 施加平衡面载荷-pc：Main Menu>Solution>Define Loads>Apply>Structural>Pressure>On Areas 命令，弹出拾取框，单击 Pick All 按钮，弹出 Apply Pressure On Areas 对话框，在 VALUE 一栏设定-pc，单击 OK 按钮完成。

Step12 选择锥形封头端面：重复执行 Step2，设定选项为 Area、By Location、Y coordinates、From Full，在 Min，Max 一栏输入"-Lcon * cos(alfa)-tcon，-Lcon * cos(alfa)"，单击 OK 按钮完成。

Step13 施加平衡面载荷-pcon：重复执行 Step11，在 VALUE 一栏设定-pcon。

Step14 选择筒体内表面：执行 Utility Menu>Select>Entities 命令，弹出对话框，依次选择 Area、By Num/Pick、From Full，单击 OK 按钮，弹出 Select Areas 选择框，单击 Min，Max，Inc 选项，在文本框中输入"83，87，4"，单击 OK 按钮：再重复执行 Utility Menu>Select>Entities 命令，弹出对话框，依次选择 Area、By Num/Pick、Also Select，单击 OK 按钮，弹出 Select Areas 选择框，单击 Min，Max，Inc 选项，在文本框中输入 42，单击 OK 按钮完成。

Step15 在筒体内表面施加内压：重复执行 step11，在 VALUE 一栏设定 pi。

Step16 选择封头内表面：执行 Utility Menu>Select>Entities 命令，弹出对话框，依次选择 Area、By Num/Pick、From Full，单击 OK 按钮，弹出 Select Areas 选择框，单击 Min，Max，Inc 选项，在文本框中输入"44，46，2"，单击 OK 按钮完成。再重复执行 Utility Menu>Select>Entities 命令，弹出对话框，依次选择 Area、By Num/Pick、Also Select，单击 OK 按钮，弹出 Select Areas 选择框，单击 Min，Max，Inc 选项，在文本框中输入"93，95，1"，单击 Apply 按钮，再在文本框中输入"91"，单击 OK 按钮完成。

Step17 在锥形封头内表面施加内压力及液柱静压力：重复执行 Step11，在 VALUE 一栏设定 pi+py1。

(6)施加载荷与约束。

Step1 全选择：执行 Utility Menu>Select>Everything 命令，施加的约束如图 14－43 所示。

Step2 求解：执行 Main Menu>Solution>Solve>Current LS 命令，完成求解。

(7)结果后处理。查看节点应力云图：执行 Main Menu>General Postproc>Plot Results>Contour Plot>Nodal Solu 命令，弹出 Contour Nodal Solution Data 对话框，单击 Stress 按钮，在其下拉列表中选择 von Mises stress，显示结果。

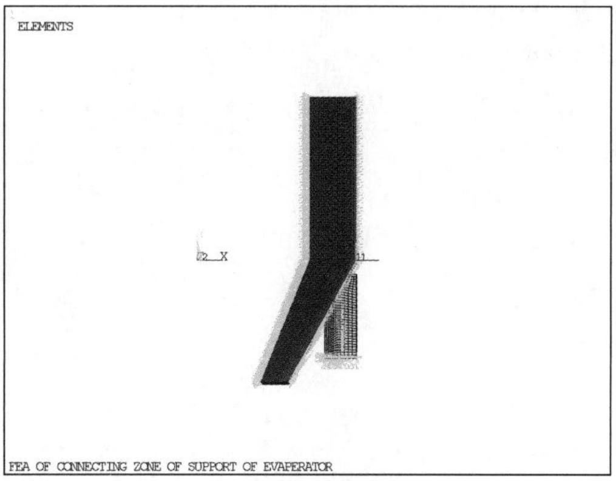

图 14-43　载荷与约束施加图形

4. 计算结果与讨论

计算结果如图 14-44 所示，最大应力发生在支座筋板与筒体连接处，最大应力强度值为 95.2MPa，满足强度要求。值得注意的是当连接区最大应力强度值超过材料的许用应力时，并不一定表示结果强度不够，因为在这种结构不连续区域，应根据或参考分析设计的观点对计算结果进行进一步的分析与评定。此外对于这种存在局部压应力的区域以及支座主体，除进行强度分析之外，还应进行稳定性分析。

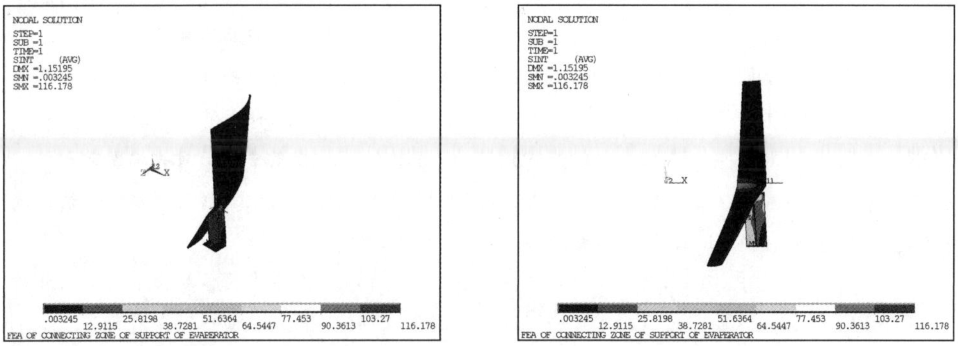

(a)　　(b)

图 14-44　应力云图

5. 命令流分析过程

```
!****************** 环境设置 ********************
FINISH
/CLEAR
/FILN, E43
/TITLE, FEA OF CONNECTING ZONE OF SUPPORT OF EVAPERATOR
DCI=5000                                   ! 筒体内径
TC=40                                      ! 筒体壁厚
TCON=40                                    ! 锥形封头壁厚
ALFA=30                                    ! 锥形封头半锥角
LC=2500                                    ! 筒体长度
*AFUN, DEG                                 ! 角度单位设定
LCON=DCI/2/TAN(ALFA)                       ! 锥形封头全锥长度
```

```
LRAT=0.5                                              ! 模型中锥形封头经线方向长度系数
LCON=LCON*LRAT                                        ! 模型中锥形封头经线方向长度
NS=4                                                  ! 支座个数
H0－1500                                              ! 支座垂直方向安装位置
DIS=DCI+TC                                            ! 支座水平方向安装位置
TS=20                                                 ! 支座筋板、腹板厚度
WS=500                                                ! 筋板宽度
HS=1300                                               ! 筋板高度
BB=800                                                ! 筋板长度
W1=250                                                ! 腹板位置
PI=0.1                                                ! 内压值
GRA=9.81                                              ! 重力加速度，m/s2
DENSTELL=7850                                         ! 钢材密度，kg/m3
DENWATER=1000                                         ! 水的密度，kg/m3
M1=58.1E3                                             ! 容器自重，kg
HY1MAX=13                                             ! 锥形封头部分平均液面高度
HY0MAX=15                                             ! 最大液面高度
PY1=HY1MAX*DENWATER*GRA/1E6                           ! 锥形封头部分平均液柱静压力
PY0=HY0MAX*DENWATER*GRA/1E6                           ! 容器最大液柱静压力
SCON=(DCI/2*LRAT*2+TCON*COS(ALFA))*TCON               ! 模型中锥形封头端面面积
PCON=(PI+PY0)*(DCI/2*LRAT)**2/SCON/COS(ALFA)          ! 模型中锥形封头端面平衡面载荷
PCM1=M1*GRA/(3.1415927*((DCI+2*TCON)**2-DCI**2))
                                                      ! 自重在筒体端面引起的面载荷
PC=PI*DCI**2/((DCI+2*TCON)**2-DCI**2)-PCM1            ! 筒体端面平衡面载荷
!****************** 前处理 **********************
/PREP7
ET，1，45                                             ! 定义单元类型
MP，EX，1，2E5                                        ! 定义材料的弹性模量
MP，NUXY，1，0.3                                      ! 定义材料的泊松比
!*************** 建立模型 **********************
K，1，0，0，0                                         ! 定义回转轴中心关键点
K，2，0，LC，0                                        ! 定义回转轴中心关键点
BLC4，DCI/2，0，TCON，-LCON                           ! 生成锥形封头子午面母体
LOCAL，11，1，DCI/2                                   ! 定义局部坐标系
AGEN，2，1，，，，-ALFA，，，，1                        ! 旋转母体得到旋转锥形封头子午面
BLC4，DCI/2，0，TCON，LC                              ! 生成筒体子午面
NUMMRG，ALL，，，，LOW                                 ! 合并相同项
KSEL，S，LOC，Y，-TCON，0                             ! 选择筒体与封头焊接区关键点
*GET，K1，KP，，NUM，MIN                              ! 提取焊接区关键点
KSEL，U，，，K1
```

```
*GET, K2, KP,, NUM, MIN
*GET, K3, KP,, NUM, MAX
KSEL, A,,, K1
A, K1, K2, K3                               ! 生成焊接区子午面
ALLS                                        ! 全选
VROTAT, ALL,,,,,, 1, 2, 360/2/NS            ! 生成筒体、封头及焊缝区1/8回转体
WPOFF, 0, 0, -BB/2                          ! 移动工作面
BLC4,, -H0, DIS/2, HS, TS                   ! 生成筋板母体
BLC4, DIS/2-W1, -H0, -TS, HS, BB/2          ! 生成腹板母板
BLC4,, -H0, DIS/2, TS, BB/2                 ! 生成底板母体
VSEL, S,,, 4, 6                             ! 选择筋板、腹板及底板母体
VSBA, ALL, 5                                ! 用锥形头外表面切割筋板、腹板及
底板
VDELE, 7,,, 1                               ! 删除筋板母体多余部分
VDELE, 10,,, 1                              ! 删除腹板母体多余部分
VDELE, 11,,, 1                              ! 删除底板母体多余部分
WPOFF, DIS/2-WS                             ! 移动工作面
WPROT,,, 90                                 ! 旋转工作面
VSBW, ALL                                   ! 再次切割筋板与底板
VDELE, 4,,, 1                               ! 再次删除筋板多余部分
VDELE, 6,,, 1                               ! 再次删除底板多余部分
VPTN, ALL                                   ! 筋板、腹板及底板互分
ALLS
!*********** 划分网格 *****************************
KWPAVE, 23                                  ! 将坐标平面移至关键点 23
WPROT,,, 90                                 ! 旋转工作平面
VSBW, ALL                                   ! 采用工作平面剖分体
KWPAVE, 19                                  ! 将坐标平面移至关键点 19
VSBW, ALL                                   ! 采用工作平面剖分体
WPROT,, 90,                                 ! 旋转工作平面
VSBW, ALL                                   ! 采用工作平面剖分体
VPTN, ALL                                   ! 体互分
ALLS                                        ! 全选择
LGLUE, ALL                                  ! 黏合各线
LESIZE, 36,,, 3,,,,,                        ! 设定线分段数
LESIZE, 55,,, 3,,,,,                        ! 设定线分段数
LESIZE, 45,,, 3,,,,,                        ! 设定线分段数
ESIZE, 40                                   ! 设定单元大小
VSWEEP, ALL                                 ! 映射划分
NUMMRG, ALL                                 ! 合并所有项
```

```
NUMCMP, ALL                                    ! 压缩编号
FINISH
!*********************** 求解 ********************
/SOLU
WPCSYS, -1, 0                                  ! 转换到原始坐标系
ASEL, S, LOC, Z, 0                             ! 选择在 Z=0 的面
DA, ALL, SYMM                                  ! 施加对称约束
LOCAL, 12, 1,,,,, -90                          ! 定义局部坐标系
ASEL, S, LOC, Y, 360/NS/2                      ! 选择 1/8 位置截面
DA, ALL, SYMM                                  ! 施加对称约束
CSYS, 0                                        ! 激活整体直角坐标系
ASEL, S, LOC, Y, -H0                           ! 选择支座底面
ASEL, R, LOC, X, DIS/2-WS, DIS/2
DA, ALL, ALL                                   ! 约束底面各项位移
ASEL, S, LOC, Y, LC                            ! 选择筒体端面
SFA, ALL, 1, PRES, -PC                         ! 施加平衡面载荷
ASEL, S, LOC, Y, -LCON*COS(ALFA)-TCON, -LCON*COS(ALFA)
                                               ! 选择锥形封头端面
SFA, ALL, 1, PRES, -PCON                       ! 施加平衡面载荷
ASEL, S, AREA,, 83, 87, 4                      ! 选择筒体内表面
ASEL, A, AREA,, 42,
SFA, ALL, 1, PRES, PI                          ! 在筒体内表面施加内压
ASEL, S, AREA,, 44, 46, 2, 1                   ! 选择封头内表面
ASEL, A, AREA,, 93, 95, 1
ASEL, A, AREA,, 91
SFA, ALL, 1, PRES, PI+PY1                      ! 在锥形封头内表面施加内压及液柱
                                               静压力
ALLS
SOLVE                                          ! 求解
!******************* 后处理 *******************
/POST1
PLNSOL, S, INT, 0, 1                           ! 显示应力云图
FINISH
```

14.3 塔设备分析

塔设备是化工行业中最常用的设备之一。焦炭塔是炼油厂延迟焦化装置的重要设备，由于生产工艺的要求，其操作条件特别苛刻。焦炭塔作为一种大型、露天放置的直立设备，要受到许多机械载荷的作用，如自重、内压、介质重量、风载和地震载荷等，这些载荷的共同作用造成了设备的强度问题。因此，对于焦炭塔的动力学分析，应该包括模态分

析、风载荷动力响应分析和地震载荷响应分析，并且载荷情况是随时间、位置不断变化的。

本章将以焦炭塔为例，介绍塔设备的动力学分析。先对焦炭塔结构进行计算振动的模态分析，在模态分析的基础上进行风载荷和地震载荷的动态响应分析。

结构的振动特性决定了结构对各种动力载荷的响应情况，因此要计算风载荷和地震载荷，首先要计算焦炭塔结构的固有频率。由于塔体结构复杂，各剖分结构互相牵制，无法采用解析法准确地求出其固有频率，因此，本节利用建立的焦炭塔有限元模型进行结构的振动特性分析，即模态分析，来求出焦炭塔的固有频率。

由于在操作过程的各个阶段内介质差别很大，因此造成焦炭塔在各阶段的振动特性不尽相同，这就需要对结构进行各阶段的模态分析，求得相应的固有频率和振动形式，从而全面地了解结构在操作过程中的自振特性，并将各阶段的基本频率用于风载荷和地震载荷的动态分析。这里仅以水冷阶段为例，对焦炭塔的模态分析步骤和分析结果进行详细说明。

1. 问题描述

焦炭塔的结构尺寸如图 14－45 所示。容器规格为 ϕ6000×30975mm。塔体共分为 4 个剖分：球形封头，上、下筒体和锥形封头；两个区域：泡沫段和生焦段。泡沫段筒体壁厚为 28mm，充焦段筒体壁厚为 32mm，下筒体与锥形封头的过渡半径为 3000mm，壁厚为 32mm，上封头为半球形，内半径为 3000mm，壁厚为 28mm。整个塔体由裙座支撑。筒体由多个筒节焊接而成，锥体由一个筒节卷焊而成。塔体主体材质为 20g，裙座圈板 20g，焊缝材料 J427，塔体的弹性模量为 1.824859E11Pa，密度为 7.85E3kg/m^3，泊松比为 0.3；焦炭的弹性模量为 4.20E8Pa，密度为 0.8E3kg/m^3，泊松比为 0.3。

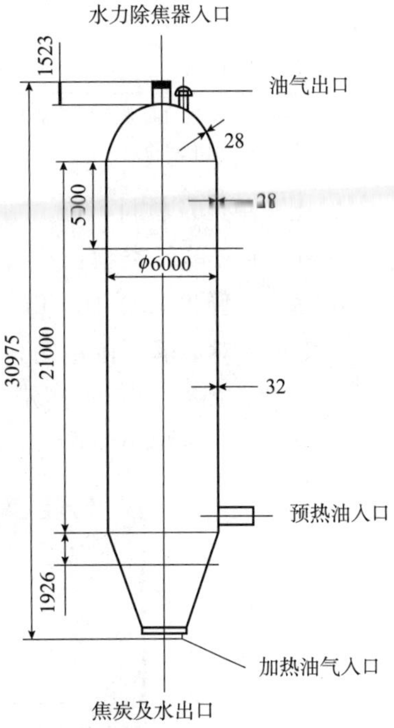

图 14－45　焦炭塔的结构尺寸

2. 分析问题

由于塔壁厚度远远小于塔的内径，可将问题适当简化，在建立有限元模型时，塔采用四节点的 SHELL63 单元，焦炭采用 SOLID45 单元，这样模型在满足精度要求的情况下将得到简化。

在建模时，先建立塔的关键点，连接关键点得到塔壁线，再通过旋转生成塔的几何模型，然后指定线的划分份数，将塔的几何模型转化为有限元模型；生成焦炭的模型是通过先生成面单元，然后将面单元延伸成体单元。

在有限元计算时，将基础视为刚体，将与基础相连的裙支座单元的 X、Y、Z 三个自由度全部约束。

3. GUI过程

1)环境设置

Step1 启动ANSYS：以交互模式进入ANSYS。设定工作路径F：\ANSYS_WORK，工作文件名取为E81，进入ANSYS界面。

Step2 设置标题：执行Utility Menu>Change Title命令，弹出Change Title对话框，输入tower，单击OK按钮，关闭对话框。

Step3 初始化设计变量：执行Utility Menu>Parameters>Scalar Parameters命令，弹出Scalar Parameters对话框，输入如表14-4所列的参数。

表14-4 参数表

参数	参数意义	参数	参数意义
ta_R=3m	塔半径	up_h=5m	上筒体高度
outlet_R=1m	出口半径	qun_h=2.56m	裙座高度
outlet_h=5.452m	出口高度	low_t=0.032m	下筒体厚度
low_h=16m	下筒体高度	up_t=0.028m	上筒体厚度
OMEGA=1.5	风激励角速度		

注意：初始化参数的时候不能连同单位一起输入，实际上，ANSYS没有单位的限制，设计者可以采用国际单位制，也可以采用非标准单位制，但单位的彼此换算必须统一。

2)定义单元及材料

Step1 定义单元类型：执行Main Menu>Preprocessor>Element Type>Add/Edit/Delete命令，弹出Element Type对话框，单击Add按钮，添加单元，弹出Library of Element Types对话框。在左侧列表中选择Structural Shell项，在右侧列表中选择Elastic 4node 63项，如图14-46所示。单击OK按钮，退至Element Type对话框，用同样的方法，定义二号单元SOLID45。

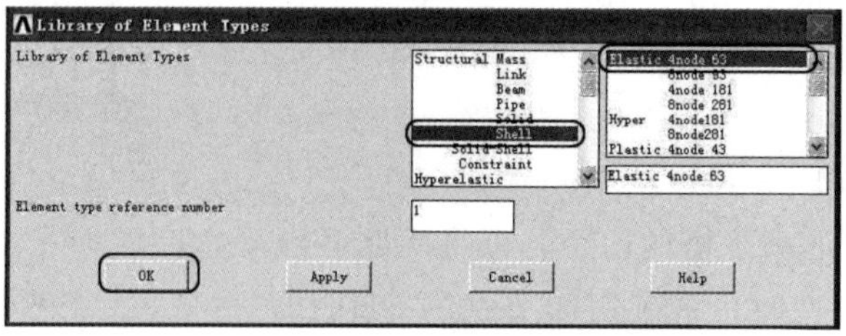

图14-46 定义单元类型对话框

Step2 定义材料号1属性：执行Main Menu>Preprocessor>Material Props>Material Models命令，弹出Define Material Model Behavior对话框，如图14-47所示，在右边的可选材料模型Material Models Available框中选择Structural>Linear>Elastic>Isotropic。

Step3 双击Isotropic标识，弹出Linear Isotropic Properties for Material Number 1对话框，在EX文本框中输入1.824859E11，PRXY文本框中输入0.3，单击OK按钮确定，关闭该对话框。双击Density标识，弹出Density for Material Number 1对话框，在DENS

文本框中输入 7.85E3，单击 OK 按钮确定，关闭该对话框。

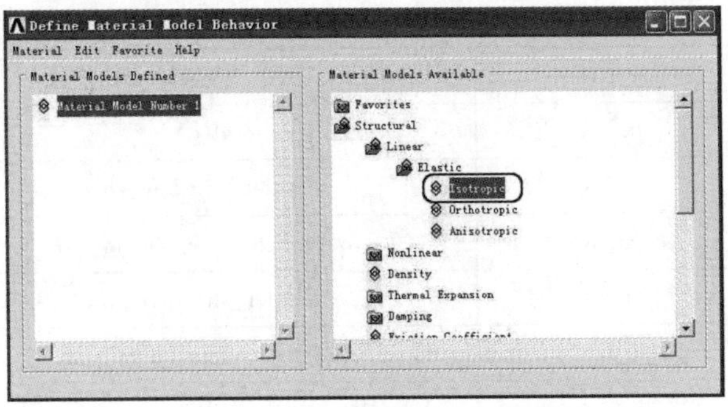

图 14－47　Define Material Model Behavior 对话框

Step4 用同样的方法定义材料号 2 的属性，在 EX 文本框中输入 4.20E8，PRXY 文本框中输入 0.3，在 DENS 文本框中输入 0.8E3。

Step5 定义实常数号 1 属性：执行 Main Menu＞Preprocessor＞Real Constants＞Add/Edit/Delete 命令，弹出 Real Constants 对话框，单击 Add 按钮，选择 Typel，单击 OK 按钮，弹出 Real Constant Set Number 3，for SHELL63 对话框，如图 14－48 所示，在 TK(I)位置输入 up _ t，单击 OK 按钮确定，关闭该对话框。用同样的方法定义实常数号 2 的属性，TK(I)＝up _ t。

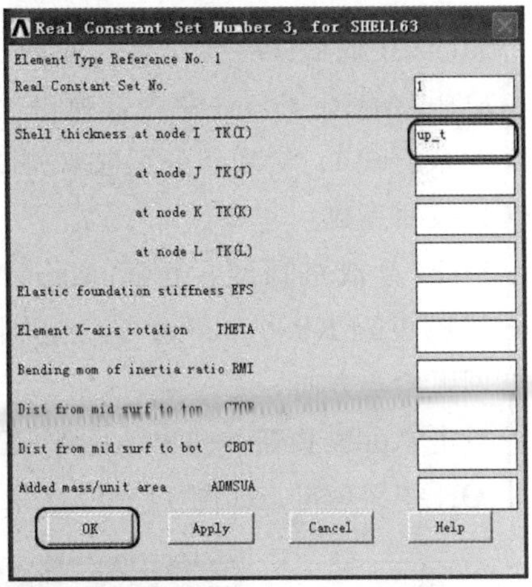

图 14－48　定义实常数对话框

3)创建模型

由于模型复杂，为了便于理解，将建模过程剖分为三个小节：建立塔的几何模型、建立塔的有限元模型、建立焦炭的几何模型和有限元模型。通过下面的学习，读者能够熟悉复杂的建模过程。

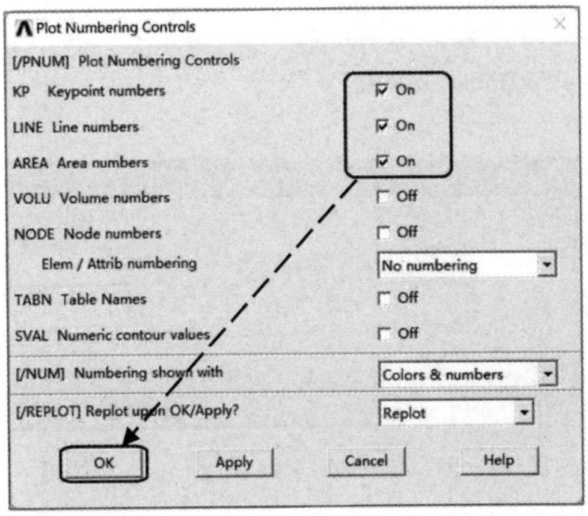

图 14－49　Plot Numbering Controls 对话框

(1)建立塔的几何模型。

Step1 打开关键点、线以及面号码显示开关：执行 Utility Menu＞PlotCtrls＞Numbering 命令，打开 Plot Numbering Controls 对话框，激活 KP、LINE、AREA 后面的显示开关为 On 状态，单击 OK 按钮确定，如图 14－49 所示。

Step2 生成塔壁关键点：执行 Main Menu＞Preprocessor＞Modeling＞Create＞Keypoints＞ln Active CS 命令，设定 NPT 为 1，X，Y，Z 为“outlet _ R，0，0”，单击

Apply 按钮；同理，创建如表 14 - 5 所示的关键点。单击 OK 按钮完成。

表 14 - 5　关键点参数表

关键点编号	X 坐标	Y 坐标	Z 坐标
2	ta _ R	outlet _ h	0
3	ta _ R	outlet _ h+low _ h	0
4	ta _ R	outlet _ h+low _ h+up _ h	0
5	ta _ R	outlet _ h－qun _ h	0
6	0	outlet _ h+low _ h+up _ h	0
7	0	outlet _ h+low _ h+up _ h+ ta _ R	0
1000	0	0	0

Step3 生成塔壁的线：执行 Main Menu>Preprocessor>Modeling>Create>Lines>Lines>ln Active Coord 命令，弹出关键点选取框，选取 1、2 号关键点，单击 Apply 按钮，生成直线 1；同理，分别选取关键点 2 和 3，3 和 4，2 和 5 分别生成直线 2、3、4，单击 OK 按钮完成。

Step4 生成塔顶线：执行 Main Menu>Preprocessor>Modeling>Create>Lines>Arcs>By End KPs&Rad 命令，选取圆弧端点 4 和 7，单击 Apply 按钮，选取点 6，用于控制圆弧中心方向。

单击 Apply 按钮，弹出 Arc by End KPs&Radius 对话框，在 RAD 框中输入 ta _ r，单击 OK 按钮确定，如图 14 - 50 所示。

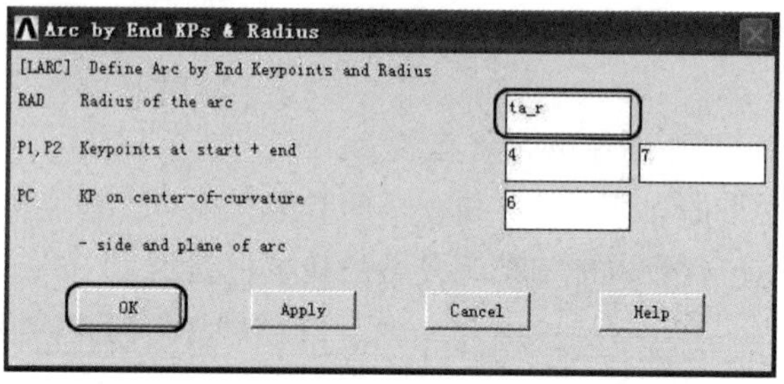

图 14 - 50　Are by End KPs & Radius 对话框

Step5 旋转生成塔体：执行 Main Menu>Preprocessor>Modeling>Operate>Extrude>Lines>About Axis 命令，弹出选取对话框，输入需要旋转的线“1，2，3，5”，单击 Apply 按钮，弹出对话框，输入旋转轴关键点“1000，6”，单击 OK 按钮，弹出 Sweep Lines about Axis 对话框，单击 OK 按钮，如图 14 - 51 所示。同理，将 4 号线绕 1000 和 6 号关键点旋转(1000 与 6 号关键点对

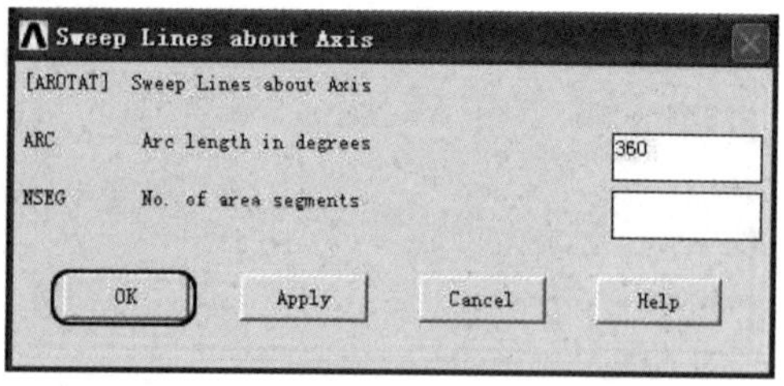

图 14 - 51　Sweep Lines about Axis 对话框

应为旋转轴上的两点)。生成的几何模型如图 14 - 52 所示。

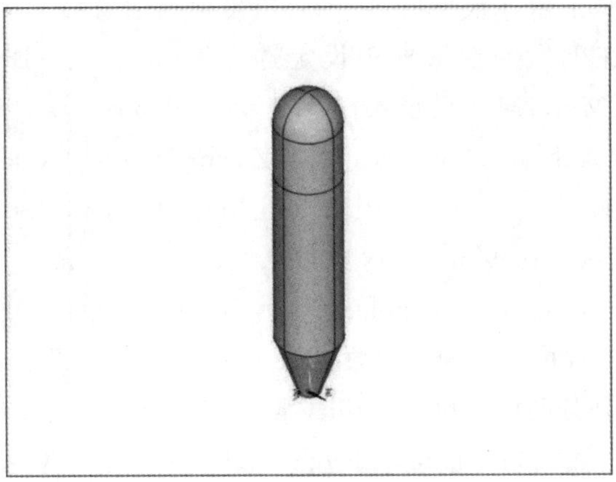

图 14 - 52　塔的几何模型

(2)建立塔的有限元模型。

Step1 为划分塔的几何模型，使之成为能用于计算的有限元模型，先选定各条线然后设定各线的划分份数：执行 Utility Menu>Select>Entities 命令，弹出 Select Entities 对话框，依次设定选择模式为：Lines、By Location、Y coordinates、From Full，在 Min，Max 处输入 0，单击 Apply 按钮，如图 14 - 53 所示。同理，将 From Full 改变为 Also Select，在 Min，Max 处填入 outlet h-qun _ h，单击 Apply 按钮，得到选取的第二条线；再分别在 Min，Max 处填 outlet _ h、outlet _ h+low _ h、outlet _ h+low _ h+up _ h，每次输入后均需要单击 Apply 按钮。选择完线之后单击 OK 按钮完成。

Step2 设定上步选择的线的划分份数：执行 Main Menu>Preprocessor>Meshing>Size Cntrls>ManualSize>Lines>All Lines 命令，弹出设置线的划分份数对话框 Element Sizes on All Selected Lines，在 NDIV 中填入 12，单击 OK 按钮，如图 14 - 54 所示。

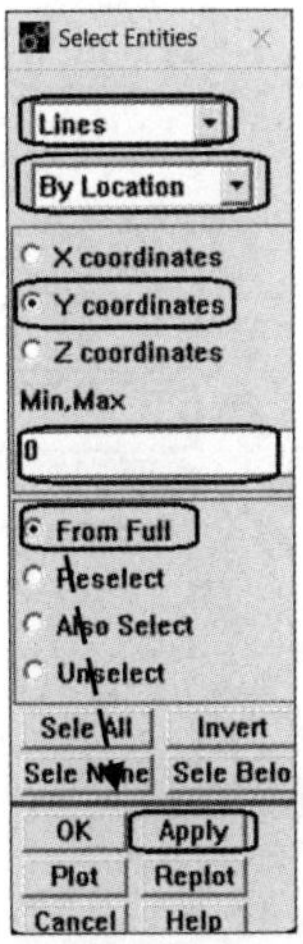

图 14 - 53　选择线对话框

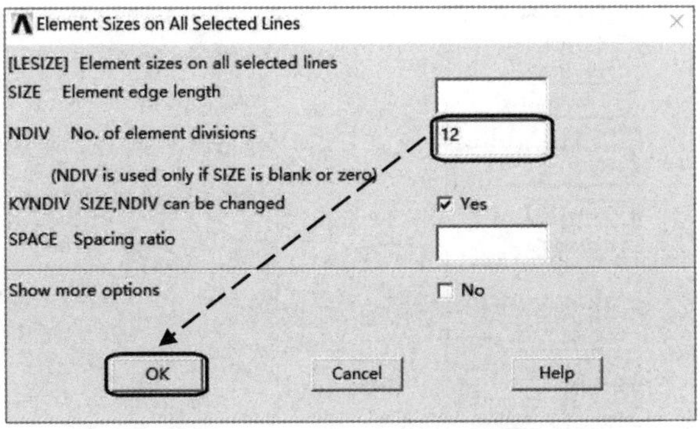

图 14 - 54　设置线划分份数对话框

Step3 激活以 Y 轴为旋转轴的柱坐标系，执行 Utility Menu>WorkPlane>Change

Active CS to>Global Cylindrical Y 命令。

Step4 参照建立塔的有限元模型的 Step1，以坐标选取直线：执行 Utility Menu>Select>Entities 命令，在弹出的对话框中设定选择模式 Lines、By Location、X Coordinates、From Full，在 Min，Max 处填入"outlet _ R+0.001，ta _ R-0.001"，单击 Apply 按钮，重新设定选择模式 Lines、By Location、Z coordinates、Also Select，在 Min，Max 处填入"outlet _ h+low _ h+0.001，outlet _ h+low _ h+up _ h-0.001"，单击 Apply 按钮，得到选取的第二条线；在 Min，Max 处填入"outlet _ h+low _ h+up _ h，outlet _ h+low _ h+up _ h+ta _ R"，将 Also Select 改为 Unselect，单击 OK 按钮完成。

Step5 设定 Step4 选择的线的划分份数：重复执行 Step2，设定 NDIV 为 12。

Step6 选择线用于划分网格：执行 Utility Menu>Select>Entities 命令，设定选择模式 Lines、By Location、Z coordinates、From Full，在 Min，Max 处填入"outlet _ h - qun _ h+0.001，outlet _ h - 0.001"，单击 OK 按钮完成。

Step7 设定 Step6 选择的线的划分份数：重复执行 Step2，设定 NDIV 为 8。

Step8 选择线用于划分网格：执行 Utility Menu>Select>Entities 命令，设定选择模式 Lines、By Location、Z coordinates、From Full，在 Min，Max 处填入"outlet _ h+0.001，outlet _ h+low _ h - 0.001"，单击 OK 按钮完成。

Step9 设定 Step6 选择的线的划分份数：重复执行 Step2，设定 NDIV 为 40。

Step10 全选择：执行 Utility Menu>Select>Everything 命令，选中所有的元素。

Step11 选择要划分的面：执行 Utility Menu>Select>Entities 命令，弹出 Select Entities 对话框，依次选择 Areas、By Location、Z coordinates，在 Min，Max 处填入"0，low _ h"之后选择 From Full，单击 OK 按钮完成，如图 14 - 55 所示。

Step12 指定将要划分单元的属性：执行 Main Menu>Preprocessor>Meshing>Mesh Attributes>Default Attribs 命令，REAL 指定为 1，默认情况下 TYPE 为 1 SHELL63，MAT 为 1，如图 14 - 56 所示。

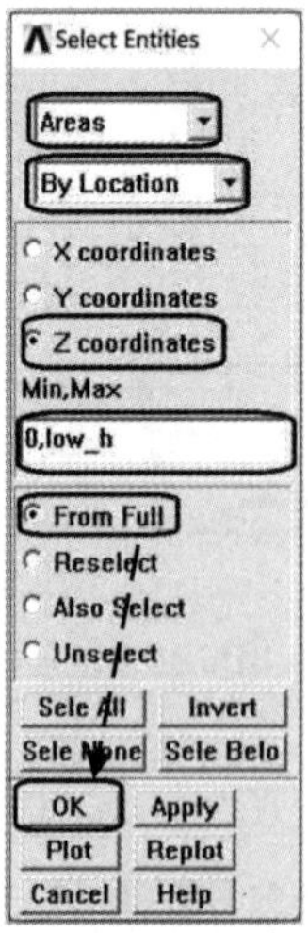

图 14 - 55　选择面对话框

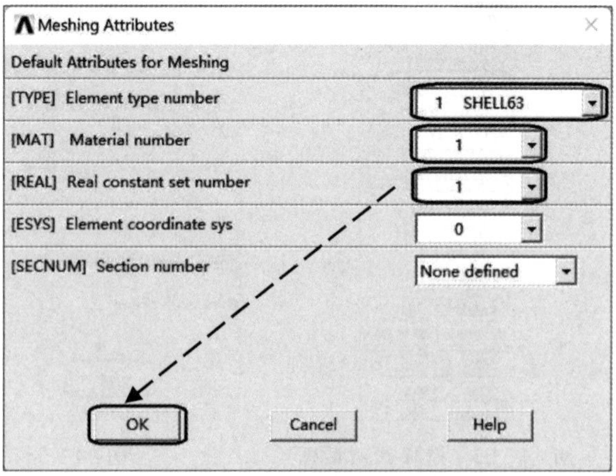

图 14 - 56　单元属性选择对话框

Step13 指定网格划分方式：执行 Main Menu>Preprocessor>Meshing>Mesher Opts 命令，在 MSHKEY 对应的 Map 前打勾，单击 OK 按钮，弹出选择单元形状对话框，2D 选择 Quad，3D 选择 HEX，单击 OK 按钮完成，如图 14-57 所示。

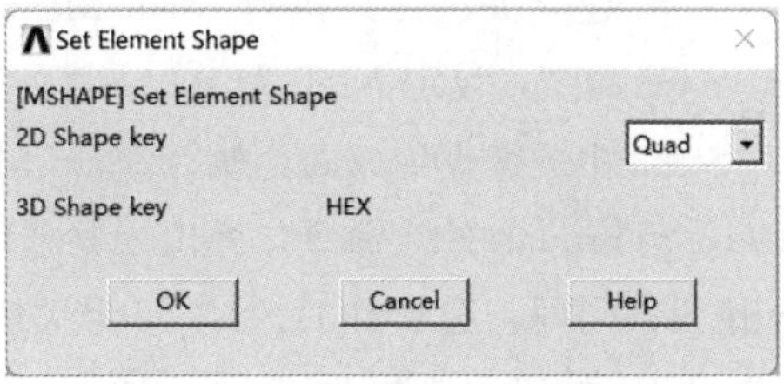

图 14-57　单元形状选取对话框

Step14 划分网格：执行 Main Menu>Preprocessor>Meshing>Mesh>Areas>Mapped>3 or 4 sided 命令，弹出元素选取对话框，单击 Pick All 按钮，完成网格划分。

Step15 继续选择面：执行 Utility Menu>Select>Entities 命令，设定选择模式 Areas、By Location、Z coordinates、From Full，在 Min，Max 处填入“low _ h+outlet _ h，low _ h+up _ h+qun _ h+ outlet _ h”，单击 OK 按钮完成。

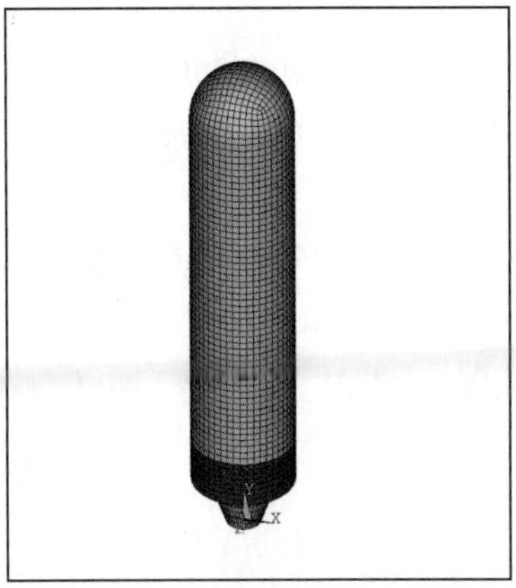

图 14-58　塔的有限元模型

Step16 激活 Step15 选择面上对应单元的属性：执行 Main Menu>Preprocessor>Meshing>Mesh Attributes>Default Attribs 命令，默认情况下 TYPE 为 1 SHELL63，MAT 为 1，修改 REAL 并指定为 2。

Step17 划分塔体：执行 Main Menu>Preprocessor>Meshing>Mesh>Areas>Mapped>3 or 4 sided 命令，单击 Pick All 按钮，完成塔的网格划分，如图 14-58 所示。

Step18 合并与压缩元素：执行 Utility Menu>Select>Everything 命令，选中所有的元素，然后执行 Main Menu>Preprocessor>Numbering Ctrls>Merge Items 命令，弹出如图 14-59 所示的合并元素对话框，Label 中选择 All，单击 OK 按钮：执行 Main Menu>Preprocessor>Numbering Ctrls>Compress Numbers 命令，Label 中选择 All，单击 OK 按钮完成，如图 14-60 所示。

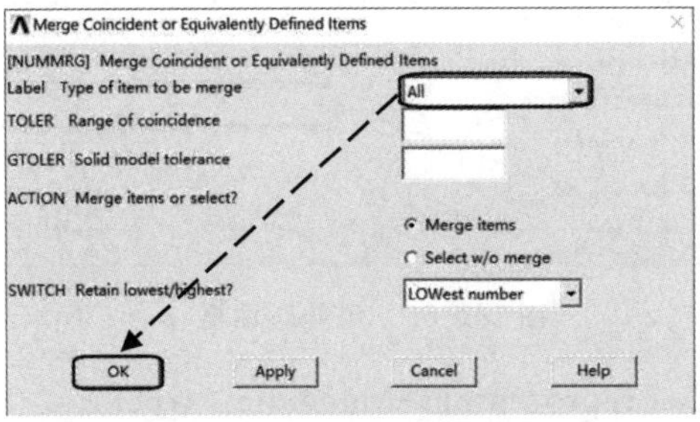

图 14-59　合并元素对话框

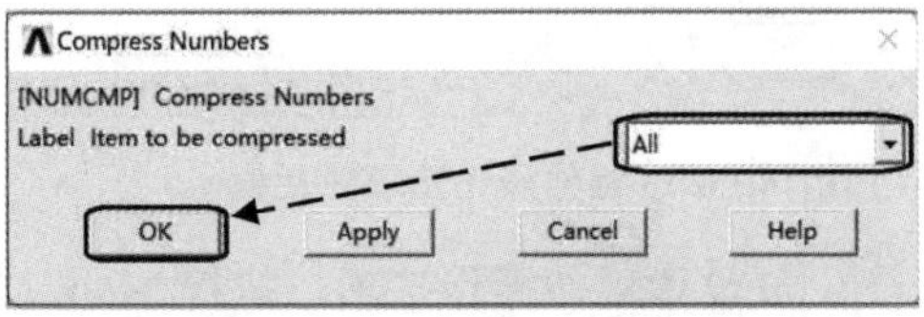

图 14-60　压缩编号对话框

(3)建立焦炭的几何模型和有限元模型。

Step1 激活笛卡儿坐标系：执行 Utility Menu>WorkPlane>Change Active CS to>Global Cartesian 命令。

Step2 建立关键点：执行 Main Menu>Preprocessor>Modeling>Create>Keypoints>In Active CS 命令，设定 NPT 为 1001，X、Y、Z 为“0，outlet _ h，0”，单击 OK 按钮完成。

Step3 由关键点生成面：执行 Main Menu>Preprocessor>Modeling>Create>Areas>Arbitrarv>Through KPs 命令，弹出元素选取对话框，选取 1001、13、17 号关键点，单击 Apply 按钮；同理，选取 1001、17、2 号关键点，单击 Apply 按钮；选取 1001、2、9 号关键点，单击 Apply 按钮；选取 1001、9、13 号关键点，单击 OK 按钮完成。

Step4 选择将要划分网格的面：执行 Utility Menu>Select>Entities 命令，弹出选择元素对话框依次选择 Areas、By Location、Y coordinates，在 Min，Max 处填入 outlet _ h，下面选择 From Full，单击 OK 按钮完成。

Step5 划分面网格：执行 Main Menu>Preprocessor>Meshing>Mesh>Areas>Mapped>3 or 4 sided 命令，单击 Pick All 按钮，完成网格划分。

Step6 设定单元属性：执行 Main Menu>Preprocessor>Meshing>Mesh Attributes>Default Attribs 命令，令 REAL 为 1，TYPE 为 2 SOLLD45，MAT 为 2。

Step7 设置延伸操作选项：执行 Main Menu>Preprocessor>Modeling>Operate>Extrude>Elem Ext Opts 命令，令划分份数 No. Elem Divs 为 40，单击 OK 按钮完成，如图 14－61 所示。

Step8 将面网格延伸为体网格：执行 Main Menu>Preprocessor>Modeling>Operate>Extrude>Areas>By XYZ Offset 命令，弹出面选择对话框，单击 Pick All 按钮，弹出延伸操作对话框 Extrude Areas by XYZ Offset. 设定 DX，DY，DZ 为“0，low _ h，0”，单击 OK 按钮完成，如图 14－62 所示。

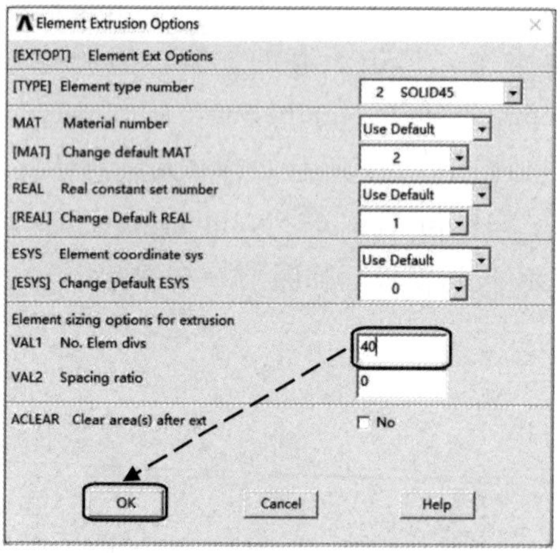

图 14－61 延伸操作选项对话框

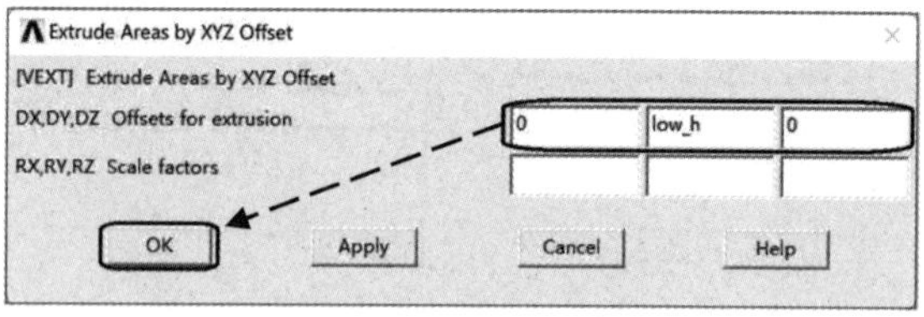

图 14－62 延伸对话框

Step9 设置延伸操作选项：执行 Main Menu>Preprocessor>Modeling>Operate>Extrude>Elem Ext Opts 命令，令划分份数 No. Elem Divs 为 12，ACLEAR 后面打勾设为 yes，单击 OK 按钮完成。

Step10 选择将要延伸的面：执行 Utility Menu>Select>Entities 命令，弹出 Select Entities 对话框，依次设定选择模式 Areas、By Location、Y coordinates、From Full，在

Min，Max 处填入 outlet _ h，单击 OK 按钮完成。

Step11 将面网格延伸为体网格：执行 Main Menu>Preprocessor>Modeling>Operate>Extrude>Areas>By XYZ Offset 命令，弹出面选择对话框，单击 Pick All 按钮，弹出延伸操作对话框，分别设定 DX，DY，DZ 为“0，-outlet _ h，0”，设定 RX，RY，RZ 为“1/3，0，1/3”，单击 OK 按钮完成。

注意：此处是将已经生成的面单元向 Y 的负向延伸得到体单元，所以 DY=-outlet _ h，负号不能忽略。RX、RY、RZ 表示拉伸后与拉伸前的比率。

Step12 全选择：执行 Utility Menu>Select>Everything 命令，选中所有的元素。

Step13 合并元素并压缩编号：执行 Main Menu>Preprocessor>Numbering Ctrls>Merge Items 命令，Label 中选择 All，单击 OK 按钮；执行 Main Menu>Preprocessor>Numbering Ctrls>Compress Numbers 命令，Label 中选择 All，单击 OK 按钮完成。

Step14 通过面号选择面：执行 Utility Menu>Select>Entities 命令，弹出元素选择对话框，依次选择 Areas、By Num/Pick，单击 OK 按钮，弹出面选择框，在 Min，Max，Inc 前打勾，输入“17，20，1”，单击 OK 按钮完成。

Step15 反选面：执行 Utility Menu>Select>Entities 命令，弹出元素选择对话框，依次选择 Areas、By Num/Pick，在 From Full 前打勾，单击 Invert 按钮，再单击 OK 按钮，弹出面选择对话框，单击 Pick All 按钮完成。

Step16 反转面的法线：执行 Main Menu>Preprocessor>Modeling>Move/Modify>Reverse Normals>of Areas 命令，单击 Pick All 按钮，弹出 Reverse area normals 对话框，单击 OK 按钮完成，如图 14－63 所示。

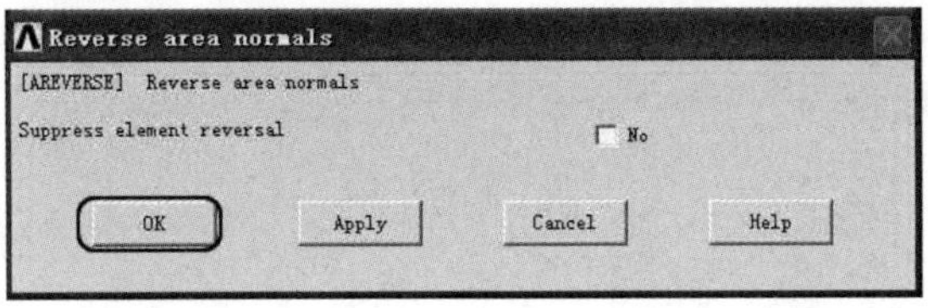

图 14－63　Reverse area normals 对话框

4)施加约束

Step1 选择要施加约束的节点：执行 Utility Menu>Select>Entities 命令，弹出 Select Entities 对话框．设定选择模式 Nodes、By Location、Y coordinates、From Full，在 Min，Max 处填入 outlet _ h-qun _ h，单击 OK 按钮完成。

Step2 施加约束：执行 Main Menu>Preprocessor>Loads>Define Loads>Apply>Structural>Displacement>On Nodes 命令，单击 Pick All 按钮，弹出 Apply U，ROT on Nodes 对话框，选中 UX、UY、UZ，单击 OK 按钮确定，完成施加约束，如图 14－64 所示。

Step3 全选择：执行 Utility Menu>Select>Everything 命令，选中所有的元素。

Step4 显示并保存有限元模型：执行 Utility Menu>Plot>Elements 命令，显示单元；执行 Utility Menu>PlotCtrls>Pan Zoom Rotate 命令，弹出 Pan-Zoom-Rotate 对话框，单击 Iso 按钮，再单击 Close 按钮。经过以上操作后完成了模型的建立。为方便以后的使用，需要保存有限元计算模型，执行 Utility Menu>File>Save as 命令，取名为 model. db。

5)加载与求解

Step1 设置分析类型：执行 Main Menu>Solution>Analysis Type>New Analysis 命令，弹出 New Analysis 对话框，选中 Modal，单击 OK 按钮，如图 14－65 所示。

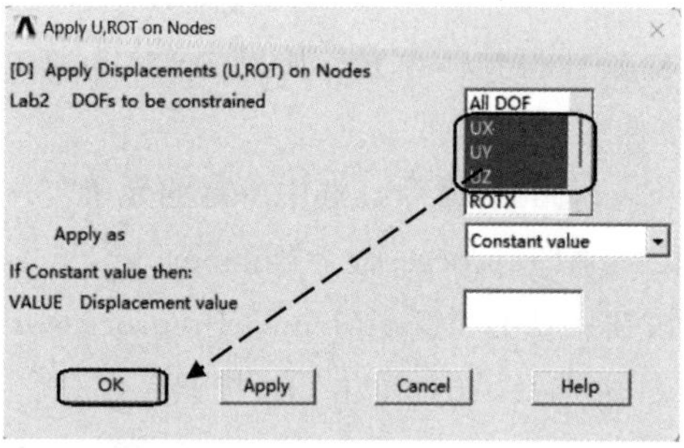

图 14－64 Apply U，ROT on Nodes 对话框

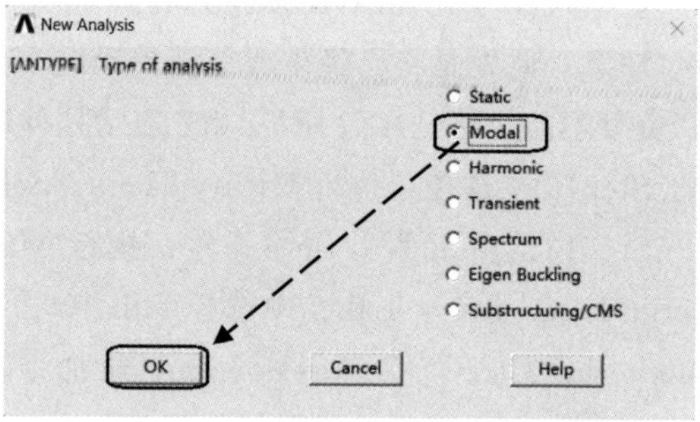

图 14－65 New Analysis 对话框

Step2 设置模态分析选项：执行 Main Menu>Solution>Analysis Type>Analysis Options 命令，弹出模态分析选项设置框，选择 Subspace 方法，No. of modes 设为 10，NMODE 设为 10，Elcalc 选择 Yes，LUMPM 选择 Yes，然后单击 OK 按钮，如图 14－66 所示。单击 OK 按钮之后出现 Subspace Modal Analysis 对话框，在 FREQE 处输入 100，单击 OK 按钮结束。

Step3 设置重力加速度：执行 Main Menu>Solution>Define Loads>Apply>Structural>Inertia>Gravity>Global 命令，设定 ACELX、ACELY、ACELZ 分别为 0、9. 8、0，单击 OK 按钮完成，如图 14－67 所示。

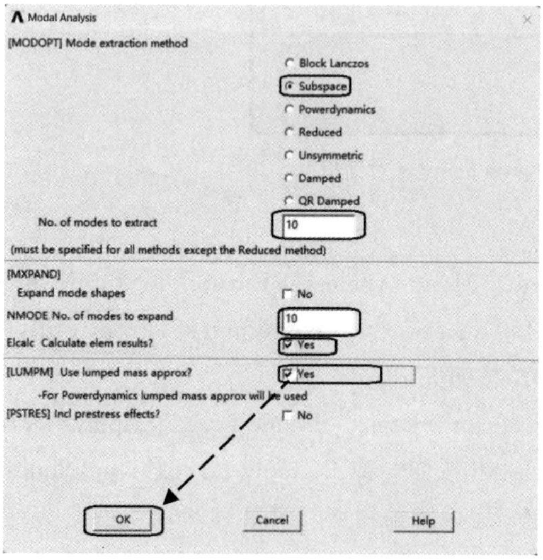

图 14－66 模态分析选项设置对话框

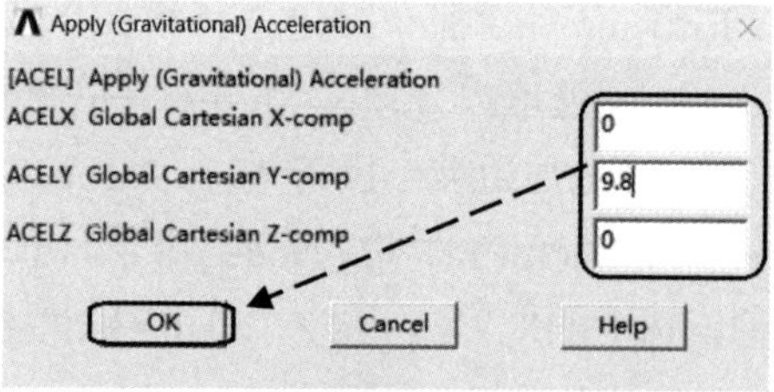

图 14－67 设置加速度对话框

注意：此处施加的重力为惯性力，方向为 Y 轴正向，实际重力为 Y 轴负向。

Step4 全选择：执行 Utility Menu>Select>Everything 命令，选中所有的元素。

Step5 求解：执行 Main Menu>Solution>Solve>Current LS 命令，开始计算；弹出 Solution is done！对话框时，求解结束。

4. 结果后处理(此处采用命令流)

```
FINI
/POSTI
FILE,'E81','RST'                    ！读入结果文件
SET，LIST                           ！列出各阶频率
SET，1，1                           ！读取第 1 阶振型
PLDI                                ！显示第 1 阶变形，如图 14-68 所示
ANMODE，10，0.5,，0                 ！制作第 1 阶动画
SET，1，3                           ！读取第 2 阶振型
PLDI                                ！显示第 2 阶变形，如图 14-69 所示
```

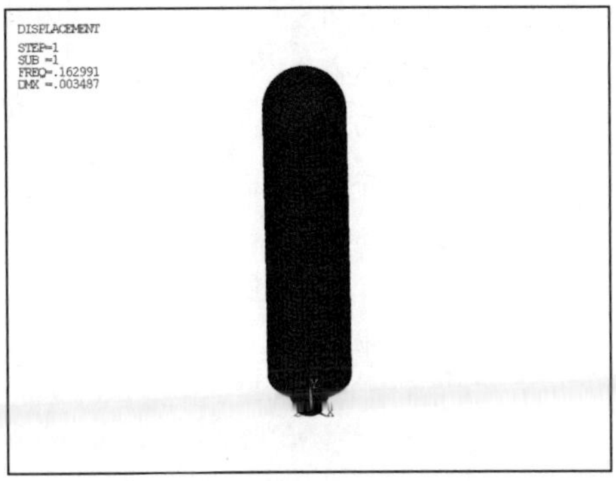

图 14-68　第 1 阶变形图

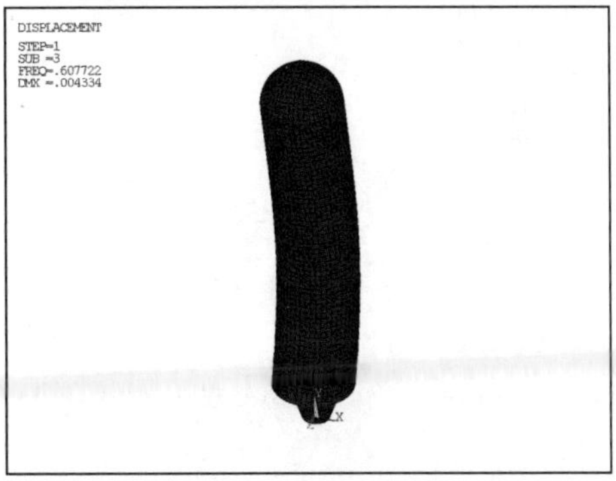

图 14-69　第 2 阶变形图

```
ANMODE，10，0.5,，0                 ！制作第 2 阶动画
SET，1，5                           ！读取第 3 阶振型
PLDI                                ！显示第 3 阶变形，如图 14-70 所示
ANMODE，10，0.5,，0                 ！制作第 3 阶动画
SET，1，7                           ！读取第 5 阶振型
PLDI                                ！显示第 5 阶变形，如图 14-71 所示
```

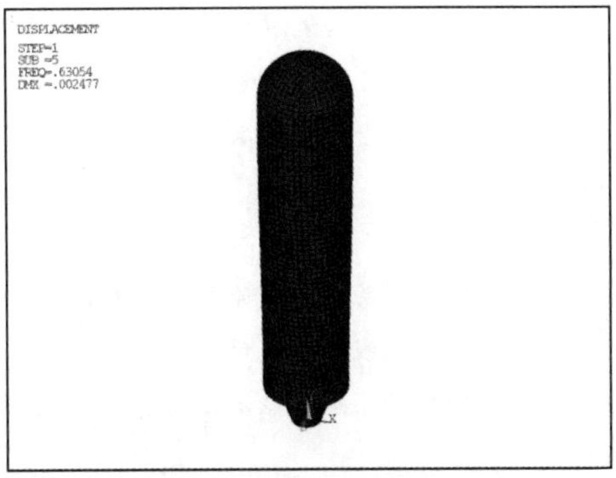

图 14-70　第 3 阶变形图

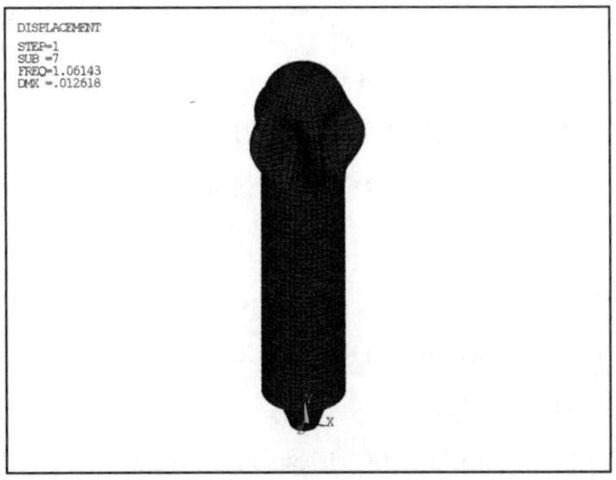

图 14-71　第 5 阶变形图

```
ANMODE，10，0.5，，0                          ！制作第 5 阶动画
```

注意：SET，1，3 取出的是第 1 载荷步的第 3 子步，由于模型的对称性，第 1 子步和第 2 子步的频率相同，均为第 1 阶频率，所以 SET，1，3 取出的才是第 2 阶模态。

5. 命令流分析过程

下面为建立有限元模型过程中的命令流，同时将其过程写成名为 TOWER 的宏文件，供风激励、地震分析使用。

```
*CREATE，TOWER，MAC                           ！创建宏文件 TOWER
!******************** 环境设置 ********************
!****************** 几何参数，单位 m **************
*SET，TA_R，3                                 ！塔半径
*SET，OUTLET_R，1                             ！出口半径
*SET，OUTLET_H，5.452                         ！出口高度
*SET，LOW_H，16                               ！下筒体高度
*SET，UP_H，5                                 ！上筒体高度
*SET，QUN_H，2.65                             ！裙座高度
*SET，LOW_T，0.032                            ！下筒体厚度
*SET，UP_T，0.028                             ！上筒体厚度
!******************** 其他参数 ********************
*SET，OMEGA，1.5                              ！风激励角速度
!******************** 前处理 **********************
/PREP7
!****************** 定义单元类型的材料常数等 ******
ET，1，SHELL63                                ！定义 1 号单元
ET，2，SOLID45                                ！定义 2 号单元
MP，EX，1，1.824859E11                        ！定义 1 号材料弹性模量
MP，PRXY，1，0.3                              ！定义 1 号材料泊松比
MP，DENS，1，7.85E3                           ！定义 1 号材料密度
MP，EX，2，4.20E8                             ！定义 2 号材料弹性模量
MP，PRXY，2，0.3                              ！定义 2 号材料泊松比
MP，DENS，2，0.8E3                            ！定义 2 号材料密度
R，1，LOW_T，LOW_T，LOW_T，LOW _T             ！定义 1 号实常数
R，2，UP_T，UP_T，UP_T，UP_T                  ！定义 2 号实常数
!******************** 几何建模 ********************
!****************** 塔壁实体建模!*****************
/PNUM，KP，1                                  ！打开关键点编号显示开关
/PNUM，LINE，1                                ！打开线编号显示开关
/PNUM，AREA，1                                ！打开面编号显示开关
!**************** 建立塔的关键点!*****************
K，1，OUTLET_R                                ！生成塔壁的 1 号关键点，坐标(OUT-
                                              LET_R，0，0)
```

```
K，2，TA_R，OUTLET_H                         ！建立 2 号关键点，坐标(TA_R，OUTLET_H，0)
K，3，TA_R，OUTLET_H+LOW_H                   ！建立 3 号关键点，坐标(TA_R，OUTLET_H+LOW_H，0)
K，4，TA_R，OUTLET_H+LOW_H+UP_H              ！建立 4 号关键点，坐标(TA_R，OUTLET_H+LOW_H+UP_H，0)
K，5，TA_R，OUTLET_H-QUN_H                   ！建立 5 号关键点，坐标(TA_R，OUTLET_H-QUN_H，0)
K.6,，OUTLET_H+LOW_H+UP_H                    ！建立 6 号关键点，坐标(0，OUTLET_H+LOW_H+UP_H，0)
K.7,，OUTLET_H+LOW_H+UP_H+TA_R               ！建立 7 号关键点，坐标(0，OUTLET_H+LOW_H+UP_H+TA_R，0)
K1000                                        ！建立 1000 号关键点，坐标(0，0，0)
!***************** 建立塔的线！*******************
L，1，2                                      ！连接 1、2 关键点生成 1 号线
L，2，3                                      ！连接 2、3 关键点生成 2 号线
L，3，4                                      ！连接 3，4 关键点生成 3 号线
L，2，5                                      ！连接 2、5 关键点生成 4 号线
LARC，4，7，6，TA_R                          ！以 TA_R 为半径，4、7 号关键点为终点建立弧线，圆心位于 6 号点一侧
!***************** 旋转生成塔体！*****************
AROTAT，1，2，3，5,,，1000，6,,              ！以 1000 与 6 号点连线为轴线将 1、2、3、5 号线旋转为塔面
AROTAT，4,,,,,，1000，6,,                    ！以 1000 与 6 号点连线为轴线将 4 号线旋转为塔面
!****************** 划分网格 *********************
LSEL，S，LOC，Y，0                           ！以 Y 坐标为 0 选取线
LSEL，A，LOC，Y，OUTLET_H-QUN_H              ！以 Y 坐标为 OUTLET_H-QUN_H 增选线
LSEL，A，LOC，Y，OUTLET_H                    ！以 Y 坐标为 OUTLET_H 增选线
LSEL，A，LOC，Y，OUTLET_H+LOW_H              ！以 Y 坐标为 OUTLET_H+LOW_H 增选线
LSEL，A，LOC，Y，OUTLET_H+LOW_H+UP_H         ！以 Y 坐标为 OUTLET-H+LOW_H+UP_H 增选线
LESIZE，ALL,,，12                            ！设置所选择线的划分份数为 12 份
CSYS，5                                      ！切换到以 Y 轴为旋转轴的坐标系
LSEL，S，LOC，X，OUTLET_ R+0.001，TA_R-0.001  ！以 X 坐标选择“OUTLET_R+0.001，TAR_R-0.001”范围内的线
LSEL，A，LOC，Z，OUTLET_H+LOW_H+0.001，OUTLET_H+LOW_H+UP_H-0.001
                                             ！增选线
```

```
LSEL, U, LOC, Z, OUTLET_H+LOW_H+UP_H, OUTLET_H+LOW_H+UP_H+TA_R
                                        ! 反选线
LESIZE, ALL,,, 12                       ! 设置所选择线的划分份数为12份
LSEL, S, LOC, Z, OUTLET_H-QUN_H+0.001, .OUTLET_H-0.001
                                        ! 新选线
LESIZE, ALL,,, 8                        ! 设置所选择线的划分份数为8份
LSEL, S, LOC, Z, OUTLET_H+0.001, OUTLET_H+LOW_H-0.001
                                        ! 新选线
LESIZE, ALL,,, 40                       ! 设置所选择线的划分份数为40份
ALLS                                    ! 选中所有的元素
ASEL, S, LOC, Z, 0, LOW_H               ! 选择Z坐标范围在0～LOW_H之间的面
REAL, 1                                 ! 指定将划分单元的实常数为1
MSHKEY, 1                               ! 指定单元划分方式为映射网格
MSHAPE, 0, 3D                           ! 指定单元形状2D为四边形，3D为六面体
AMESH, ALL                              ! 划分所有选中的面
ASEL, S, LOC, Z, LOW_H+OUTLET_H, LOW_H+UP_H+QUN_H+OUTLET_H
                                        ! 新选面
REAL, 2                                 ! 指定将划分单元的实常数为2
AMESH, ALL                              ! 划分所有选中的面
ALLS                                    ! 选中所有的元素
NUMMRG, ALL                             ! 合并所有重合元素
NUMCMP, ALL                             ! 压缩所有元素的编号
!****************** 生成焦炭单元 ******************
CSYS                                    ! 回到柱坐标系
K, 1001,, OUTLET_H,,                    ! 建立1001号关键点，坐标为(0, OUTLET_H, 0)
A, 1001, 13, 17                         ! 连接1001、13、17号关键点生成面
A, 1001, 17, 2                          ! 连接1001、17、2号关键点生成面
A, 1001, 2, 9                           ! 连接1001、2、9号关键点生成面
A, 1001, 9, 13                          ! 连接1001、9、13号关键点生成面
ASEL, S, LOC, Y, OUTLET_H               ! 新选面
AMESH, ALL                              ! 划分所有选中的面
!************** 将面网格延伸为体网格 **************
TYPE, 2                                 ! 设置单元类型为2号单元
MAT, 2                                  ! 设置材料类型为2号材料
EXTOPT, ESIZE, 40                       ! 设置延伸份数为40
VEXT, ALL,,,, LOW_H                     ! 设置X、Y、Z方向延伸长度0、LOW_H、0
```

```
EXTOPT，ESIZE，12                              ！设置延伸份数为 12
EXTOPT，ACLEAR，1                              ！设置延伸后去掉面网格
ASEL，S，LOC，Y，OUTLET_H                      ！新选择面
VEXT，ALL,,,，－OUTLET_H,，1/3,，1/3           ！设置 X、Y、Z 方向延伸长度 0、OUT-
                                               LET_ H、0，延伸比率 1/3、0、1/3
ALLS                                           ！选中所有的元素
NUMMRG，ALL                                    ！合并所有重合元素
NUMCMP，ALL                                    ！压缩所有元素的编号
ASEL，S，AREA,，17，20，1                      ！以增量 1 选择 17～20 面
ASEL，INVE                                     ！反选面
AREVERSE，ALL                                  ！反转面的方向
!******************** 增加约束 *********************
NSEL，S，LOC，Y，OUTLET_H－QUN_H               ！选择裙支座节点
D，ALL，UX                                     ！约束所选节点 X 方向的自由度
D，ALL，UY                                     ！约束所选节点 Y 方向的自由度
D，ALL，UZ                                     ！约束所选节点 Z 方向的自由度
ALLS                                           ！选中所有的元素
EPLOT                                          ！显示单元
/VIEW，1，1，1，1                              ！正等轴视图
SAVE，MODEL，DB,，MODEL                        ！保存模型
*END                                           ！结束宏文件
TOWER                                          ！运行宏文件生成模型
```

下面为进行塔的模态分析的命令流，其中建模剖分调用了 TOWER 宏文件。后处理剖分已经省略，见本节第 4 剖分结果后处理。

```
FINI
/CLE
/FILENAME，E81
/TITLE，TOWER
TOWER                                  ！运行 TOWER 宏生成模型
FINI                                   ！退出前处理器
!******************** 加载与求解 *****************
/SOLU
ANTYPE，2                              ！设置分析类型为模态分析
MODOPT，SUBSP，10                      ！设置模态分析方法为 SUBSPACE 法
MXPAND，10,,，1                        ！设置模态分析扩展 10 阶
LUMPM，ON                              ！打开
ACEL，0，9.8，0                        ！设置重力加速度
ALLS                                   ！选中所有的元素
SOLVE                                  ！求解
SAVE                                   ！保存
FINI                                   ！退出 SOLU 求解器
```

14.4 存储设备分析

存储设备又称储罐，主要指用于储存或盛装气体、液体、液化气体等介质的设备。在化工、石油、能源、轻工、环保、制药及食品等行业得到广泛应用，如氢气储罐、液化石油气储罐、石油储罐、液氨储罐等。储罐的结构形式主要有卧式储罐、立式储罐和球形储罐，本章重点介绍球形储罐结构的有限元分析方法。在设计中还必须考虑场地的条件，如环境温度、风载荷、地震载荷、雪载荷、地基条件等。本章中只考虑风载荷、地震载荷和雪载荷的情况。

对于大型球罐，风载荷是主要考虑的载荷之一，本节将针对球罐在风载荷的激励下进行动力学响应分析。

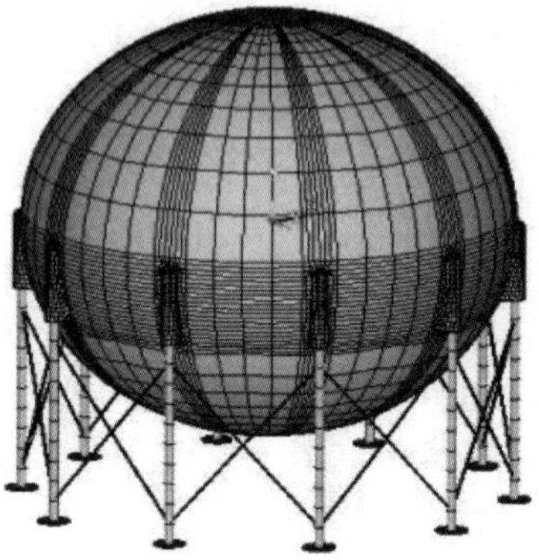

图 14-72 球罐示意图

1. 问题描述

某球罐如图 14-72 所示，球壳本体材料为 15MnNbR，内直径为 15700mm，名义厚度为 44mm。上部为 U 形支柱，如图 14-73 所示，以及顶部盖帽由 10mm 厚 16MnR 钢板卷制而成，U 形柱内部的水平和垂直两块加强板均为 10mm 厚 16MnR 钢板，上下支柱之间的支承板为 44mm 厚 16MnR 钢板，下支柱用 Q235A 钢板卷制成 ϕ560mm×10mm 的钢管，共 10 根。拉杆选用 20 钢制成的 ϕ50mm 圆钢，在每相邻支柱间交叉布置，支柱底板为 54mm 厚的 Q235A 钢板。

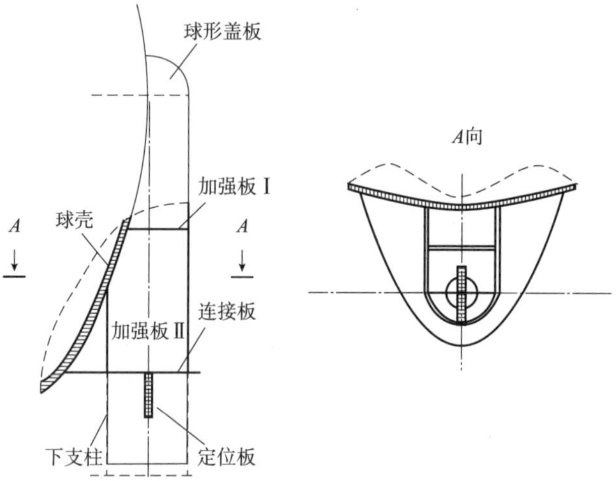

图 14-73 U 形柱结构示意图

支柱底板底面至球壳中心的距离为 10340mm，上支柱高度为 2700mm，底板直径为 986mm。

2. 分析问题

由于本节主要是动力学分析，而罐壁厚度远远小于球罐内径，可将问题视为板壳问题，在建立有限元模型时，球壳采用八节点的 SHELL93 单元（带中间节点，适合于曲面壳建模），支柱采用 PIPE16 单元，而拉杆采用 LINK8 单元，这样模型在满足精度要求的情况下将得到很大简化。在建模时，由于结构是周期对称结构，所以先建立 1/20(18°)的模型，再通过镜像复制得到 1110(36°)的模型，最后通过复制偏移得到整体的模型(360°)。

在有限元计算时，将基础视为刚体，将支柱底面的各个自由度全部约束。

对于风激励，这里取的是风速 60m/s，根据文献中的风洞实验可以将风激励简化为加载函数：

$$p=0.045E5\times|\sin\omega t|\times(0.5\cos^2\phi\times\cos\theta-\sin^2\phi)$$

此函数是在球坐标下的函数表达式，注意在加载时选择 2 号坐标系。

3. GUI 过程

1)环境设置

Step1 启动 ANSYS：以交互模式进入 ANSYS。在总路径下面建立子路径 F：\ ANSYS _ WORK，工作文件名取为 E91，进入 ANSYS 界面。

Step2 设置标题：执行 Utility Menu>Change Title 命令，弹出 Change Title 对话框，输入 wind analysis of spherical tank，单击 OK 按钮，关闭对话框。

Step3 初始化设计变量：执行 Utility Menu>Parameters>Scalar Parameters 命令，弹出 Scalar Parameters 对话框，输入如表 14－6 所列的参数。

表 14－6　参数表

参数	参数意义	参数	参数意义
S _ R=15.7/2	球壳半径	S _ E=2.094E11	球壳模量
Z _ R=0.56/2	支柱管半径	S _ U=0.262	球壳泊松比
D _ R=0.986/2	支柱底板半径	S _ DENS=7.83E3	球壳密度
ZCB _ R=3/2 * Z _ R	连接板半径	Z _ E=2E11	其他材料模量
UPZ _ H=2.7	上支柱长度	Z _ U=0.3	其他材料泊松比
LOWZ _ H=10.34	下支柱位置	Z _ DENS=7.8E3	其他材料密度
Q1 _ H=2/5 * UPZ _ H	加强板 I 竖直位置	S _ T=0.044	球壳、连接板厚度
D _ T=0.054	支柱底板厚	Z _ T=0.01	其他板厚度
TKWALL=0.01	下支柱管厚	LG _ R=0.05/2	拉杆半径

注意：初始化参数的时候不能连同单位一起输入，实际上，ANSYS 没有单位的限制，设计者可以采用国际单位制，也可以采用非标准单位制，但无论如何单位彼此换算必须统一。

2)定义单元及材料

Step1 定义 1 号单元类型 SHELL93：执行 Main Menu>Preprocessor>Element Type>Add/Edit/Delete 命令，弹出 Element Type 对话框；单击 Add 按钮，添加单元，弹出 Library of Element Types 对话框，在左侧列表中选择 Structural Shell 项，在右侧列表中选择 Elastic 8node 93 项，如图 14－74 所示，单击 Apply 按钮。

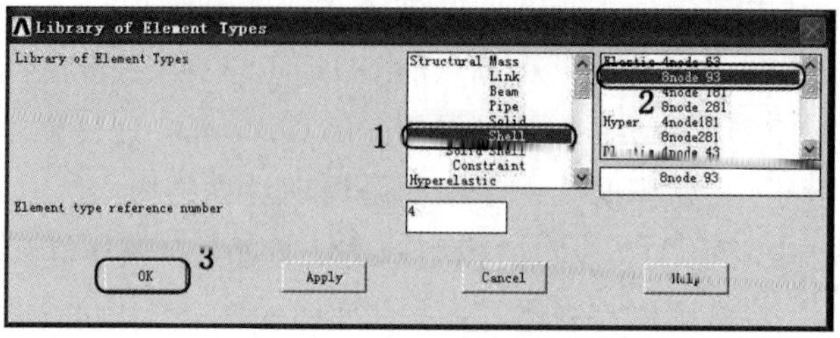

图 14－74　定义单元类型

Step2 定义 2 号单元类型 PIPE16：在左侧列表中选择 Structural Pipe 项，选择 Elastic straight 项，单击 Apply 按钮完成。

Step3 定义 3 号单元类型 LINK8：在左侧列表中选择 Structural Link 项，选择 3D spar 项，单击 OK 按钮，退至 Element Type 对话框。

Step4 设置 PIPE16 单元的输出选项：在 Element Type 对话框中，选择 Type 2，单击 Options 按钮，设置 element type option8 选项，在 Element behavior K6 下拉框中选择 Include output，单击 OK 按钮，如图 14－75 所示。

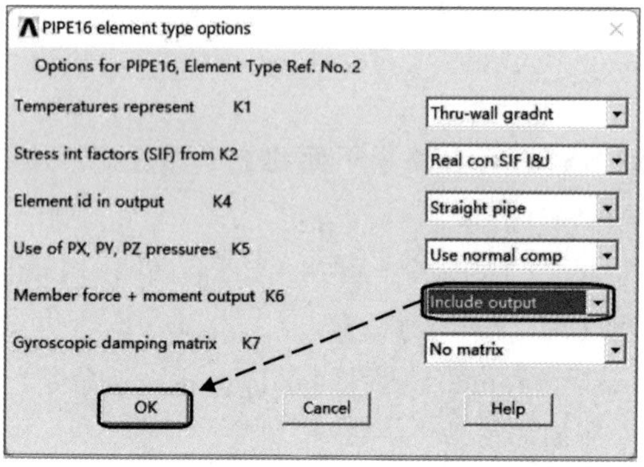

图 14－75　设置 PIPE16 单元的输出选项

Step5 定义材料号 1 属性：执行 Main Menu>Preprocessor>Material Props>Material Models 命令，弹出 Define Material Model Behavior 对话框，如图 14－76 所示，在右边的可选材料模型 Material Models Available 框中选择 Structural>Linear>Elastic>Isotropic。

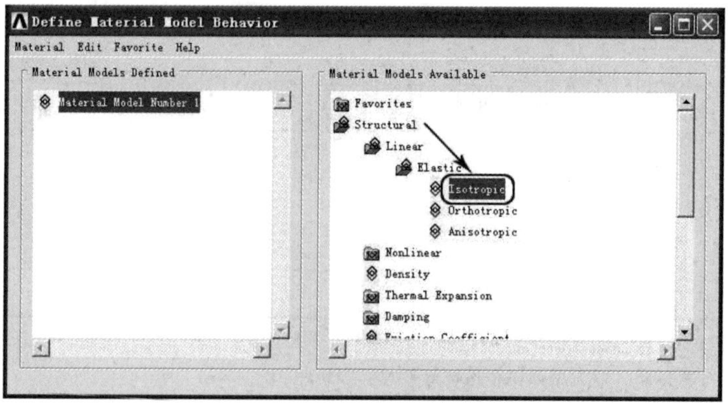

图 14－76　Define Material Model Behavior 对话框

Step6 双击 Isotropic 标识，弹出 Linear Isotropic Properties for Material Number 1 对话框，在 EX 文本框中输入 S_E，PRXY 文本框中输入 SU。单击 OK 按钮确定，关闭该

对话框。双击 Density 标识，弹出 Density for Material Number 1 对话框，在 DENS 文本框中输入 S _ DENS，单击 OK 按钮确定，关闭该对话框。

Step7 新建材料号 2 属性，在 EX 文本框中输入 Z _ E，PRXY 文本框中输入 Z _ U，在 DENS 文本框中输入 Z _ DENS。

Step8 定义实常数号 1 属性：执行 Main Menu＞Preprocessor＞Real Constants＞Add/Edit/Delete 命令，弹出 Real Constants 对话框，单击 Add 按钮，选择 Type1，单击 OK 按钮，弹出如图 14－77 所示的 Real Constant Set Number 1，for SHELL93 对话框，在 TK(I) 位置输入 S _ T，单击 OK 按钮确定。同样的方法，定义实常数号 2 属性，TK(I)＝D _ T；实常数号 3 属性，TK(I)＝Z _ T。

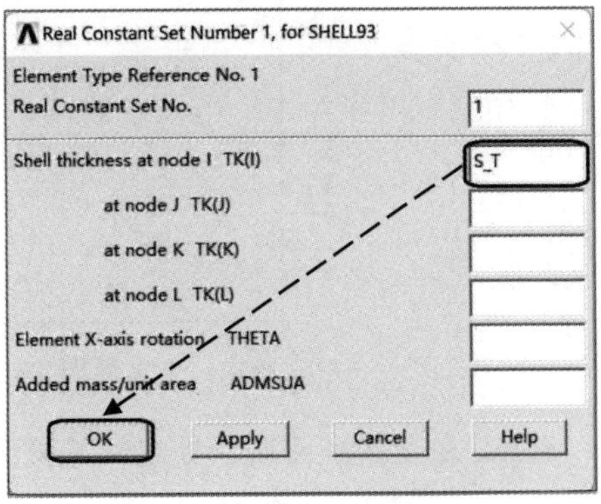

图 14－77　实常数设置对话框

Step9 重复执行 Step8，定义 PIPE16 单元，4 号实常数，设定 OD＝Z _ R，TKWALL＝TKWALL。定义 LINK8 单元，5 号实常数，设定 AREA＝3. 14 * LG _ R ** 2。

3)创建模型

球罐的模型复杂，而且步骤繁多，同样将复杂的步骤分解 7 个小节，通过下面步骤的学习，可以充分掌握复杂球体的几何建模过程，为工程实际问题的解决做好铺垫。

(1)球壳建模。

Step1 建立关键点 1：执行 Main Menu＞Preprocessor＞Modeling＞Create＞Keypoints＞In Active CS 命令，设定 NPT＝1，X，Y，Z＝S _ R，0，0，单击 Apply 按钮；同理，再次输入关键点 2、3，对应设置分别为：NPT＝2，X，Y，Z＝0，-S _ R，0；NPT＝3，X，Y，Z＝0，S _ R，0，单击 OK 按钮完成。

Step2 激活整体柱坐标系：执行 Utility Menu＞WorkPlane＞Change Active CS to＞Global Cylindrical 命令，旋转到整体柱坐标系下。

Step3 生成两段圆弧线：执行 Main Menu＞Preprocessor＞Modeling＞Create＞Lines＞Lines＞In Active Coord 命令，弹出选取框，依次选取 2、1 号关键点，再选取 1、3 号关键点，单击 OK 按钮完成。

Step4 生成 18 度圆弧面：执行 Main Menu＞Preprocessor＞Modeling＞Operate＞Extrude＞Lines＞About Axis 命令，弹出线选取框，选取 1、2 号线，单击 OK 按钮 1 弹出关键点选取框，选取 2、3 号关键点，单击 OK 按钮；弹出 Sweep Lines about Axis 对话框，设定 ARC＝18，单击 OK 按钮。执行后所得几何图形如图 14－78 所示。

(2)盖板建模。

Step1 将工作平面沿 x 方向偏移 S _ R 距离：执行 Utility Menu＞WorkPlane＞Offset WP by Increments 命令，弹出执行框，在 X，Y，Z OFFsets 一栏输入“S _ R，0，0”，单击 OK 按钮完成偏移。

图 14-78 球壳几何模型

Step2 在工作平面原点处定义并激活 11 号局部柱坐标系：执行 Utility Menu>WorkPlane>Local Coordinate Systems>Create Local CS>At WP Origin 命令，设定 KCN 为 11，KCS 下拉框中选定 Cylindrical 1，单击 OK 按钮结束，如图 14-79 所示。

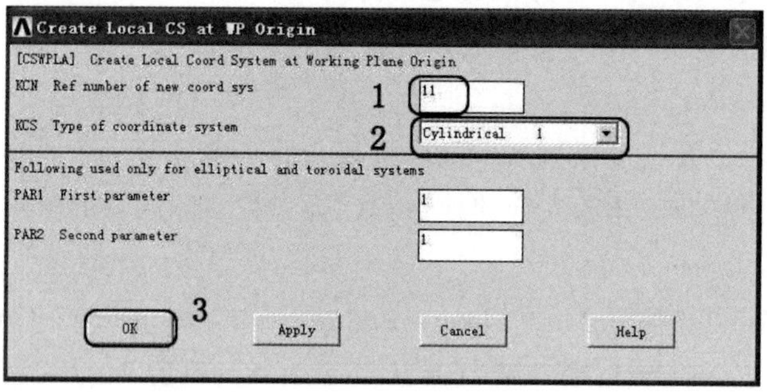

图 14-79 Create Local CS at WP Origin 对话框

Step3 生成盖板关键点：执行 Main Menu>Preprocessor>Modeling>Create>Keypoints>In Active CS 命令，设定 NPT=5，X，Y，Z=Z_R，0，0，单击 Apply 按钮；设定 NPT=6，X，Y，Z=Z_R，90，0，单击 OK 按钮。

Step4 生成圆弧线：执行 Main Menu>Preprocessor>Modeling>Create>Lines>Lines>In Active Coord 命令，弹出选取框，选取 5、6 号关键点，单击 OK 按钮。

Step5 生成 180°圆弧面：执行 Main Menu>Preprocessor>Modeling>Operate>Extrude>Lines>About Axis 命令，弹出线选取框，选取 6 号线，单击 OK 按钮；弹出关键点选取框，选取 1、6 号关键点，单击 OK 按钮；弹出 Sweep Lines about Axis 对话框，设定 ARC=180，NSEG=1，单击 OK 按钮完成。

Step6 面互分操作：执行 Main Menu>Preprocessor>Modeling>Operate>Booleans>Partition>Areas 命令，弹出面选取框，选取 2、3 号面，单击 OK 按钮完成。执行后所得几何图形如图 14-80 所示。

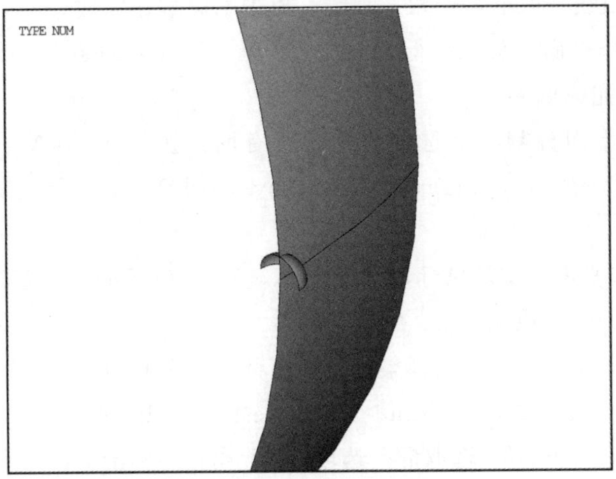

图 14-80　球壳和盖板局部放大几何模型

(3)托板建模。

Step1 建立 100 号关键点：执行 Main Menu>Preprocessor>Modeling>Create>Keypoints>In Active CS 命令，设定 NPT=100，X，Y，Z=S _ R/3，180，-Z _ R，单击 Apply 按钮；同理，建立 101 号关键点，X，Y，Z=0，0，-Z _ R。

Step2 连接关键点 100、101，生成线：执行 Main Menu>Preprocessor>Modeling>Create>Lines>Lines>In Active Coord 命令，弹出选取框，选取 100、101 号关键点，单击 OK 按钮。之后绕 X 轴旋转工作平面，90°：执行 Utility Menu>WorkPlane>Offset WP by Increments 命令，在 XY，YZ，ZX Angles 一栏输入"0，90，0"，单击 OK 按钮结束。

Step3 在工作平面原点处定义并激活 12 号局部柱坐标系：执行 Utility Menu>WorkPlane>LocalCoordinate Systems>Create Local CS>At WP Origin 命令，设定 KCN 为 12，KCS 下拉框中选择 Cylindrical 1，单击 OK 按钮结束。

Step4 建立 102 号关键点：重复执行 Step1，设定 NPT=102，X，Y，Z=Z _ R，0，0。

Step5 连接关键点 102、101，生成线：重复执行 Step2，连接 102、101 号关键点，单击 OK 按钮完成。

Step6 合并 2、7 号线：执行 Main Menu>Preprocessor>Modeling>Operate>Booleans>Add>Lines 命令，弹出线选取框，选取 2、7 号线，单击 OK 按钮，弹出对话框，再单击 OK 按钮完成。

Step7 建立 1000 号关键点：重复执行 Step1，设定 NPT=1000，X，Y，Z=0，0，UPZ _ H；再设定 NPT=1001，X，Y，Z=0，0，LOWZ _ H。建立 1001 号关键点。

Step8 连接关键点生成线：重复执行 Step2，选取 1、1000 号关键点，生成线；选取 1000、1001 号关键点，生成线。

Step9 沿 7 号线段路径，拉伸 2 号线，生成面：执行 Main Menu>Preprocessor>Modeling>Operate>Extrude>Lines>Along Lines 命令，弹出线选取框，选取 2 号线，

单击 OK 按钮，弹出线选取框，选取 7 号线，单击 OK 按钮完成。

Step10 偏移工作平面：重复执行 Step3，在 X，Y，Z OFFsets 一栏输入“0，0，Q1 _ H”，单击 OK 按钮完成偏移。

Step11 用工作平面分割当前选择集中的所有面，执行 Main Menu>Preprocessor>Modeling>Operate>Booleans>Divide>Area by WorkPlane 命令，弹出面选取框，单击 Pick All 按钮完成。

Step12 偏移工作平面：重复执行 Step3，在 X，Y，Z OFFsets 一栏输入“0，0，UPZ _ H-Q1 _ H”，单击 OK 按钮完成偏移。

Step13 用工作平面分割当前选择集中的所有面：重复执行 Step12。

Step14 面互分：执行 Main Menu>Preprocessor>Modeling>Operate>Booleans>Partition>Areas 命令，弹出面选取框，选取 8、9 号面，单击 Apply 按钮；再选取 2、10 号面，单击 OK 按钮完成。执行后所得几何图形如图 14－81 所示。

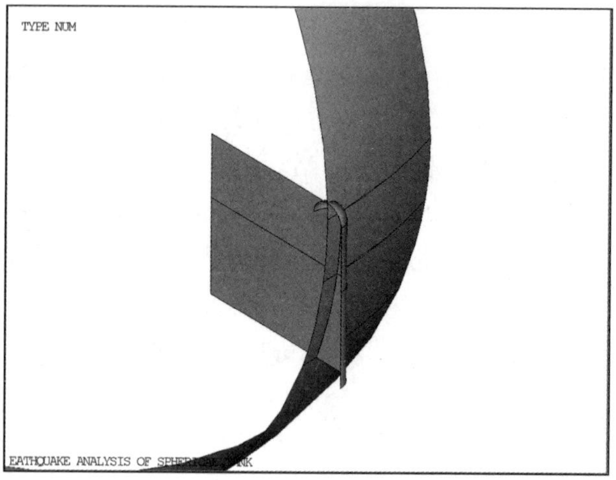

图 14－81 球壳、盖板和托板局部放大几何模型

(4)支柱底板。

Step1 激活 12 号局部坐标系：执行 Utility Menu>WorkPlane>Change Active CS to>Specified Coord Sys 命令，弹出 Change Active CS to Specified CS 对话框，设定 KCN 为 12，单击 OK 按钮完成。

Step2 建立 1002 号关键点：执行 Main Menu>Preprocessor>Modeling>Create>Keypoints>In Active CS 命令，设定 NPT=1002，X，Y，Z=D _ R，0，LOWZ _ H，单击 OK 按钮完成。

Step3 生成线：执行 Main Menu>Preprocessor>Modeling>Create>Lines>Lines>In Active Coord 命令，弹出选取框，选取 1001、1002 号关键点，单击 OK 按钮完成。

Step4 生成 180 度圆面：执行 Main Menu>Preprocessor>Modeling>Operate>Extrude>Lines>About Axis 命令，弹出线选取框，选取 18 号线，单击 OK 按钮；弹出关键点选取框，选取 1、6 号关键点，单击 OK 按钮；弹出 Sweep Lines about Axis 对话框，

设定 ARC=180，NSEG=2，单击 OK 按钮完成。

(5)删除多余面。

Step1 激活整体球坐标系：执行 Utility Menu>WorkPlane>Change Active CS to>Specified Coord Sys 命令，弹出 Change Active CS to Specified CS 对话框，设定 KCN 为 2，单击 OK 按钮完成。

Step2 选择球壳半径 S _ R 以内的所有面：执行 Utility Menu>Select>Entities 命令，弹出选取框，设定选择模式 Areas、By Location、X Coordinates，在 Min，Max 中输入“0，S _ R-1”后选择 From Full，单击 OK 按钮完成，如图 14－82 所示。

Step3 删除面：执行 Main Menu>Preprocessor>Modeling>Delete>Area and Below 命令，弹出面选取框，单击 Pick All 按钮完成。

Step4 激活整体直角坐标系：执行 Utility Menu>WorkPlane>Change Active CS to>Global Cartesian 命令。

Step5 选中所有元素：执行 Utility Menu>Select>Everything 命令。

Step6 合并所有元素：执行 Main Menu>Preprocessor>Numbering Ctrls>Merge Items 命令，弹出 Merge Coincident or Equivalently Defined Items 对话框，设定 Label 下拉框为 All，容差为 1E-7，单击 OK 按钮完成。

Step7 压缩所有元素编号：执行 Main Menu>Preprocessor>Numbering Ctrls>Compress Numbers 命令，弹出 Compress Numbers 对话框，设定 Label 下拉框为 All。单击 OK 按钮完成，执行后所得几何图形如图 14－83 所示。

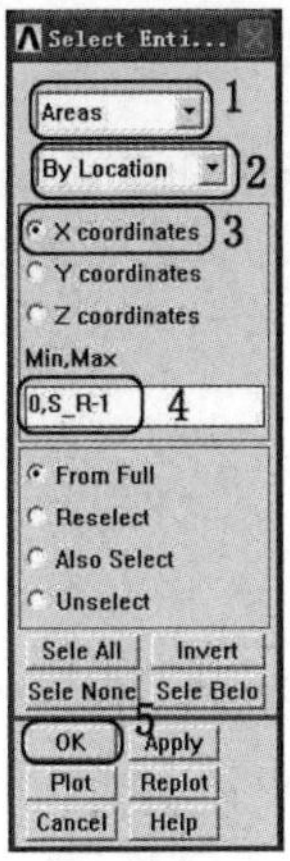

图 14－82　按坐标选取面对话

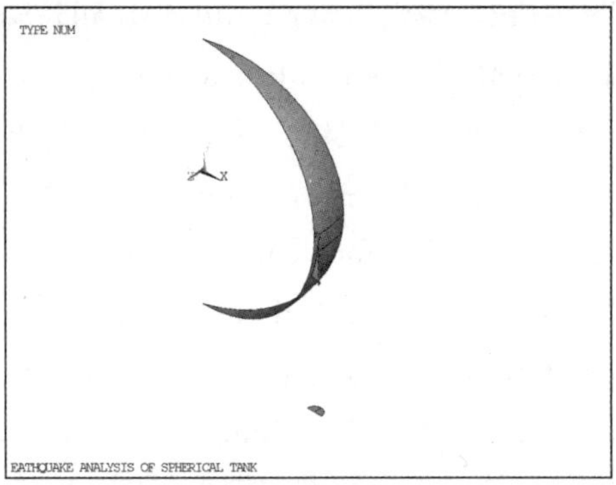

图 14－83　按坐标选取面对话框

(6)加强板 I 和连接板。

执行 Main Menu>Preprocessor>Modeling>Create>Areas>Arbitrary>Through KPs 命令，选取 12、15、10 号关键点，单击 Apply 按钮；选取 9、17、13、20 号关键点，单击 OK 按钮完成。

(7)分割面，方便划分网格。

Step1 将工作平面与总体笛卡儿坐标系对齐：执行 Utility Menu>WorkPlane>Align

WP with>Global Cartesian 命令。

Step2 绕 Y 轴旋转工作平面 4°：执行 Utility Menu>WorkPlane>Offset WP by Increments 命令，在 XY，YZ，ZX Angles 一栏输入“0，0，4”，单击 OK 按钮结束。

Step3 用工作平面分割当前选择集中的所有面：执行 Main Menu>Preprocessor>Modeling>Operate>Booleans>Divide>Area by WorkPlane 命令，弹出面选取框，单击 Pick All 按钮完成。

Step4 将工作平面与总体笛卡儿坐标系对齐：重复执行 Step1。

Step5 绕 X 轴旋转工作平面－90°：重复执行 Step2，在 XY，YZ，ZX Angles 一栏输入“0，－90，0”，单击 OK 按钮结束。

Step6 绕 Y 轴旋转工作平面－4°：重复执行 Step2，在 XY，YZ，ZX Angles一栏输入“0，0，－4”，单击 OK 按钮结束。

Step7 用工作平面分割当前选择集中的所有面：重复执行 Step3。

Step8 绕 Y 轴旋转工作平面 28°：重复执行 Step2，在 XY，YZ，ZX Angles 一栏输入“0，0，28”，单击 OK 按钮结束。

Step9 用工作平面分割当前选择集中的所有面：重复执行 Step3。

Step10 绕 Y 轴旋转工作平面 56°：重复执行 Step2，在 XY，YZ，ZX Angles 一栏输入“0，0，56”，单击 OK 按钮结束。

Step11 用工作平面分割当前选择集中的所有面：重复执行 Step3。

Step12 绕 Y 轴旋转工作平面－160°：重复执行 Step2，在 XY，YZ，ZX Angles 一栏输入“0，0，－160”，单击 OK 按钮结束。

Step13 用工作平面分割当前选择集中的所有面：重复执行 Step3。

Step14 选中所有元素：执行 Utility Menu>Select>Everything 命令。

Step15 黏接所有面：执行 Main Menu>Preprocessor>Modeling>Operate>Booleans>Glue>Areas 命令，弹出面选取框，单击 Pick All 按钮完成。

Step16 合并所有元素：执行 Main Menu>Preprocessor>Numbering Ctrls>Merge Items 命令。弹出 Merge Coincident or Equivalently Defined Items 对话框，设定 Label 下拉框为 All，容差为 1E-7，单击 OK 按钮完成。

Step17 压缩所有元素编号：执行 Main Menu>Preprocessor>Numbering Ctrls>Compress Numbers 命令，弹出 Compress Numbers 对话框，设定 Label 下拉框为 All。单击 OK 按钮完成，执行后所得几何图形如图 14－84 所示。

4)划分网格

由于几何模型的复杂性，在划分网格时，分为 12 个步骤，按照其几何组成分别进行网格划分。

(1)连接板。

Step1 选择 10 号面：执行 Utility Menu>Select>Entities 命令，弹出选取框，对象栏为 Areas，方式栏为 By Num/Pick，范围栏为 From Full，单击 OK 按钮，选取 10 号面，再单击 OK 按钮完成。

Step2 设定所选面单元尺寸为 0.2：执行 Main Menu>Preprocessor>Meshing>Size Cntrls>ManualSize>Areas>All Areas 命令，设定 SIZE 为 0.2，单击 OK 按钮完成。

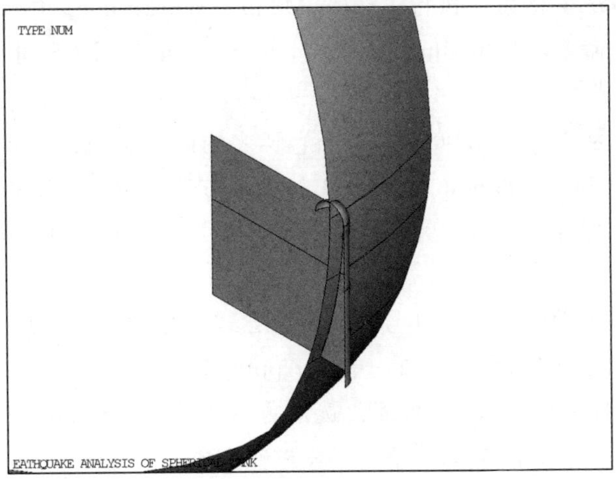

图 14-84　1/20(18°)模型托板处局部放大几何模型

Step3 设置单元划分属性：执行 Main Menu>Preprocessor>Meshing>Mesh Attributes>Default Attribs 命令，在弹出的对话框中设置 TYPE=1 SHELL93，MAT=2，REAL=1，如图 14-85 所示。

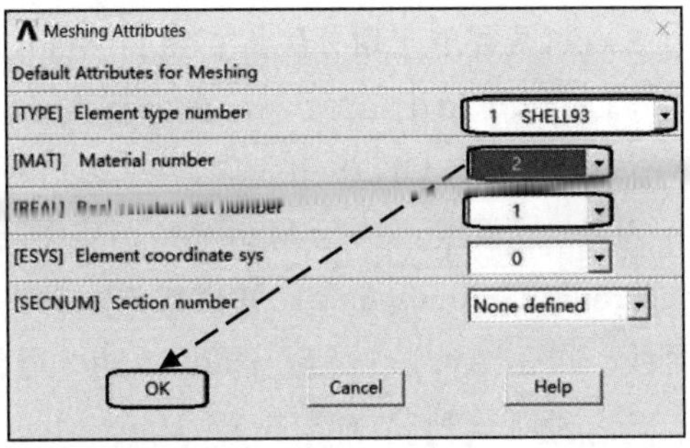

图 14-85　设定单元划分属性对话框

Step4 连接 35、36 号线：执行 Main Menu>Preprocessor>Meshing>Mesh>Areas>Mapped>Concatenate>Lines 命令，弹出线选取框，选取 35、36 号线，单击 OK 按钮完成。

Step5 划分所选面：执行 Main Menu>Preprocessor>Meshing>Mesh>Areas>Mapped>3 or 4 sided 命令，弹出面选取框，单击 Pick All 按钮完成。

(2)支柱底板。

Step1 选择 2、6 号面：执行 Utility Menu>Select>Entities 命令，弹出选取框，对象栏为 Areas，方式栏为 By Num/Pick，范围栏为 From Full，单击 OK 按钮，选取 2 和 6 号面，再单击 OK 按钮完成。

Step2 设定所选面单元尺寸为 0.2：执行 Main Menu>Preprocessor>Meshing>Size Cntrls>ManualSize>Areas>All Areas 命令，设定 SIZE 为 0.2，单击 OK 按钮完成。

Step3 设置单元划分属性：执行 Main Menu>Preprocessor>Meshing>Mesh Attributes>Default Attribs 命令，在弹出的对话框中设置 TYPE=1 SHELL93，MAT=2，REAL=2，单击 OK 按钮完成。

Step4 划分所选面：执行 Main Menu>Preprocessor>Meshing>Mesh>Areas>

Mapped>3 or 4 sided 命令，弹出面选取框，单击 Pick All 按钮完成。

(3)其他板。

Step1 激活整体球坐标系：执行 Utility Menu>WorkPlane>Change Active CS to>Specified Coord Sys 命令，弹出 Change Active CS to Specified CS 对话框，设定 KCN 为 2，单击 OK 按钮完成。

Step2 选择半径为 S _ R+0.001 和 2 * S _ R 之间的所有面：执行 Utility Menu>Select>Entities 命令，弹出选取框，对象栏为 Areas，方式栏为 By Location，选取 X Coordinates，Min，Max 栏为"S _ R+0.001，2 * S _ R"，范围栏为 From Full，单击 Apply 按钮。

Step3 从当前选择集中去掉 2、6 号面：选取方式栏为 By Num/Pick，范围栏为 Unselect，单击 OK 按钮，选取 2 和 6 号面，单击 Apply 按钮。

Step4 从当前选择集中去掉 10 号面：选取方式栏为 By Num/Pick，范围栏为 Unselect，单击 OK 按钮，选取 10 号面，单击 OK 按钮完成。

Step5 设定所选面单元尺寸为 0.2：执行 Main Menu>Preprocessor>Meshing>Size Cntrls>ManualSize>Areas>All Areas 命令，设定 SIZE 为 0.2，单击 OK 按钮完成。

Step6 设置单元划分属性：执行 Main Menu>Preprocessor>Meshing>Mesh Attributes>Default Attribs 命令，在弹出的对话框中设置 TYPE=1 SHELL93，MAT=2，REAL=3，单击 OK 按钮完成。

Step7 连接线：执行 Main Menu>Preprocessor>Meshing>Mesh>Areas>Mapped>Concarenate>Lines 命令，弹出线选取框，选取 64、63 号线，单击 Apply 按钮；选取 14、6 号线，单击 Apply 按钮；选取 63、65 号线，单击 OK 按钮完成。

Step8 划分所选面：执行 Main Menu>Preprocessor>Meshing>Mesh>Areas>Mapped>3 or 4 sided，弹出面选取框，单击 Pick All 接钮完成，执行后所得托板有限元模型如图 14-86 所示。

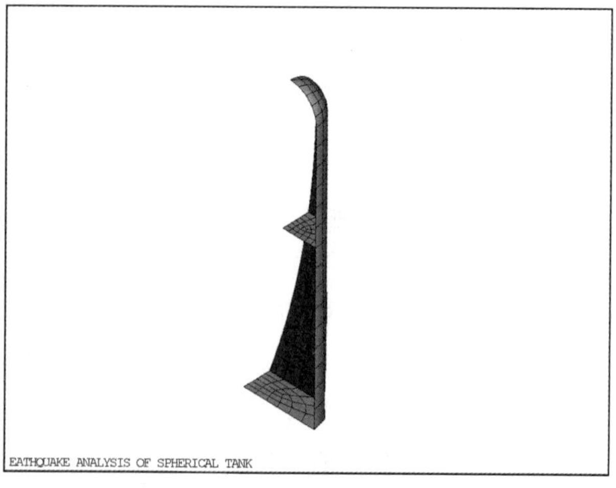

图 14-86 托板有限元模型

(4)赤道附近球壳。

Step1 选择半径为 S _ R 的球面上的所有面：执行 Utility Menu>Select>Entities 命令，弹出选取框，对象栏为 Areas，方式栏为 By Location，选取 X Coordinates，Min，Max 栏为 S _ R，范围栏为 From Full，单击 Apply 按钮。

Step2 从当前选择集中选出 φ 角度在－4 和 0 之间的面：选取方式栏为 By Location，选取 Z Coordinates，Min，Max 栏为"－4，0"，范围栏为 Resclect，单击 Apply 按钮。

Step3 从当前选择集中选出 θ 角度在－30 和 4 之间的面：选取方式栏为 By Location，选取 Y Coordinates，Min，Max 栏为"－30，4"，范围栏为 Reselect，单击 OK 按钮完成。

Step4 设定所选面单元尺寸为 0.2：执行 Main Menu>Preprocessor>Meshing>Size Cntrls>ManualSize>Cntrls>ManualSize>Areas>All Areas 命令，设定 SIZE 为 0.2，单击 OK 按钮完成。

Step5 设置单元划分属性：执行 Main Menu>Preprocessor>Meshing>Mesh Attributes>Default Attribs 命令，在弹出的对话框中设置 TYPE＝1 SHELL93，MAT＝1，REAL＝1，单击 OK 按钮完成。

Step6 划分所选面：执行 Main Menu>Preprocessor>Meshing>Mesh>Areas>Free 命令，弹出面选取框，单击 Pick All 按钮完成。执行后所得托板处有限元模型如图 14 - 87 所示。

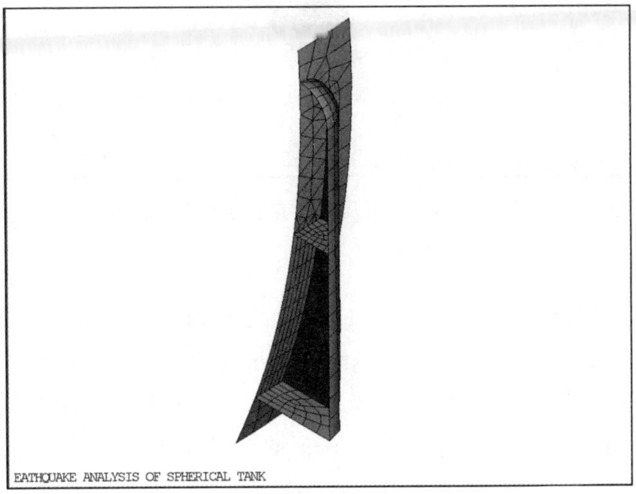

图 14 - 87　托板处有限元模型

Step7 选择半径为 S _ R 的球面上的所有面：执行 Utility Menu>select>Entities 命令，弹出选取框，对象栏为 Areas，方式栏为 By Location，选取 X Coordinates，Min，Max 栏为 S _ R，范围栏为 From Full，单击 Apply 按钮。

Step8 从当前选择集中选出 φ 角度在- 18 和- 4 之间的面：选取方式栏为 By Location，选取 Z Coordinates，Min，Max 栏为"- 18，- 4"，范围栏为 Reselect，单击 Apply 按钮。

Step9 从当前选择集中选出 θ 角度在－30 和 4 之间的面：选取方式栏为 By Location，选取 Y Coordinates，Min，Max 栏为"－30，4"，范围栏为 Reselcct，单击 OK 按钮完成。

Step10 控制划分数：执行 Main Menu>Preprocessor>Meshing>Size Cntrls>ManualSize>Lines>Picked Lines 命令，弹出线拾取框，拾取 45、51 号线，单击 OK 按钮；弹出 Element Sizes on Picked Lines 对话框，设定 NDIV 为 3，单击 Apply 按钮；再拾取 22 号线，单击 OK 按钮；弹出 Element Sizes on Picked Lines 对话框，设定 NDIV 为 6，单击 Apply 按钮；再拾取 24 号线，单击 OK 按钮；弹出 Element Sizes on Picked Lines 对话框，设定 NDIV 为 9，单击 Apply 按钮；再拾取 27、39、40、41、49 号线，单击 OK 按钮；弹出 Element Sizes on Picked Lines 对话框，设定 NDIV 为 2，单击 OK 按钮完成。

Step11 划分所选面：执行 Main Menu>Preprocessor>Meshing>Mesh>Areas>Mapped>3 or 4 sided 命令，弹出面选取框，单击 Pick All 按钮完成。执行后所得托板及球罐赤道处有限元模型如图 14-88 所示。

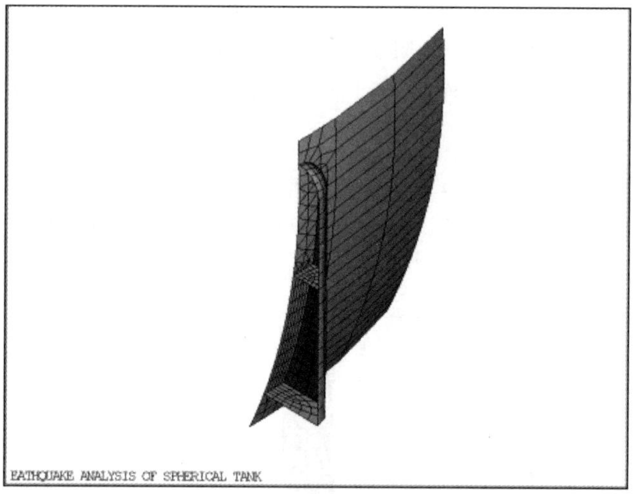

图 14-88　托板及球罐赤道处有限元模型

(5)北温带球壳。

Step1 从当前选择集中选出 θ 角度在 4 和 80 之间的面：执行 Utility Menu>Select>Entities 命令，弹出选取框，对象栏为 Areas，方式栏为 By Location，选取 Y Coordinates，Min，Max 栏为“4，80”，范围栏为 From Full，单击 OK 按钮完成。

Step2 指定 59、60、61 导线划分数为 10，间隔比率为 0.3：执行 Main Menu>Preprocessor>Meshing>Size Cntrls>ManualSize>Lines>Picked Lines 命令，弹出线拾取框，拾取 59、60、61 号线，单击 OK 按钮；弹出 Element Sizes on Picked Lines 对话框，设定 NDIV=10，SPACE=0.3，单击 OK 按钮完成。

Step3 划分所选面：执行 Main Menu>Preprocessor>Meshing>Mesh>Areas>Mapped>3 or 4 sided 命令，弹出面选取框，单击 Pick All 按钮完成。

(6)南温带球壳。

Step1 从当前选择集中选出 θ 角度在－80 和－30 之间的面：执行 Utility Menu>Select>Entities 命令，弹出选取框，对象栏为 Areas，方式栏为 By Location，选取 Y Coordinates，Min，Max 栏为“－80，－30”，范围栏为 From Full，单击 Apply 按钮。

Step2 从当前选择集中选出半径为 S _ R 的球面上的面：选取方式栏为 By Location，选取 X Coordinates，Min，Max 栏为 S _ R，范围栏为 Reselect，单击 OK 按钮完成。

Step3 指定 54、55、56 号线划分数为 10，间隔比率为 0.5：执行 Main Menu>Preprocessor>Meshing>Size Cntrls>ManualSize>Lines>Picked Lines 命令，弹出线拾取框，单击 Pick All 按钮；弹出 Element Size on Picked Lines 对话框，设定 NDIV=10，SPACE=0.5，单击 OK 按钮完成。

Step4 执行 Main Menu>Preprocessor>Meshing>Mesh>Areas>Mapped>3 or 4 sided 命令，弹出面选取框，单击 Pick All 按钮完成。

(7)极地球壳。

Step1 从当前选择集中选出 θ 角度在 80 和 90 之间的面：执行 Utility Menu>Select>Entities，弹出选取框，对象栏为 Areas，方式栏为 By Location，选取 Y Coordinates，Min，Max 栏为“80，90”，范围栏为 From Full，单击 Apply 按钮。

Step2 向当前选择集中加入 θ 角度在 −90 和 −80 之间的面：选取方式栏为 By Location，选取 Y Coordinates，Min，Max 栏为“−90，−80”，范围栏为 Also Select，单击 OK 按钮完成。

Step3 设定所选面单元尺寸为 0.2：执行 Main Menu>Preproccssor>Meshing>Size Cntrls>ManualSize>Areas>All Areas，设定 SIZE 为 0.2，单击 OK 按钮完成。

Step4 划分所选面：执行 Main Menu>Preprocessor>Meshing>Mesh>Areas>Free 命令，弹出面选取框，单击 Pick All 按钮完成。

(8)删除连接线。

Step1 选中所有元素：执行 Utility Menu>Select>Everything 命令。

Step2 删除连接线：执行 Main Menu>Preprocessor>Meshing>Mesh>Areas>Mapped>Del Concats>Lines 命令，执行后所得 1/20(18°)有限元模型如图 14-89 所示。

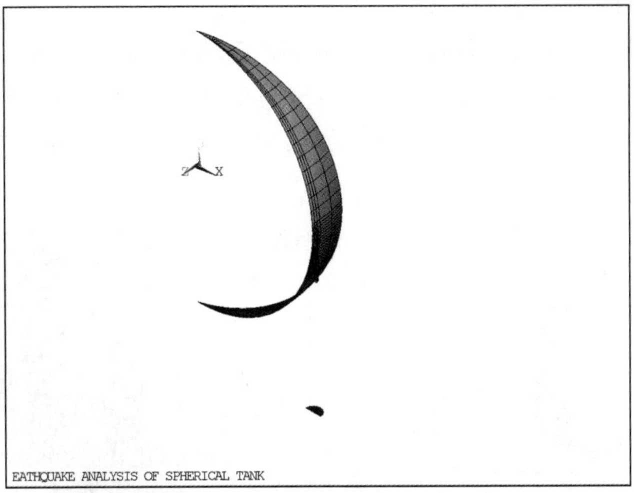

图 14-89　1/20(18°)有限元模型

(9)X－Y 平面镜像复制几何、有限元模型。

Step1 激活整体直角坐标系：执行 Utility Menu>WorkPlane>Change Active CS to>Global Cartesian 命令。

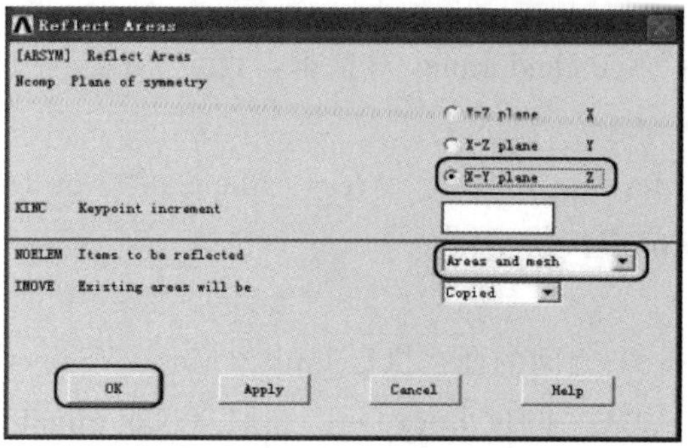

图 14－90 镜像复制面对话框

Step2 X－Y 平面镜像复制当前所有面，同时复制网格：执行 Main Menu>Preprocessor>Modeling>Reflect>Areas 命令，单击 Pick All 按钮，弹出对话框，按如图 14－90 所示操作，单击 OK 按钮完成。

(10)支柱。

Step1 指定 8 号线划分数为 10：执行 Main Menu>Preprocessor>Meshing>Size Cntrls>ManualSize>Lines>Picked Lines 命令，弹出线拾取框，拾取 8 号线，单击 OK 按钮；弹出 Element Sizes on Picked Lines 对话框，设定 NDIV 为 10，单击 OK 按钮完成。

Step2 设置单元划分属性：执行 Main Menu>Preprocessor>Meshing>Mesh>Attributes>Default>Attribs 命令，在弹出的对话框中设置 TYPE＝2，MAT＝2，REAL＝4，单击 OK 按钮完成。

Step3 划分 8 号线：执行 Main Menu>Preprocessor>Meshing>Mesh>Lines 命令，弹出线拾取框，拾取 8 号线，单击 OK 按钮。

Step4 选中所有元素：执行 Utility Menu>Select>Everything 命令。

Step5 合并所有元素：执行 Main Menu>Preprocessor>Numbering Ctrls>Merge Items 命令，弹出 Merge Coincident or Equivalently Defined Items 对话框，设定 Label 下拉框为 All，容差为 1E-7，单击 OK 按钮。

Step6 压缩所有元素编号：执行 Main Menu>Preprocessor>Numbering Ctrls>Compress Numbers 命令，弹出 Compress Numbers 对话框，设定 Label 下拉框为 All，单击 OK 按钮完成。执行后所得 1/10(36°)有限元模型如图 14－91 所示，托板处放大模型如图 14－92 所示。

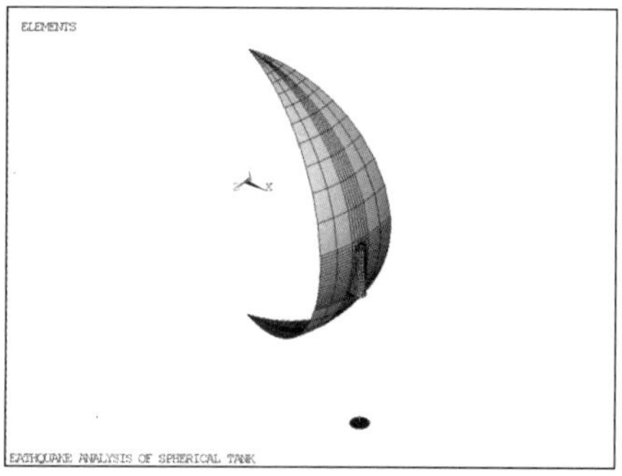

图 14－91 1/10(36°)有限元模型

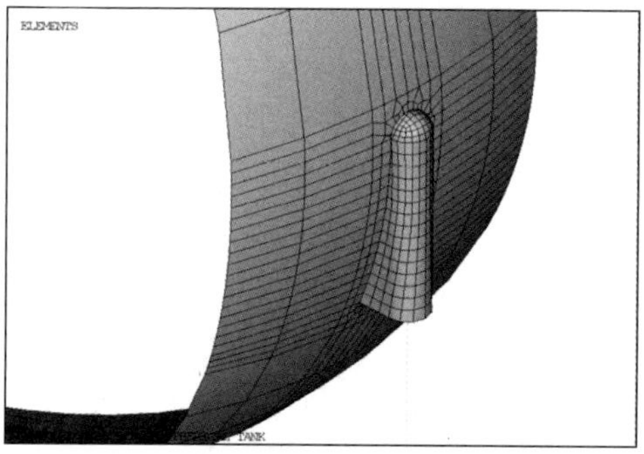

图 14－92 托板处放大模型

(11)复制 10 次形成全模型。

Step1 激活以 Y 轴为旋转轴的柱坐标系：执行 Utility Menu>WorkPlane>Change Active CS to>Specified Coord Sys 命令，弹出 Change Active CS to Specified CS 对话框，设定 KCN 为 5，单击 OK 按钮完成。

Step2 沿 θ 方向以 36°为偏移量，复制当前面 10 次(包括自身)，同时复制网格：执行 Main Menu>Preprocessor>Modeling>Copy>Areas 命令，单击 Pick All 按钮，弹出 Copy Areas 对话框，设定 ITIME=10，DY=36，单击 OK 按钮完成。

Step3 沿 θ 方向以 36°为偏移量，复制 8 号线 10 次(包括自身)，同时复制单元：执行 Main Menu>Preprocessor>Modeling>Copy>Lines 命令，选取 8 号线，单击 OK 按钮。弹出 Copy Lines 对话框，设定 ITIME=10，DY=36，再单击 OK 按钮完成。

Step4 选中所有元素：执行 Utility Menu>Select>Everything 命令。

Step5 合并所有元素：执行 Main Menu>Preprocessor>Numbering Ctrls>Merge Items 命令，弹出 Merge Coincident or Equivalently Defined Items 对话框，设定 Label 下拉框为 All，容差为 1E-7，单击 OK 按钮完成。

Step6 压缩所有元素编号：执行 Main Menu>Preproccssor>Numbcring Ctrls>Compress Numbers 命令，弹出 Compress Numbers 对话框，设定 Label 下拉框为 All，单击 OK 按钮完成。

(12)生成拉杆单元。

Step1 设置单元划分属性：执行 Main Menu>Preprocessor>Meshing>Mesh>Attributes>Default Attribs 命令，在弹出的对话框中设置 TYPE=3，MAT=2，REAL=5，单击 OK 按钮完成。

Step2 生成拉杆单元：执行 Main Menu>Preprocessor>Modeling>Create>Elements>Auto Numbered>Thru Nodes 命令，选取 3185、30710 号节点，单击 Apply 按钮；选取 3193、30702 号节点，单击 Apply 按钮；选取 30702、30719 号节点，单击 Apply 按钮；选取 30710、30711 号节点，单击 OK 按钮完成。

Step3 沿 θ 方向以 36°为偏移量，对应节点编号增量为 9，复制 10583、10584 号单元 8 次(包括自身)：执行 Main Menu>Preprocessor>Modeling>Copy>Elements>Auto Numbered 命令，选取 10583、10584 号单元，弹出 Copy Elements 对话框，设定 ITIME=8，NINC=9，DY=36，单击 OK 按钮完成。

Step4 生成拉杆单元：执行 Main Menu>Preprocessor>Modeling>Create>Elements>Auto Numbered>Thru Nodes 命令，选取 3185、30782 号节点，单击 Apply 按钮；选取 3193、30774 号节点，单击 OK 按钮完成。

Step5 激活整体直角坐标系：执行 Utility Menu>WorkPlane>Change Active CS to>Global Cartesian 命令。

Step6 选中所有元素：执行 Utility Menu>Select>Everything 命令。

Step7 合并所有元素：执行 Main Menu>Preprocessor>Numbering Ctrls>Merge Items 命令，弹出 Merge Coincident or Equivalently Defined Items 对话框，设定 Label 下拉

框为 All，容差为 1E-7，单击 OK 按钮完成。

Step8 压缩所有元素编号：执行 Main Menu>Preprocessor>Numbering Ctrls>Compress Numbers 命令，弹出 Compress Numbers 对话框，设定 Label 下拉框为 A11，单击 OK 按钮完成。执行后所得整体有限元模型如图 14－93 所示。

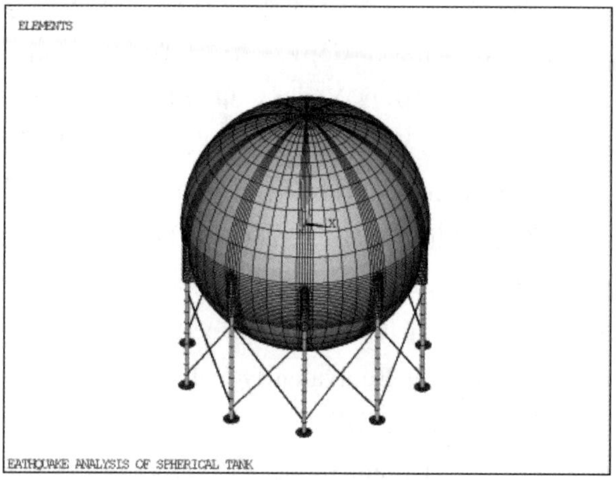

图 14－93　整体有限元模型

5)加载及求解

(1)支柱底面施加固定约束。

Step1 选择支柱底面：执行 Utility Menu>Select>Entities 命令，弹出选取框，对象栏为 Areas，方式栏为 By Location，选取 Y Coordinates，Min，Max 栏为-LOWZ _ H，范围栏为 From Full，单击 OK 按钮完成。

Step2 约束底面上所有自由度：执行 Main Menu>Solution>Define Loads>Apply>Structural>Displacement>On Areas 命令，单击 Pick All 按钮，弹出 Apply U，ROT on Areas 对话框，选择 Lab2 为 All DOF，单击 OK 按钮完成。

(2)施加风载荷。

Step1 定义 OMEGA＝3：执行 Utility Menu>Parameters>Scalar Parameters 命令，在弹出的 Scalar Parameters 对话框中输入 OMEGA＝3。

Step2 定义函数边界条件：执行 Utility Menu>Parameters>Functions>Define/Edit 命令，弹出 Function Editor 对话框，Function 选项卡中的设置如图 14－94 所示。注意选择 CSYS 下拉框为 2，即在球坐标中。在 Result 中输入风载荷的公式(9－1)，在 ANSYS 中表示为：0.045E5 * abs(sin(w * {TIME})) * (0.5 * (cos{Z})^2 * cos({Y})－(sin({Z})^2). 其中用{}框住的均为基本变量，可以在基本变量下拉框中直接选取。

Step3 输入完成后，执行菜单的 File>Save 命令，保存为 press _ s 文件名，并关闭函数加载器。

Step4 加载函数边界条件：执行 Utility Menu>Parameters>Functions>Read from File 命令，选中打开 press _ s. func 文件。弹出 Function Loader 对话框，具体设置如图

14－95 所示，设定 Table parameter name 为 Press，w 为 OMEGA，单击 OK 按钮完成。

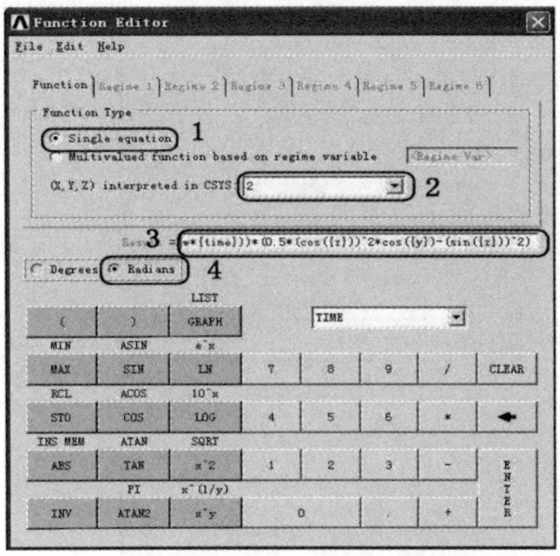

图 14－94　设置函数编辑器

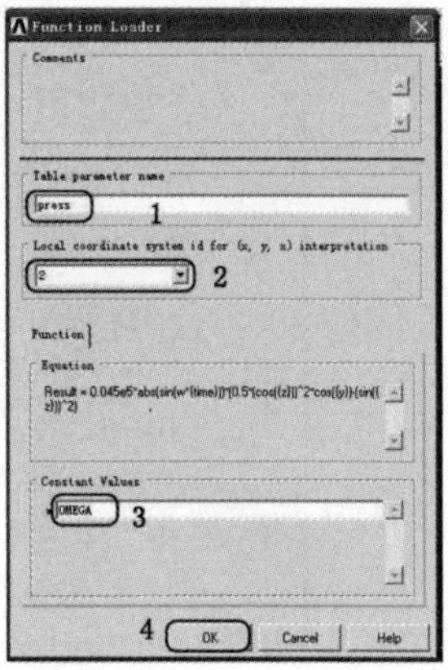

图 14－95　设置函数加速器

Step5 激活整体球坐标系：执行 Utility Menu>WorkPlane>Change Active CS to>Specified Coord Sys 命令，弹出 Change Active CS to Specified CS 对话框，设定 KCN 为 2，单击 OK 按钮完成。

Step6 选择半径为 S _ R 的球面上的面：执行 Utility Menu>Select>Entities 命令，弹出选取框，对象栏为 Areas，方式栏为 By Location，选取 X Coordinates，Min，Max 栏为 S _ R，范围栏为 From Full，单击 OK 按钮完成。

Step7 施加面载荷：执行 Main Menu>Solution>Define Loads>Apply>Structural>Pressure>On Areas 命令，单击 Pick All 按钮，弹出 Apply PRES on areas 对话框，选择 Existing table，单击 OK 按钮，选中 PRESS，再单击 OK 按钮完成。

Step8 激活整体直角坐标系：执行 Utility Menu>WorkPlane>Change Active CS to>Global Cartesian 命令。

Step9 选中所有元素：执行 Utility Menu>Select>Everything 命令。

(3)计算结构自重下的响应。

Step1 执行 Main Menu>Preprocessor>Loads>Analysis Type>New Analysis 命令，选择 Transient，进行瞬态动力学分析，单击 OK 按钮，弹出如图 14－96 所示的对话框，再选择 Full 求解。

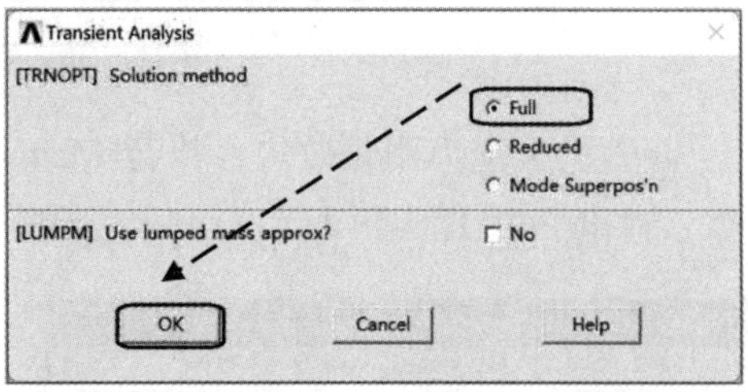

图 14－96　Transient Analysis 对话框

Step2 设置求解选项：执行 Main Menu>Solution>Analysis Type>Sol′n Controls>Transient 命令，弹出 Solution Controls 对话框。Basic 选项卡中的设置如图 14－97 所示。Time at end of loadstep＝1e-10，Number of substeps＝2，Max no. of substeps＝4，输出基本项，每一步都输出。Transient 选项卡中的设置如图 14－98 所示，取消选中 Transient effects 复选框，关闭时间积分效应；选择 Stepped loading 单选按钮，指定载荷为阶跃载荷，单击 OK 按钮完成。

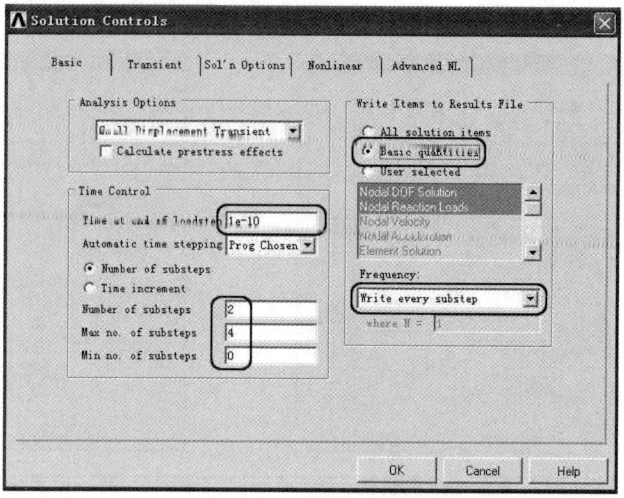

图 14 - 97　Basic 选项卡的设置

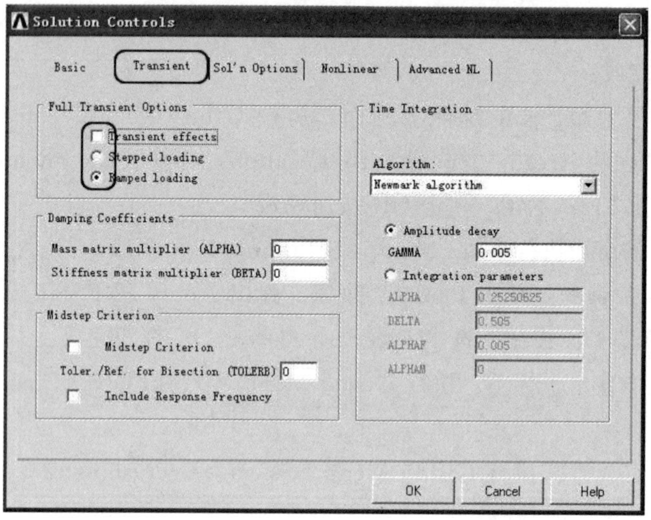

图 14 - 98　Transient 选项卡的设置

Step3 打开应力刚化效应：执行 Main Menu>Solution>Analysis Type>Analysis Options 命令，弹出 Full Transient Analysis 对话框，选中 SSTLF 复选框，打开应力刚化开关。

提示：如果找不到这个菜单，先执行 Main Menu>Solution>Unabridged Menu，打开隐藏菜单。

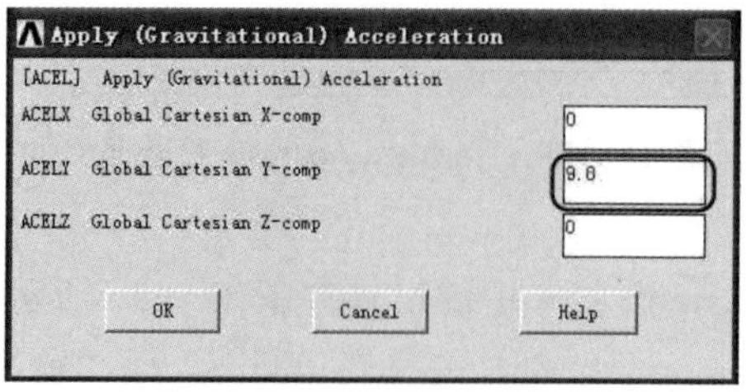

图 14 - 99　设置重力加速度

Step4 施加重力加速度：执行 Main Menu>Solution>Define Loads>Apply>Structural>Inertia>Gravity>Global 命令，如图 14 - 99 所示，设置重力加速度为 9.8。

Step5 选中所有元素：执行 Utility Menu>Select>Everything 命令。

Step6 求解：执行 Main Menu>Solution>Solve>Current Ls 命令，单击开始求解对话框的 OK 按钮，开始计算；当弹出 Note 提示框显示求解已经结束时，单击 Close 按钮关闭此提示，求解完毕。

注意：求解完成后，不要退出求解器，继续执行以下操作。

Step7 执行 Main Menu>Solution>Arudysis Type>Sol′n Controls>Transient 命令，弹出 Solution Controls 对话框。Basic 选项卡中的设置如图 14－97 所示，Time at end of loadstep＝5 ＊ 2 ＊ 3.14/OMEGA；Number of substeps＝20；Max no. of substeps＝40；Automatic time stepping＝ON。在 Transient 选项卡中，选中 Transient effects 复选框，打开时间积分效应；同时打开 Ramped Loading 单选按钮；质量阻尼 ALPHA 和刚度阻尼 BETA 的设置如图 14－100 所示。

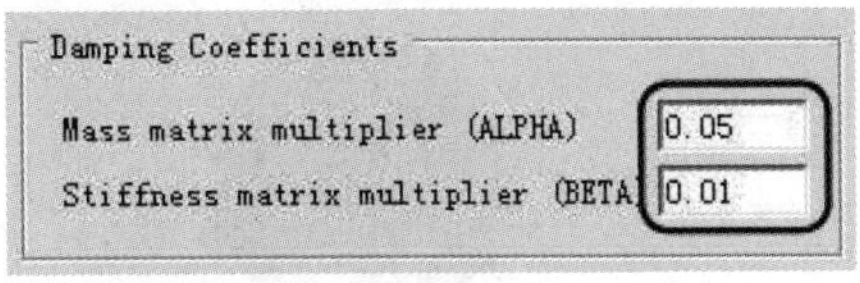

图 14－100　阻尼系数的设置

Step8 选中所有元素：执行 Utility Menu>Select>Everything 命令。

Step9 求解：执行 Main Menu>Solution>Solve>Current Ls 命令，单击开始求解对话框的 OK 按钮，开始计算；当弹出 Note 提示框显示求解已经结束时，单击 Close 按钮关闭此提示，求解完毕。

4. 结果后处理

为了演示更多的后处理操作，后处理将采用命令流的方式进行处理。

(1)位移分析。

```
FINI
/POST1
SET，LAST                          ！从结果文件读入后一个子步数据
PLNSOL，U，SUM，0，1.0              ！显示合位移云图，如图 14－101 所示
PLNSOI，U，Y，0，1.0                ！显示 Y 向位移云图，如图 14－102 所示
```

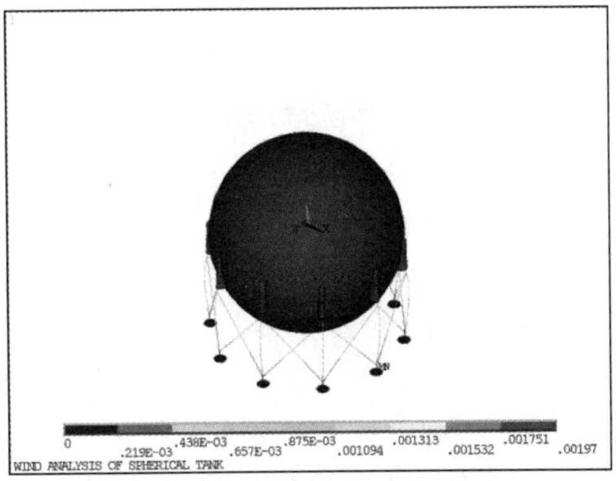

图 14－101　整体结构合位移云图

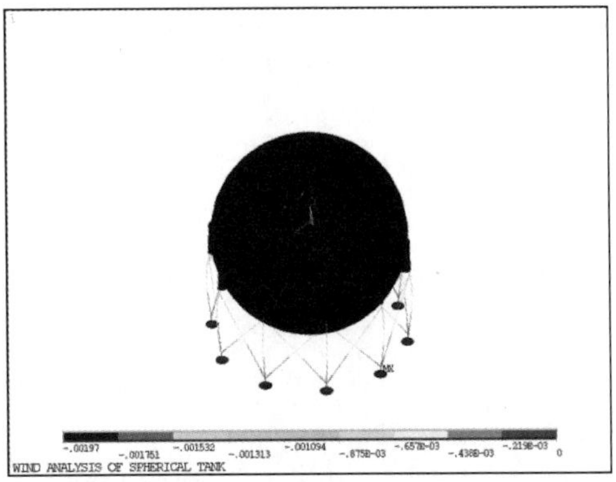

图 14－102　整体结构 Y 向位移云图

(2)受力分析。

```
PLNSOL，S，EQV，0，1.0              ！显示整体结构的 EQUIVALENT STRESS，如图 14－103 所示
```

分析：从图 14-103 中可以看出，支柱和连接板连接处出现了应力集中，如图 14-104 所示，由于支柱是简化为 PIPE 单元和连接板上的壳单元的一个节点相连接的，所以将连接板从显示中去除，可以看出托板和球壳相连接处存在应力较大区，如图 14-105 所示，这和实际情况相符，托板是主要的受力部件，如图 14-106 所示。

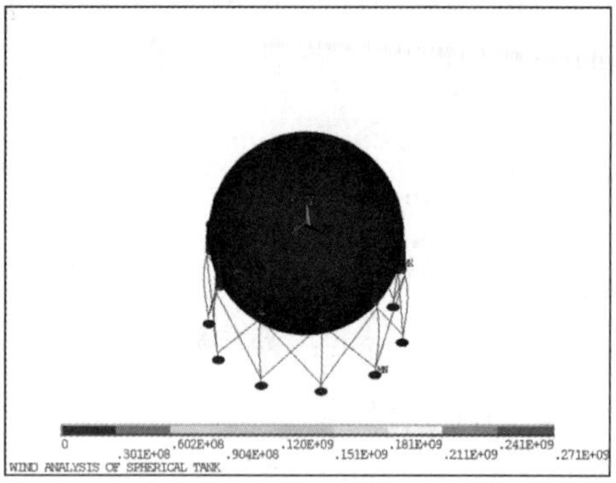

图 14-103　支柱和连接板连接处出现应力集中

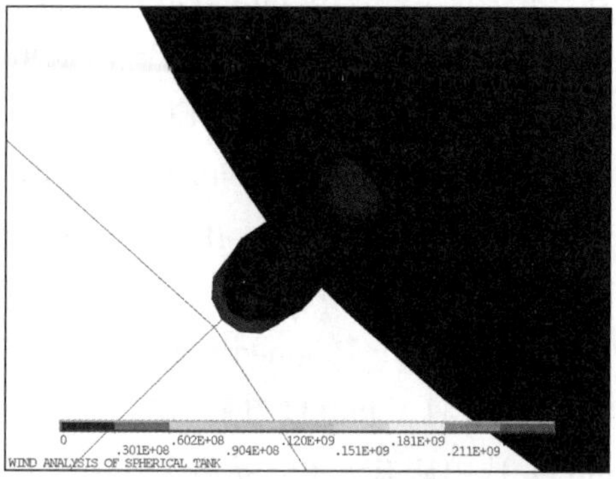

图 14-104　整体结构等效应力云图

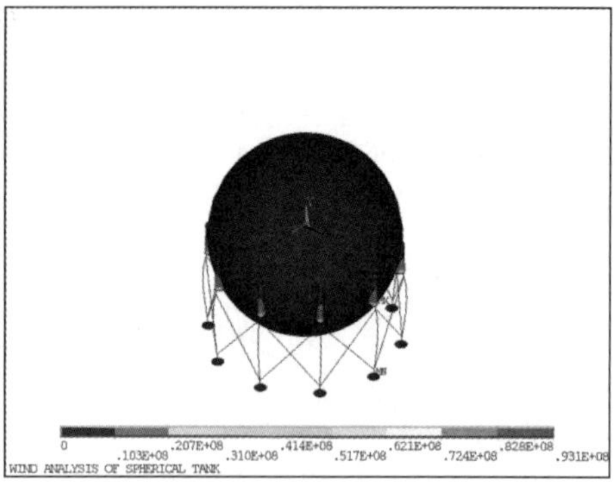

图 14-105　整体结构(无连接板)等效应力云图

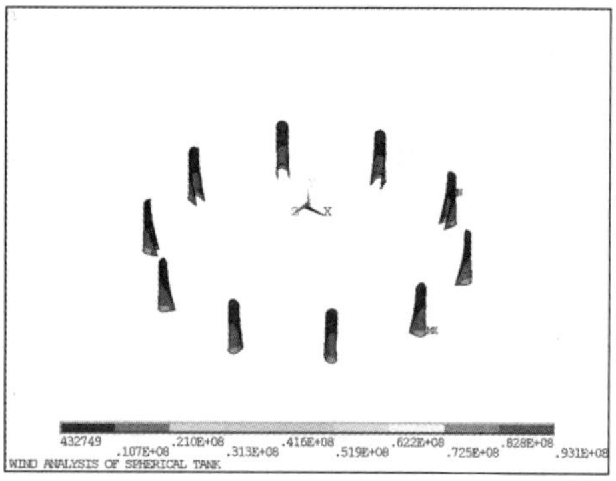

图 14-106　托板(无连接板)等效应力云图

```
!****** 显示时去除应力集中的连接板单元 ******
ESEL，S，MAT，，2                    ! 选择材料号为 2 的单元
ESEL，R，REAL，，1                   ! 从当前选择集中选择实常数为 1 的单元
ESEL，INVE                           ! 反选当前单元
PLNSOL，S，EQV，0，1.0               ! 显示 EQUIVALENT STRESS，如图 14-
                                     105 和图 14-106 所示
!***************** 球壳剖分后处理 ************
ESEL，S，MAT，，1                    ! 选择球壳单元
PLNSOL，S，EQV，0，1.0               ! 显示 EQUIVALENT STRESS，如图 14-
                                       107 所示
ETABLE，Q_MX，SMISC，4               ! 定义球壳 X 向弯矩单元表
ETABLE，Q_MY，SMISC，5               ! 球壳 Y 向弯矩圈
ETABLE，Q_TX，SMISC，1               ! 球壳 X 向张力
```

```
ETABLE，Q_TY，SMISC，2          ！球壳 Y 向张力
PLETAB，Q_MX，NOAV              ！显示球壳 X 向弯矩云图
PLETAB，Q_MY，NOAV              ！显示球壳 Y 向弯矩云图
PLETAB，Q_TX                    ！显示球壳 X 向张力云图
PLETAB，Q_TY                    ！显示球壳 Y 向张力云图，如图 14-108 所示
```

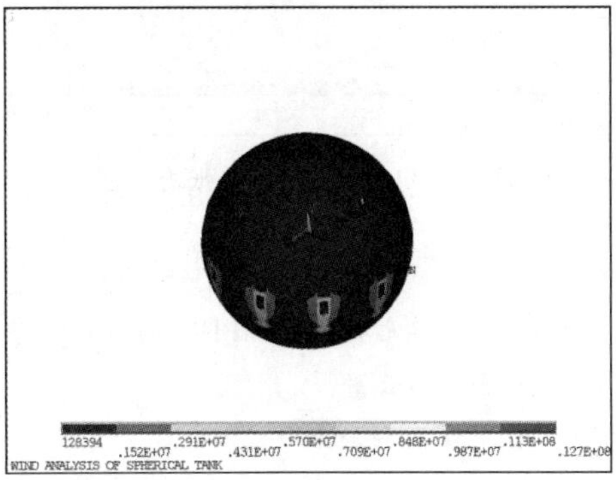

图 14-107　球壳等效应力云图

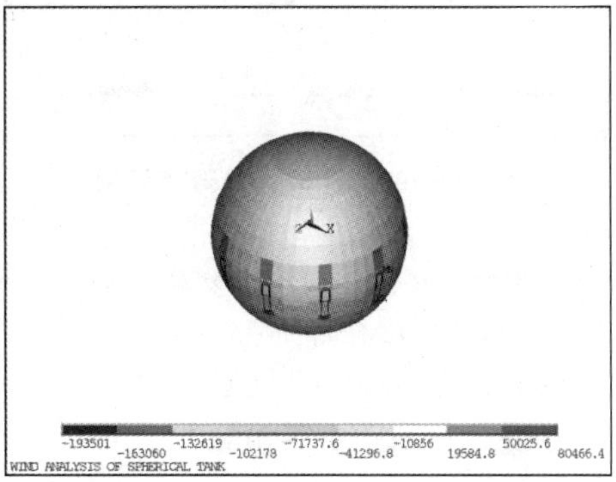

图 14-108　球壳 Y 等效应力云图

```
!*********** 托板剖分后处理（无连接板）********
ESEL，S，ENAME，，93            ！选择单元类型为 SHELL93 的单元
ESEL，U，MAT，，1               ！从当前选择集中去除材料号为 1 的单元
ESEI，U，REAL，，2              ！从当前选择集中去除实常数号为 2 的单元
ESEL，U，REAL，，1              ！从当前选择集中去除实常数号为 1 的单元
PLNSOL，U，SUM，0，1.0          ！合位移云图
PLNSOL，S，EQV，0，1.0          ！显示 EQUIVALENT STRESS，如图 14-106 所示
ETABLE，P_MX，SMISC，4          ！托板 X 向弯矩
ETABLE，P_MY，SMISC，5          ！托板 Y 向弯矩
ETABLE，P_TX，SMISC，1          ！托板 X 向张力
ETABLE，P_TY，SMISC，2          ！托板 Y 向张力
PLETAB，P_MX，NOAV              ！显示托板 X 向弯矩云图，如图 14-109 所示
PLETAB，P_MY，NOAV              ！显示托板 Y 向弯矩云图
PLETAB，P_TX                    ！显示托板 X 向张力云图，如图 14-110 所示
PLETAB，P_TY                    ！显示托板 Y 向张力云图
```

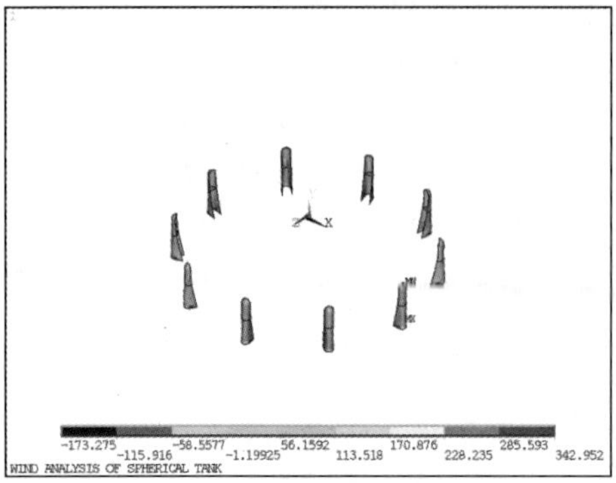

图 14－109　托板 X 向弯矩云图

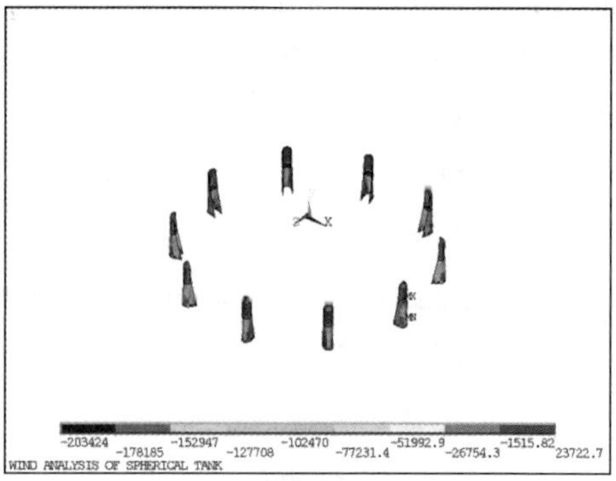

图 14－110　托板 X 向张力云图

```
!***************** 支柱剖分后处理 ************
ESEL, S, EN AME,, 16                          ! 选择单元类型为 PIPE16 的单元
PLNSOL, U, SUM, 0, 1.0                        ! 合位移云图
ETABLE, Z _ FORX, SMISC, 7                    ! 支柱 X 向轴力
ETABLE, Z _ FORY, SMISC, 8                    ! 支柱 Y 向剪力
ETABLE, Z _ FORZ, SNIISC, 9                   ! 支柱 Z 向剪力
ETABLE, Z _ MONIX, SNIISC, 10                 ! 支柱 X 向弯矩
ETABLE, Z _ MOMY, SMISC, 11                   ! 支柱 Z 向弯矩
PLLS, Z _ FORX, Z _ FORX, 0.2, 0              ! 显示支柱 X 向轴力，如图 14－111 所示
PLLS, Z _ FORY, Z _ FORY, 1, 0                ! 显示支柱 Y 向剪力
PLLS, Z _ FORZ, Z _ FORZ, 1, 0                ! 显示支柱 Z 向剪力
PLLS, Z _ MOMX, Z _ MOMX, 1, 0                ! 显示支柱 X 向弯矩
PLLS, Z _ MOMY, Z _ MOMY, 1, 0                ! 显示支柱 Y 向弯矩
PI. LS, Z _ MONIZ, Z _ MOMZ, 1.0              ! 显示支柱 Z 向弯矩，如图 14－112 所示
```

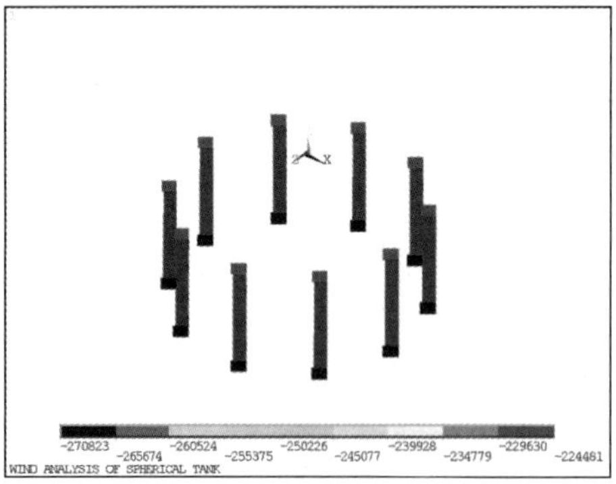

图 14－111　支柱 X 向轴力图

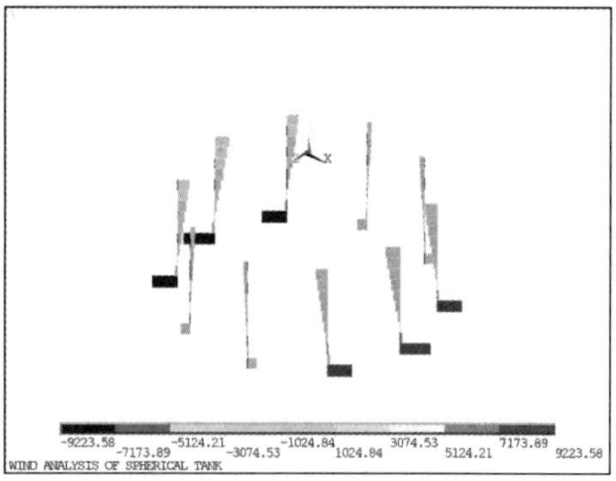

图 14－112　支柱 Z 向弯矩图

```
!***************** 拉杆剖分后处理 ************
ESEL, S, ENAME,, 8                            ! 选择单元类型为 LINK8 的单元
PLNSOL, U, SUM, 0, 1.0                        ! 合位移云图，如图 14－113 所示
ETABLE, SAXL, LS, 1                           ! 拉杆轴力
```

```
PLLS, SAXL, SAXL, 0.2, 0                    ! 显示拉杆轴力，如图 14-114 所示
ALLSEL
```

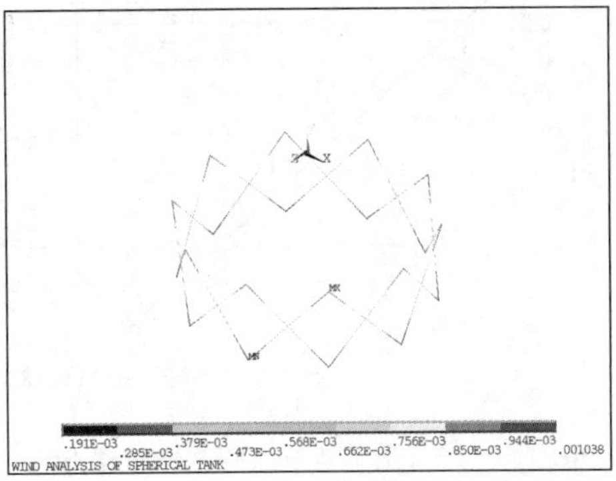

图 14-113 拉杆合位移云图

图 14-114 拉杆轴力图

(3)时间历程后处理。这一部分主要对球罐顶点节点(1622 号节点)和球壳最下面的节点(1557 号节点)进行位移和速度的时间历程后处理，以考察球罐整体结构在风激励过程中的运动。

```
FINI
/POST26
NUMVAR, 20                          ! 指定允许的变量数
NSOL, 2, 1622, U, X, UX_UP          ! 取出球罐顶点节点的 X 向位移数据
NSOL, 3, 1622, U, Y, UY_UP          ! 取出球罐顶点节点的 Y 向位移数据
NSOL, 5, 1557, U, X, UX_LOW         ! 取出球壳最下面节点的 X 向位移数据
NSOL, 6, 1577, U, Y, UY_LOW         ! 取出球壳最下面节点的 Y 向位移数据
DERIV, 8, 2, 1,, VX_UP              ! 对顶点节点的 X 向位移微分运算，得到 X 向速度
DERIV, 9, 3, 1,, VY_UP              ! 对顶点节点的 X 向位移微分运算，得到 Y 向速度
DERIV, 11, 5, 1,, VX_LOW            ! 对球壳最下面节点的 X 向位移微分运算，得到 X 向速度
DERIV, 12, 6, 1,, VY_LOW            ! 对球壳最下面节点的 Y 向位移微分运算，得到 Y 向速度
PLVAR, 2, 5                         ! 显示上下两节点的 X 向位移随时间变化曲线，如图 14-115 所示
PLVAR, 3, 6                         ! 显示上下两节点的 Y 向位移随时间变化曲线，如图 14-116 所示
PLVAR, 8, 11                        ! 显示上下两节点的 X 向速度随时间变化曲线，如图 14-117 所示
PLVAR, 9, 12                        ! 显示上下两节点的 Y 向速度随时间变化曲线，如图 14-118 所示
```

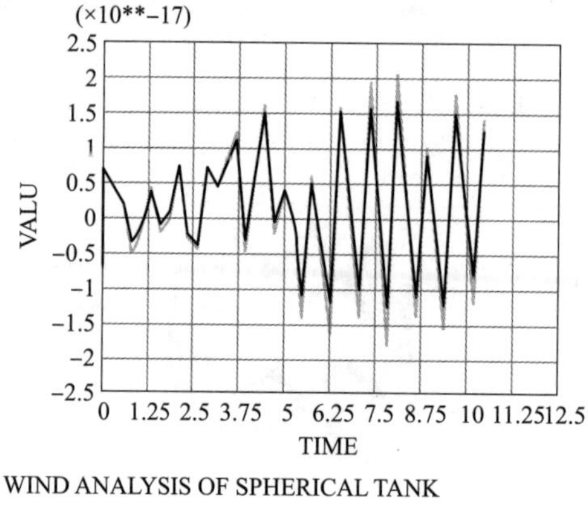

图 14-115　上下两节点的 X 向位移曲线

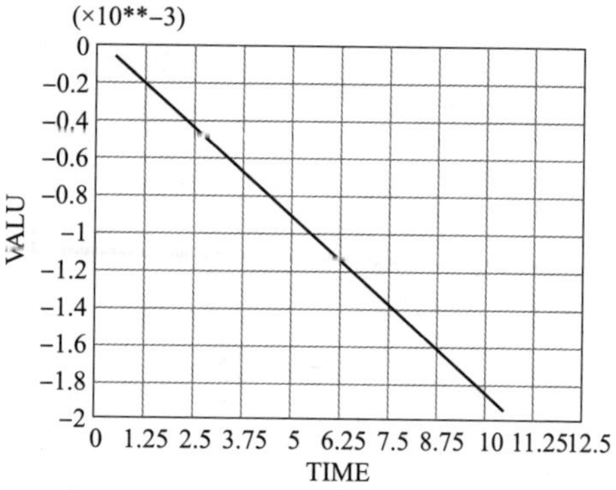

图 14-116　上下两节点的 Y 向位移曲线

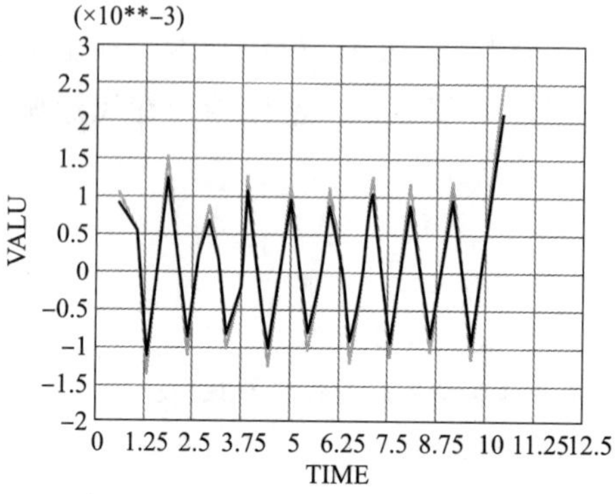

图 14-117　上下两节点的 X 向速度曲线

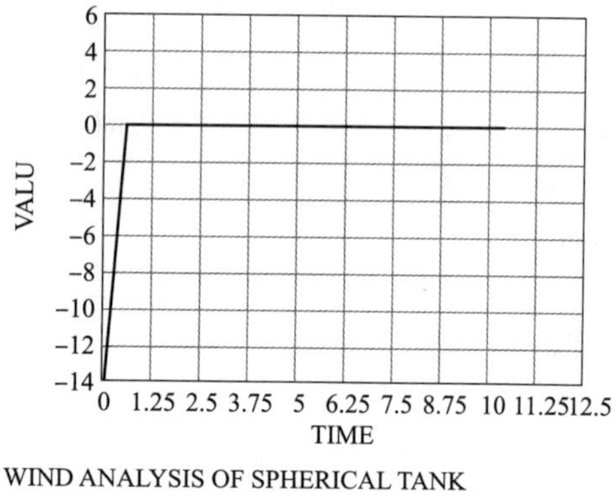

图 14-118　上下两节点的 Y 向速度曲线

5. 命令流分析过程

(1)下面为建立有限元模型的过程的命令流，同时将其过程写成名为 TANK 的宏文件，供风激励、地震和雪压分析使用。

```
*CREATE, TANK, MAC                          ! 创建宏文件 TANK
!**************** 环境设置 ***********************
!**************** 几何参数，单位 mm *************
S_R=15.7/2                                  ! 球壳半径
Z_R=0.56/2                                  ! 支柱管半径
D_R=0.986/2                                 ! 支柱底板半径
ZCB_R=3/2*Z_R                               ! 连接板半径
UPZ_H=2.7                                   ! 上支柱长度
LOWZ_H=10.340                               ! 下支柱位置
Q1_H=2/5*UPZ_H                              ! 加强板 I 竖直位置
!**************** 材料参数 ***********************
S_E=2.094E11                                ! 球壳模量
S_U=0.262                                   ! 球壳泊松比
S_DENS=7.83E3                               ! 球壳密度
Z_E=2E11                                    ! 其他材料模量
```

```
Z_U=0.3                                  ! 其他材料泊松比
Z_DENS=7.8E3                             ! 其他材料密度
!****************** 实常数 **********************
S_T=0.044                                ! 球壳、连接板厚度
D_T=0.054                                ! 支柱底板厚度
Z_T=0.01                                 ! 其他板厚度
TKWALL=0.01                              ! 下支柱管厚
LG_R=0.05/2                              ! 拉杆半径
!****************** 前处理 **********************
/PREP7
ET，1，93                                ! SHELL93
ET，2，16                                ! PIPE16
ET，3，8                                 ! LINK8
KEYOPT，2，6，2
MP，EX，1，S_E                           ! 球壳材料模量
MP，PRXY，1，S_U                         ! 球壳材料泊松比
MP，DENS，1，S_DENS                      ! 球壳材料密度
MP，EX，2，Z_E                           ! 其他材料模量
MP，PRXY，2，Z_U                         ! 其他材料泊松比
MP.DENS，2，Z_DENS                       ! 其他材料密度
R，1，S_T                                ! 球壳、连接板
R，2，D_T                                ! 支柱底板
R，3，Z_T                                ! 其他板
R4，Z_R，TKWALL                          ! 下支柱
R，5，3.14*LG_R**2                       ! 拉杆面积
!****************** 几何建模 ********************
!****************** 球壳建模 ********************
K，1，S_R                                ! 建立关键点 1，(S_R，0，0)
K，2，，-S_R                             ! 建立关键点 2，(0，-S_R，0)
K，3，，S_R                              ! 建立关键点 3，(0，S_R，0)
CSYS，1                                  ! 激活整体柱坐标系
L，2，1                                  ! 连接关键点 2、1，生成圈弧线 1
L，1，3                                  ! 连接关键点 1、3，生成圈弧线 2
AROTAT，1，2，，，，，2，3，180           ! 1、2 号线绕 2、3 号关键点轴旋转 180°生
                                         成圆弧面
!****************** 盖板建模 ********************
WPOFFS，S_R                              ! X 方向偏移工作平面，S_R 距离
CSWPLA，11，1                            ! 在工作平面原点处定义并激活 11 号局部
                                         柱坐标系
K，5，Z_R                                ! 建立关键点 5
K，6，Z_R，90                            ! 建立关键点 6
L，5，6                                  ! 连接关键点 5、6，生成圈弧线
```

```
AROTAT，6,,,,,, 1，6，180，1                ！6号线绕1、6号关键点轴，旋转180°生成圆弧面
APTN，2，3                                  ！2、3号面互分
!****************** 托板建模 **********************
K，100，S _ R/3.180，-Z _ R                 ！建立关键点100
K，101,,, -Z _ R                            ！建立关键点101
L，100，101                                 ！连接关键点100、101，生成线
WPROTA，90                                  ！绕X轴旋转工作平面，90°
CSWPLA,，12，1                              ！在工作平面原点处定义并激活12号局部坐标系
K，102，Z _ R                               ！建立关键点102
L，102，101                                 ！连接关键点102、101，生成线
LCOMB，2，7                                 ！合并2、7号线
K，1000,,, UPZ _ H                          ！建立关键点1000
K，1001,,, LOWZ _ H                         ！建立关键点1001
L，1，1000                                  ！连接关键点1、1000，生成线
L，1000，1001                               ！连接关键点1000、1001，生成线
ADRAG，2,,,,,, 7                            ！沿7号线段路径，拉伸2号线，生成面
WPOFFS,,, Q1 _ H                            ！Z方向偏移工作平面，Q1 _ H距离
ASBW，ALL                                   ！用工作平面分割当前选择集中的所有面
WPOFFS,,, UPZ _ H-Q1 _ H                    ！Z方向偏移工作平面，Q1 _ HUPZ _ H-Q1 _ H
距离
ASBW，ALL                                   ！用工作平面分割当前选择集中的所有面
APTN，8，9                                  ！8、9号面互分
APTN，2，10                                 ！2、10号面互分
!****************** 支柱底板 *********************
CSYS，12                                    ！激活12号局部坐标系
K，1002，D _ R，LOWZ _ H                    ！建立关键点1002
L，1001，1002                               ！连接关键点1001、1002，生成线
AROTAT，18,,,,,, 1，6，180，2               ！18号线绕1、6号关键点轴，旋转180°生成圆面
!****************** 删除多余面 ********************
CSYS，2                                     ！激活2号整体球坐标系
ASEL，S，LOC，X，0，S _ R－0.001            ！选择球壳半径S _ R以内的所有面
ADEL，ALL,,, 1                              ！删除所有多余面
CSYS                                        ！激活整体直角坐标系
ALLSEL                                      ！选中所有元素
NUMMRG，ALL，1E-7                           ！合并所有元素
NUMCMP，ALL                                 ！压缩所有元素编号
!****************** 加强板Ⅰ********************
A，12，15，10                               ！使用12、15、10号关键点，生成面
```

```
!****************** 连接板 *******************
A，9，17，13，20                    ! 使用 9、17、13、20 号关键点，生成面
!****************** 分割面，方便划分网格 *******************
WPCSYS,，0                          ! 将工作平面与总体笛卡儿坐标系对齐
WPROTA,,，4                         ! 绕 Y 轴旋转工作平面，4°
ASBW，ALL                           ! 用工作平面分割当前选择集中的所有面
WPCSYS,，0                          ! 将工作平面与总体笛卡儿坐标系对齐
WPROTA,，－90                        ! 绕 X 轴旋转工作平面，－90°
WPROTA,,，－4                        ! 绕 Y 轴旋转工作平面，－4°
ASBW，ALL                           ! 用工作平面分割当前选择集中的所有面
WPROTA,,，28                        ! 绕 Y 轴旋转工作平面，28°
ASBW，ALL                           ! 用工作平面分割当前选择集中的所有面
WPROTA,,，66－10                     ! 绕 Y 轴旋转工作平面，56°
ASBW，ALL                           ! 用工作平面分割当前选择集中的所有面
WPROTA,,，2* 10－180                 ! 绕 Y 轴旋转工作平面，-160°
ASBW，ALL                           ! 用工作平面分割当前选择集中的所有面
ALLSEL                              ! 选中所有元素
AGLUE，ALL                          ! 连接所有面
NUMMRG，ALL，1E－7                   ! 合并所有元素
NUMCMP，ALL                         ! 压缩所有元素编号
!****************** 划分网格 ******************
MSHAPE，0                           ! 指定单元形状为四边形
MSHKEY，1                           ! 指定为映射网格方式
!****************** 连接板 *****************
ASEL，S，AREA,，10                   ! 选择 10 号面
AESIZE，ALL，0.2                     ! 设定所选面单元尺寸为 0.2
TYPE，1                             ! 使用 1 号单元类型
MAT，2                              ! 使用 2 号材料属性
REAL，1                             ! 使用 1 号实常数
LCCAT，35，36                        ! 连接 35、36 号线
AMESH，ALL                          ! 划分所选面
ALLSEL                              ! 选中所有元素
!****************** 支柱底板 *****************
ASEL，S，AREA,，2，6，4              ! 选择 2、6 号面
AESIZE，ALL，0.2                     ! 设定所连面单元尺寸为 0.2
TVPE，1                             ! 使用 1 号单元类型
MAT，2                              ! 使用 2 号材料属性
REAL，2                             ! 使用 2 号实常数
AMESH，ALL                          ! 划分所选面
ALLSEL                              ! 选中所有元素
!****************** 其他板 *****************
CSYS，2                             ! 激活 2 号整体球坐标系
```

```
ASEL，S，LOC，X，S_R+0.001，2*S_R          ！选择半径为 S_R+0.001 和 2*S_R 之间的所有面
ASEL，U，AREA,，10                        ！从当前选择集中去掉 10 号面
ASEL，U，AREA,，2，6，4                    ！从当前选择集中去掉 2、6、4 号面
AESIZE，ALL，0.2                          ！设定所选面单元尺寸为 0.2
TYPE，1                                   ！使用 1 号单元类型
MAT，2                                    ！使用 2 号材料属性
REAL，3                                   ！使用 3 号实常数
LCCAT，64，63                             ！连接 64、63 号线
LCCAT，14，6                              ！连接 14、6 号线
LCCAT，63，65                             ！连接 63、65 号线
AMESH，ALL                                ！划分所有面
ALLSEL                                    ！选中所有元素
！****************** 赤道附近球壳 *****************
ASEL，S，LOC，X，S_R                      ！选择半径为 S_R 的球面上的所有面
ASEL，R，LOC，Z，-4，0                    ！从当前选择集中选出 FI 角度在-4 和 0 之间的面
ASEL，R，LOC，Y，-30，4                   ！从当前选择集中选出 THETA 角度在-30 和 4 之间的面
AESLZE，ALL，0.2                          ！单元类型
MAT，1                                    ！使用 1 号材料属性
REAL，1                                   ！使用 1 号实常数
MSHAPE，0                                 ！设定单元形状为四边形
MSHKEY，0                                 ！指定为自由网格方式
AMESH，ALL                                ！划分所选面
ALLSEL                                    ！选中所有元素
ASEL，S，LOC，X，S_R                      ！选择半径为 S_R 的球面上的所有面
ASEL，R，LOC，Z，-18，-4                  ！从当前选择中选出 FI 角度在-18 和-4 之间的面
ASEL，R，LQC，Y，-30，4                   ！从当前选择集中选出 THETA 角度在-30 和 4 之间的面
MSHAPE，0                                 ！指定单元形状为四边形
MSHKEY.1                                  ！指定为映射网格方式
！****************** 控制纬线方向划分数 *****************
LESIZE，45,,，3                           ！指层 45 号线划分数为 3
LESIZE，22,,，6                           ！指定 22 号线划分数为 6
LESIZE，24,,，9                           ！指定 24 号线划分数为 9
LESIZE，51,,，3                           ！指定 51 号线划分数为 3
LSEL，S，LINE,，27                        ！选取 27 号线
LSEL，A，LINE,，39，41，1                 ！往当前选择集中加入 39、40、41 号线
LSEL，A，LINE,，49                        ！往当前选择集中加入 49 号线
LESIZE,，ALL,,，2                         ！指定选择集中线划分数为 2
```

```
AMESH，ALL                                  ！划分所连面
ALLSEL                                      ！选中所有元素
！****************** 北温带球壳 *****************
ASEL.S，LOC，Y，4，80                       ！从当前选择集中选出 THETA 角度在 4～80 之间的面
LSEL，S，LINE,，59，61，1                   ！选取 59、60、61 号线
LESIZE，ALL,,，10，0.3                      ！指定选择集中线划分数为 10，间隔比率为 0.3
AMESHALL                                    ！划分所选面
ALLSEL                                      ！选中所有元素
！****************** 南温带球壳 *****************
ASEL，S，LOC，Y，－80，－30                 ！从当前选择集中选出 THETA 角度在－80～－30 之间的面
ASEL，R，LOC，X，S_R                        ！从当前选择集中选出半径为 S_R 的球面上的面
LSEL，S，LINE,，54，56，1                   ！选取 54、56 号线
LESIZE，ALL,,，10，0.5                      ！指定选择集中境划分数为 10，间隔比率为 0.5
AMESH，ALL                                  ！划分所选面
！****************** 极地地壳 *****************
ASEL，S，LOC，X，80，90                     ！从当前选项中选出-HEIA 角度在 80～90 之间的面
ASEL，A，LOC，Y，－90，－80                 ！在当前选项中选出-HEIA 角度在－90～－80 之间的面
MSHAPE，0                                   ！指定单元形状为四边形
MSHKEY，0                                   ！指定为自由网格方式
AESIZE，ALL，0.2                            ！设定所选面单元尺寸为 0.2
AMESH,，ALL                                 ！划分所选面
ALLSEL                                      ！选中所有元素
！****************** 删除连接线 *****************
LSEL，S，LCCA                               ！选择所有连接线
LDEL，ALL                                   ！删除当前选择集中的所有线
ALLSEL                                      ！选中所有元素
！****************** X－Y 平面镜像 *****************
CSYS                                        ！激活整体直角坐标系
ARSYM，Z，ALL                               ！X－Y 平面镜像复制当前所有面，同时复制网格
！****************** 支柱 *****************
LSEL，S，LINE,，8                           ！选取 8 号线
LESIZE，ALL,,，10                           ！指定选择集中线划分数为 10
TYPE，2                                     ！选用 2 号单元类型
MAT，2                                      ！选用 2 号材料属性
```

```
REAL，4                                        ！使用4号实常数
LMESH，ALL                                     ！划分所有线
ALLSEL                                         ！选中所有元素
WUMMRG，ALL，1E-7                              ！合并所有元素
NUMCMP，ALL                                    ！压缩所有元素编号
!****************** 显示1/10模型 *****************
/VIEW，1，1，1，1                              ！指定一个浏览方向
EPLOT                                          ！显示单元
!****************** 复制10次形成全模型 *****************
CSYS. 5                                        ！激活以Y轴为旋转轴的柱坐标系
AGEN，10，ALL,,,,36
！沿THETA方向以36°为偏移量，复制当前面10次(包括自身)，同时复制网格
LGEN，l0，8,,,,36
！沿THETA方向以36°为偏移量，复制8号线10次(包括自身)，同时复制网格
ALLSEL                                         ！选中所有元素
NUMMRG，ALL，1E-7                              ！合并所有元素
NUMCMP，ALL                                    ！压缩所有元素编号
!****************** 生成拉杆单元 *****************
TYPE，3                                        ！使用3号单元类型
MAT，2                                         ！使用2号材料属性
REAL，5                                        ！使用5号实常数
E，3185，30710                                 ！连接3185、30710号节点，生成单元
E，3193，30702                                 ！连接3193、30702号节点，生成单元
E，30702，30719                                ！连接30702、30719号节点，生成单元
E，30710，30711                                ！连接30710、30711号节点，生成单元
EGEN，8.9，10583，10584，1.,,,,,,36
！沿THETA方向以36度为偏移量，对应节点编号增量为9
！复制10583，10584号单元8次(包括自身)
E，3185，30782                                 ！连接3185、30782号节点，生成单元
E，3193，30774                                 ！连接3193、30774号节点，生成单元
CSYS                                           ！激活整体直角坐标系
!****************** 完成并保存模型 *****************
ALLSEL                                         ！选中所有元素
NUMMRG，ALL，1E-7                              ！合并所有元素
NUMCMP，ALL                                    ！压缩所有元素编号
/VIEW，1，1，1，1                              ！指定一个浏览方向
EPLOT                                          ！显示单元
SAVE                                           ！保存
*END                                           ！结束宏文件
```

(2)下面为进行球面的风激励分析的命令流，其中建模剖分调用了TANK宏文件。后处理部分已经省略，见本节第4部分的结果后处理。

```
FINI
```

```
/CLE
/FILNAME, E91
flffLE, WIND ANALYSIS OF SPHERICAL TANK''
/PREP7
TANK                                    ! 运行 TANK 密文件，生成模型
! ***************** 加载及求解 *****************
! ***************** 支柱底面施加固定约束 *****************
ASEL, S, LOC, Y, -LOWZ_H                ! 选取 Y 坐标为-LOWZ_H 的面
DA, ALL, ALL                            ! 约束正上所有自由度
! ***************** 施加风载荷 *****************
*SET, OMEGA, 3                          ! 定义 OMEGA=3
! 本步主要 GUI 定义函数边界条件 PRFSS_S，并加载，定义为 PRESS 表参数，见 GUI 过程部分
CSYS, 2                                 ! 激活 2 号整体球坐标系
ASEL, S, LOC, X, S_R                    ! 选择半径为 S_R 的球面上的面
SFA, ALL,, PRES,%PRESS%                 ! 施加面载荷
CSYS                                    ! 激活整体直角坐标系
ALLSEL                                  ! 选中所有元素
! ***************** 计算结构自重下的响应 *****************
/SOLU
ANTYPE, 4                               ! 指定分析类型为瞬态动力学分析
TRNOPT, FULL                            ! 瞬态动力学分析采用 FULL 法
TIMINT, OFF                             ! 关闭时间积分效应
OUTRES, BASIC, ALL                      ! 输出基本项，每一步都输出
KBC, 0                                  ! 指定载荷为阶跃载荷
TIME, 1E-10                             ! 指定载荷步结束时间
NSUB, 2, 4                              ! 指定载荷子步数为 2，最大子步数为 4
SSTIF, ON                               ! 打开应力刚化效应
ACEL, 9.8, 0                            ! 施加重力加速度
ALLSEL                                  ! 选中所有元素
SOLVE                                   ! 求解第一个载荷步
! ***************** 在自重作用下，计算结构风激励下的响应 *****************
TIMINT, ON                              ! 打开时间积分效盘
QUTRES, BASIC, ALL                      ! 输出基本项，每一步都输出
KBC, 0                                  ! 指定载荷为递增载荷
AUTOTS. ON                              ! 打开自动时间步
ALPHAD, 0.05                            ! 设定质量阻尼 ALPHA 为 0.05
BETAD, 0.01                             ! 设定刚度阻尼 BETA 为 0.01
TIME, 5*2*3.14/OMEGA                    ! 指定载荷步结束时间
NSUB, 5*4, 5*8                          ! 指定载荷子步数为 20，最大载荷子步数为 40
ALLSEL                                  ! 选中所有元素
SOLVE                                   ! 求解第一步载荷数
SAVE                                    ! 保存
```

参考文献

[1]刘鸿文．材料力学Ⅱ(第 6 版)[M]. 北京：高等教育出版社，2017.

[2]余伟炜，高炳军．ANSYS 在机械与化工装备中的应用(第二版)[M]. 北京：中国水利水电出版社，2017.

[3]JB 4732—1995，钢制压力容器——分析设计标准[S].